JN276708

建築・都市計画のための
調査・分析方法
改訂版

日本建築学会[編]

SURVEY
AND
ANALYSIS
METHODS
FOR
ARCHITECTURE
AND
URBAN
PLANNING

井上書院

はじめに

　本書は，1987年刊行の『建築・都市計画のための調査・分析方法』の改訂版である。編集を行ったのは，日本建築学会建築計画委員会の空間研究小委員会であり，同小委員会の出版ワーキンググループが中心となって取りまとめを進めたものである。

　空間研究小委員会では，1985年の設立以来，「空間」を対象として，研究会を開催し，あわせて出版を行ってきた。内容としては，「空間」を扱う分析方法に関するシリーズと，「空間」の多様な魅力を明らかにしようというシリーズとが並行している。客観的，分析的なアプローチを志向しつつも，汲めども尽きぬ空間の多様性を確認するという両面をもつのが特徴となっている。

　前者の「空間」を対象とした分析的な研究に関連する書籍として，本書『建築・都市計画のための調査・分析方法』(1987年)，『建築・都市計画のための空間学』(1990年)，『建築・都市計画のためのモデル分析の手法』(1992年)，『建築・都市計画のための空間計画学』(2002年) が出版されている。あわせて研究における用語を解説した『建築・都市計画のための空間学事典』を1996年にまとめ，新たな成果を踏まえて2005年に改訂している。

　一方で，「空間」の魅力に迫るものとして，『空間体験―世界の建築・都市デザイン』(1998年)，『空間演出―世界の建築・都市デザイン』(2000年)，『空間要素―世界の建築・都市デザイン』(2003年) の3部作と，空間デザインの用語や手法を実例とともに解説した『空間デザイン事典』(2006年) を刊行している。

　こういった一連の活動の嚆矢といえるのが『建築・都市計画のための調査・分析方法』であり，その刊行から四半世紀を経て，新しい知見を加えて改訂したのがこの本である。

　本書が，建築・都市計画の実務者，研究者，学生など，さまざまな方々が調査・分析する際の一助となり，より魅力的で豊かな建築・都市空間の形成につながることを願っている。

　　　　　　　　　　　　　　　　　　　　　　　　　　　　2012年5月　　日本建築学会

発刊に至る経緯

　若い読者の多くは，この本を建築計画分野における研究手法の解説書として手に取られていることだろう。この1冊で広い範囲をおおっているし，最新の情報も含めて適切な解説を収録できたと自負しているので，便利に利用していただけるものと思う。その一方で，読者には，建築計画という分野においてこのような調査・分析方法を解説する本がもつ意味について理解しておいていただきたい。なぜならこの本の初版は，建築計画分野の中で互いに批判し合う二つの立場のうち，一方の立場を明確に提示したものだったからである。

●初版刊行当時の時代背景
　初版刊行当時の背景を振り返ってみたい。互いに批判し合う二つの立場とは，一方がこの本にあるような調査・分析方法を駆使する研究で，もう一方が，それまで活発に研究されてきた「使われ方研究」である。初版のまえがきには，空間研究小委員会設立にリーダーシップを発揮された船越徹主査が「個人の責任において」書かれた，「いま何故，調査・分析方法か」という文章が掲載されている。この文章は，「使われ方研究」に代表される従来の建築計画学を革新し，科学としての研究を確立しようとの想いにあふれたものである。次のような見解が述べられている。

　「この研究は，使われ方研究とは，その問題意識も違えば，調査・分析方法もまったく異なるものである。」
　「私が思うところでは，この両者の間には，少し大げさかも知れないが，ほとんど世界観の相違とでもいうべきギャップが存在するが，その一方では，使われ方研究でとってきた方法は，新しい研究の特殊な場合ともいえると思う。」

　当時，建築計画分野では新しい研究手法，調査手法への関心が高まっており，建築学会大会の研究協議会では，早くも1978年には「建築計画における新しい研究手法について」が開催されている。1983年には「空間の研究について」，1984年には「調査方法と分析方法」が開催され，この連続した2つの企画を受け継ぎメンバーを拡大して，85年には建築計画委員会の中に空間研究小委員会が設けられている。84年の協議会は450名もの参加者があり，その資料をもとに編集されたのがこの本の初版である。
　一方，批判された「使われ方研究」については，やはり建築学会大会の研究協議会で，1981年に「使われ方研究における方法論上の問題」，1985年に「論としての建築計画研究」が開催されて，研究成果のレビューや捉え直しが行われている。そして，85年の協議会をもとに，1989年には『集合住宅計画研究史』が刊行されている。
　研究か論か，認識論か計画論か，科学的で価値中立的か使命感をもって社会を導くのか，といった議論が盛んに行われていた。当時，シンポジウムなどの場で，双方の論客である船

越徹先生と神戸芸術工科大学の鈴木成文先生とが，批判を交わし議論が展開する場面がしばしばあった。もっとも，対立する二つのグループがあったという単純化は適切でないようである。同じ研究者がどちらの集まりにも登場するし，発言内容も右か左に明確に分けられるものではなく，強調の度合いの違いとも受け取れるからである。それでも論争のある気風が，手法を駆使する研究においてもその意義や有用性を，社会問題に取り組む研究も分析手法の客観性を意識する状況をつくっていた。

　建築計画という分野は，戦後の復興から高度成長期にかけて，大量に住宅を供給しさまざまな施設を新たに建設する必要に迫られている状況にあって，主導する学問分野として日本独特の発展を遂げた。そのような時代には，研究の目的や意義は明白であった。しかし，この本の初版が世に出た80年代には，研究領域が拡がり，専門化，細分化し，さまざまな再考が加えられる時代になっていた。その中で新しい研究方法が模索され，学問としての精緻化やレベルアップが図られたといえるだろう。

● 改訂にあたって

　初版が出版されて四半世紀の間に，世の中はバブルの狂騒とその崩壊を経ている。高齢化が急速に進み，人口が減少に転じ，環境問題がクローズアップされている。現実が先に次々と動き，さまざまな問題が生じ，研究が後から追いかける状況が続いてきたといえるだろう。建築計画が社会を導くといった様相はなくなり，調査・分析して提案する回路が働くのは，特定の範囲に限られるようになっている。それは別の角度から見れば，建築計画の知識が十分に蓄積され，広く普及したからともいえるだろう。このような状況にある建築計画分野では，20世紀末からその存立基盤を問う自己言及的なシンポジウムが繰り返し開かれている。2004年には『建築計画の学術体系のあり方を問う』という，概観するシンポジウムも行われている。

　このように，取り巻く状況に大きな変化がある一方で，建築計画における基礎的分野の研究は着実に進展し，数多くの研究成果が生みだされている。異分野との交流も盛んに行われ，学問としての精緻化が進んでいる。研究の進展の中で，調査・分析の方法についても，新たに開発されたり，異分野から導入されてきた。そのような進展を踏まえて，今回，改訂版を編集し世に問うことにした次第である。

　方法がますます豊富になるにつれて一段と重要になるのは，目的にふさわしい方法を適切に選択することといえるだろう。是非，これらの調査・分析方法を十分に理解して，研究や実務に活かしていただきたい。さらに，新たな方法の開発にも取り組んで，学問の発展に寄与していただきたい。

　この四半世紀の間に，空間研究小委員会の主査は，船越徹，志水英樹，土肥博至，上野淳，積田洋，大野隆造，西出和彦，大佛俊泰，日色真帆，橋本都子，佐野友紀と引き継がれてきた。委員にも若い研究者が増えている。委員構成は上に述べた基礎的分野の研究者が多いという傾向があり，基礎的分野の常として，研究が深まるほど実務とのギャップが懸念される。空間研究小委員会では，最初にも紹介したように，設立当初からこの本のような調査・分析方法の探求と並行して空間の魅力を探るシンポジウムや出版を行い，「設計との関わり」を

失わないよう心がけてきたつもりである。是非，ご批判，ご意見などお寄せいただきたい。改めて活発な議論が展開することを期待している。

　当委員会の出版は，継続して井上書院から世に問うことができている。今回も関谷勉社長をはじめ，担当の石川泰章氏，山中玲子氏には丹念に対応していただいた。

　編集作業では，出版ワーキンググループの主査である積田洋先生に終始一貫してご尽力いただいた。また，本書には小委員会メンバー以外にも多くの方々から貴重な原稿を賜わっている。改めて，編集をご担当いただいた方々，ご執筆いただいた方々に深くお礼申し上げる。

　　　　　　　2012 年 5 月　　2009 年度空間研究小委員会主査　　日色真帆

本書の特徴と構成

　本書の特徴は，建築計画や都市計画分野の研究において用いられているさまざまな調査方法や分析方法をわかりやすく解説し，さらにこれらの方法を適用した研究事例の概要を示して，具体的にどのようなデータを用いて，いかなる結果が得られるか，その方法の理解を促すように構成している。
　本書は，研究を始める初学者や大学院生，学部の卒論生を対象として編まれたものであり，建築の設計や都市計画など実務の上でも，計画段階での現地調査や分析の上でも有用なものと考える。

　研究は社会的な要請，事象の探究など，さまざまな問題意識から研究目的が設定される。目的に向かって結果を導き出していくことになるが，目的に整合した調査や分析が適宜行われなければ，研究成果も期待できない。調査から読み取れる定性的な事実や規範を導き出す方法もあるが，調査を行った結果をただ羅列しても，それらのデータに潜む有用なデータを見逃すことにもなり得る。有効な分析方法を用いることにより，新たな知見を得ることにもなる。近年，日本建築学会大会で発表される建築計画系の学術講演梗概論文数は750件，都市計画系で550件にものぼっている。その中には有用なデータが多数含まれているにもかかわらず，適宜な分析方法が用いられずに，調査で得られた貴重なデータを有為に活用されていない物足りなさを感じる研究も散見される。

　本書の初版が刊行に至った経緯は，1984年日本建築学会大会研究協議会において開催された「調査方法と分析方法」の資料として，調査や分析方法についての手法27を取り上げて解説したものにある。この協議会の主旨は，一言でいえば，「これからの研究に，どんな方法が有効か」というものであった。協議会の反響は大きく，資料は直ちに増刷されるほどであった。そこで建築計画委員会に設置間もない「空間・研究小委員会」において，さらに建築計画や都市計画の分野で有用であろう調査方法や分析方法を整理して，1987年に『建築・都市計画のための調査・分析方法』，続いて1992年に『建築・都市計画のためのモデル分析の手法』，いずれも日本建築学会編（井上書院刊）を出版した。

　その後，日本建築学会の大会において，建築計画委員会研究方法ワーキンググループにより，1997年「実践からみた建築計画研究―新しい研究の方法論を求めて―」，1998年「研究方法からみた計画研究の評価―新しい建築計画学の展開のために―」，さらに1999年建築計画委員会，都市計画委員会，農村計画委員会の3者で「建築計画研究の領域とその研究方法の展望―他領域の研究者とのクロストーク―」の連続した研究方法にまつわる議論がなされた。ここでの研究方法とは，研究の背景となる問題意識，目的・課題の設定，研究対象の選定，研究手法の開発，理論の構築などを含む，広く研究の有り様を問うものであった。当然

その中には，具体的な調査方法や分析方法も含めた研究手法も深く関連している。

上記の「建築計画研究の領域とその研究方法の展望」[1]の資料に1986, 1990, 1992, 1996, 1998年の建築計画研究の大会論文を対象として，どのような調査方法や分析方法が用いられているかその動向を示した表が掲載され興味深い。

研究方法の動向：各年度の論文総数に対して占める割合(%)[1]

	全体	1986	1990	1992	1996	1998
A．文献・参考資料	23.8	20.7	20.9	27.1	21.4	26.9
B．アンケート調査	31.6	29.3	33.6	35	29.4	30.8
C．ヒアリング調査	20.7	15.4	18.1	22.5	19.1	25.2
D．観察調査	32.4	27.2	26.6	37.5	33.7	34.1
E．実験・測定	14	7.8	15.2	14.6	13.6	16.3
F．その他の調査手法	0.2	0	0.2	0.6	0	0.2
G．記述	4.4	1.3	5.6	5.6	6.2	2.7
H．グラフィック表現法	3.9	1.3	5	1.4	7.2	3.1
I．指標・尺度	4.3	0.2	1.5	4	7.3	5.6
J．分類・コード化	9.9	3.4	19.4	6.2	8.3	11.2
K．集計・解析	23.4	34.1	32.5	9.9	25.3	19.3
L．多変量解析	8	12.8	8.7	5.4	6.7	7.9
M．理論・モデル化	6.2	3.1	9.6	4.4	7.8	5.3
N．シミュレーション	2.3	3.9	1.9	1.8	2	2.1
O．決定・評価	1.1	0.5	3	1	1.4	1.4
P．テクスト分析	0.9	0.2	0.6	1.2	0.7	1.4
Q．歴史的手法	0.5	0	0.8	0.4	0.7	0.2
R．システム・手法の開発	2.9	1.8	3.7	1.6	4.7	2
S．概念・仮説の提案	1.1	0.7	0.8	0.6	1.5	1.1
T．実践的手法	1.3	3.6	1.9	0	1.4	0.4

1) 「建築計画研究の領域とその研究方法の展望―他領域の研究者とのクロストーク―」日本建築学会大会（中国）建築計画部門，都市計画部門，農村計画部門研究協議会資料1999年9月，52頁・図14

これから調査方法では，観察調査やアンケート調査が過半を占めている。また分析方法では集計・解析が圧倒的に多いことがわかる。しかし，資料の中でも「アンケート調査が行われれば，それに伴って，何らかの集計・解析が行われているはずであり，……執筆者が論文にそのことを言及しない傾向があること……」，また「アンケート調査やヒアリング調査の方法を読んでいると，必ずしもきちんとした研究方法が認識されていないのではないか……」などの指摘がある。

研究を遂行していくうえで，調査方法や分析方法は研究結果を左右する重要な位置を占めており，これを正しく，幅広く理解していくことは，きわめて大切なことである。

上記の『建築・都市計画のための調査・分析方法』の刊行から25年が経過し，調査方法や分析方法も多様化し，さらにIT技術の進歩と急速な普及から，多くの新しい方法が建築や都市の研究に用いられるようになってきている。本書はこうした研究の多様化，広がりの中で，基本的な調査や分析の方法について，また『建築・都市計画のためのモデル分析の手法』で掲載した方法や新しい方法も含めて，建築計画や都市計画の研究に応用可能な多数の方法を既往論文等から収集，再度空間研究小委員会にて整理することとした。

その結果，「I部 調査の方法」と，「II部 分析の方法」の2部構成とした。まず調査方法

では，研究に始めるに当たりどのような調査方法があるか，総論・概要として示し，研究での調査に当たって，どのように計画していくか，その手順・プロセスについて解説している。次いで，文献調査，ヒアリング調査，進歩の目覚ましい機器を用いた実験，観察調査，フィールドワーク，実験室実験，心理実験，認知実験など，それぞれの方法について解説している。また分析方法については，分析方法全般の総論・概要を示し，集計，推定，検定，相関，各種の多変量解析，さらにフラクタルやアルゴリズムなど新しい方法を加えて解説している。

　以上，最終的に調査方法として23項目，分析方法として20項目に集約し，さらに関連する方法をコラムとして取り上げ6つの方法を解説することとし，それぞれの方法の主旨・目的に即したタイトルを動詞形で付している。

　研究を始めるに当たって本書を一読され，調査や分析の方法を検討されるうえでの参考となり，建築計画や都市計画の研究の展開に微力ながら貢献することができれば，望外の幸せである。
　最後に，本書の編纂に際し，空間研究小委員会委員，出版ワーキンググループのメンバー，執筆者の方々にご尽力をいただき，厚く感謝申し上げる。

　　　　　2012年5月　　2009年度空間研究小委員会・出版ワーキンググループ主査　　積田　洋

執筆者一覧 (主査, 幹事, 幹補以外は五十音順)

[編集委員]

積田　洋	東京電機大学未来科学部建築学科教授
鈴木弘樹	千葉大学大学院工学研究科建築・都市科学専攻准教授
大佛俊泰	東京工業大学大学院情報理工学研究科情報環境学専攻教授
福井　通	神奈川大学工学部建築学科非常勤講師
安原治機	工学院大学名誉教授
横山勝樹	女子美術大学芸術学部デザイン学科教授

[執筆者]　　　　　　　　　　　　　　　　　　　　　　　　　　　　　　　　　　　　　[執筆担当]

青木一郎	名古屋工業大学技術グループ技術企画チーム技術職員	[2.14]
赤木徹也	工学院大学建築学部建築デザイン学科准教授	[1.9]
位寄和久	熊本大学大学院自然科学研究科環境共生工学専攻教授	[2.3]
上野　淳	首都大学東京大学院都市環境科学研究科建築学域教授	[1.1/1.3]
大野隆造	東京工業大学大学院総合理工学研究科人間環境システム専攻教授	[1.13/1.15/1.17]
大佛俊泰	前出	[2.7/2.17]
加藤直樹	京都大学大学院工学研究科建築学専攻教授	[2.18/2.20]
狩野朋子	帝京平成大学現代ライフ学部助教	[1.2]
郷田桃代	東京理科大学工学部第一部建築学科准教授	[2.1/2.2]
小林美紀	東京工業大学大学院総合理工学研究科特別研究員	[1.13/1.15/1.17]
佐野友紀	早稲田大学人間科学学術院准教授	[1.10]
佐野奈緒子	東京電機大学未来科学部研究員	[1.7]
鈴木　毅	大阪大学大学院工学研究科地球総合工学専攻准教授	[1.4]
鈴木弘樹	前出	[1.20/2.11/2.13]
瀬田惠之	(財)住宅保証機構参事	[2.8]
瀧澤重志	京都大学大学院工学研究科建築学専攻助教	[2.9/2.18/2.19/2.20]
田中康裕	清水建設技術研究所研究員	[1.4]
恒松良純	秋田工業高等専門学校環境都市工学科准教授	[2.16]
積田　洋	前出	[本書の特徴と構成/1.19/1.22/2.6/2.10]
西出和彦	東京大学大学院工学系研究科建築学専攻教授	[1.16]
丹羽由佳理	東京理科大学理工学部建築学科助教	[1.8/1.23/コラム4,5]
橋本憲一郎	東京大学生産技術研究所助手	[1.12]
橋本雅好	椙山女学園大学生活科学部生活環境デザイン学科准教授	[1.18/コラム3]
林田和人	早稲田大学理工学術院客員准教授	[1.10]
日色真帆	愛知淑徳大学メディアプロデュース学部メディアプロデュース学科教授	[発刊に至る経緯]
福井　通	前出	[1.21]
藤井晴行	東京工業大学大学院理工学研究科建築学専攻准教授	[2.15]
松本直司	名古屋工業大学大学院ながれ領域教授	[2.8/2.14]
宮本文人	東京工業大学教育環境創造研究センター教授	[2.15]
門内輝行	京都大学大学院工学研究科建築学専攻教授	[1.0/1.14]

安原治機	前出	〔2.0/2.4/コラム6/2.5/2.12〕
山家京子	神奈川大学工学部建築学科教授	〔1.6/1.12/コラム2〕
横山勝樹	前出	〔コラム1/1.5〕
横山ゆりか	東京大学大学院総合文化研究科広域システム科学系准教授	〔1.5〕
吉村英祐	大阪工業大学工学部建築学科教授	〔1.11〕

建築計画本委員会（2012年度～2013年度）
- 委員長　菊地成朋
- 幹事　黒野弘靖
- 幹事　角田　誠
- 幹事　広田直行
- 幹事　森　傑
- 幹事　横山ゆりか
- ＊委員略

建築計画本委員会（2010年度～2011年度）
- 委員長　松村秀一
- 幹事　宇野　求
- 幹事　黒野弘靖
- 幹事　角田　誠
- 幹事　森　傑
- 幹事　横山ゆりか
- ＊委員略

計画基礎運営委員会（2012年度～2013年度）
- 主査　西出和彦
- 幹事　橋本都子
- 幹事　横山ゆりか
- ＊委員略

計画基礎運営委員会（2010年度～2011年度）
- 主査　大野隆造
- 幹事　藤井晴行
- 幹事　山田哲弥
- 幹事　横山ゆりか
- ＊委員略

空間研究小委員会（2008年度～2009年度）

委　員
- 主査　日色真帆
- 幹事　鈴木弘樹
- 幹事　橋本雅好
- 　　　狩野朋子
- 　　　木川剛志
- 　　　北川啓介
- 　　　郷田桃代
- 　　　佐藤将之
- 　　　佐野友紀
- 　　　瀧澤重志
- 　　　太幡英亮
- 　　　積田　洋
- 　　　丹羽由佳理
- 　　　橋本都子
- 　　　樋村恭一

出版ワーキンググループ
- 主査　積田　洋
- 幹事　金子友美
- 幹補　鈴木弘樹
- 　　　大佛俊泰
- 　　　狩野朋子
- 　　　郷田桃代
- 　　　佐野奈緒子
- 　　　瀧澤重志
- 　　　恒松良純
- 　　　丹羽由佳理
- 　　　福井　通
- 　　　安原治機
- 　　　山家京子
- 　　　横山勝樹

建築・都市計画のための調査・分析方法［改訂版］　目次

はじめに　2
発刊に至る経緯　3
本書の特徴と構成　6

I　調査の方法

1.0	調査の方法について		14
1.1	調査をデザインする	［調査の技法］	18
1.2	資料を入手する	［所在・選定・分類・整理］	22
1.3	たずねる	［アンケート］	28
	コラム1　ソシオメトリック・テスト		34
1.4	たずねる	［インタビュー］	36
1.5	読み取る	［テキスト分析・プロトコル分析・評価グリッド法］	46
1.6	ワークショップを行う	［キャプション評価法］	52
1.7	機器で調べる	［アイマークレコーダ・脳波］	56
1.8	機器で調べる	［GPS］	64
1.9	行動を探る	［経路探索］	68
1.10	群集の行動を調べる	［群集流動］	74
1.11	行動を観察する	［動線］	80
1.12	環境を測る	［実測・写真］	86
	コラム2　デザイン・サーヴェイ		89
1.13	環境を記述する	［ノーテーション］	90
1.14	環境を記号化する	［記号］	94
1.15	シミュレートする	［CG・VR］	104
1.16	人体・動作を測る	［パーソナルスペース］	108
1.17	心理量を測る	［感覚尺度構成法］	114
1.18	空間感覚を探る	［実験室実験・マグニチュード推定法（ME法）］	118
	コラム3　実際の建築での空間感覚		123
1.19	意味を捉える	［SD法］	124
1.20	イメージを描く	［認知地図］	128
1.21	想起を記述する	［想起法］	134
1.22	要素を指摘する	［指摘法］	140
1.23	社会で試みる	［社会実験］	146
	コラム4　乗り合い型交通システム・コンビニクル		148
	コラム5　ケミレスタウン・プロジェクト		149

II 分析の方法

2.0	分析の方法について		152
2.1	集計する	[記述統計]	154
2.2	視覚化する	[グラフ・地図・スペース シンタックス]	158
2.3	推定・検定する	[定量データ]	162
2.4	推定・検定する	[定性データ]	166
		コラム6　正準相関分析	171
2.5	相関を探る	[相関分析・回帰分析・クロス分析]	172
2.6	予測する	[重回帰分析・数量化理論Ⅰ類]	176
2.7	予測する	[時間的予測・空間的予測]	182
2.8	判別する	[判別関数・数量化理論Ⅱ類]	188
2.9	判別する	[パーセプトロン・決定木・ロジスティック回帰]	196
2.10	構造を探る	[因子分析・数量化理論Ⅲ類]	202
2.11	構造を探る	[共分散構造分析]	210
2.12	因果関係を探る	[パス解析]	216
2.13	簡潔にする	[主成分分析]	220
2.14	類型化する	[クラスター分析]	226
2.15	親疎を位置づける	[多次元尺度法・自己組織化マップ]	232
2.16	ゆらぎを探る	[フラクタル・スペクトル解析]	238
2.17	空間分布を捉える	[点分布・空間相関]	242
2.18	最適化する	[数理計画法・遺伝的アルゴリズム]	248
2.19	再現する	[セル オートマトン・マルチ エージェント システム]	254
2.20	発見する	[データマイニング]	260

索引　　266

[I] 調査の方法

1.0 調査の方法について

建築・都市計画における調査の位置づけ

　今日，建築・都市計画の研究（実践を含む）のために，多種多様な「調査の方法」が用いられている。本書ではその代表的なものを取り上げるが，いずれの方法も建築・都市空間を設計するために必要となる「情報を抽出する」役割を担うものであり，質問・記述，観察・観測，実験・測定，シミュレーション・社会実験など，通常の「調査」という言葉から連想される範囲を超えるいろいろなタイプの方法が含まれている。

　建築・都市計画の役割は，一般に「生活と空間との対応関係」を明らかにすることといえる。しかしその内容は，対象とする空間・人間・生活・社会・時代などによって大きく異なる。建築計画ではおもに，人間の身体・心理・行動・記憶などを踏まえて空間のあり方を探求するが，都市計画では土地利用，交通，景観，環境，経済，地理など，建築計画とは異なる次元の数多くの問題に取り組む必要がある。

　また，21世紀を迎えて，科学・技術・社会・経済・文化・環境などの発展にともない，建築・都市計画の領域では，安全性，健康性，利便性等の機能・性能にとどまらず，快適性，アメニティ，持続可能性といった意味・価値を充足する必要が生じていること，標準的な解を超える個別的な解が求められていること，都市化・情報化・高齢化・国際化への対応を迫られていることなど，以前は扱っていなかった情報を抽出する新しい調査方法に対するニーズが高まっている。そのため，いろいろな調査の方法が用いられるようになったのである[1]。

　建築・都市計画学の創始者の一人である西山卯三は，生活者の視点に立って「住まい方調査」を行い，建築・都市空間に生じている矛盾を発見し，それを解決する提案を構想する計画研究の基本的な方法論を提示したが，その中で「調査」は，事実を認識する重要な方法として位置づけられている。事実は客観的に与えられるものではなく，認識する主体が自らの視点や価値観を基に構成するものだからである。

　また，吉武泰水らが始めた「使われ方調査」は，（設計した）建築・都市空間が実際に使用される状態を観察し，そこから次の設計に役立つ情報を抽出する方法であり，集合住宅，学校，病院・福祉施設，劇場などのビルディングタイプをめぐる建築計画研究に大きな影響を及ぼしたことはよく知られている[2]。住まい方調査や使われ方調査は，現在，建築プログラミングの領域で行われている"POE（Post Occupancy Evaluation）"（事後調査）と本質的に変わりはなく，その先駆性は注目に値する。

探究のプロセス

　言うまでもなく「調査」は研究の道具であり，それ自体は目的とはならない。むろん斬新な調査の方法が考案・導入され，それが事実を認識するうえで大きな役割を果たすことも少なくないが，研究を推進するうえで重要なことは，確かな問題意識に基づいて研究の目的と問題を設定し，それに見合った調査・分析の方法を適用して，妥当な結論を導き出すことである。調査の方法の妥当性は，こうした研究全体の流れの中で判断すべきものである。

　一般に科学的な研究という営みは，与えられた問題を解決するだけでなく，問題を発見し，新たな知識を獲得する「探究」（inquiry）として行われる。そこでは，推論の形式的妥当性とか論理的必然性という「解明的」機能にとどまらず，新しい観念を生み出し，知識の拡張をもたらす推論の「拡張的」機能が重視される。特に，建築・都市計画の研究では，研究対

門内輝行

象である生活と空間が時代や社会とともに変化しており，絶えず新しい知識が求められているため，推論の形式としては，法則に基づいて論理的可能性を解明する「演繹」（deduction）だけでなく，多くの事実から一般的な法則を導く「帰納」（induction）や驚くべき事実から仮説を構成する「アブダクション（仮説推論）」（abduction）が重要な役割を果たすことになる。新たな事実認識をもたらす「調査」の方法が注目されるゆえんである[*1,3]。

　計画研究の目的については，多数の事例調査から標準的な法則・類型を導き出す場合と，少数であっても精密な事例調査を行い，将来の方向性を発見しようとする場合がある。前者では帰納，後者ではアブダクションが有効な推論の形式となる。

　調査の方法を考えるうえで，研究成果の還元のしかたにも配慮する必要がある。調査対象者から得た成果を一般化し，将来の計画・設計に活用する場合と，調査対象者が関与する計画・設計に直接還元する場合が区別される。研究成果を『建築設計資料集成』に公表する方法は前者の例であり，研究者と調査対象者が協働する住民参加の方法は後者の例である。

　また，わが国における建築・都市計画研究は，公共空間を対象として行われることが多いが，最近では，民間企業の建築空間を対象として研究を行い，その成果を当の企業に還元することも増えている。こうした主体間の関係も考慮すべき重要な論点の一つといえる。

研究対象

　調査の方法を考える場合に，「研究対象」（object）が重要な論点となることは言うまでもない。今日，景観との調和，環境との共生，ユニバーサルデザイン，ライフサイクルデザイン，保存・再生など，建築・都市計画の研究対象は空間的にも時間的にも大きく拡張され，調査の方法が多様化しているからである。

　また，建築・都市計画研究の特徴は，その対象の中に，物理的な環境だけではなく，環境の中で生活する人間が含まれているということである。このとき，人間と環境との関係をどのように考えるかによって，研究方法が大きく異なってくることに留意する必要がある。環境が人間の行動を規定すると考える「環境決定論」，行動が環境を規定すると考える「行動決定論」，環境と人間とを別々に捉えたうえで，両者の相関関係を問う「相互作用論」，環境と人間とが一つの全体を構成していると考える「相互浸透論」のいずれの立場に立つかによって，研究方法に違いが生じるのである。例えば，相互作用論からみると，物理量と心理量を別々に計測し，それらの相関を分析することになるが，相互浸透論からみると，両者を一体化した「行動場面」（behavior setting）を抽出することになる。

　さらに，建築・都市計画研究の対象の特性についても付言しておくことがある。建築・都市計画の研究対象は，さまざまな要因が関わる（しかも人間を含む）複雑な現象であることが多い。結果として，要素間の関係を明確な因果関係によって説明することは難しく，統計的手法を活用して，一般的な類型や傾向を抽出することがよく行われる。本書において，調査・分析の方法として多くの統計的手法を取り上げているのはそのためである。

調査の方法

　ここで，建築・都市計画における「調査の方法」（method）にどのようなものがあるかを展望しておきたい。研究方法としては，「量的研究」と「質的研究」が区別されるが，調査

のタイプとしては「大量統計調査」と「少数精密調査」が区別される。研究対象となる人間の個人差や環境の多様性を超えて，何らかの法則性を発見するためには，大量にデータを収集し，統計的な処理を施すことが有効な手法となる。

これに対して，たとえ少数のデータであっても，それを質的データとして精緻に分析することにより，将来の方向性を示唆する新たな動きを発見できる場合も少なくない。最近は，エスノメソドロジー，深層面接法，ライフヒストリー記述法，テキストマイニングなど，さまざまな質的データ分析法が導入されている。現代社会では，安定した法則性だけでなく，変化の動向を見定めることも，調査の方法に求められる重要な要件といえる。

情報処理の観点からみると，計画研究のプロセスには，情報の抽出・記述・分類・分析・総合・評価といった多様な役割を認めることができる。本書では，研究方法を「調査」と「分析」に分類しているが，両者はこうした情報処理の連続的なプロセスの中に現れるもので，相互に密接な関係があることに留意する必要がある。

そこで，「分析」の方法との関係も含めて，広い意味での「調査」の方法としてどのような方法が用いられてきたかを整理すると，次のようになる[4]。

すなわち，①文献・資料調査，②アンケート調査，③ヒアリング調査，④観察調査，⑤実験・測定，実験・調査，⑥記述・グラフィック表現法，⑦指標・尺度，分類・コード化，⑧シミュレーション，⑨テクスト分析，歴史的方法，⑩実践的方法などがそれである。

そして，これらの調査方法には，ビデオカメラ，メモモーションカメラ，全方位カメラ，アイマークレコーダ，テープレコーダ，騒音計，触覚センサー，色彩計，筋電図，脳波解析装置，GPS，ダミー人形，ヘッドマウントディスプレイなどの実験の道具・装置，イメージマップ法，エレメント想起法，SD法，一対比較法，官能評価，レパートリーグリッド法，ソシオメトリー，プロトコル分析，ライフヒストリー分析，デザインサーベイなどの調査・記述・評価の手法，シナリオシミュレーションやコンピュータシミュレーション，ワークショップや社会実験など，新たな道具・装置・手法が次々に導入されてきたのである。

これらの道具・装置・手法を含む調査の方法が，研究対象の新たな側面の発見を導き，人間と空間とのダイナミックな関係を解明するうえで重要な役割を果たしてきたといってよい。

建築・都市計画における調査の方法論

以上，建築・都市計画の領域において，計画研究のプロセスにおける調査の位置づけ，研究対象と研究方法の関係，調査方法の分類などの観点から，「調査方法の体系」について概観してきたが，計画研究において「調査」が重視されてきた背景には，建築・都市空間のあり方を生活者の視点から捉える方法論が息づいていることを指摘しておきたい。実際の空間がどのように使用されているかを分析し評価するところから設計は始まるのである。それゆえ計画研究では，「研究と設計」，「理論と実践」，「つくることと使うこと」を相互に密接に関連づける必要があり，「調査」が両者を結びつける働きを担うことになる[5]。

こうした生活者の視点に立つ計画研究の方法論は，"POE（Post Occupancy Evaluation）"や"FM（Facility Management）"にも継承されており，今日の「人間中心設計」（HCD：Human Centered Design）の理論の核心をなすものである[*2, 6]。

現在，科学論の分野では，デマンドサイド（生活者）から提示された問題を解決するため

に，サプライサイド（科学・技術者）から供給される知識を総合していく科学のあり方が注目を集めている。ギボンズ（Gibbons, M.）らは，単一の領域の主として認知的なコンテクストの範囲内で問題が設定され解決される伝統的な知識生産の様態を「モード1」，それに対して，アプリケーションのコンテクストの中で，横断領域的な視点から問題が設定され解決される新しい知識生産の様態を「モード2」と呼んで区別しているが[7]，この考えによると，計画研究はモード2に属する新しいタイプの科学といえる。

また，日本学術会議では，「あるものの探究」を目的として発展してきた従来の科学を「認識科学」(science for science)，「あるべきものの探究」を目的とする知の営みを広い意味での「設計科学」(science for society) と呼んで区別するが[8]，この分類によれば，建築・都市空間を創出するための計画研究は，目的や価値の実現をめざす設計科学といえる。

こうしたモード2の科学，設計科学としての特性を有する建築・都市計画の研究では，特定のコンテクストに即して，さまざまな領域の知識を総合し，新たな意味・価値を創造することが求められるがゆえに，研究対象のダイナミックな様相を適切に把握する「調査の方法」を導入することが重要な意味をもつのである。むろん，実際の調査は，「研究目的」や「研究対象」の設定，「調査」を踏まえた「分析」，分析結果に基づく総合的な「評価」という研究のプロセス全体の中で遂行されるものであることを忘れてはならない[9]。

本書は，建築・都市計画でよく用いられる興味深い調査方法を体系的にまとめたものであるが，計画研究への適用事例を通して説明されているので，読者は調査の方法をより深く理解するとともに，計画研究のおもしろさにも触れることができるはずである。

*1 アブダクションとは，「驚くべき事実Cが観察される(C)。しかし，もしAが真であれば，Cは当然の事柄である(A→C)。よって，Aが真であると考えるべき理由がある(A)」という推論である。例えば，「内陸で魚の化石のようなものが見つかった」という驚くべき事実Cは，「もしその辺一帯の陸地がかつては海であった」(A)と仮定すれば，事実Cは当然の事柄であり，Aと考えるべき理由がある，ということになる。このアブダクションの概念によって，設計行為の本質が端的に浮かび上がる。例えば，建築に対するユーザーの要求Cが与えられたときに，A→Cとなる建築Aを導出することが設計なのである（C→Aではない）。

*2 人間中心設計プロセスは，国際標準 ISO 13407 として1999年に制定され，国内においてもその翻訳規格である JIS Z 8530 が2000年に制定されている。

〔参考文献〕
1) 日本建築学会編『人間—環境系のデザイン』彰国社，1997
2) 門内輝行「デザインの科学としての建築計画研究の可能性—未知の建物をどうして研究から提案できるか」すまいろん，63号，pp.28-33，（財）住宅総合研究財団，2002.7
3) 門内輝行「設計科学としてのデザイン方法論の展開」建築雑誌，119巻，1525号，pp.18-21，2004.11
4) 日本建築学会建築計画委員会・研究方法WG「研究方法からみた計画研究の評価—新しい建築計画学の展開のために」日本建築学会大会建築計画部門パネルディスカッション資料，1998
5) 門内輝行「デザイン・サイエンス—人間-環境系のデザインをめぐって」建築雑誌，121巻1549号，pp.4-7，2006.7
6) 日本機械学会編『HCDハンドブック—人間中心設計』丸善，2006
7) M.ギボンズ『現代社会と知の創造—モード論とは何か』丸善，1997
8) 日本学術会議第19期学術の在り方常置委員会報告「新しい学術の在り方—真の science for society を求めて—」2005.8.29
9) 日本建築学会・建築計画の学術体系小委員会「建築計画の学術体系のあり方を問う—フレームワークの再編に向けて—」日本建築学会大会建築計画部門研究協議会資料，2004.8

1・1 調査をデザインする　調査の技法

上野　淳

建築計画・都市計画研究における「調査」とは，事実を認識する手段・方法である。自然科学研究における実験や観測に相当する。調査研究において"何をもって事実と認識したか"はきわめて重要であり，そのためにどのような調査方法をとったかは研究営為の根幹となる。

調査を企画し実行するまでのプロセスを，デザイン行為のそれに模して考えることもできる。デザイン行為には，その目標や性能を見きわめるための調査や条件設定が必要なように，「計画研究のための調査」にもその企画・立案のための「調査」が必要となる。以下に，そのあるべき手順と検証すべき内容について解説する。

1. 研究課題発見のための「調査」

計画研究は，建築・都市空間とそこにおける人間行動の相互作用について考究する科学である。したがって，研究課題を構想するにあたって，建築・都市空間における人間行動・生活の有り様に生で触れ，そのプロセスのなかで問題意識を醸成するプロセスが必須となる。これが課題発見のための「調査」である。論証すべき課題を発見するための調査や，研究の動機として気づいた問題意識の正当性を確認するための調査などがあろう。

毎年，膨大に生産される計画研究"論文"には，これらそもそもの問題意識や課題設定において妥当性を欠くものが少なくないと言わざるを得ない。「調査の企画のための調査」を推奨するゆえんである。

住宅，学校，病院，高齢者施設などの具体的な建築種別を対象とした調査研究を例にとって述べてみる。

まず，少数例でいいので，モデル的な事例について何度も現場に足を運び，空間の有り様と，そこにおける人間行動の対応関係について仔細に観察するところから始める。ただ漫然と観察するだけでなく，

- 空間や利用者行動の特徴についてメモをとる
- 空間における家具配置などの実態を実測する
- そこにおける人間行動のあらまし（滞在や移動）を図面上におとしてみる（Behavior Map）
- 自らも利用者になって，空間で行動してみる
- 運営管理者，利用者(生活者)にヒアリング・インタビューを行う

などの記録をとりながら観察することが重要である。こうした調査を繰り返し，採取した記録やデータを検証するなかから，具体的な研究課題の設定を構想する。しばしば，調査の方法自体も具体的に発見できることにつながる。

人間工学，環境行動学，環境心理学等の建物種別を問わない空間横断的な研究の場合でも，論証しようとする仮説が実際の空間のなかでも成立しているかについて，現場で予備的な考察を行ってみることが大切である。実際の建築・都市空間の有り様は本来，多様性を帯びており，そこにおける人間の行動・心理に与える物理的要因の有り様も多様である。複雑に絡み合うこれら要因の相互関係を解こうとする場合，結果としていくつかの要因を抽出して単純化するプロセスが必要になるので，研究の出発点としてこれら要因を網羅的に取り出し，それらの軽重を現場体験によって検証しておくことが大切となる。このためにも，ひとまず典型的・モデル的と思われる空間において前述のような記録を採取し，予備的な検証を行っておくことが必要となる。

2. 調査方法の模索と選択

(1) 研究仮説と調査方法

計画研究のための調査では，あらかじめ何を明らかにしたいかの目標や仮説・予見が明確に設定されていることが前提となるので，このための調査の方法も，目標設定の具体化によって自然に導かれることが多い。逆に，調査方法の選択によって，明らかにできる事柄とそうでない事柄は決定づけられる。したがって，［研究の目標・導きたい結論の仮説］→［調査の方法］→［分析の方法］のプロセスをあらかじめ想定としてデザインしておき，この相互関係のなかで調査の手法を選択する思考が肝要となる。

(2) 調査方法の組合せ

研究全体の構想や目標・仮説の論証にとって，複数の調査方法を立体的に組み合わせ，この相

互関係の分析から結論を導く方法論も当然あり得る。一例として，新しい提案性をもった空間構成のある建築が，ユーザー・生活者によってどのように受け止められ，どのように使いこなされ，計画・デザインの意図がどのように達成されているかの評価を行おうとするPOE研究（Post Occupancy Evaluation）を構想する場合を想定してみる。

1) 空間における家具配置の実測調査

住宅や学校，図書館，高齢者施設などの地域公共施設の場合，建築として提供された空間を生活者・ユーザーが使いこなすプロセスにおいて必然的にさまざまな家具が置かれ，生活空間としての場が形成される。この配置の実際を実測しマップを作ることによって，生活者・ユーザーの使いこなしをおおむね類推することが可能になる。経時的・経年的にこれを繰り返すことによりその使い方の変化も知ることができる。

計画研究において伝統的に用いられてきた，「住まい方調査」，「使われ方調査」の常套的手段である。建築計画研究の出発点としての手法といえる。

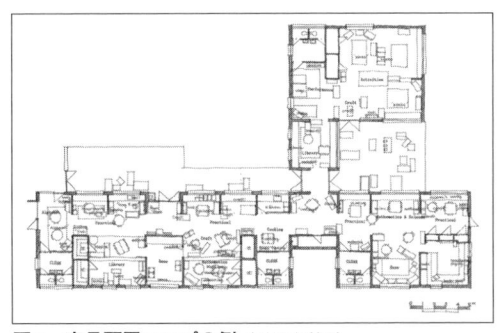

図1　家具配置マップの例（引用文献1）
Eveline Lowe Primary School（1965：London）

2) 行動観察調査（Behavior Map）

上述で得た空間の家具配置マップを用いて，その空間内における人間行動の実態について観察調査を行い，マップ上に生活者の行動（滞在や佇み，移動）を描き込む。人間の滞在や佇み，さらには移動などの行動は，建築構築物（壁や柱，窓など）と家具（机・椅子，ベッドなど）を手掛かりに起こるものであり，これらの物理的環境と人間の居場所を描き止めることで，空間と人間の対応関係を考察する有力な手掛かり・資料を得ることができる。

終日の連続観察調査，一定時間おきの定時観察調査，ある時間断面を定めた毎日観察調査，などが考えられよう。

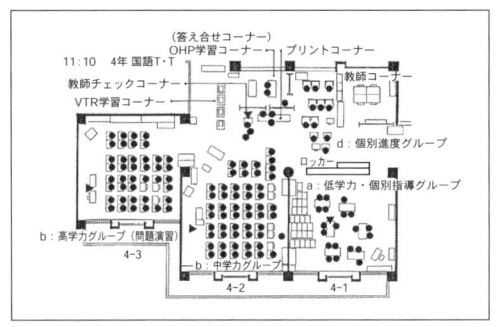

図2　Behavior Map の例（引用文献2）
本町小学校・4年学年クラスター（1985：横浜）

3) アンケート・ヒアリング調査

その空間を使いこなす生活者・ユーザーの評価や意識を探りたい場合もあろう。このためには，ユーザーを対象として評価・意識に関するインタビュー・ヒアリングの非構造的調査を行い，その概要を把握する方法が考え得る。

この非構造的調査の後，知りたい評価ポイントがいくつか把握できた場合，この評価ポイントをアンケート調査票にまとめ悉皆的な調査を行い，評価分布を把握・分析する手順が考え得る。特に，ある特定の提案性をもった建築・都市空間の場合，この提案性のポイントについて調査を行うことで，その有効性の可否について判断する材料を得ることができる。

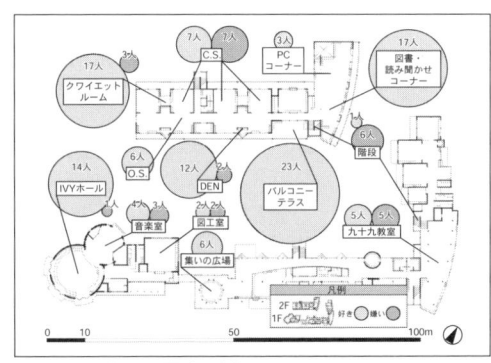

図3　アンケート調査の例（引用文献3）
九十九小学校：児童の好きな場所・嫌いな場所

このように，構想した研究課題に対していくつかの調査手法を立体的に組み合わせて実施し，これらの総合と検証によって結論を導くことも計画研究ではしばしば行われる。

3. 分析方法と調査方法

　分析方法に対する発想から研究・調査を構想するということが計画研究では起こり得る。新しい分析方法に関する着想などである。こうした試みや挑戦が，計画研究の新しい可能性を拓くこともあり得る。分析方法の着想が先行する場合なので，採取すべきデータの質や量はあらかじめ具体的に想定されやすい場合である。

　一例として，都市空間・建築空間における人の認知構造を明らかにしたいとの研究動機の場合を取りあげてみる。従来から優れた取り組みが続けられてきているが，本書でも後に詳しく解説されるように，直接空間に対する認知の構造を図示させるイメージマップ法（定量的な分析が難しい）に対し，クラスター分析，主成分分析，因子分析，多変量解析などの定量的な解析が可能なデータを採取する方法として，サインマップ法，パズルマップ法，エレメント想起法などの調査方法がある。空間認知の構造を把握したいという研究の目標設定に対しても，分析方法に対する発想から調査方法の選択自体が定まってくることも起こり得る。

4. 実験室実験とフィールド実験

　人間工学や環境心理学の研究では，実際の空間で人間の意識や行動を計測する調査を行う場合と，実験室に建築空間を模擬的に再現し計測する場合とがある。当然，調査や計測の方法は両者でまったく異なり，それぞれに得失がある。

(1) フィールド実験

　フィールド実験は，実空間における人間の行動や意識を観測・計測する調査であり，この点，入手できるデータと実空間の対応関係は一応明快ではある。しかし，

- 実空間を構成する物理的要因は多様・多彩であり，かつ複雑に絡み合っている。いくつかの要因を単純化して操作することは難しい
- さまざまな条件の下での実験・計測は難しい
- 労力・コストの面からサンプル数を増やすことが難しい
- 特に心理評定などでは，実験の前後の状況に評定が左右されやすいというリスクが伴う

などの困難が伴うことを十分考慮に入れておく必要がある。

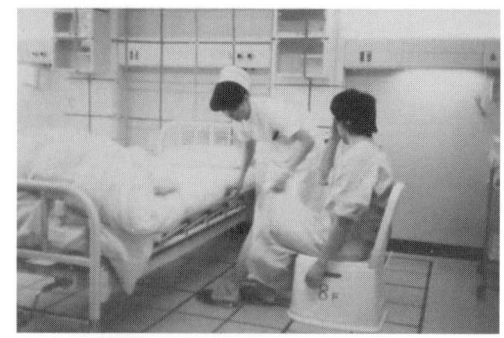

図4　実際空間での実験の例（引用文献4）
看護動作シミュレーション実験

(2) 実験室実験

　実験室実験では，実空間では操作しにくい環境要因をさまざまに操作し，その要因と人間行動・意識の関係を探ることができるという特質がある。被験者に対する実験条件を均質化できるという利点もある。しかし，現実の条件を壊さずにそのまま実験室に持ち込むことは原理的に不可能であることを銘記する必要がある。現実をどの程度反映できている調査なのかについて深い洞察がないと，意味のない研究となる。

　実験室実験では，

- 現実の空間のある物理的要因を単純化した模擬空間（実物大の場合と何分の一かのスケールモデルによる場合などがある）によるもの
- 実空間のスライドやVTRを用いるもの
- コンピュータ・グラフィックによる合成画像等によるもの

などの手法がある。

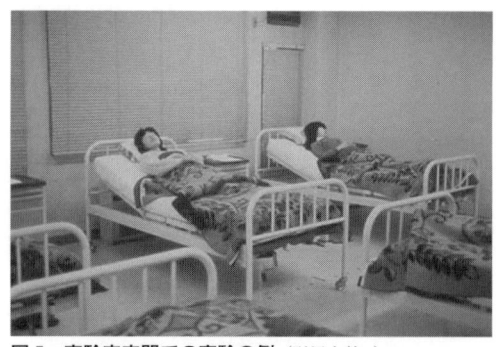

図5　実験室空間での実験の例（引用文献5）
模擬病室によるベッド間隔シミュレーション実験

5. 調査対象の選定とサンプリング

　建築空間の有り様は，本来多様であり，そこに生活する人間（生活者・利用者）の属性や個性も多様である。建築計画・都市計画研究において，これらの組合せによる膨大な全体像（母集団）に対して全数調査を行うことは原理的に不可能であり，いずれにしてもある法則性にのっとって調査の対象を抽出する（サンプリングする）ことが必要になってくる。もしくは，固有の研究対象（空間または人間）を選定した時点で，すでに対象をサンプリングしていることになる。

　どのような論拠をもとに対象を選定したかは，自然科学における実験・計測の条件設定に準ずる事項であり，何をもって事実と認定しようとしたかの根幹を成すものといえる。

(1) サンプリングの手法

　膨大な全体を直接対象にすることができない場合，一定の方法によって研究対象を抽出することになる。このサンプリングの方法には表1に示すようなものがあるが，一般に計画研究の場合，母集団を階層として捉え，この階層ごとに調査対象を抽出する考え方を採ることが多い。

(2) 少数精密調査と大量調査

　数多くを対象として膨大な調査を行えば正確に現象を捉えられるかといえば，必ずしもそうではなく，そもそも"労多くして実り少ない"結果となることも多い。粗くてもよいので全体を俯瞰できる調査（既往の統計資料等を用いることも多い：資料調査）を行い，ここから典型事例・モデル事例を抽出した後，限定した対象に対して少数精密の調査を行うことなどは有効といえる。この作業は，最終的に対象とした事例の全体像のなかでの位置づけを明確化する意味もある。

6. 調査方法確定のための「調査」

　これらの検討によって調査の対象や方法がおおむね立案できたら，少数の対象について予備的な調査を行っておくことは，特に初学者にとって大切である。机上で立案した調査や実験の計画の具体的内容が，実際の場面では成立しないことも意外に多いのである。

　実際の建築・都市空間をフィールドにする調査であれば，絞り込んだ調査対象に何度も足を運び，想定した手順に従って予備的な調査を試行してみる，多くの対象者に対しアンケート調査を企画する場合などでは少数の対象を選んで調査を試行し調査票に不備がないか否かなどをチェックしておく，などである。

〔引用文献〕
1) 上野淳「イギリスにおける小学校建築の計画動向とその使われ方の概要」日本建築学会計画系論文報告集，No.433，pp.63-74，1992.3，66頁・図Fig.1
2) 上野淳「小学校オープンスペースにおける学習展開に関する分析―小学校オープンスペースの使われ方に関する調査研究(2)」日本建築学会計画系論文報告集，No.406，pp.73-85，1989.12，79頁・図6
3) 寺島修康・栗田実・上野淳「小規模小学校における計画・デザイン提案とPOE調査による検証―九十九小学校におけるケーススタディー―」日本建築学会技術報告集，No.27，pp.229-234，2008.6，233頁・図12
4) 上野淳・長澤泰・山下哲郎・筧淳夫「看護動作シミュレーション実験による病床周辺の必要作業領域に関する検討」日本病院管理学会誌・病院管理，Vol.24，No.3，pp.55-63，1987.10，57頁・写真1
5) 上野淳・長澤泰・筧淳夫・尾形直樹「シミュレーション心理実験による病室の適正ベッド間隔に関する検討」日本建築学会計画系論文報告集，No.410，pp.65-76，1990.4，68頁・Fig.2

表1　サンプリングの方法

a．単純ランダム・サンプリング	母集団全体から，一定数のサンプルをランダムに抜き出すこと。
b．層別サンプリング	母集団をいくつかの部分集団に分けたうえで，その各部分集団のすべてに対して，それぞれ単純ランダム・サンプリングを行うもの。
c．クラスター・サンプリング	母集団がいくつかの部分集団に分かれているとき，任意の数の部分集団をランダムに選んで，この部分集団に属する個体をすべてサンプルとする方法。
d．副次サンプリング	母集団がいくつかの部分集団から成っている場合，このすべての部分集団から同数の部分集団をランダムに選び，次いでこの各部分集団から，さらに一定数のサンプルをランダムに選ぶ（2段サンプリング）などの方法。

1・2 資料を入手する　所在・選定・分類・整理

1. 概要

　社会・経済の仕組みは，自然，環境，文化そして地理的な要因などが複雑に関連している。調査・分析を進めていくには，このような複雑な事象を体系的かつ効率的に捉えることを得意とする統計資料や地理情報が役に立つ。政府もこれらの情報が社会基盤としてきわめて重要であることを認識しており，各種資料の整備方法や入手のための体制づくりを積極的に検討している。その結果，種々の資料は，社会の情勢に合わせて素早く作成されるようになってきている。また，個人情報等の保護に留意しながら，広く一般に公開する体制も整いつつある。今日，書籍に加え，コンピュータやスマートフォン・携帯電話を利用することにより，世界中の情報を簡単に手にすることができる。研究資料も，インターネットを利用することで，比較的容易に入手できるようになってきている。

　このような状況下で，都市・建築に関する調査・分析を進めていくには，われわれを取り巻くあふれる情報の中から，適宜，役に立つ資料を見つけ出し，その質を見極め，研究の目的に合っているものを選定していくことが必要となる。

　どのような資料を研究のデータとして扱うかは，研究全体の中でも大きなウエイトを占めている。例えば，既存資料を一切使わずに，アンケート調査や現地調査から得られる情報を研究の基礎データとする場合もある。しかし，もし研究対象が経年的，あるいは広範囲にわたるものである場合，アンケート調査や現地調査を行おうとすると，膨大な予算と時間がかかるため，現実的とは言えない。むしろ，全国的な統計資料や地図などを積極的に活用するほうが効率的であり，精度の高いデータを取得できる可能性が高い。また，地域施設の利用実態や土地利用の変容など，全体的な傾向を捉えたい際にも，既存資料の活用は有効な方法となる。テーマによっては，特別な調査等を実施せず，既存資料を駆使して鮮やかな結論を導き出している研究例もある。

　各種の既存資料を研究に取り込む際には，以下の手順に留意することが重要である。
①どのような資料がどこで提供されているのか，資料の所在をつかむこと。
②資料の中から，目的に合うデータを選び出すこと。
③データの背後にある意味を正しく読み取って，必要な情報を分類・整理して利用すること。
　ここでは，特に既存の統計資料と地理情報をいかに入手し，活用するかを考えていく。

2. 資料の種類

　既存の統計資料は，おもに2つに分類できる。全国レベルで実施される「国勢調査」をはじめ，行政機関が作成する「公的統計」（新統計法，(旧)統計法では官庁統計）と，民間団体や新聞社，広告代理店や企業等によって作成されるいわゆる「民間統計」と呼ばれる統計資料に分けられる。

　公的統計は，強制力もあり，調査票の回収率が高いために比較的信頼性が高い。公的統計に関する法律は，平成19年に「(旧)統計法」から「新統計法」に全面的に改定されている。これにより，行政のための統計から社会の情報基盤としての統計へと整備されている。昨今，公的統計の調査票に記載されている情報の利用を希望した場合，学術研究の発展に資すると認められると，既存の調査票情報から新たなオーダーメード集計表が作成され，入手することができる。また調査票情報の匿名性が確保された匿名データも，貸与が可能である。なお，資料の貸与を行う際には，申請から承認までに時間がかかる場合があるため，あらかじめ，十分な資料入手時間を確保しておくことが賢明である。

　行政機関が作成する基本的な統計調査のうち，国勢調査などのとりわけ重要なものは，「基幹統計」((旧)統計法では指定統計）とされている。これらの統計は，大規模な調査体制により定期的に情報が収集・蓄積されている。なお，統計調査の結果から直接得られる統計を「基礎統計」((旧)統計法では第一次統計）といい，「国勢調査」や「経済センサス」などがある。一方，基礎統計を組み合わせて加工して作成さ

狩野朋子

れた統計は「加工統計」（(旧)統計法では第二次統計）と呼ばれる。要約や引用等，何らかの加工・編集が加えられた加工統計は，統計情報の所在や特性を把握するのに役立つ。

民間統計は，国民の経済活動に関するものをはじめ，公共施設等の利用状況を集計したデータや，新聞社によって行われる各種の世論調査，NHK放送文化研究所によって実施されている「国民生活時間調査」などの大規模なものもあり，国民や地域住民の意識，地域の特性を知る一助となるものが多い。しかし民間統計は，公的統計に比べて，インターネット上での公開が少なく，紙媒体での入手も困難な場合がある。

また，地理情報は，施設の分布状況や配置などの空間的な特性を調査・分析する際に役に立つ。地理情報とは，地理的な空間・範囲に属性が対になっている情報である。都市・建築研究に関わる地理情報のおもな内容は，地盤や植生，交通状況，地価，標高，学校・病院などの施設分布，用途地域などの都市計画情報，土地利用・建物現況図等，多岐にわたる。

これらのデータの構造は，2種類に分類できる。空中写真や衛星画像などの画像データ（ラスタ型データ）と，図形的な要素（点・線・面）で構成されるデータ（ベクタ型データ）である。特に，GIS（地理情報システム）を用いて各種データを重ね合わせたり，また地図にマッピングして新しいデータを作成する際には，データの構造やフォーマット，精度や測地系をあらかじめ確認しておくことが重要である。

その他，われわれの生活に密接に関わっているタウンページの店舗や企業情報，インターネット上に配信されている駐車上の空き情報など，身近な資料も研究資料として活用することができる。日常的で些細な情報も，そこから何かを発見することができれば，有益なデータとなり得るのである。また複数の資料を多数重ね合わせることにより，オリジナリティのあふれるデータを作り上げていくこともでき，資料が研究データになり得るか否かは，アイディアとひらめき次第である。

ここで，統計資料および地理情報を用いた2つの研究を紹介する。大佛俊泰らによる「建物名称の空間分布からみた地域イメージの魅力度分析」[2]では，良好な地域イメージを表象する地域名称（駅名・町名）は，建物名称の一部に付与される可能性が高いことが考えられる点に着目している。こうした現象に注目し，東京都世田谷区全域の建物とその名称に関わる空間分布データ（「ゼンリン電子地図・Zmap-TOWN II 2001」，「東京都都市計画地理情報システム」など）を用いて，地域イメージの魅力度を，定量的に分析・記述している。

また，狩野朋子，藤井明による「土地利用属性に基づく情報量を指標とした東京都区部の地域分析」[3]では，空間情報データは，各々の目的に応じて整備されているため，明快ではあるが，場所の現実的かつ多義的な特性が表示しきれないことに着目している。そこで，都区部の複数のデータベース（「国勢調査」，「数値地図5mメッシュ（標高）」，「地価公示」など）をもとにして多数の空間情報レイヤを作成し，重ね合わせることにより，われわれの実感により近い土地利用特性を効率的に捉える手法について研究を行っている。

いずれにせよ，データは，定性的なデータと定量的なデータに代表されるように，特性もさまざまであり，適用できる分析方法も異なってくる。自分が扱おうとする事象がどのような資料から得られ，どのデータに代表されるのかを詳細に検討することが求められる。

3. 資料の探し方

都市・建築研究に関連する資料の種類は，国土や土地・施設・建物に関する「物的データ」とそれを利用する人々に関わる「人的データ」に分けられる。

表1は，「国勢調査」や「人口動態調査」，「住民基本台帳人口移動報告」などの主要な調査をはじめ，建築・都市の物的・人的データとして利用されることが多いおもな統計調査に関し，集計項目や作成機関等をまとめたものである。同様に表2は，代表的な地理情報の名称や内容，調査対象範囲，データ形式等をまとめたものである。

表1 主要な統計調査一覧

人口・世帯

名　称	おもな集計項目・内容	周期	開始	作成機関	基幹統計
国勢調査	国内の人口・世帯に関する統計	5年	T9年	総務省	○
人口推計	国勢調査の人口を基にした人口の推計	毎月	T10年	総務省	
人口動態調査	出生・死亡・婚姻・離婚・死産等の全数統計	毎月	S22年	厚生労働省	○
住民基本台帳人口移動報告	住民票に基づく転入・転出者数，移動者数等	毎月	S29年	総務省	

住宅・土地・工事

名　称	おもな集計項目・内容	周期	開始	作成機関	基幹統計
住宅・土地統計調査	住宅（居住室数，面積，構造），世帯，住環境等	5年	S23年	総務省	○
建築着工統計調査	建築場所，工事種別，建築物の用途，構造，床面積の合計，新築の階数・敷地面積等	毎月	S25年	国土交通省	○
空家実態調査	大都市圏の空家の所有者属性と空家属性（住居の種類，構造，老朽度，規模，入居者募集状況等）	5年	S55年	国土交通省	
地価公示	1月1日時点の標準地の単位面積当たりの更地価格	毎年	S45年	国土交通省	

生活・家計

名　称	おもな集計項目・内容	周期	開始	作成機関	基幹統計
国民生活基礎調査	生活の基礎的事項（保健・医療・福祉・年金・所得等）	毎年	S61年	厚生労働省	○
国民生活時間調査	一日の時間別（15分刻み）の生活行動，在宅状況等	5年	S35年	NHK放送文化研究所	
社会生活基本調査	生活時間の配分，余暇時間におけるおもな活動状況等	5年	S51年	総務省	○
全国消費実態調査	家計上の収入と支出，住宅・宅地，年間収入等	5年	S34年	総務省	○
労働力調査	就業者数，完全失業者数，非労働力人口等	毎月	S22年	総務省	○

事業所・企業・商業活動

名　称	おもな集計項目・内容	周期	開始	作成機関	基幹統計
事業所・企業統計調査 ※H21年から経済センサスに統合	経営組織，事業所の開設時期，従業者数，事業所の事業内容等	5年	S22年	総務省	○
商業統計調査	業種・従業者規模・地域別等の事業所数，従業者数，商品販売額等	5年	S27年	経済産業省	

公共・公益施設の利用実態

名　称	おもな集計項目・内容	周期	開始	作成機関	基幹統計
公共施設状況調	公共施設の実態，整備状況等	毎年	S37年	総務省自治財政局	
医療施設調査	全国の医療施設の分布状況と整備実態（患者数，従業者数，所在地，病床数等）	毎月/3年	S28年	厚生労働省	○
社会教育調査	公民館・図書館等の施設・設備，事業実施状況，ボランティア等	3年	S30年	文部科学省	○
宿泊旅行統計調査	延べ・実宿泊者，延べ宿泊者数の居住地内訳，宿泊施設タイプ別施設数等	四半期	H19年	国土交通省	

その他総合統計

名　称	おもな集計項目・内容	周期	開始	作成機関	基幹統計
地域メッシュ統計	国土を小地域区画に細分し，統計調査結果（国勢調査，事業所・企業統計調査）を対応させて編集	5年	S44年	総務省	
社会・人口統計体系	人口・世帯，教育，労働，居住，健康・医療等	毎年	S51年	総務省	

表2 主要な地理情報一覧

名　称	おもなデータ項目・内容	対象範囲	データ型	刊行，提供元
数値地図 2500（空間データ基盤）	都市計画基図（1/2500）の行政区域（町丁目・大字），街区，道路中心線，公園，公共建物等を数値化した空間データ	全国の都市計画区域	ベクタ型	国土地理院，日本地図センター
数値地図 25000（空間データ基盤）	地形図（1/2.5万）の道路・鉄道・河川中心線，行政界，地名，公共施設，標高等を数値化した空間データ	全国	ベクタ型	国土地理院，日本地図センター
数値地図 5 m メッシュ（標高）	5 m メッシュの中心点の標高値（0.1 m 単位）	主要都市	ラスタ型	国土地理院，日本地図センター
数値地図 50 m メッシュ（標高）	50 m メッシュの中心点の標高値（1 m 単位）	全国	ラスタ型	国土地理院，日本地図センター
細密数値情報（10 m メッシュ土地利用）	宅地利用動向調査を基に作成した土地利用データ 15 種類と行政区域データ	首都・中部・近畿圏	ラスタ型	国土地理院，日本地図センター
JMC マップ	地勢図（1/20 万）相当のデータ，行政界・海岸線，道路，河川等と市区町村名等	全国	ベクタ型	日本地図センター
空中写真	モノクロとカラー，空中写真閲覧システム「国土変遷アーカイブ」では，S 21 年（一部 S 11 年）以降の写真が閲覧可	全国	ラスタ型	国土地理院，日本地図センター等
高解像度衛星画像	空間解像度が 50 cm 以上の画像が提供可能，歪みの少ない高品質な画像，Google Earth 等より閲覧可	全国	ラスタ型	日立ソフト，日本スペースイメージング他
Zmap–TOWN II（住宅地図データベース）	道路，鉄道，行政界等と建物情報（ビル名・居住者名・住所等）が記載された住宅地図	全国	ベクタ型	ゼンリン
「プロアトラス」シリーズ	住所・施設名等の検索機能付き地図ソフト，主要都市の地下街マップが搭載	全国	ベクタ型	ヤフー（アルプス社）／クレオ
「GISMAP」シリーズ	等高線，町丁目・大字界，鉄道・道路等の詳細な道路地図データ（for road 等）	全国	ベクタ型	北海道地図
タウンページデータベース	タウンページ（職業別電話帳）の住所・電話番号等がデータベース化されたもの	全国	属性一覧（CSV 形式）	NTT 東・西日本，NTT 情報開発

表3 資料の情報源

索引・総覧

資料名	内　容	刊行年	編　集	発行／出版
統計情報インデックス	S 62 年以降の統計資料の所在源に関する情報，官公庁や民間調査機関が作成する主要刊行物を収録 ※H 20 年版が最終年	毎年	総務省統計局	日本統計協会
日本統計索引	S 50 年時点の主要な統計資料を採録，統計資料名から統計表内の個々の細目まで検索可能	S 51 年	日本統計索引編集委員会，河島研究事務所	日外アソシエーツ
日本統計総索引	「日本統計索引」刊行までの唯一の索引。S 20 年から S 32 年の基礎調査名称，調査機関，収録文献等を網羅的に掲載	（S 34 年）H 10 年	専門図書館協議会	（東洋経済新報社）日本図書センター
統計調査総覧	「国編」と「地方公共団体編」，基幹統計等の主要統計の名称，実施機関，目的，調査方法等を収録 ※H 18 年で廃刊	毎年	総務省統計局統計基準部	全国統計協会連合会
民間統計ガイド	民間団体・企業が作成した統計書名，調査対象，報告者，作成周期，集計内容，問合せ先等を掲載		全国統計協会連合会	全国統計協会連合会

加工統計

資料名	内　容	刊行年	編　集	発行所／出版社
日本統計年鑑	官公庁や民間調査機関等の調査や加工統計を基に，編集・収録した包括的統計年鑑	毎年	総務省統計研修所	総務省統計局
日本の長期統計系列	「日本統計年鑑」収録の統計を基に明治初期から現在までの長期時系列データを総合的・体系的に収録	不定期	日本統計協会	日本統計協会
日本の統計	「日本統計年鑑」から重点項目を選定してまとめた統計書，統計表とグラフで構成	毎年	総務省統計研修所	総務省統計局

日本都市年鑑	全国各都市の市域,市政,行財政,環境衛生等に関する統計・資料を収録した都市別総合年鑑,人口や都市計画などを解説	毎年	東京市政調査会／全国市長会	市政調査会／第一法規
日本アルマナック	現代日本を知る総合データバンク	毎年	教育社	教育社
民力	種々の統計資料から都道府県・エリア・市町村別に民力を測定,マーケティングに役立つ地域データベース	毎年	朝日新聞出版	朝日新聞社
日本国勢図会	日本の経済・社会に関する最新データを総合的に収集した統計書,諸外国の統計も収録	毎年	矢野恒太記念会	矢野恒太記念会
国際連合世界統計年鑑	世界・地域・国レベルでの社会・経済活動に関する国際統計を編纂	毎年	国際連合統計局	原書房

検索サイト

Webサイト名	内容	監修
e-Stat 政府統計の総合窓口	日本の政府統計関係情報を網羅的に探すことのできる統計ポータルサイト,統計の検索のほか,地図・図表の閲覧等も可能	総務省統計局
地理情報クリアリングハウス・ゲートウェイ	インターネット上に分散する地理情報の所在情報に関する一斉検索システム	国土交通省国土地理院
土地総合情報システム	不動産の取引価格,地価公示価格・都道府県地価調査価格を検索して地図上で確認できるサイト,データのダウンロードも可能	国土交通省
GISホームページ	国土数値情報や国土画像情報などの各種データの検索やダウンロード,国土情報ウェブマッピングシステムによる地図データの閲覧が可能	国土交通省国土政策局

その他関連機関のWebサイト

機関名	内容
総務省統計局	国の統計の中枢機関として,統計局が実施している統計調査・加工統計に関する情報,日本・世界統計情報や各国政府の統計機構へのリンク集,震災関連の統計調査の取り組み等を発表
国連(UN)統計部,UN data	各国の主要社会指標データ(人口,住宅,保健,教育等)に関する幅広い統計を収録
Monthly Bulletin of Statistics Online	各国の経済社会分野の最新統計を収録,各国の公式統計データが収録されている,内容はUN dataとほぼ同様
世界銀行グループ(World Bank Group),World Data Bank	各国の経済開発に関する統計資料の検索およびダウンロードが可能
東京大学空間情報科学研究センター	空間情報科学の研究に役立つ研究支援サービスとして,空間データの検索や閲覧,アドレスマッチング機能の利用や空間データ作成が可能

　どのような既存資料があるのかという情報を見つけるためには,まずは情報源を見つけ,そこから関連する資料を探していく。例えば,文献資料を手掛かりとする方法や,既往論文を手掛かりとする方法(出典にある図面,地図,書籍,参考文献の情報が役立つ)がある。文献資料や論文から順次いもづる式にたぐっていく方法は,研究資料を探す際に頻繁に行われる方法である。

　統計資料の所在を探す場合,各省庁によってまとめられている「～統計要覧」や「～統計年鑑」,また主要な統計を地域別・都道府県別にまとめた「県勢要覧」は,資料を総合的に把握するダイジェストの役割も果たすため非常に便利である。まずは,これらの加工統計や,基礎統計の概要が引用されている「～白書」によって,どこにどのような統計資料があるのかの目安をつけ,その後,基礎統計にさかのぼって具体的に調べていくのが,一般的な方法である。

　また近年,インターネットの情報検索サイトも充実している。特に,統計資料や地図などの地理情報は,データベースとしての形態をとるものが増えてきており,検索サイト上で利用規約に同意した後,閲覧やダウンロードができるようになってきている。

　地理情報を,ネットワークを利用して検索するシステムは,「クリアリングハウス」と呼ばれている。必要な地域名称,範囲,年度を入力すると,種々のデータ作成機関で構築されている地理情報の所在や内容,入手方法,精度が表示されるシステムである。そこで得た情報を基

に，刊行物または電子媒体によってデータを取得する。昨今では，ネットワークを利用して即座に入手できる場合もある。紙の地図で表されていた地理情報の電子化は，着実に進んでおり，資料の入手も場所を問わずに効率的に行われるようになってきている。

表3は，資料を探すときにダイジェストとなり得るおもな情報源とクリアリングハウスを含む検索サイトを紹介している。

なお，データを取得する際，省庁の再編にともなうデータ入手手続きの変更等は，考慮が必要な点である。一般的には，食料・作物関係の資料は農林水産省，陸運行政・観光関連の資料は国土交通省，労働・行政は厚生労働省の地方機関などで直接調査され，中央省庁で集計されている。

膨大な情報の中から必要なデータを探し出すためには，経験や勘に頼るところも少なくないが，取得できたデータと現実社会を見比べ，両者をすり合わせる作業は，最も重要である。

4. 資料の使い方

文献や紙媒体の資料に加えて，インターネットやCD-ROM等を通して入手した資料は，よく観察して，その信頼性を確認する必要がある。入手した資料を研究の基礎データとして用いるためには，資料の本来の目的を正しく読み取ることが重要である。

資料を利用する際には，まずその統計が，いつの時点で，だれによって，どのような目的で作成されたものであるかを確認すること，さらに「調査の概要」から，調査の範囲，内容，方法，調査項目などを知っていくことが必要である。そのうえで，研究に必要な資料をデータとして抽出することになる。

得られたデータは，そのまま使われる場合もあるし，また集計されたり，あるいは複数のデータを組み合わせることによって新たな観点から利用される場合などがある。特に注意が必要な点としては，日本の公的統計や地理情報は，それぞれの行政機関が分担して資料を作成する，いわゆる分散型となっている点である。そのため，厳密に見ると，同じ統計でも調査の方法が異なっている場合もあり，詳細な研究を行う際には，この差異を十分に考慮する必要がある。

一般的には，扱う研究データが多いほど，資料の作成方法や精度の差異に関する問題が出てくるが，これらの問題がどの程度，分析結果に関わってくるのかという点をまず精査し，結果を大きく左右する場合には，入手データの変更やデータの再整理，あるいは分析方法を検討することが求められる。

また，経年的な変化を扱う場合，市町村合併（市町村の配置分合または市町村の境界変更）が行われ，町丁目の集計単位が変更されている場合があることも，注意点の一つとしてあげられる。むしろ，調査設計，調査の範囲，方法，項目等が，統一されている資料はきわめて少ないことを留意されたい。

さらに，既存資料を用いず，アンケート調査やヒアリング調査などを行って独自に資料を作成する場合には，個人情報の取り扱いに慎重になることを忘れてはならない。

以上，研究の素材として，取得データの信ぴょう性を確かめることは重要であるが，データは，現実のある一断面を切ったものであることも忘れてはならない。常に現実にフィードバックして見比べつつ，慎重に扱う姿勢が求められる。

情報はわれわれの生活にも身近なものになりつつあるが，膨大な情報の中から，いかに有用な情報の所在をつかみ，目的に合うデータを選定し，必要に応じて分類・整理できるかが，研究の重要なポイントとなる。魅力的で説得力のある資料を入手することにより，卓抜した研究成果の創出が期待される。

〔参考文献〕
1) 野上道男・岡部篤行・貞広幸雄他『地理情報学入門』東京大学出版会，2001
2) 大佛俊泰・小川健一「建物名所の空間分布からみた地域イメージの魅力度分布」日本建築学会計画系論文集，No.576, pp.101-107, 2004.2
3) 狩野朋子「土地利用属性に基づく情報量を指標とした東京都区部の地域分析」都市計画論文集，No.45(3), pp.613-618, 2010.10

1.3 たずねる　アンケート

上野　淳

アンケート：Enquête は，フランス語の"質問"もしくは"調査"を意味し，調査の方法として，直接人にたずねる"ヒアリング"や"インタビュー"も含む概念である。本書では，調査方法としての"ヒアリング・インタビュー"については別項（1.4）がおかれているので，ここでは「質問紙」による調査：アンケート調査について限定して論述することとする。

アンケート調査は，例えば世論調査，国勢調査などでも用いられ，社会学，心理学などの学問分野でも多用される汎用的な調査方法といえる。質問紙調査では，質問と回答に一定の枠組を設け，統制的に結果を得ることができるので，統計的な処理が可能となる方法である。この点が，ヒアリング・インタビューの非構造的調査とは異なる特色といえる。

さらに，対人的に調査を行っていくヒアリング・インタビューに対し，一つの質問紙で多くの対象者に調査をかけることを可能にする方法であり，不特定多数を対象にした調査に向いている方法ともいえる。

1. 事実を問う調査と，意識・評価をたずねる調査

建築計画・都市計画研究におけるアンケート調査には，1）客観的な事実を問う調査，2）対象者の意識や評価をたずねる調査，がある。これらを組み合わせて調査票全体を組み立てることも多いが，大切なのは設問をデザインするにあたって，それぞれの設問がどちらに該当するかをしっかり意識して設計することにある。

客観的な事実を問う設問には，まず，回答者の性別，年齢，職業などの基本属性を問うものがある。さらに施設利用者調査などでは，対象者の利用目的，利用内容，利用頻度などをたずねる場合があげられる。住居・居住様態などに関する調査では，居住する住戸の間取り・広さ，同居人数，居住歴などをたずねる場合があげられる。

対象者（利用者・居住者）の意識・評価をたずねる設問では，施設利用調査などではその施設の使い勝手や利便性の評価，空間の明るさ・暗さ，音環境等に関する意識をたずねる場合などが想定されよう。住居・居住様態などに関する調査では，住みやすさや地域に関する評価，今後の継続居住に関する意識等をたずねる設問などが該当する。

特に意識・評価をたずねる設問では，回答を自由記述による場合以外では，後述するように回答者の反応の範囲を十分に考察し，慎重に選択肢を用意する必要がある。選択肢の設定によっては回答を誘導することになりかねないし，回答者にとって自分の意識・評価にぴったりフィットする選択肢が用意されていない場合があると，調査自体の信頼性を損ねることもあり得る。

2. アンケート調査の実施方法

質問紙によるアンケート調査の具体的な実施方法には，次のようなものがあげられる。

（1）面接調査

調査員が調査対象者に直接訪問するなどして，質問紙の項目に従い一問一答形式で聴取する。事前に配布しておいて，面接のうえ聴取する方法もある。調査対象者を特定でき，反応を確かめながら調査できる利点がある。

（2）配票調査

事前に個別訪問などで配布して調査票に記入を依頼し（留め置き），後日，再度訪問するなどして記入済みの調査票を回収する方法。もしくは，上述の面接調査を行う。

また，例えばコミュニティセンターなどの地域公共施設の利用者実態を把握することを目的とした調査などでは，一日断面の利用者像を知ることを目的として，来館者に対して入館時にアンケート票を配布し，帰館時に回収箱などで記入済みの票を回収する方法などもある。

（3）郵送調査

調査対象者の住所・氏名等が特定できている場合，郵送にて調査を行う方法も多用される。配布・回収の双方を郵送による場合，回収は訪問・面接による場合，などがある。

また，例えば一定地域の住民を対象とする場合などでは，配票は戸別ポストへの直接配布に

より，回答を郵送で得る方法などもある。

なお，いずれの場合でも回収率100%は期待できず，返送のコストリスクを考えておく必要がある。これを低減するために，返信には後納郵便の制度を使うことが費用面で効率的となる。

(4) 集合調査

調査対象者に集まってもらい，調査目的・趣旨，内容を説明した後，調査票を配布し，回収するもの。目的・内容を口頭で丹念に説明できること，設問についての質問を受けることができること，回答者を特定でき反応を確かめながら進めることができること，などの特徴がある。

ただし，説明は熟練した調査員が注意深く誤解を与えないように行わないと，暗示をかけたり，結果として回答に誘導を与えるおそれもあり，留意が必要である。

(5) 電話調査

世論調査など，一定の社会集団に対して意見等の動向を探る場合に用いられる。電話によって，調査票に基づき一問一答形式で回答を求めるもの。コンピュータによる乱数発生で電話番号を発生させ，応答した対象に質問を行う方式（RDD方式）などが用いられる。

(6) メール調査

調査対象者のメールアドレスが特定できる場合，電子メールによってアンケート調査票を送付，回収する方法。調査コストを低減できるメリットがある。この場合，メールアドレスは，郵送調査の場合の住所・氏名にあたる。

(7) インターネット調査

インターネット掲示板上に質問紙を掲示し，一定期間アンケート回答を受け付けるもの。簡便ではあるが，回答者を特定できず，回答内容に十分な信頼性が期待できるかなど，慎重な考慮を要する点がある。

なお，電話調査は固定電話をもつ人に調査対象を限定することになり，同様に，メール調査，インターネット調査は一定程度の情報リテラシーを有する人に調査対象を限定することになる。いずれの場合も，探りたい母集団全体を正確に反映できているか否かについて，慎重な考察が必要となる。

3. アンケート調査の回答方式

質問紙によるアンケート調査の回答の設定のしかたには，1）選択肢回答，2）直接回答，3）自由記述回答，の3つの場合がある。また，これらとは別に，図示による方法などもある。

(1) 選択肢回答と直接回答

まず，［選択肢回答］と［直接回答］について考えてみる。わかりやすい例として，回答者の性別・年齢・職業などの基本属性を問う場合。性別は二者選択であるから，選択肢による場合も直接回答の場合も同じとなるが，年齢・職業などでは，直接回答による方法と，あらかじめカテゴリー分類をしておき，この分類に従って回答を選択させる方法とがある。

年齢の場合を例にとると，直接回答では，

$$\boxed{\bigcirc\bigcirc}\ 歳$$

と記入させる。

これに対し，選択肢回答では，例えば，

| a．〜10歳 | b．11〜20歳 | c．21〜30歳 |
| d．31〜40歳 | e．41〜50歳 | f．51歳以上 |

などの選択肢を設け，該当を選択させるものである。

統計的処理は，後者のほうが簡便であることはいうまでもないが，集計・分析の段階になってこのカテゴライズに変更がきかないことは，あらかじめ慎重に考えておく必要がある。これに対し直接回答では，回答の分布によって，集計分析の段階でカテゴリーを改めて考えることができるメリットがある。

いずれにしても一長一短があるが，回答者にとっては，選択肢を選ぶ形式が負担感も少なく，詳細な個人情報を披瀝しないで済む，などの心理的側面も一考しておく。

なお，選択肢の設け方，その言葉使いには慎重な検討を要する。回答者にとってわかりにくい選択肢・言葉使い，結果として回答をある方向に誘導してしまうような選択肢の設け方，などである。

さらに，選択肢を選ばせる調査形式では，一つのみの選択なのか，多重の選択を許すのか，

その都度明示することが必要であり，

> ・該当するものを一つだけ選択して下さい
> ・該当するものをすべて選択して下さい
> ・該当するものの中から最も当てはまるもの3つを選んで下さい

などを設問ごとに付しておくことで，回答者を迷わせない配慮をしておく。

(2) 自由記述回答

回答にあらかじめ枠組を設けず，短答式の自由記述を求めるもの。どのような答えが返ってくるか想定が困難な場合，全般的な感想や意見・評価を求める場合などに用いられる。記述された内容が調査研究にとって有用な資料となる場合も多いが，統計的な処理は難しく，結果的にデータとして使えないことも多いことを覚悟しておく必要がある。

なお，開発途上の方法ではあるが，自由記述に一定の枠組を与えて集計をしやすくする方法もないわけではない。回答に選択肢を与えにくいが，回答者の評価や感想をたずねたい場合などに，理由や評価を単純な言葉で回答を求めるものである。

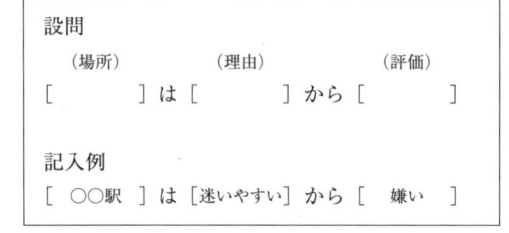

[例]
```
設問
       （場所）      （理由）      （評価）
     [      ] は [      ] から [      ]

記入例
     [ ○○駅 ] は [ 迷いやすい ] から [ 嫌い ]
```

4. アンケート調査票のデザインの手続き

アンケート調査は，調査方法のうちでも比較的取り組みやすい方法と思われがちであるが，そのデザインには周到な考察と丹念な手続きが必要である。その手続きについて概説しておく。

(1) プレテストの手続き

設問や回答方式，特に選択肢回答における選択肢の設定等の概略が定まったら，少数の対象者に対して模擬的な試行をしてみることが大切である。設問の設定が妥当か，選択肢の用意のしかたは適切か，回答全体に対する負担感や要する時間は許容可能な範囲か，などについて試行と確認を行う手続きである。

調査者の思い込みや一方的な判断で，回答者にとってわかりにくい設問の設定，判断に迷う選択肢，などの誤りをすることが多い。解釈の幅が広い選択肢は回答者を迷わせることになるし，専門的すぎる難解な用語や選択肢は，結果として適切な回答を得られないことに結びつく。これらは，結果として調査の信頼性を損ねることになり，研究としての重大な欠陥となる。可能な限りのプレテストの手続きを踏むことが大切となる。

このことは，例えば児童生徒などの子どもを対象とする場合，または，高齢者を対象とする場合などでは，言葉使いや文字の大きさなども含めていっそう重要になる。

(2) 調査の量についての検証

回答者にとって負担感の大きい膨大な設問が羅列されるアンケート調査は，結果として回収率を下げ，研究としての価値を損なう。精査を重ね，設問を必要最小限にとどめる努力が必要となる。冗長な調査は回答者の緊張感を損ね，結果として研究の信頼性を下げる結果になることを留意すべきである。

目的・内容，さらには字体の大きさなどにもよるが，紙面にしてせいぜいＡ４・４枚程度，要する時間にしても多くて30分以下，などに抑えるべきである。

(3) 設問の秩序立てた配列

多くの設問を設ける場合，その配列の順序にも細心の注意をはらう。定まったルールがあるわけではないが，例えば，

- 基本的な事項から核心的な事項へ順に配列する
- 客観的な事実を問う設問から評価・意識を問う設問へと順に配列する
- 関連する設問のまとまりごとに段落を設けて，回答者にとってわかりやすい区切りを設定する
- 相互に関連する設問は，特にその順序に配慮する

などが一般的な注意事項となろう。

(4) アンケート調査のグラフィックデザイン

　アンケート票を受け取った回答者にとって，そのシートが読みやすく，回答しやすいようにデザインされているか否かは，回答の真剣さにも影響を与える。グラフィックな感覚が必要とされるものと認識しておいたほうがよい。
- 字体の大きさは適切か
- 行間が詰まりすぎていないか

などは基本事項であり，さらに，
- 質問と選択肢の字体を変えてわかりやすくする
- 適切な段落ごとに，わかりやすい設問の大見出しを付する

なども考慮されるべきである。

5. 抽出率と回収率

(1) 調査対象の抽出

　研究対象全体を調査対象とするか，その一部分を抽出して調査対象とするかは，主として調査手間の問題ではある。例えば，一定地域住民の居住様態を把握したいと考えた場合，対象が数千に及ぶケースなどでは，調査手間，費用，集計分析の手間などを考慮して，一定割合を抽出して調査対象とすることもあり得る。

　全数を対象とせずとも，1/2抽出，もしくは1/3抽出などでも全体像を判断できると考えられる場合，抽出調査は選択肢としてあり得る。ただしこの場合，既往の統計資料等を吟味して，どの程度の抽出率なら全貌を把握できると考えられるかを慎重に検討する必要がある。

　抽出の方法には，全体からのランダム（無作為）抽出，年齢層・性別などによる層別抽出，例えば居住地等によるカテゴリー別抽出，などがある。いずれにせよ，全数調査なのか抽出調査なのか，抽出調査の場合はどのような考え方による抽出調査なのかを明示することは，研究成果を発表するうえでの必須の要件といえる。

(2) 回収率

　同様にして，対象全体からどの程度の割合の回答を得られたか（回収率）は，研究の信頼性を測る尺度としてきわめて重要である。低すぎる回収率は当然，大きく研究調査としての信頼性を損ねる。

　前述の配票調査や集合調査などでは，当然100%近くの高い回収率を目指すべきである。郵送調査などでは，調査の性格や内容によって高い回収率を目指すことが難しい場合もあるが，50%程度，もしくは最低でも1/4程度の回収率を目指すべきであろう。

　回収率は，前述したアンケート票のデザインの質（読みやすく答えやすいアンケート票か，全体の分量は負担感が少なく適切か，など）に大きく依存する。このことに十分配慮してアンケート票のデザインを勘案することが大切である。

　なお，回収率はその調査研究が依拠するデータの信頼性を測る尺度であるから，研究公表の際には必ず明示するのが最低限のマナーである。

6. アンケート調査の研究倫理

　どのような内容の調査であれ，得られたアンケート調査の回答は高度な個人情報である。厳重なデータ管理と，これを断りなく外部に漏洩しない慎重な姿勢が大切となる。得られたデータは全体として集計し，回答者が特定できないように処理した後，論文にまとめる配慮が大切である。このため，質問紙の冒頭に，

> 頂いた回答のデータは全体として集計し，個別の回答を公表したりすることは決してありません。

などの断りを行うことが，アンケート調査の場合の常套である。

　また，調査に協力を求めた回答者に，集計結果や，場合によっては研究論文全体をフィードバックすることも，研究倫理として大切な姿勢である。研究終了後，郵送や戸別配布で研究成果の梗概を送る方法や，これらが困難な場合はあらかじめWEBページを通知しておき，インターネット上で研究成果を公表し，回答者も閲覧できるような工夫などがある。

　アンケート調査は，研究者と対象者のコミュニケーションである。研究者として対象者に敬意をはらって調査自体をデザインし，結果をありのまま受け入れる姿勢が何よりも肝要である。

7. アンケート調査の事例

［事例①］客観的事実をたずねる調査

地域公共図書館の利用者像，利用内容，利用頻度，利用者の居住地などを，一日断面調査の方法で把握する調査。

利用者が来館したときに入口でアンケート表を配布し，帰館時に回収箱で回収する［配票調査］。回収率86％。

表1

集計分析結果：

アンケート調査と利用実態の観察調査から図書館利用内容の内訳を集計・分析すると，下に示すようになる。読書，学習，AVメディアの視聴などの「滞在型利用」が，今日の図書館利用の主流であることがわかる。

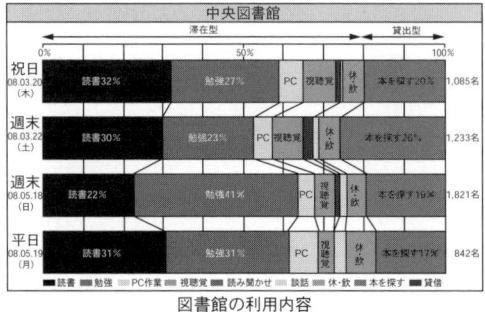

図書館の利用内容

［事例②］意識・評価をたずねる調査

オープンプラン小学校における，児童の開かれた学年ユニットの空間に対する意識・評価をたずねるアンケート調査。

教室にて調査員がアンケート調査票を配布，説明し，質問を受け付けてから，記入を依頼。その場で回収［集合調査］。回収率100％。

表2（一部抜粋）

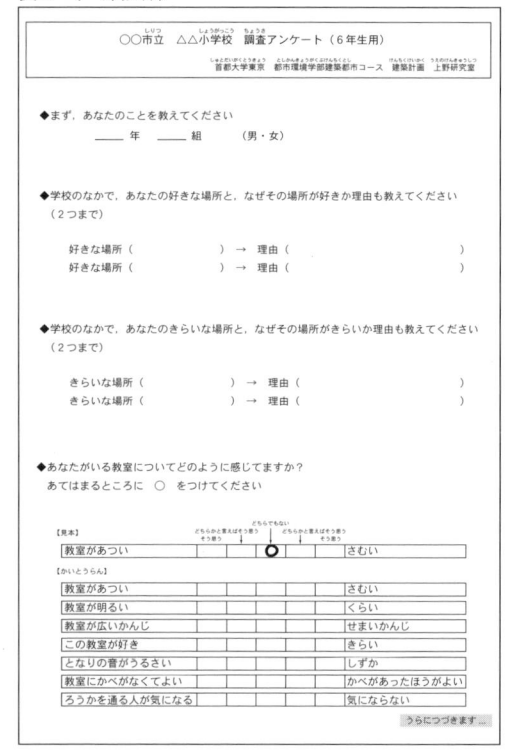

集計分析結果：

児童，教師による学年ユニットの環境に関する評価の分布。明るさ：暗さ，広さ：狭さ，などについては好評価。新校舎移転後，時間がたっておらず不慣れなためか，オープンな環境については必ずしも高い評価がされていない。

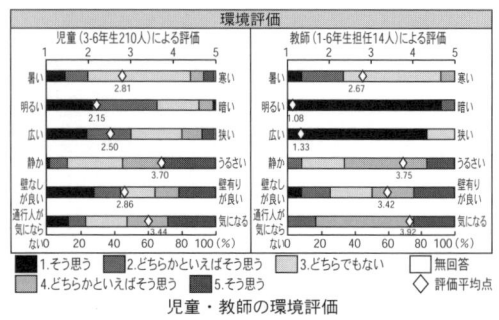

児童・教師の環境評価

[事例③] 事実と評価・意見をたずねる調査

多摩ニュータウンの団地居住高齢者の居住様態を調べる調査。多摩市・多摩ニュータウン団地居住高齢者の約1/4, 2,500名を無作為抽出し, 郵送による配布・回収のアンケート調査。回収率42%。首都大学東京上野研究室と多摩市住宅課との共同調査。

表3 (一部抜粋)

```
お答えは, 番号に○をつけるか, ＿＿＿に記入して下さい。
問1 記入者はどなたですか？ 1) 本人 2) 家族 3) ヘルパー 4) その他＿＿

◆ ご本人についてお伺いします
問2 年齢は何歳ですか？ ＿＿＿＿歳
問3 性別はどちらですか？ 1) 男性 2) 女性
問4 要介護認定を受けていますか？受けている場合は該当の介護度に○をして下さい。
1) 受けていない
2) 受けている → [要支援, 要介護1, 要介護2, 要介護3, 要介護4, 要介護5]
問5 現在何人暮らしですか？ご自分も人数に含めてお答え下さい。 ＿＿＿＿人
問6 現在一緒にお住まいの方全員に○をつけて下さい。
1) 同居者なし 2) 配偶者 3) 子供 4) 孫 5) 兄弟姉妹 6) 親 7) その他
問7 一番近くに住むご家族のお住まいはどちらですか？
1) 同居 2) 同じ団地内 3) 同じ地区内 4) 多摩市内 5) その他

◆ 住居・住まい方についてお伺いします
問8 お住まいの地区はどちらですか？
1) 諏訪 2) 永山 3) 愛宕 4) 貝取 5) 落合 6) 豊ヶ丘
問9 何丁目ですか？ ＿＿＿丁目
問10 現在の住宅には何年間住んでいますか？ ＿＿＿年間
問11 多摩市には何年間住んでいますか？ ＿＿＿年間
問12 お住まいはどの所有形式ですか？借家の場合は該当の種類に○をつけて下さい。
1) 持ち家(分譲) 2) 借家(賃貸) → [公団, 公社, 都営, 民間, その他＿＿]
問13 お住まいの住宅はどのような型ですか？
1) 戸建 2) 5階建て以下の集合住宅 3) 6階建て以上の集合住宅 4) タウンハウス
問14 お住まいの集合住宅にエレベーターはありますか？ 1) ある 2) ない
問15 お住まいは、何階建ての何階にありますか？ ＿＿階建ての ＿＿階
問16 お住まいの住居の広さはどのくらいですか？ 約＿＿平米(m²) 又は坪
問17 お住まいの住居の間取りはどれですか？ (L：居間, D：食堂, K：台所)
1) DK 2) 1LDK 3) 2DK 4) 2LDK 5) 3DK 6) 3LDK 7) 4DK
8) 4LDK 9) その他
問18 部屋の使い方についてお伺いします。(くつろぐ部屋：テレビや趣味などを行う部屋)
①食事の部屋と寝る部屋は同じですか？ 1) 同じ 2) 違う
②食事の部屋と接客をする部屋は同じですか？ 1) 同じ 2) 違う
③くつろぐ部屋と寝る部屋は同じですか？ 1) 同じ 2) 違う
④くつろぐ部屋と接客をする部屋は同じですか？ 1) 同じ 2) 違う
```

集計分析結果：

団地居住高齢者の住環境評価の実態。トイレ, キッチン, 浴室などの水回りの老朽化や室内の段差に不便感が集中している。

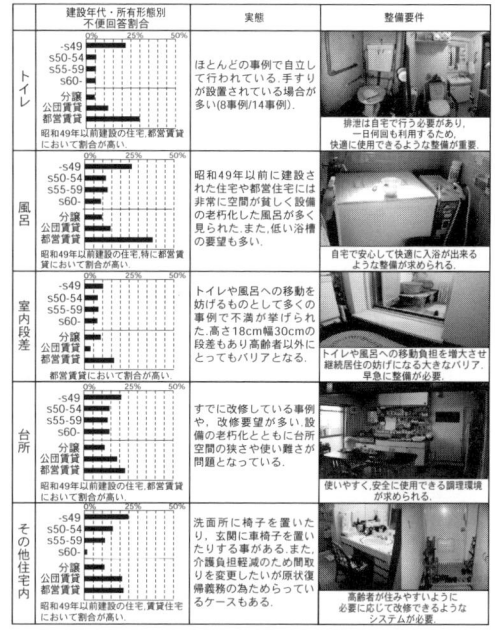

	建設年代・所有形態別不便回答割合	実態	整備要件
トイレ	-s49 / s50-54 / s55-59 / s60- / 分譲 / 公団賃貸 / 都営賃貸 昭和49年以前建設の住宅, 都営賃貸において割合が高い	ほとんどの事例で自立して行われている。手すりが設置されている場合が多い(8事例/14事例)。	排泄は自宅で行う必要があり, 一日何回も利用するため, 快適に使用できるような整備が重要
風呂	同上 昭和49年以前建設の住宅, 特に都営賃貸において割合が高い。	昭和49年以前に建設された住宅や都営住宅には非常に空間が貧しく設備の老朽化した風呂が多く見られた。また, 低い浴槽の要望も多い。	自宅で安心して快適に入浴が出来るような整備が求められる。
室内段差	同上 都営賃貸において割合が高い。	トイレや風呂への移動を妨げるものとして多くの事例で溝が挙げられた。高さ18cm幅30cmの段差もあり高齢者以外にとってもバリアとなる。	トイレや風呂への移動負担を増大させ継続居住の妨げになる大きなバリア。早急に整備が必要
台所	同上 昭和49年以前建設の住宅, 賃貸住宅において割合が高い。	すでに改修している事例や, 改修要望が多い。設備の老朽化とともに台所空間の狭さや使い難さが問題となっている。	使いやすく, 安全に使用できる調理環境が求められる。
その他住宅内	同上 昭和49年以前建設の住宅, 賃貸住宅において割合が高い。	洗面所に椅子を置いたり, 玄関に車椅子を置いたりする事がある。また, 介護負担軽減のため間取を変更したいが原状復帰義務の為ためらっているケースもある。	高齢者が住みやすいように必要に応じて改修するようなシステムが必要。

団地居住高齢者の住環境評価

〔参考文献〕

1) 寺島修康・栗田実・上野淳「小規模小学校における計画・デザイン提案とPOE調査による検証―九十九小学校におけるケーススタディ――」日本建築学会技術報告集, No.27, pp.229-234, 2008.6

2) 平岡祐樹・上野淳「学齢段階に応じたユニットプランによるオープンプラン小学校のPOE研究―流山市立小山小学校のケーススタディ――」日本建築学会大会学術講演梗概集(E-1分冊), pp.455-456, 2010.9

3) 加藤田歌・松本真澄・上野淳「団地住宅における高齢者居住の様態と居住環境整備条件について―多摩ニュータウン団地居住高齢者の生活像と居住環境整備条件に関する研究 その1」日本建築学会計画系論文集, No.600, pp.9-162, 2006.2

4) 加藤田歌・上野淳「生活スタイルと住まい方からみた団地居住高齢者の環境整備に関する考察―多摩ニュータウン団地居住高齢者の生活像と居住環境整備に関する研究」日本建築学会計画系論文集, No.617, pp.9-16, 2007.7

【コラム 1】ソシオメトリック・テスト

社会集団の心理的特徴を計量的に調査分析する研究を，モレノ（Moreno, J. L.）らはソシオメトリと称した。ソシオメトリック・テストは，そのソシオメトリにおいて，最も広く用いられてきた調査手法である。その手法はきわめてシンプルであり，集団の成員に自分以外の成員との関係について，「選択（例えば「つきあう」）」「排斥（例えば「つきあわない」）」いずれに該当するかを問う。ただし，成員間の関係をより正確に知るためには，いくつかの場面を設定して，それぞれの「選択―排斥」の得点を測り，それらの結果を総合することが好ましいとされている。また得点も「選択―排斥」の二値ではなく，段階評価とする場合がある。

以上の調査結果は，ソシオマトリックスと呼ばれる行列にまとめることができる。分析は，このマトリックス，あるいはソシオグラムと呼ばれるノードとエッジで人間関係を表す図から，対象とする社会集団の中に存在する下位集団，あるいはリーダーと孤立者の関係などを読み取ることで行う。さらに「凝集性指数」などの値を行列から算出し，その社会集団全体の傾向（緊密性など）を計ることもある。

建築・都市計画の研究では，このような社会集団の特性と物理的な環境の相互関係の解明を目的とする場合が多い。すなわち成員が属している建築内の部屋や棟を外的基準として，下位集団の形成が，それとどのように関係しているかを分析する研究などである。

例えば図1のマトリックスは，病棟における患者間の交流関係を表しており，それと病室構成との関連が分析されている。また図2，3のマトリックスとグラフでは，ニュータウンに居住する児童と周辺既存住宅地に居住する児童が属する小学校の学級集団の特性が表されている。この結果から，団地児とその周辺居住児からなる学習集団では，団地児と団地児どうし，周辺児と周辺児どうしでの選択傾向が強く，特に団地児がグループ化しやすいこと，またニュータウンでは一般市街地の学校よりも，集団凝集性がより高い値をもつことが示されている。

近年は，被験者に対する倫理性の観点から，ソシオメトリック・テストにおいて，「選択」のみが問われ「排斥」は問わない傾向もある。一方，分析手法はさまざまな展開をみせており，ソシオマトリックスのデータを多変量解析によって分析する手法やグラフ理論を適用

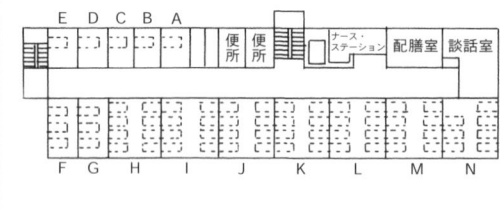

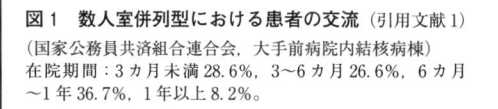

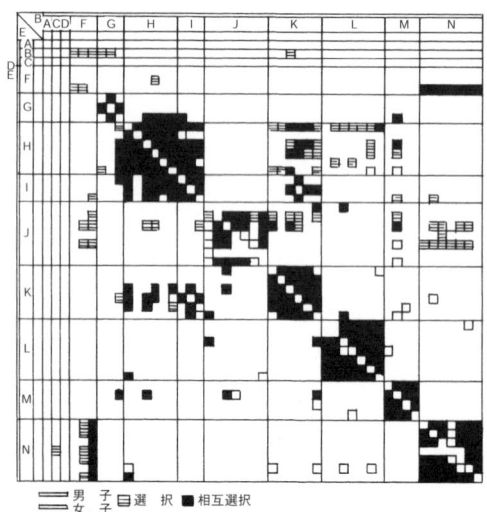

図1　数人室併列型における患者の交流（引用文献1）
（国家公務員共済組合連合会，大手前病院内結核病棟）
在院期間：3ヵ月未満28.6%，3〜6ヵ月26.6%，6ヵ月〜1年36.7%，1年以上8.2%．

することでソシオグラムを作成する手法などもみられる。これらの手法は，特に大規模集団を分析するときに有効である。

さらに，ソシオメトリから展開した，社会ネットワーク分析も近年盛んに研究発表がされている。これらの研究では，必ずしも社会集団が既知ではないこと，成員間の関係を直接本人にたずねない場合があること（例えば論文の共著者から研究者間の関係を調べる）などが上述したソシオメトリック・テストとは異なる。

特に注目された研究の一つとして，スモールワールド・モデルがある。スモールワールド現象は，「任意のアメリカ市民二人を選んだときに，両者は平均六人の知り合いを介して繋がっている」という1967年のスタンリー・ミルグラム（Stanley Milgram）の実験が有名である。ダンカン・ワッツ（Duncan J. Watts）とスティーブン・ストロガッツ（Steven H. Strogatz）は，この現象をネットワーク理論から説明しようとする論文（"Collective Dynamics of small-world Networks"）を1998年ネーチャー誌に発表した。そこで重要な意味をもつのは，弱い絆の人間関係による「ショートカット」の存在である。

これらの研究は，テロ組織の解明に応用されたことでも有名であるが，建築・都市計画の研究においても，応用可能な手法であろう。

（横山勝樹）

〔引用文献〕
1) 栗原嘉一郎・冨田覚志・結崎東衛「病室の分け方と患者の人間関係」病院21巻3号，1962.3，125頁・図-3
2) 吉武泰水編『建築計画学 地域施設 教育』丸善，1975，148頁・図6.22(b)，152頁・図6.25

〔参考文献〕
1) 栗原嘉一郎・冨田覚志・結崎東衛「病室の分け方と患者の人間関係」病院21巻3号，p.125，1962.3
2) 吉武泰水編『建築計画学 地域施設 教育』，丸善，p.148，1975
3) 谷口汎邦，「1.8たずねる［ソシオメトリ］」，『建築・都市計画のための調査・分析方法』，井上書院，pp.59-64，1987
4) ダンカン・ワッツ，栗原聡ほか訳『スモールワールド ネットワークの構造とダイナミクス』東京電機大学出版局，2006

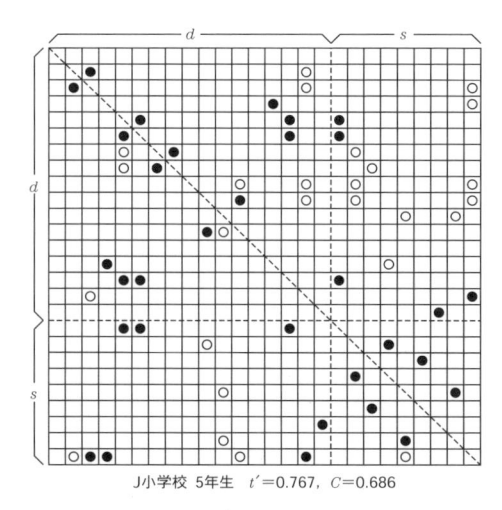

図2　マトリックス分布の例（引用文献2）

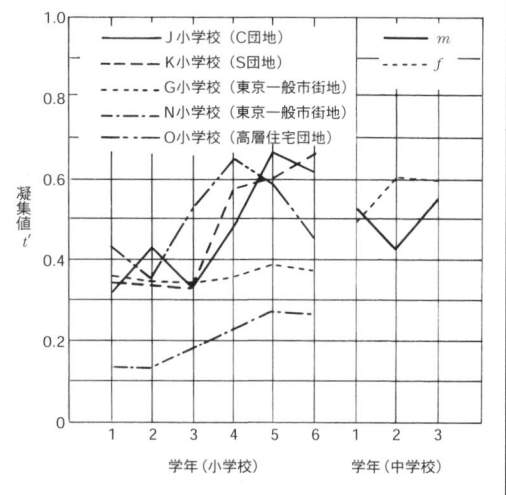

図3　学年別学級凝集性（引用文献2）

1・4 たずねる インタビュー

鈴木 毅・田中康裕

1. 概要

「私ね，思ってることね，『2人，大将はいらん』いうこと，『2人，大将はいらん』。だから，何でもここやり出したら，あの子［＝他のスタッフ］に『喫茶』を任せる。そしたら，私が［喫茶には］口出ししない。……。私は絶対しない，それは，それ長続きする方法かもわからへんと思う。私ずっとそんなんですから，『よきにはからえ』いう感じだから。だから，任せてしまうっていうような感じ。だから『2人，大将はいらん』いうことは，いっつも思って，何でもそうしてるんだけどね。」

これは，筆者らがインタビューを行ったカフェの運営者の言葉である*1。「2人，大将はいらん」，「よきにはからえ」というように，生の声で語られた言葉は調査者のフィールドに対する理解を豊かなものにしてくれる。このような生の声は，決して遠くから見ているだけでは捉えることができない。この点で，インタビューは非常に有効な，そして，魅力的な調査手法である。

日常会話を思い浮かべるとわかるように，会話の内容というものは相づちの打ち方ひとつによっても大きく変わってしまう。また，周りをどのような人が通り過ぎたのかということや，たまたま電話が鳴ったというような偶然によっても大きく変わってしまう。インタビューも同様である。インタビューは演劇における即興のような側面をもつのである。インタビューとは常に一度限りのものとならざるを得ず，まったく同じインタビューを行うことは決してできない。例えば，インタビューが始まると話は思いもよらぬ方向にそれていくことも多いが，そこで思わぬ話が聞けることもある。これがインタビューの難しさでもあり，魅力でもある。

建築や都市は空間的な存在であると同時に社会的な存在でもある。モノや空間を観察によっておさえるのは建築・都市調査の基本であるが，そこで生活する人，建物を運営する人に話を聞いて初めてわかることも多く，「たずねる」＝インタビュー，ヒアリングのノウハウはフィールドワークにとってなくてはならない技術である。

2. 下調べ

フィールドに入る前にどのような文献や資料を手に入れ，それらをどこまで読み込んでいるのかは，インタビューにとって決定的に重要である（図1）。インタビューという調査手法を採用するのは，文献や資料には書かれていないことを，フィールドの人々に話してもらうという目的があるのだから，ちょっと下調べをすればわかることを，わざわざインタビューする必要はない。何よりも，そのようなことをインタビューするのは，貴重な時間を割いてインタビューに協力してくださる相手に失礼である。つまり，下調べとは，これから調べようとすることについての情報を積み上げていく作業であると同時に，何をインタビューする必要がないのかを明らかにしていく作業でもある。

例えば，教師に対する「あなたにとって教育

ライターの永江，元外交官の佐藤が次のように述べているように，どのような分野のインタビューであろうと，下調べが重要であることに変わりはない。

「そのジャンルの第一線の専門家に，まったく素人のライターが話を聞きに行けば，まったく素人の読者にもわかりやすい話になるのではないか，と考える編集者もいる。大間違いである。ソクラテスのように，「なぜ」「なに」「どうして」を繰り返していれば，難解な問題も平易な問題の集まりへと因数分解され，その断片的問いの一つ一つに答えていけば，やがて難解な問題そのものも平易に解き明かされるに違いない，なんてことは絶対にない。そもそも素人や門外漢では，何をどう聞いていいのかもわからないし，専門家が話してくれることのどこが重要なポイントなのかもわからない。ソクラテスは自分は何も知らないということを知っていたが，素人は自分が何を知らないのかもわからない。だから仮に専門家がわかりやすく話すことが可能だとしても，その話を引き出すためには，インタビュアーにはそれ相応の勉強と準備が必要なのだ。インタビュー記事は，インタビュアーの能力以上のものにはならない。」（参考文献3）

「情報専門家の間では，「秘密情報の98％は，実は公開情報の中に埋もれている」と言われるが，それをつかむ手掛かりになるのは新聞を精読し，切り抜き，整理することから始まる。情報はデータベースに入力していてもあまり意味がなく，記憶にきちんと定着させなくてはならない。この基本を怠っていくら情報を聞き込んだり，地方調査を進めても，上滑りした情報を得ることしかできず，実務の役に立たない。」（参考文献2）

図1　下調べの重要性

とは何ですか？」，アーティストに対する「あなたにとって芸術とは何ですか？」というような，「あなたにとって○○とは何ですか？」というタイプの質問がある。このタイプの質問は，相手にインタビューしないとわからないことを知るためのものであり，何よりもずばり核心を突く質問のようにも思える。もし，インタビュイーが上手く答えてくれたなら，きっと興味深いデータになるはずである。しかし，インタビュイーが上手く答えてくれたならという部分は，インタビュイーに頼り過ぎた質問であることには注意を払う必要がある。研究とは，何を明らかにしたいのかという仮説を立てて，その妥当性を検証するという実践であるから，仮説もなく「あなたにとって○○とは何ですか？」と安易に質問するのは研究だとは言えない。「あなたにとって○○とは何ですか？」というタイプの質問は，○○の部分を入れ替えればだれに対しても投げかけることのできる便利な質問だからこそ，こういう質問を投げかける前に，このインタビューで何を明らかにしたいのかと立ち止まって考えることが必要である[2]。

3．インタビュー

フィールドワークで用いられるさまざまなイ

フォーマル　（面接・「ヒアリング」）
・質問の構造化の度合い大
・役割分化の度合い大

一問一答式の質問—対応する「回答」
構造化された質問—対応する答え
オープンエンドな質問—対応する答え
現地の流儀・約束事に対する質問—それに対するアドバイス（教え）
会話・対話

狭い意味での「インタビュー」

インフォーマル　問わず語り—それに対する受け答え

・質問の構造化の度合い小
・役割分化の度合い小

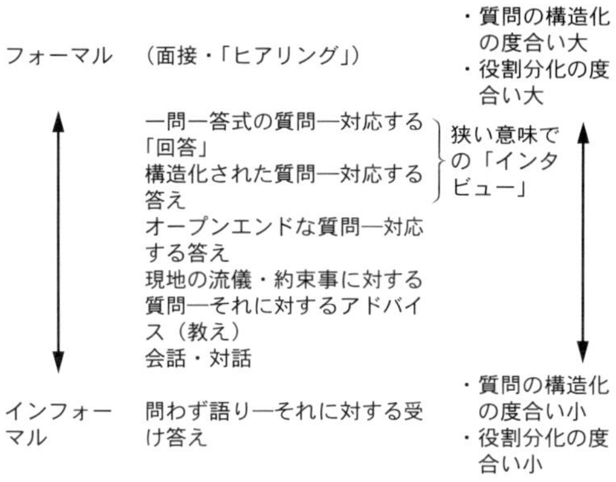

図2　さまざまなタイプのインタビュー

ンタビューを，佐藤は図2のように整理している[3]。

フォーマルなインタビューとは，インタビュアーが，あらかじめリストアップした質問を順番にインタビュイーにたずねていくというものである。録音・撮影のため，レコーダやビデオカメラが用いられることも多く，調査手法としてのインタビューというと，このフォーマルなインタビューのことが思い描かれることが多い。フォーマルなインタビューにはさまざまなやり方があるが(図3)，「役割分化の度合い」と「質問の構造化の度合い」という側面から次のような特徴があるとまとめることができる。つまり，フォーマルなインタビューとは，インタビュアーとインタビュイーとの役割が明確に分

テレビのトーク番組や討論番組におけるインタビューについて永江は，「田原総一朗型と黒柳徹子型の二種類がある」と述べている。

「田原総一朗は相手にどんどん斬り込んでいく。「あなたはこういいましたね」「あなたはこうしましたね」「なぜですか」「あなたがやったことに対して，こう言っている人がいますよ」と，たたみかけるように，追いつめるように，質問を投げかけていく。曖昧な答えは許さない。白でもあり黒でもあるというような回答は許さない。冷静に見ればそれは誘導尋問のようでもあり，インタビューとしてはフェアなものではないのかもしれない。……。しかし，旗色を鮮明に，ということは，インタビューの重要な要素でもある。そのインタビューが何を伝えようとしているものなのか，インタビュイーの人柄なのか，それとも特定のテーマについての意見なのか，後者ならば田原流のいささか強引なスタイルも有効なのだ。」（参考文献3）

「『徹子の部屋』はインタビューのお手本である。事前によくゲストのことを調べている。少し低めのティーテーブルを挟んで，黒柳徹子とゲストとが対座するのだが，ときどきカメラの角度によって，テーブルの上に資料やメモがたくさん置かれているのが映る。……。

勘のいいゲスト，場慣れしたゲストは，黒柳から話題を振られなくても，「今度，こういうことをしようと思っているんですよ」と話をもっていくのだが，勘の鈍い人や素人だとそうはいかない。そこで黒柳が巧みな話術を発揮するのである。巧みな話術といっても特別なことではない。「なんでもあなたは××なんですって」と黒柳はきっかけを出す。そこで「そうなんですよ，じつは…」とゲストがその話を進めていけばいいが，「そうなんです」で終わってしまうと，重ねて「そのときあなたは××したっていうじゃないですか。ほんとにねぇ」と黒柳は話を進める。なんだ，黒柳はわざわざ聞かなくても，みんな知ってるんじゃないかと思うのだが，しかし，自分が知っていることも，あえてゲスト自身の言葉で視聴者に披露すべく誘導していくのがホステスの役割である。」（参考文献3）

永江は，田原総一朗の聞く技術として1 知らないことについてはとことん聞く，2 相手に惚れ込んで本音を引き出す，3 準備は周到に。しかし質問は相手の顔を見てから決める，の3つを，黒柳徹子の聞く技術として1 事前の準備は念入りにする，2 相手とその家族，そして視聴者に常に配慮を，3 どんな相手にも言葉使いは丁寧に。特に敬語は忘れない，の3つをあげている（参考文献4）。

図3　さまざまな聞く技術

かれているという意味で「役割分化の度合い」が大きく、質問項目がリスト化され順序よく並べられているという意味で「質問の構造化の度合い」が大きい。

ただし、佐藤が指摘するように、フォーマルなインタビューの「質問の構造化の度合い」が大きいということは、単に質問項目がリスト化され順序よく並べられているというだけでなく、何を明らかにしたいという仮説が明確になっており、「予想される答えそのものがかなりの程度構造化されている」ということも意味している*4。これは、仮説が明確になっていない段階においては、フォーマルなインタビューはそれほど有効な手法ではないということでもある。そこで重要になるのが、インフォーマルなインタビューである。

インフォーマルなインタビューとは、改まったインタビューという場を設けることなく、日々の生活において折に触れて行うインタビューである。インフォーマルなインタビューは、調査者がインタビュアーという役割で質問するわけではないという意味で「役割分化の度合い」が小さく、リストアップした質問項目を順番に質問していくのではないという意味で「質問の構造化の度合い」も小さい。さらに、調査者が質問をしていないことについての話、つまり、「問わず語り」に耳を傾けることもインフォーマルなインタビューに含まれる。「現地で生活する中で折に触れて土地の人々にその土地で生活するうえで必要な流儀や慣習あるいは掟について聞いたり、一緒に何か仕事をするときに手取り足取り教えてもらうというようなことも、広い意味ではインタビュー」なのである*5。

このインフォーマルなインタビューは、決して「単に調べようと思っている問題についての「答え」を明らかにするためのデータを入手するため」だけの作業ではない。

佐藤が指摘するように、「聞くに値する重要な意味をもつ問いについて、現地の人々に理解できる言葉で、しかも、その人たちにとって納得できるような役割関係（間柄）を前提として聞き出していくためには、どうしても欠かすことのできない作業」なのである（図4）*6。

したがって、フィールドワークにおいては、図2にあげたさまざまなインタビューが組み合わされて用いられることが多い。例えば、まずは、インフォーマルなインタビューによって現地語を身に付け、役割を確立すると同時に、問いを構造化するプロセスを経てから、どうしても直接質問しなければわからないことについてフォーマルなインタビューを行うというような併用がなされる。

4. メモとフィールドノーツ

インタビューは演劇における即興のような側面をもつと述べたが、このことはインタビューという調査手法を用いる際に、常に次のような課題をもたらす。それは、インタビューをどのように記録するのかという課題である。この点については、フォーマルかインフォーマルかを問わずインタビュー中にはメモをとり、それをフィールドノーツとして清書するしかない。

上に述べたように、フォーマルなインタビューはレコーダやビデオカメラによって録音・撮影されることが多いが、その場合でもメモをとることは必要である。レコーダやビデオカメラはフィールドで起こっているすべてのことを録音・撮影できるわけでは決してない。そもそもテープレコーダーは聴覚情報しか記録できない。ビデオカメラは視覚情報も記録できるが、ビデオカメラは、どの位置から、だれを・何を写すのかというフレーミングの問題が常につきまとう。「フィールドワーカーが何を見いだすかは、彼がどのようにしてそれを見いだすかということと不可分に結びついている」*7ことを考える

佐藤は、インフォーマルなインタビューに含まれる作業を以下の4つに整理している（参考文献1）。
①調べようと思っている問題についての「答え」を明らかにする作業——情報の入手
②現実の社会生活において意味のある「問い」を探し出していく作業——問題の構造化
③現地の社会生活で使われている言葉や言い回しを身につけていく作業——言語（現地語）の取得
④何らかの正当な「聞き手」としての役割を現地社会において確立していく作業——役割の取得

図4　インフォーマルなインタビューの意味

なら，テープレコーダやビデオカメラをどのように用いたのかということも重要な情報であり*8，これを記録するためのメモが必要である。もちろん，メモをとっておけば，レコーダやビデオカメラの故障によって録音・撮影できていなかったことがわかって愕然とすることを，ある程度は避けることができる。

一方，インフォーマルなインタビューは，日々の生活において折に触れて行ったり，「問わず語り」に耳を傾けるものであるため，テープレコーダやビデオカメラによる録音・撮影は不可能であるし，そもそも，相手の目の前でメモをとることすらはばかれることもある。そこで，佐藤はインフォーマルなインタビューのメモをとる方法として，「なるべく人目につかないところでメモをとる」，「他のタイプのノートやメモをとっているときについでに観察メモをとる」，「メモやノートをとることが当然期待されるような役割や立場に自分を置くようにする」，「調査の目的を現地の人々に説明してメモをとることについての了解を得る」の４つをあげている*9。トイレなどのため席を外したとき，フィールドからの帰りに立ち寄った喫茶店や電車の中でメモをとるというのが１つ目の方法であり，「会議などに参加して，他の人々もノートやメモをとっているときに，その会議の内容以外に現場の状況に関係することを書きとめる」というのが２つ目の方法である。３つ目の方法としてあげられている「記録をとることが期待される役割」としては，例えば記録係マネジャーがある（図５）。

こうして記録したメモをもとに，フィールドノーツ*10を書くことになる（図７）*11。ただし，フィールドノーツは単にメモを清書するだけの作業ではなく，何を明らかにすべきかという意味ある問いを構造化していく作業である（図６）。そのため，フィールドノーツは，後から読み直したときにでも，なぜこのように考えたのかという問いを構造化してきたプロセスを振り返ることができるような証拠資料となるように書かれる必要がある（図８）。したがって，現場でメモをとるという作業は，フィールドノーツに具体的な情報を書き込むための資料とすることを前提に行わなければならない*12。そのために

ホワイトは，「イタリア・コミュニティ・クラブ」の幹事を引き受けたことによって，会合の内容を記録できることに気づいたと述べている。

「［私は］一度だけ，イタリア・コミュニティ・クラブの幹事に指命されたことがあった。私の最初の気持ちとしては指命を断ろうとしたが，幹事の仕事は単に雑事——細かい事の筆記や書状の整理——と通常は考えられているとのことだったので，思い直した。私は引き受けてみて，控えのノートをとる口実のもとに，開かれている会合の全内容を記録できることに気づいた。」（参考文献７）

佐藤は，暴走族グループを調査している際，グループの若者から「カメラマンさん」や「インタビューマンさん」と呼ばれたことがあったという。

「わたしが暴走族グループの右京連合に「取材」許可を求めたときには，最初から将来暴走族についての本を書くつもりであることを明言していましたが，暴走族グループの若者たちのほうでも，わたしのことを「カメラマンさん」や「インタビューマンさん」と呼んでいました。ですから，わたしのほうでも特にあらたまったインタビューという場面ではなくても，集会に参加しているときなどに，「それ，メモさしてな」と断ってからメモ帳に相手の発言を記録したこともよくありました。」（参考文献１）

なお佐藤は，学生には「文字通り『学ぶ者』という役割期待だけでなく，「きまじめにノートをとる者」というイメージがある」ため，「記録をとることが期待される役割という点で，ある意味で非常に有利な立場にある」とも述べている。そして，「学生に似た役割を調査者がとる場合には，……，ある意味で一番「正直」なやり方によって最も効果的にメモをとることができます」と述べている（参考文献１）。

図５　記録をとることが期待される役割

フィールドノーツを書くことは，決して単にある世界について筆記する作業に終るものではないし，また観察内容を記録すること以上の作業内容を含んでいるものなのである。根本的な意味において，フィールドノーツはエスノグラファーが行う記述スタイルの選択そのものと物語られる内容に基づいて，一つの生活様式を構成していくものだといえる。というのも，フィールドノーツを書くときには，エスノグラファーは，調査対象になった社会における生活様式や人々，出来事には馴染みがあるはずもない将来の読者に対して，自分の理解や洞察の内容を伝えようとしているからである。したがって，エスノグラファーは，フィールドノーツを書く作業を通して，単に出来事を文字の形に加工していくのではない。むしろ，その作業は，本質的に解釈的なプロセスを含む。つまり，これは，まさにテクスト化の作業の第一歩なのである。」（参考文献６）

図６　フィールドノーツを書くことの意味

【メモ】	【フィールドノーツ】
A ボを集めるのは，大変 B 何人 C のべ，60 ぐらい A 家庭もって，彼女みたいな特別な人 C Aさんもきんべん A 立ち仕事 → きつい C 重労働 D 集めるのは大変？ どうやって C 友人，TEL，友人の A だいたい，CさんのNetwork C 集めても，グループつくるのが	A：ボランティアを集めるのが大変ですね。 B：ボランティアは何人ぐらいおられるのですか。 C：述べ60人ぐらいです。 A：みなさん家庭ももっておられますから大変ですね。彼女［Cさん］みたいな特別な人もいますが。 C：Aさんも勤勉じゃないですか。 A：ずっと立ち仕事なのでキツいです。 C：重労働ですよね。 D：先程，ボランティアを集めるのが大変だとおっしゃってましたが，どうやって集められるのですか。 C：友人に電話をしたりして集めました。 A：大体，Cさんのネットワークなんですよ。 C：ただ，ボランティアを集めてもグループを作るのが大変ですね。
【メモ】	【フィールドノーツ】
ちょうこく…変な反響があってな いい反響やねんけど わし，写真やってるから展示してくれへんのか？ 持ってきて…汽車の模型作るのが趣味やねんけど… 動くし—1 列ぐらいやけど 走る よう見たら，うまいことできてるし… 1月からは〇〇氏，日本の原風景〇〇氏，ヨーロッパを歩く 絵だけじゃなくて，スケッチ…パラパラ	私A：この前彫刻を展示してたら，変な反響があってな。 B：変な反響っていうのは。 A：いや，いい反響やねんけど。例えば，ワシは写真撮ってるんやけど，展示してくれへんのか？ っていう人とか。それから，ワシは汽車の模型を作るんが趣味やねんけどっていう人がいたりして。その汽車の模型を見せてもうたらようできてるし，動くみたいやで。それで，ここ一列ぐらいやけど［汽車の模型を］走らせれるかって聞いたら，走らせれるでって言って，それを見に来てる人もいたしなぁ。 以前，［ここに］大きな絵を飾ってたやろ。その人の家に行って見せてもらったら，ようけ絵があるし，描きかけのスケッチもあるし。だから1月になったら，「〇〇氏，日本の原風景」っていうのと，「〇〇氏，ヨーロッパを歩く」っていうタイトルで展示会をしようと思ってますねん。で，絵だけじゃなくて，スケッチブックも置いて，それはぱらぱらとめくってもらえるようにしようかなと。

図7 メモとフィールドノーツ

「フィールドノーツにおいては，人，出来事，反応，動機，あるいは構造のいずれであれ，単に要約的な記述だけではほとんど何の役にも立たない。そんな記述などには，そのノートを書いた紙の値段ほどの価値すらない。大切なのは，フィールドノーツの中に，後でそのような要約的な説明を引き出せるような具体的な記述を書き込むことである。ある高校教師について，彼が「厳格である」とか「ちょっとおかしい」とか書いただけでは，その記録を書いた分だけの紙を無駄にしたに過ぎない。記載すべきなのは，そういう要約的な判断を下す根拠となった観察についての記録なのである。例えば，件の高校長は10日間の間ずっと朝8時45分きっかりに学校に現われていたかもしれない。あるいはまた，その校長はPTAの集まりでマーベルの「彼の色っぽい愛人に捧ぐ」の一節を引用したのかもしれない。そのような観察を元にして，フィールドワーカーはその校長が厳格であるとか「ちょっとおかしい」とかいう結論を下すことができたのかもしれないのである。重要なのは，フィールドノーツの中に，そういう要約的な記述をする前にその証拠をあげるべきだということである。これは，なにも要約的な記述をすべきではないという意味ではない。証拠による裏づけが必要だということである。」（参考文献8）

図8 フィールドノーツにおける具体的な記述

は，その発言が誰の発言であるのかをメモすることが重要である。発言に含まれる人名や地名といった固有名詞，年齢，人数，日付などの数字などもメモする必要がある。日本語は豊かな尊敬表現をもつ言語だという特徴があるが，尊敬表現が使われているか否かを記録しておけば，その発言者がどのような社会的関係を築いているのかやその場の状況を捉えるためのきっかけになる。このほかに，インタビュイーが自身のことをどのように呼んでいるのか，他者をどのように呼んでいるのかという呼びかけの表現からも社会関係やその場の状況を捉えるきっかけとなる[13]。メモをとるときにこれらのことに意識的であれば，フィールドノーツを書くときにインタビュー時の状況が思い出しやすい。

「理想的なフィールドノーツとは，作成者以外の者がそれを読んでも，作成者のものと同じ推論と説明に達することができるもの」であり，そうであるがゆえに，「まともにフィールドノーツをつけることができない場合は，そもそもフィールドワークをやろうというその選択についてもう一度考え直すべきである」とまでサトルズは述べる[14]。

5. フィールドワークにおける漸次構造化法

フィールドにおけるフォーマル，あるいは，インフォーマルなインタビューと，インタビューについてのメモ，それを元にしたフィールドノーツの執筆。こうした作業の繰り返しによりフィールドワークの実践は進んでいく。このプロセスにおいて重要なことは，フィールドワークを通して調査者自身が変えられていくということ，調査者がフィールドから学ぶということである[15]。このプロセスを通して，何を明らかにすべきかという問いが構造化されてくる[16]。

本項の2で，研究とは仮説を検証する実践であると述べたが，仮説について佐藤は，「すでにある程度わかっていることを土台（根拠）にして，まだよくわかっていないことについて実際に調べてみて明らかにするための見通しとしての仮の答え」[17]と捉えている。そして，理想的なフィールドワークとは次のようなものであると述べている。

「理想的な現場調査の場合は，一方で「問い」に関しては，最初にもっていた比較的漠然とした問題関心が，具体的ないくつかのリサーチクエスチョンを構成していく一連の作業を経て次第に最終的な問題設定へと練り上げられていきます。他方で「答え」に関しては，漠然とした「予想」や「見通し」にすぎないものが徐々に仮説と呼ぶにふさわしいものになり，最終的な結論へと結びついていきます。フィールドワークにおいて集められるさまざまな種類のデータは，このようにして問いを構造化し，それに対応して答えを漠然とした予想から「仮説」へと鍛えあげていくプロセスにとって欠かせない素材を提供することになります。」[18]

佐藤はさらに，こうしたプロセスは同時に，「民族誌自体の骨格（構造）を明らかにしそれを具体的なデータや資料によって肉づけしていくプロセス」にほかならないと述べている[19]。つまり，フィールドワークの実践においては，問題設定，データ収集，データ分析，民族誌（エスノグラフィー）の執筆という作業が分離して行われるのではなく（図9），同時並行的に

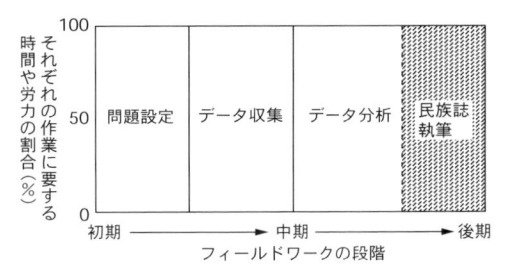

図9 フィールドワークにおける3つの作業と民族誌の作成①

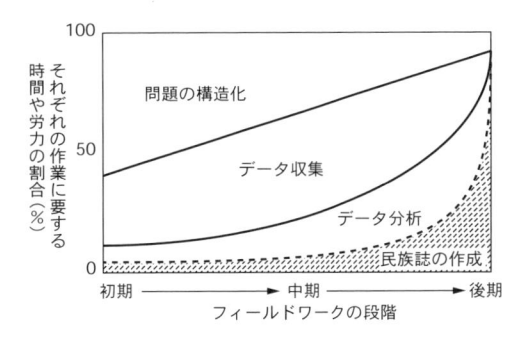

図10 フィールドワークにおける3つの作業と民族誌の作成②

進められる（図10）。このようなフィールドワークの実践を佐藤は「漸次構造化法」と呼んでいる[20]。

6. 空間・人の呼称

建築・都市分野のヒアリングにおいて見逃してはならないのは，空間に対する呼称（呼び名）である。すなわち，部屋や建物，場所，領域，方向を日常どう呼んでいるかには，人々の空間に対する認識が反映されており，対象の空間意識を理解する重要な材料となる。

例えば，農家のナンド，ナカマ，オカミといった部屋の呼称は，その地域の農家の住空間構造を把握するための必須の情報である。また，人によって呼称が違う，家によっては呼称が違っているなど，呼称が安定していない場合は，近代化などの影響によって住空間が揺らいでいることの指標にもなる。農家等の民家に限らず，居間や子ども部屋，夫婦寝室はじめ諸室の呼び方をおさえることは，住宅調査の基本である。

集合住宅においても呼称は領域意識に関する貴重な情報である。筆者らによる階段室型団地の調査では，「ウチの『階段』は仲がいい」，

「子どもをつれて『階段』で遊びに行く」という言い方から、「階段室」を共有する10世帯の住民にとって階段が単なる通路ではなく、社会空間的単位・まとまりとして明確に認識されていることを読み取ることができた。団地の外部空間についても、「ウラ」「オモテ」等の呼称がある場合は、近隣や地域に対する領域意識の反映として解釈することができる。

学校や地域施設等でも空間の呼称は注目すべきである。あるスペースが計画者や行政が準備した名前とは違う、独自の略称やニックネームで呼ばれている場合は、その呼称の中に利用者の価値観が反映されている可能性がある。

日本の家庭は、子どもが生まれたとたん、妻が夫を「お父さん」と呼ぶようになる場合が多い。言語社会学者の鈴木孝夫氏はこの現象を分析し、日本社会では集団の構成員の最も目下の者（この場合は子ども）からの視点で集団での呼び名が決まる原則があることを明らかにした。

このように人物をどのように呼ぶかも、住宅や施設における社会関係・構造を反映している。調査している施設や自治会組織で、互いに「〇〇さん」と呼ぶのか、肩書きで呼んでいるかということから、その組織の社会関係や運営の仕組みを読み取ることができるのである。

こうした呼称は、しばしば発言の中に無意識のうちに登場する。インタビューの中で、独特の呼称が発言された場合は、注意深く拾い上げる必要がある。

7. 応用例

研究者の立場、インタビューの方法、用いたデータの種類が異なる3つのフィールドワークを取りあげる(表1)[21]。

研究例1は、「社会のメンバーがもつ、日常的な出来事やメンバー自身の組織的な企図をめぐる知識の体系的な研究」であるエスノメソドロジー[22]に理論的考え方を負った研究で、「人々がデザイン行為において達成している実にさまざまなことを遂行するために使っている、さまざまな手法や手続き」である「エスノデザインメソッド」[23]を明らかにすることを目的としている。森は、設計打合せ現場に同席し、録音した会話から秒単位の逐語録を作成、これを発言への割込みや沈黙などの「トピックコントロール」[24]に注目して分析している(図11)[25]。この分析より、設計打合せとは、建築主と専門家とが固有の状況と文脈において、「潜在的完結点以外での割込み」、「質問的提案と応答への評価」、「情報の収集と整理」、「情報の抑制」、「沈黙と評価の保留」、「専門的常識に基づく断言」という手法や手続きを用いることでアドホックに達成する協働的実践であることを明らかにしている。これより森は、「計画とは、あるデザインのケースにおいてあらかじめ明確に示されるものではなく、人々の協働的実践を通じて状況的に形づくられる、新たな相互理解・共通理解に向けてのリソース」と捉えられると指摘している[26]。

近年大阪府では、府営住宅に住む高齢者が、どうすれば住み慣れた住宅で長く暮らし続けるかを目的とした、喫茶スペースをもつ「ふれあいリビング」の整備事業が進められている。

研究例2は、この「ふれあいリビング」の整備事業の第一号として開かれた「ふれあいリビング・下新庄さくら園」(以下、「さくら園」)の運営者に対して行ったフォーマルなインタビューから作成した逐語録を、おもなデータとして分析したものである(図12)。ここで著者らは、「さくら園」の目的となっている「ふれあい」という言葉が、実際にどのような社会的接触のあり方を意味しているのかに注目した。

「さくら園」では、当初はグループでの食事会やサークル活動などのような活動に参加することが「ふれあい」の中心になると考えられていたが、運営を通して、活動への参加にとどまらない多様な社会的接触のあり方が許容されるようになっていた。これより、「さくら園」では開設時から一貫して人々の「ふれあい」を実現するという目的が掲げられているが、この「ふれあい」という言葉がもつ社会的接触のあり方は、運営を通して徐々に豊かな意味をもつようになっていること、つまり、目的の中身が事後的に形成されていることを明らかにした。

著者らは、大学院生を対象とした「リノベー

表1　研究者の立場・インタビューの種類・データとされる発言に注目した応用例の分類

	研究者の立場	インタビューの種類	データとされる発言
応用例①	設計打合せ現場に同席	研究者は，設計打合せという「実践」には関与しない	録音したデータから作成した逐語録秒単位の
応用例②	運営者に対するフォーマルなインタビュー	フォーマル（で，オープンエンド）なインタビュー	録音したデータから作成した逐語録
応用例③	地域において灯りイベントを実施する役割を担う	インフォーマルなインタビュー	現場でのメモから作成したフィールドノーツ

＊応用例①：参考文献11，12，13／応用例②：参考文献9／応用例③：参考文献11

　以下は，建築主と住宅メーカーの設計担当者との会話である。

1D：で，納戸をあの，こっち【東側】に，取らないということになると，この，ま：，一連のつながりをですね，とんとんとこっち【東側】までやってしまうと，ここのが，実はウォークインクローゼットのここが大きく，
＊（1.0）
2D：これを，このセットをこっちに//こっちにずらすと，
3C：はいはい。
4D：ここに大きな納戸を取れるんですよ。
＊（2.0）
5D：で，これを，もう少しこう広げて，こういうかたちで，もう，納戸，というかウォークインクローゼットを，中に，ここを通行していいという，廊下の形態をとらなくてもいいというのも少ししました，考え方は変わるんですけれどもね。最初，ちょっとこっちに，広くは，考えてたんですけれどもね。
＊（1.5）
6D：やっぱ，トイレは近いほうがええやろうと，はははは。
7C：そうですね，ええ。
8D：トイレが近いほうがええやろということで，ここはあの，ウォークインクローゼットにしたんですよ。
＊（2.5）
9D：ま，この辺，例えば，ただま，あの，奥行き半間の押入がたくさんあるというのは，実際は使い勝手が良くないんですよ。

Cは建築主，Dは住宅メーカーの設計担当者の発話を示す。

　この会話例では，設計担当者の提案に対し，建築主は一切応答していない。ここから森は，建築主による「沈黙と評価の保留」という「エスノデザインメソッド」を見出している。

　「設計担当者は，平面における「一連のつながり」をずらすことで，ウォークインクローゼットが大きくなるという提案を行っているのだが，その説明に対し，建築主は一切応答していない。その後の設計担当者の応答が重要なのだが，設計担当者は，この提案に至る前の考えを説明し（5D），この提案の判断基準「トイレは近いほうがええやろう」（6D）の提示を行っている。しかし，5Dの説明はまとまりのない印象を受ける。しかも，6Dでの笑い「ははは」は，文脈に適切に沿ったものではない。
　このような設計担当者の発話の流れを常識的にみると，建築主の沈黙によって，自らの提案に対する反応を得られない設計担当者は，さらに説明せざるをえなくなったと考えるのが妥当である。結果的には，建築主は「沈黙」の実践を通して，提案に対する判断や評価を保留すると同時に，評価・判断するためのさらなる情報を引きだすことに成功している」。

図11　設計打合せ現場における「エスノデザインメソッド」

■不特定多数の人が気軽に利用できる
［Wd/010419］延べにして考えるとふれあいの場は，不特定多数の方が気軽に利用して頂くという最大の強みがあり，…（略）…
■会話を通じたふれあい
■世話をする人とされる人の間に上下がない
■1度や2度だけではなく，日常生活の中でのふれあい
［W/051021］今，私なんかのやってんの，ふれあいいう言葉みな使ってるけど，…（略）…。だからここのふれあいはまたちょっと違うと思うの，私。遊びじゃないし，ふれあって身体を，だけどまぁ遊びと言うたら遊びでしょうけど，やはり身体と身体のふれあいじゃなくて，手をつなぐとかじゃなくって，会話を通じてふれあっていく。それと，何て言うの，世話する人と世話される側とが，ひとつ，何もどっちも上下なしね，ほんとにお互いがふれあってますのでね。…（略）…。毎週とか，月に1回とかだったらね，ここまでできないよ。
［W/051027］ふれあいっていう言葉を軽く使ってるけどね，「ふれあい，ふれあい」言うてね，ほんとにふれあいって言ったらね，そんな簡単なもんじゃないと思うんですよね。…（略）…。ほんとに日常生活の中で，1回や2回のふれあいっていうのはたくさんありますやん，どこでも。そういうなふれあいと違って，私らの中で，ほんとに家族みたいなふれあいになってるのは，ちょっと違うと思うの，普通のふれあいとは。だから家族的な問題ね。だから，互いに心配し合ったり，思わずかわいいって，愛おしいっていうんかな，…（略）…。

図12　「さくら園」で実現された「ふれあい」についての発言

ションまちづくりデザイナーの養成」という講義の一環として，千里ニュータウン内の小学校において灯りイベントを実施した。

　研究例3は，灯りイベント実施までに行ったインフォーマルなインタビューなどを記録したフィールドノーツを元に，灯りイベントを実施するまでに，どのようなきっかけで地域の場所へのアクセスが実現されたのか，それによって

Ⅰ　調査の方法　43

灯りイベントの計画がどのように変わっていったのかを考察した。これより，地域にとって外部の存在である大学による地域への働きかけを実現するためには，「場所の主（あるじ）」が存在するセミパブリックな場所が重要であることを明らかにした。

8. 終わりに

　従来，建築・都市計画分野におけるインタビューは，1）建物のクライアント（施主）に対する設計条件の把握や収集，2）いわゆる住まい方調査，使われ方調査，POE（Post Occupancy Evaluation）など，住宅や施設の建設後事後評価，あるいは課題や問題の発見のための調査が代表的なものであったが，現在は，3）居住者や建物の運営者，その人の生活世界の認識，意識構造や価値観を明らかにする探索型の調査研究，あるいは，4）成熟社会において住宅地や地域社会の生活の歴史や人々の記憶を記録・アーカイブ化して，地域のアイデンティティや今後に向けての資産として残すための活動においても重要な役割をもつようになっている。

---

*1　本項において引用する発言中の［　］は，筆者らによる補足を表わす。
*2　したがって，明らかにしたいことを検証するために「あなたにとって○○とは何ですか？」というタイプの質問が有効であると考えられるなら，こうした質問が悪いわけではない。
*3　（参考文献1）
*4　（参考文献1）
*5　（参考文献1）
*6　（参考文献1）。なお，佐藤は「フォーマル・インタビューにおいても，問題の構造化，言語の習得，役割の取得という3つの作業が本来不可欠な前提条件」であるが，「多くの場合，暗黙の前提として処理され」るか，「ときには，まったく無視されてしまったりする」ことさえあると指摘している。
*7　（参考文献6）
*8　（参考文献5）において好井は，差別事件を確認する会合の様子をビデオカメラで撮影し，その映像を分析するという，かつて自身が行った研究について，「データとなったビデオ映像は，見事に〈啓発するちから〉の呪縛のなかで撮られたものであり，ある〈傾き〉を含み込んだ，「いま，ここ」の記録であった」と振り返っている。そして，「基本的な関心や実践的な意志に〈誠実〉であろうとすれば，例えば，そうした〈傾き〉自体をも考察の対象としつつ，確認会をフィールドワークし，フィールドワークするわたしがデータを解釈し分析する際に用いてしまう啓発的な「常識」のありようも視野におさめながら，丹念にエスノメソッドを取り出す努力が必要であっただろう」と述べている。
*9　（参考文献1）
*10　ここでは，「調査地で見聞きしたことについてのメモや記録（の集積）」（参考文献6）をフィールドノーツと呼んでいる。
*11　（図7）は著者らによる現場でのメモとフィールドノーツの一部を抜粋したものであるため，インタビューを行った日時や場所についての記載は記していないが，実際に現場のメモやフィールドノーツを書く際には，当然，日時や場所を記載しておくこと必要がある。また，佐藤は「インフォーマルな聞きとりをフィールドノーツに記録していく際には，現地の人々が「何を」話したかだけでなく，それを「どのように（どのような言葉と調子で）」で話したかという点についても細心の注意を払う必要があるのだと言えます」（参考文献1）と指摘されているが，ここで取りあげるフィールドノーツには「「どのように（どのような言葉と調子で）」で話したか」に関する記述が抜け落ちている。なお，（図7）においては人名はすべてA〜Dとアルファベットに置き換えて表現している。
*12　メモおよびフィールドノーツの書き方は参考文献1，6を参照。
*13　森田は，「日本語は，使用者が絶えず自分と相手との人間関係や発話の場面を計算しながら語彙や表現形式の選択を行っていかなければならない言語なのである」と述べる。ただし，ここでいう人間関係とは「相手や己の社会的地位に多少は左右されるとしても，それが絶対的なものではなく，その折，その場面，そして話題として取りあげるべき事柄の内容次第で，話し手の心理も揺れ動き，聞き手への待遇のあり方も変わっていく」ものであるから，日本語は「相手の社会的地位が高いとか，目上だからとかいった要因のみで己との人間関係が決定づけられ，常にそれに見合った敬語を用いるといった固定的な運用方式を取らないのである」と指摘している（参考文献17）。
*14　（参考文献8）
*15　逆に，フィールドにあまりにも馴染んでしまって見えなくなることもある。したがって，フィールドワークの初期からフィールドノーツを書いておくことが必要なのである。ただし，フィールドワークにおいては，フィールドワーカーがフィールドに完全に溶け込むことが求められるわけではない。佐藤は，「完全なる参加者のものともあるいは完全な局外者のものとも異なる戦略的な視点である第三の視点を獲得する」ことの必要性を述べている（参考文献1）。
*16　これは，フィールドワークだけではなく，広く研究という実践にもあてはまることである。
*17　（参考文献1）
*18　（参考文献1）
*19　（参考文献1）。このことに関して，エマーソンらは「最終的な民族誌は，そのすべてがオリジナルな文章を元にして建てられた壮麗な真　新しい建物のようなものであることは滅多にない。ほとんどの場合は，民族誌はその執筆作業に先行して書かれていたフィールドノーツの記述を盛り込み，またそれに

＊20　（参考文献1）
＊21　ここでは，インタビューという側面から紹介を行うが，それぞれの研究では決してインタビューのみが行われているわけではない。いずれのフィールドワークにおいても，収集した関連資料や記録した行為の分析なども行われている。
＊22　（参考文献14）。なお，高山はエスノメソドロジーを次のように説明している。「エスノメソドロジーとは，『エスノ』，『メソド』，『ロジー』の合成語で，『人びとの』，『方法』，『についての研究』と理解することができる。つまり，『普通の人びとは』，『日常生活の対人関係における意思疎通行為の基盤をどのようにして組み立て意味づけ理解しているのかというそのやり方（方法）』，『についての経験的な研究』のことである。エスノメソドロジストが問題意識をもつ現象は，人びとの間で『あたりまえ』とされることが，例えば世代間の断絶と連続にみられるように，同一であったり異なっていたりするということについてであり，エスノメソドロジーはそのメカニズムを解明しようとする。そして，一つの場で『あたりまえ』とされることは，その場の成員の無意識的だが積極的な叙述行為の産物としてそのつどそのつど形成され維持されてゆく，ということを明らかにしようとするのである」（参考文献15）。
＊23　「エスノデザインメソッド（Ethno-designmethod）」は，「エスノメソッド（Ethnomethod）」と「デザイン（Design）」とを組み合わせた森による造語である（参考文献11）。エスノメソドロジーについては＊22も参照。
＊24　「トピックコントロール」とは，「人々が，その制度の志向性にしたがって，会話のシークエンス構造を維持する，あるいはしようとすることをいう」（参考文献11）。
＊25　これは参考文献13に掲載されている会話例である。ただし，図の番号は除いている。なお，会話例において，「//」は割り込みが生じた箇所，「:」は音の延ばし，＊（秒）は発話間のインターバル，【　】は補注を示す。
＊26　（参考文献16）

〔参考文献〕
1）佐藤郁哉『フィールドワークの技法』新曜社，2002
2）佐藤優『国家の罠』新潮社，2005
3）永江朗『インタビュー術！』講談社現代新書，2002
4）永江朗『聞き上手は一日にしてならず』新潮文庫，2008
5）好井裕明「『啓発する言説構築』から『例証するフィールドワーク』へ」・好井裕明　桜井厚『フィールドワークの経験』せりか書房，2000
6）R. M. エマーソン　R. I. フレッツ　L. L. ショウ，佐藤郁哉・好井裕明・山田富秋訳『方法としてのフィールドノート』新曜社，1998
7）W・F・ホワイト，奥田道大・有里典三訳『ストリート・コーナー・ソサエティ』有斐閣，2000年
8）ジェラルド・サトルズ，佐藤郁哉訳「フィールドワークの手引き」・好井裕明　桜井厚『フィールドワークの経験』せりか書房，2000
9）田中康裕・鈴木毅・松原茂樹・奥俊信・木多道宏「『下新庄さくら園』における目的の形成に関する考察—コミュニティ・カフェにおける社会的接触—」日本建築学会計画系論文集，No.613, pp.135-142, 2007.3
10）田中康裕・鈴木毅「環境デザインプロセスにおける地域の場所へのアクセスに関する考察—千里ニュータウン・新千里東町における灯りイベントの実施プロセスを対象として—」日本建築学会計画系論文集，No.630, pp.1715-1722, 2008.8
11）森傑・舟橋國男・鈴木毅・木多道宏「エスノメソドロジーの方法に関する基礎的考察—住環境デザインにおけるエスノメソドロジーに関する研究1—」日本建築学会計画系論文集，No.540, pp.181-187, 2001.2
12）森傑・舟橋國男「発注者—設計者関係におけるEthno-design-methodの考察—住環境デザインにおけるエスノメソドロジーに関する研究2—」日本建築学会計画系論文集，No.560, pp.159-165, 2002.10
13）森傑・舟橋國男「購買者—販売者関係におけるEthno-design-methodの考察—住環境デザインにおけるエスノメソドロジーに関する研究3—」日本建築学会計画系論文集，No.569, pp.77-83, 2003.7
14）ハロルド・ガーフィンケル「エスノメソドロジー命名の由来」・ハロルド・ガーフィンケル他（山田富秋　好井裕明　山崎敬一編訳）『エスノメソドロジー』せりか書房，2004
15）高山眞知子「訳者あとがき」，K. ライター，高山眞知子訳『エスノメソドロジーとは何か』新曜社，1987
16）森傑「エスノデザインメソッド」，舟橋國男編『建築計画読本』大阪大学出版会，2004
17）森田良行『日本人の発想，日本語の表現』中公新書，1998
18）西川麦子『フィールドワーク探求術−気づきのプロセス，伝えるチカラ』ミネルヴァ書房，2010
19）後藤春彦・佐久間康富・田口太郎『まちづくりオーラルヒストリー』水曜社，2005
20）栗本絢子・鈴木毅・松原茂樹・奥俊信「千里ニュータウン新千里東町における暮らしの記憶と住環境の経年変化に関する研究」日本建築学会近畿支部梗概集，2012
21）鈴木孝夫『ことばと文化』岩波書店，1973

1・5 読み取る
テキスト分析・プロトコル分析・評価グリッド法
横山勝樹・横山ゆりか

1. 概要

　本項では，テキスト自体の構造を読み取ることで，建築・都市空間を考察しようとする研究を取り上げる。多くの文献研究，あるいはヒアリングやアンケートを行う実証研究においても，そのデータはテキストとして記録されている。しかしこの場合，分析される対象は，テキストにおいて指し示されている現実世界の物理特性，あるいは人間行動の特性などが主である。これに対して，ここで取り上げる研究手法では，記録されたテキスト自体の特性を直接に分析し，その結果に基づいて，建築・都市空間の考察を進める。これら研究は，言語学や文化人類学における構造主義に端緒をみることができる。

　これらの研究においてデータとして扱われるテキストは，物語や雑誌における記事など，その研究計画とは別に，すでに他の目的で記されて存在するテキストである場合が多い。その場合，世の中にすでに存在している多くのテキストの中から，研究対象とするテキストの選出基準を明確にすることができるならば，そのデータは研究者の恣意性によらない客観性の高いものとなり得る。本項では，これらを「テキスト分析」と総称して2.で紹介する。

　また，テキスト分析以外にも，研究計画の意図に基づいて，被験者の発話などを記録したテキストをデータとする研究がある。この場合には，研究者の意図に基づく一定の誘導を受けたテキストを扱うことになる。しかし，一般的なヒアリングやアンケートよりも，被験者に対する誘導が少なく，また一方で，既存のテキストを利用するよりも，より研究目的に合致する操作性の高いデータを得ることができる。本項では，これらを「プロトコル分析」と総称して3.で紹介する。

　一方，テキストもしくは言語データを，研究者自体が解釈していく手続きを重視した研究手法もさまざまな研究分野で存在している。その一つに，ミシェル・フーコーらポスト構造主義の影響を受けた，ディスコース分析がある。人間が言語により記述する内容は，さまざまな社会規範を受け入れることで成り立っている。ディスコース分析は，このような考え方に基づき，テキストにおいて対象事物が系統化される仕組みに着目する。つまり，そこでは発話記録などの文字テキストに限らず，社会全体がテキストの体系として取り扱われている。

　さらに個人に焦点を合わせ，その主観の構成を読み取ろうとする研究として，パーソナル・コンストラクト法がある。この手法は，インタビュー手法の一つとして位置づけるほうが適切であると思われるが，参加者の会話から言葉を抽出・分類し，そこから分析を進めていく点において，テキスト分析やプロトコル分析とも相通じる面もあり，本項では特に建築分野から生み出された「評価グリッド法」を取り上げて4.で紹介する。

　以上の研究において，データとして扱われるテキストは，元来，研究者以外の第三者が文字として記したものと，第三者が発話した内容を研究者の手によって文字化したものの2通りがあり得る。しかし後者においても，テキスト自体の特性を分析しようとする，これらの研究の方法論から，できる限り研究者の恣意性によって，第三者の発話内容を改変しないように注意することが求められる。

2. テキスト分析

　テキスト分析という用語は，ロラン・バルトらの記号学研究においても用いられており，そこではバルト自身の初期研究における「物語の構造分析」とは区別して用いられている。しかしここでは，より一般的な意味で「テキスト分析」という言葉を用いる。つまり上述したように，「小説や雑誌における記事など，その研究計画とは別に，すでに他の目的で記されて存在するテキストを分析対象とする研究手法一般」を，このように総称する。

　一個の文が，語や音素といったいくつかのレベルと，それを構成する単位に分けられるように，物語のような文の集合体についても，そこで単位となっているものを見出し，それら単位の分類やそのレベル間の関係などを分析していくことで，総体としてのテキストが指し示して

いる内容を，客観的に解読できるようになる，ということがテキスト分析の前提である。

バルトは次に引用するように，物語の構造分析には3つの型があるとしている。
1) 物語に出てくる登場人物たちの，心理的，伝記的，性格的，社会的属性（年齢，性別，外面的特性，社会的地位または勢力状態など）の目録作成と分類を行うこと。
2) 登場人物たちの機能の目録作成と分類を行うこと。機能とは，登場人物が物語の規約に従って行う事柄であり，ある恒常的な行為の主体としての特質である。例えば，「派遣する者」，「探索する者」，「派遣される者」など。
3) 行為の目録作成と分類を行うこと。（中略）これらの物語的行為は，周知のように，シークエンスとして組織される。つまり，見かけはある疑似論理的図式に従って秩序立てられた要素連続として組織される。

一方，建築・都市空間の研究分野におけるテキスト分析では，当然ながら場所や地区などの空間的要素が単位として取り上げられることが多い。バルトも具体的な方法論は提示していないものの，都市をテキストとみなし，その単位や分類，それらのモデルに関する諸法則を見出すことができるとしている。

これらの研究は，データとするテキストの著者によって，建築・都市空間に暮らす人々の視点から考察する研究と建築・都市空間をつくる視点から考察する研究の2通りがあり得る。

以下に，小説をデータとした研究と建築専門誌における建築家の論説をデータとした研究事例を紹介する。

応用例（1）

○若山滋・張奕立・渡辺孝一「夏目漱石の作品の中の建築の研究-舞台空間の推移からみた作品の類型について-」日本建築学会計画系論文集，No.476, pp.101-109, 1995.10

この研究では，明治期の近代化において，日本人の心象の建築空間が，どのようなものであったかを探ることを，研究目的の一つとしてあげている。資料とされたのは，この時代の文豪である夏目漱石の小説『吾輩は猫である』『坊

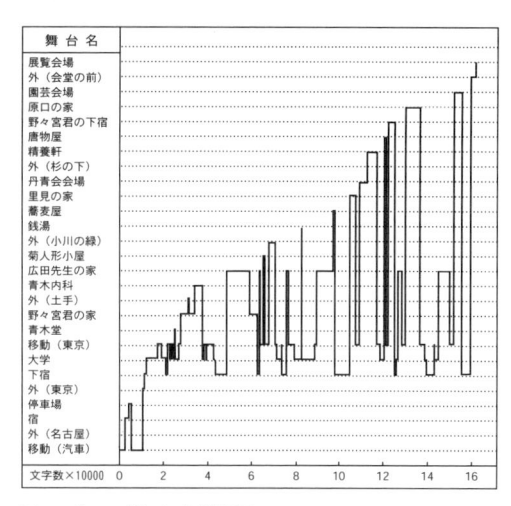

図1 『三四郎』舞台推移図

ちゃん』をはじめとする12作品である。

研究方法は，まず「建築用語の抽出」から始まる。建築用語は，「建物」「部屋」「部位」「建具・部材」「家具」「都市施設」「地名」「国名」「交通機関」「その他」に分類され，資料とした12作品ごとに該当する語彙の使用頻度が集計された。以上の結果から，従来の日本の伝統的語彙に加え，文明開化以後の西洋建築様式，あるいはすでに取り入れられつつあった近代的建築様式に関わる語彙が豊富であったとしている。

次に分析されたのは，作品の中で叙述された内容の舞台空間である。この推移を量的に把握するために，作品の中のすべての文章を，いずれかの空間に当てはめ，その舞台空間において記述されている文章量（文字数）を作品における「意識時間」と捉えて定量化している。

集計の単位は，上述の建築用語における「建物」のレベルを基本舞台空間とし，文字量を横軸にとって，12作品すべてについての舞台推移図をグラフ化している（図1）。

この結果，漱石の作品は，4つの類型に分類され，また当時の東京が，ほぼ歩いて回れるひとまとまりの圏域を形成していたことがうかがえると結論づけている。

応用例（2）

○塩崎太伸・奥山信一「現代日本の建築家の設計論にみられる対概念：対照性を利用した建築的思考の文脈と形式に関する研究」日本建築学

I 調査の方法　47

会計画系論文集, No.610, pp.79-86, 2006.12

この研究では，対の言語によって差異を提示する言語表現を対概念と定義し，建築家は対概念によって自身の思考を明確化していると仮定している。そして建築家の言説にみられる対概念が，どのような文脈において設定されているか，また，着目される文脈によって差異の特徴や，対概念の対照関係に違いはあるのかを明らかにすることを目的としている。資料は，1945年から2005年までに出版された日本の建築専門誌（「新建築」「新建築 住宅特集」「建築文化」など）における建築家の言説である。

収集された対概念は，「文脈」と「形式」によって整理されている。「文脈」とは，提示される際に，どのような思考対象について差異が設定されているかという観点であり，「空間論的文脈」「実体論的文脈」「環境・都市論的文脈」「手法論的文脈」の4つがあるとしている。また「文脈」に関わらない対概念の差異の性質として，「両義的差異」と「分類的差異」の二つがあるとされる。

一方，「形式」には，二つの事項の独立と依存の関係である「比較形式」と，それらの二つの事項への価値のおき方である「展開形式」の2つがあるとしている。「比較形式」は，さらに「相互連関」と「独立・等価」に分けられ，「展開形式」は，さらに「両方展開」と「一方展開」に分けられている。

以上の整理に基づいて，対概念は，4つの「文脈」ごとに，両義的差異―分類的差異と独立・等価―相互連関の二軸がなす4象限に分けられた（図2）。これらの分析結果から建築家は，環境や都市については，肯定的な二つの意味内容を分類的に捉え，双方に明快な連関をもたせて提示することで説得性をもたせる傾向のあることや，設計態度や設計手法については，自身の提唱する意味内容を明確化するために，連関をもつ否定的な意味内容とともに表す傾向があることなどを結論づけている。

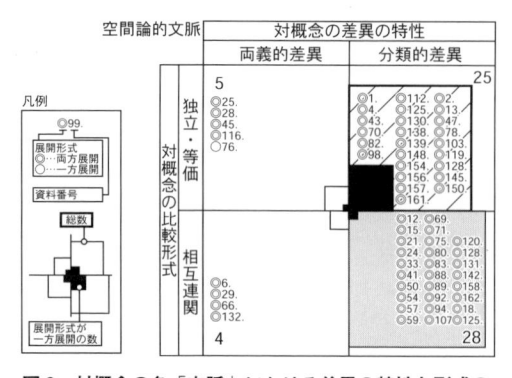

図2 対概念の各「文脈」における差異の特性と形式の関係

3. プロトコル分析

プロトコルとは本来，公式文書を作成するまでの外交や交渉事のやりとりを記録したものを指す。それが転じて，人間の発話を記録したものを指すようになり，心理学で人間の問題解決行動などにおける思考過程を知る研究において用いる発話の記録を指す言葉としても用いられるようになった。

思考は内的過程であるので，目に見えないかたちで進行する。そのため，人間の思考過程を実験的に研究することは不可能とされていたが，その研究の端緒を開いたのが内観報告の手法であった。内観報告による典型的な初期の実験は，被験者にある言葉を提示して，その言葉から自由連想するように求め，回答直後にその思考過程を述べさせるといったものだった。しかしこうした内観は，示唆に富むものではあっても，個人内の主観的な経験の観察の域を出ない，科学的データとしては信頼性の低いものとして扱われてきた。

いわゆるプロトコル分析は，こうした内観報告の手法に改良を加え，科学的データとしての信頼性を高めたもので，アラン・ニューウェルやハーバート・サイモンらの認知心理学・認知科学分野の研究者によって，思考過程の中でも方向性をもった問題解決行動の思考過程の研究に用いられるようになった手法である。

内観報告の科学的信頼性を高める方法の一つは，実験条件と実験計画を十分に整備し，それとともに行動観察や課題遂行の作業過程および身体的な随伴現象を記録するなど，内観報告を補完する傍証を用意し，内観報告と照合させることである。

サイモンらはさらに加えて，被験者が自分の

詳細な思考過程を言語化するように課題遂行中にも努力し，実際の課題遂行中にそのプロトコルが得られるならば，より詳細で信頼性の高いプロトコルが得られると考えた。そして内観報告のプロトコルをとる際に，事後に回顧的プロトコルとしてとるのではなく，課題遂行中に「声に出しながら思考を進める」同時的プロトコルをとる手法を開発した。

建築分野においても，これらの客観化された内観報告をデータとして用いる手法が，空間認知や設計思考の分析などにおいて用いられている。その中から，十分な考慮のもとに課題を設定し，傍証データを整えたうえでその課題遂行時の回顧的プロトコルを分析した事例と，同様にして同時的プロトコルを分析した事例とを以下に紹介する。

応用例(1)

○横山勝樹・野村みどり「視覚障害者の空間表象に関する研究—経路口述におけるスキーマの抽出」日本建築学会計画系論文集，No.522, pp.195-200，1999.8

この研究では，視覚障害者の空間表象がどのようなことばで表されるか探ることを目的としている。そのことによって，視覚障害者が移動をする際に，情報提供をするシステム（音声案内装置など）に搭載すべき適切な言葉の体系が抽出できるからである。

この目的のために，横山らは早期疾患・後期疾患および全盲・弱視で分けられる4つの群の視覚障害者合計33名に，日ごろ利用している学校や駅までの道筋を仲間に伝える案内文を実験室で口述してもらう方法をとった。その口述データをプロトコルとして分析している。これは調査者が同行して歩きながらとったデータではないので回顧プロトコルに分類されるが，横山らはその道筋を実地に確認し，また隣人の晴眼者にも問うて対照させるなど，データの客観性の確保に努めている。

分析ではまず，プロトコルから「参照エレメント」「定位」「移動」のカテゴリーに該当する語句1,968語（3カテゴリー合わせて193種類）を抜き出し，語句数の比較をしている。その結果，視覚障害の程度により語句数が増加し，白杖以外で察知する点・線状の「参照エレメント」と，「定位」のうち方位を表す語句，曲がる種類の「移動」を表す語句が多くなることが確認されている。

またさらに，「移動」カテゴリーに含まれるそれぞれの語句に対する，その他の2カテゴリーの語句の修飾頻度をカウントし，さまざまな種類の「移動」の際にどのような種類の「参照エレメント」や「定位」が用いられやすいかを残差分析によって明らかにしている。図3は，その結果優位に関係の強かったものの典型例をピクトグラムとして表したものである。このような手法を応用して視覚障害者にわかりやすい経路表現を実現することが期待される。

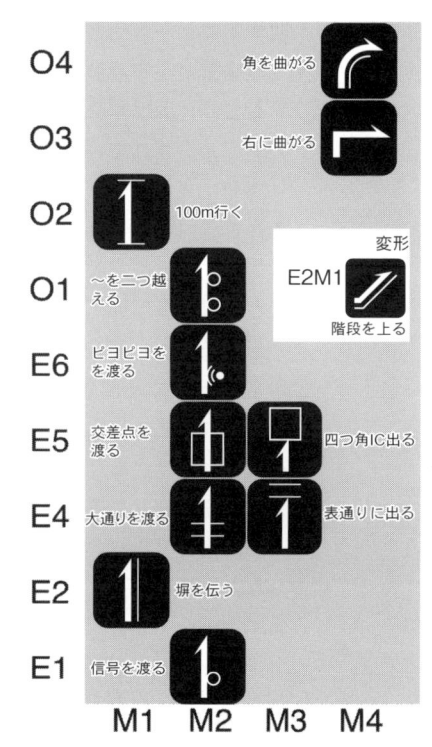

図3 経路口述文のスキーマを表すピクトグラム

応用例(2)

○横山ゆりか「問題解決行動としてみたときの建築設計プロセスの特徴—ドローイングを伴う空間デザインプロセスの研究」日本建築学会計画系論文集，No.524, pp.133-137，1999.10

この研究では，建築家の建築設計時の同時的プロトコルを採取し，その思考過程の特徴を解

明することを目的としている。そのため，冒頭で建築家が建築設計をするときの同時的発話に対してプロトコル分析を行った既往研究が簡単にレビューされている。

課題はル・コルビュジエのテルニジアン邸の条件を参照し，これを簡略化したものである。機能的には単純な設計条件の課題であるが，著者が着目する形態処理の思考を促すよう，敷地の形状条件が十分複雑なものとして，これが採用された。設計は実験室で行われ，1時間半から2時間程度で完成している。被験者は有名事務所に勤務歴があり，受賞歴がある4名の経験豊富な建築家であるが，うち1名については，既往論文に見られるプロトコルに比較して，得られた発話量が少ないため，これを排除した3名のデータを分析している。なお，同時的プロトコルを採取する場合には，あらかじめ訓練をすると成功率が上がるといわれている。

分析ではまず，設計中に得られたプロトコルをチャンク（発話の途切れまでで1チャンクとするが，1チャンクに2つ以上の文章に分けられる内容があるときには，内容ごとに1チャンクとする）に分け，それを分析単位としている。3名の判定者が全チャンクを，表1に示す9種類の思考過程の単位に分類した。このような分類には複数の判定者が用いられ，その一致率が客観性の一つの保証とされるが，ここでは9割のチャンクに2名以上の判定の一致があった。

論文では，こうして分類された結果を被験者ごとに9種類の思考単位別に集計し，既往研究で得られた簡単な形態条件と複雑な機能条件の設計の際の同様なプロトコルの集計結果と並べ，残差分析を用いて計量的に両者を比較している。その結果，形態条件への対応に思考の多くを振り向ける設計では，最初に与えられた問題とそこからの思考というモデルに従った，従来の思考過程の分類には乗らない思考が，有意に多く見られることを発見している。

そして追加の分析の結果，その思考は，「自分の作り出した（ドローイング上の）問題状況のなぞり・読み取り・確認」，そして「ドローイングの読み取りから生じた上位の帰結・仮説・正当化」と表すことができ，ドローイングに牽引されるデザイン思考の特徴を示すとしている。

4. 評価グリッド法

世界は自分の経験の中の類似点と相違点から認識されているとパーソナル・コンストラクト理論は前提する。そして，その系統的で階層的な枠組（コンストラクト・システム）を探り出していくことが，これらの研究の目的である。

この手法では，まずエレメント（人物や事象）を定め，それらの類似点と相違点をたずねながら，コンストラクトとなる言葉（例えば「親しい」など）を探索していく。このコンストラクトとエレメントの関係を2次元で記したものを「レパートリー・グリッド」と呼んでいる。ま

表1 プロトコルを分類する思考単位カテゴリーとそのコードの例

コード	発話タイプ	内容
LC	逐語コピー（Literal copy）	問題文の正確なあるいはほとんど正確なコピー。
PC	言い替えされたコピー（Paraphrased copy）	問題文の基本的内容を捉える発話。解釈。
IN	推論（Inference）	上位に位置する結論・仮説・提案・正当化で，問題文には与えられておらず問題解決者によってつくられたもの。
IP	意図／計画（Intention/Plan）	問題あるいは問題の部分に取り組むにあたって，ある意図的な行為の筋道を決めたことを示す発話。
MO	動作（Move）	配列要素の実際の動きを示す発言。
SE	情報収集（Search）	問題あるいは問題のある部分に対応する前に情報を集める必要があることを示す（質問形をとることが多い）発話。
SA	特定対象の評価（Specific assessment）	製図板上の1〜3個の配列要素の構成に関連する評価，比較，あるいは価値判定。
GA	一般的評価（General assessment）	課題対象（オフィスレイアウトなど）一般に関連する評価，比較，あるいは価値判定。
N	その他（None of the above）	上記のカテゴリーにあてはまらない発話。

た導き出されたコンストラクトの上位概念や下位概念を聞き出しその階層関係を調べる方法を「ラダリング法」と呼んでいる。

評価グリッド法は，讃井により提案されたが，このパーソナル・コンストラクト法を，環境評価などに適用しやすいように発展させた手法として位置づけることができる。以下に，その研究事例を紹介する。

応用例
○讃井純一郎・乾正雄「レパートリー・グリッド発展手法による住環境評価構造の抽出—認知心理学に基づく住環境評価に関する研究(1)」日本建築学会計画系論文報告集，No.367, pp.15-22, 1986.9

この研究では，人々の住環境評価の実体を，個人を単位として現象学的に明らかにするための研究手法（当初「レパートリー・グリッド発展手法」と呼ばれたが，その後「評価グリッド法」と改称した）を提案すると同時に，居間環境に適用した結果から，その有効性についての検討を行っている。

実験では，まず117枚の居間の写真を被験者に分類させ，クラスター分析の結果から選出した19の代表的写真，および被験者の自宅を想起させるためのカード1枚を加えた合計20が，エレメントとして被験者に呈示された。被験者はこのエレメントを，さらに好ましさを基準として5組に分割した。そして，その組の居間を好ましいと判断した理由を，より下位の組と比較しながら問い，被験者自身の言葉から評価項目が抽出された。

次に各評価項目について，その上位・下位の評価項目が，ラダーリングにより誘導され抽出された。これらの作業で得られた433の評価項目は，117に集約され，さらにラダーリングにおいて関連させられた全評価項目間の度数マトリックスが作成された。

このマトリックスをもとに度数2以上のネットワーク図が作成され，それにより居間の定性的評価構造モデルが表現された(図4)。この図から，居間の評価構造として，「疲れをいやせる」「開放感がある」といった抽象的上位概念を頂点とする複数の評価の系列によって構成されていること，これらの評価の系列は下位になるほど具体的内容をもち，末端に位置する評価項目の多くは，居間環境を構成する物理的要素に関するものとなっていることなどが結論づけられている。

〔参考文献〕
1) ロラン・バルト，花輪光訳『物語の構造分析』みすず書房，1979
2) 花輪光『ロラン・バルトの物語論：構造分析からテクスト分析へ』文藝言語研究（文藝篇），No.6, pp.1-25, 1981
3) ロラン・バルト，篠田浩一郎訳『記号学と都市の理論』現代思想10（都市のグラマトロジー特集号），1975
4) K.A.Ericsson and H.A.Simon：Protocol Analysis–Verbal reports as data, MIT Press, 1993
5) R.E.メイヤー，佐古順彦訳『新思考心理学—人間の認知と学習へのてびき』サイエンス社，1979
6) 心理学事典編集委員編『新版心理学事典』平凡社，1981
7) K.ヴァンレーン「問題解決と認知技能の獲得」M.I.ポズナー編，佐伯胖・土屋俊監訳『認知科学の基礎Ⅲ　記憶と思考』産業図書，pp.137-201, 1991
8) P.バニスターほか，五十嵐靖博・河野哲也監訳『質的心理学研究法入門—リフレキシビティの視点』新曜社，2008
9) 鈴木聡志『会話分析・ディスコース分析—ことばの織りなす世界を読み解く』新曜社，2007

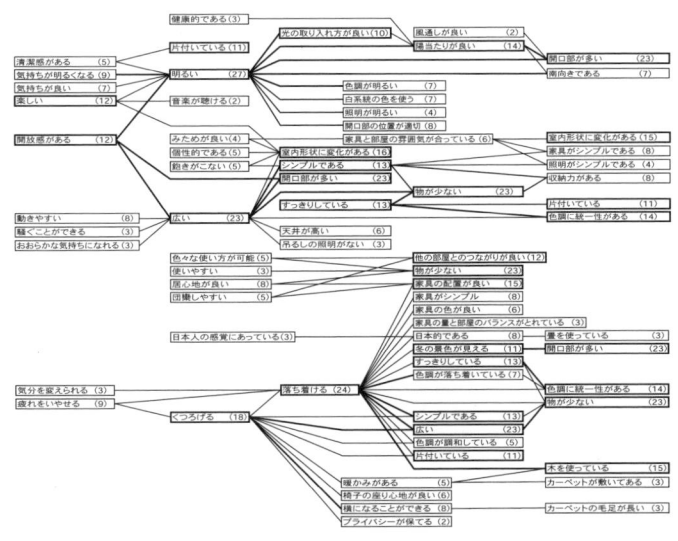

図4　住宅居間の定性的評価構造モデル

1.6 ワークショップを行う キャプション評価法

山家 京子

1. 概要

ワークショップとは,一般的に「研究集会」の意味で,参加者に自主的に活動させる方式の講習会を指す。文献[1]では「主体的に参加したメンバーが協働体験を通じて創造と学習を生み出す場」と定義づけられている。ビジネスの現場では,組織の問題解決を目的とした従来の会議や研修に代わる方法として注目され,また,教育の場にあっても,講義方式では得られない主体の積極的な関わりによる学習の効果をねらう方法として,さまざまな場面で実施されている。研修や講義では望めない,主体の積極的関与による参画の方法だといえるだろう。

近年,建築・都市計画分野でも多くのワークショップが行われており,その目的の多くは計画・立案に向けた合意形成にある[*1]。最終的なゴールは立案にあっても,個々のワークショップの目的は,現状に対する課題や地域資源の抽出に重点を置かれたものから,参加型のデザインなど立案作業そのものとするものまでさまざまである。

また,ワークショップの内容も多岐にわたる。都市計画では,まず,マスタープラン策定をはじめとしたまちづくりがあげられる。1992年,都市計画マスタープランに住民参加が義務づけられたことから,マスタープラン策定を目的としたワークショップが各地で行われた。

まちづくりワークショップは,1970年代にアメリカより移入されたのが始まりとされ[*2],当時は都市農村交流事業や農村地域活性化を意図したワークショップが活発に開催された。

関心や対象も時代の流れとともに移り変わり,近年では防災や景観をテーマとしたまちづくりワークショップの事例が多く見られるようになった。また,公園や広場などのオープンスペース,都市計画道路や水辺空間といった都市基幹施設の計画を対象としたものもある。

一方,建築計画では,公共建築の参加型設計が試みられている。公営住宅建替え計画や駅舎移築計画・設計から,空き家や廃校の利活用まで幅広い。その他,計画・立案だけでなく,まちづくり学習のように教育・学習を目的としたものや,公共施設の利用・運営に関わるワークショップなども開催されている。さらに,専門家による協調作業を意図したシャレットワークショップなど,特徴的な方式をもったものもある。

図1 ワークショップの現場

2. 目的と特徴

ワークショップは,実際のまちづくりや建築計画における現場で日常的に実施され,それに合わせてワークショップに関する研究も多くなされている。その内容は事例報告(プログラム),ワークショップの評価(プロセス評価,参加事後の意識変化),手法に関わるものに大別される。

多様な考えをもった人たちが集まるワークショップでは,それぞれの考え方を引き出し,イメージを共有し,全体像を把握し整理することが求められる。ここでは,調査方法との観点から,考えを引き出す方法,および全体像を把握・整理することを目的とした方法を中心に取り上げる。また,建築・都市計画分野において独自に開発されたワークショップ支援システムについても触れる。

3. 方法の解説

ワークショップでは,意見を引き出す,イメージを共有する,あるいは情報を整理・統合するための多くの方法が用いられる。意見徴収を目的として,一般的には,ヒアリング,座談会,ブレーンストーミング,アンケート調査等が行われる。

まちづくりワークショップでは，地域の課題や資源を見つけるために，まち歩きを行い，点検地図を作成することも多い[*3]。点検地図は，視覚情報を共有するうえでも有効である。

参加者の意見や議論は，カードや表を用いて視覚的に表現するファシリテーション・グラフィックにより，わかりやすく整理される。また，ワークショップ通信の発行は，メンバーの情報の共有とともに，活動の社会的アピールにも効果的である。専門的手法として，イメージ形成を目的とした，イメージマッピング法[*4]やフォトランゲージ[*5]も試みられている。

ここでは，建築・都市計画分野において適用される，いくつかの方法について解説する。

(1) カードによる整理・統合法

情報を整理・視覚化するために行われ[*6]，ワークショップで最も多用される方法といえるだろう。個々の情報をカードや付箋に書き込み，近い内容のカードをグルーピングしていく。そのグループに名前を付け，必要に応じて，さらにグループどうしをグルーピングしたり，関係性を表す矢印などの記号を書き込んでいく。大きなまとまりからトップダウンに考えるのではなく，個々の関係性から探っていくのが重要である。

(2) キャプション評価法

「写真投影法」「評価グリッド法」を参考に，開発された景観評価法。景観を対象とした参加型調査において，各人が興味をもった景観の要素とその評価基準を引き出し，全体像を把握し整理することを目的としている。

参加者は自由にまち歩きを行い，「いい」「悪い」と思った景観を自由に撮影する。撮影した写真にキャプション（説明）を添える。キャプションには「いい」「悪い」の判断と，その要素，特徴，印象が記述され，写真とキャプションを1枚のカードにまとめる。キャプションに書かれたテキストの分析により，景観評価を行う。詳細は応用例を参照されたい。

(3) 情報技術を援用したワークショップ支援システム

情報やイメージの共有と意見交換のプラットフォームとして，情報技術を援用したワークショップ支援システムが開発されている。その内容は，次の3つに大別される。

① 景観計画等において，VR（バーチャル・リアリティ）やCG（コンピュータ・グラフィックス）を作成する。また，地区計画等において作成した模型を，CCDカメラにより実際の人の視線で体験できるようなシミュレーション・システムもある。いずれも，より具体的に計画案の内容を理解し共有することを目的としている。

② 作業プラットフォームとして，情報をGISに統合する。GISは空間情報の統合に適しており，特に都市計画分野における情報の整理・統合に有効である。

③ 情報共有や意見交換のプラットフォームとして，WEB上にシステム構築する。実際には，①の視覚的イメージをコンテンツとしたり，②と合わせてWEB GISとして作成するなど，組み合わせてシステム化される。

情報技術の進歩や変化に合わせて，さまざまなシステムが開発されているのが現状である。

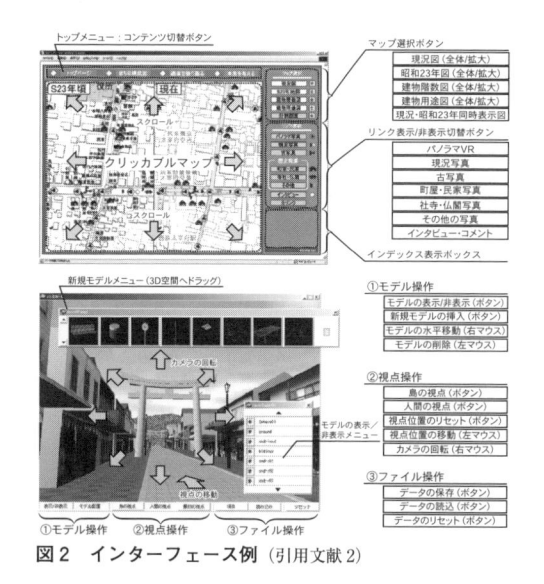

図2　インターフェース例（引用文献2）

(4) デザインゲーム

デザインゲームはH.サノフが考案した環境学習の道具で[3)]，日本では世田谷区まちづくりセンターで実践的に試みられてきた。佐藤らは，まちづくりデザインゲームとして，シミュレーションを通してまちづくりを体験的に理解するシステムの提案を行い，まちづくり協定づくり

へ展開するなど，多くの事例で実践を積み重ねている[4,5]。

まちづくりデザインゲームは，まちづくりの目標イメージの共有から計画案の作成に至るプロセスに有効な手法と位置づけられる。ゲーミング手法として，議論を豊富化する「目標イメージゲーム」「貼り絵ゲーム」，計画を絞り込む「町並みデザインゲーム」「建替えデザインゲーム」が考案されている。

また，デザインゲームのパーツとして，参加者に生活をイメージさせる生活シーンカードや，シミュレーションの際の変化の要因を決めるきっかけカードなど，段階に応じたカードの使用を特徴とする。小型CCDカメラにより目線高さでの検討を行うための模型を用いて，シミュレーションにより実感できるシステムを構成している。

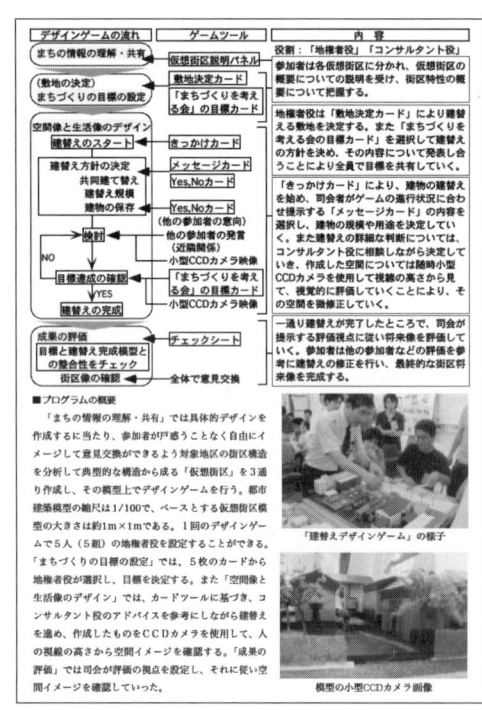

図3 デザインゲームのプログラム（引用文献6）

4. 応用例

○古賀誉章・高明彦・宗方淳・小島隆矢・平手小太郎・安岡正人「キャプション評価法による市民参加型景観調査—都市景観の認知と評価の構造に関する研究 その1—」日本建築学会計画系論文集，No.517，pp.79-84，1999.3

〔要約〕「キャプション評価法」は，景観に対する一般市民の意見を引き出し，その全体像を把握・整理することを目的に，「写真投影法」や「評価グリッド法」を参考にして開発された方法で，そのケーススタディとして市民参加型の調査を実施した。キャプションの記述に基づき，「景観評価データベース」を作成し，その内容の分析から，ハード面だけでなくイメージや使い方などソフト面での景観整備が必要であることを指摘している。

〔解説〕 キャプション評価法による景観調査の手順は，以下のとおりである（手順については，原論文より部分抜粋）。

①調査参加者は，カメラを持って自由にまちを歩く。
②「いいな／いやだなと思う景観」があったら撮影し，その場所を地図上に記録する。また，必要に応じてメモをとる。
③撮影した写真には，以下の内容を記したキャプションを付ける。

まず，この景観が「いい景観」か「いやな景観」かの『判断』を選択し，続いて，その景観の「何の（景観要素）」「どんなところ（景観要素の特徴）」が「どう感じられる（景観の印象）」

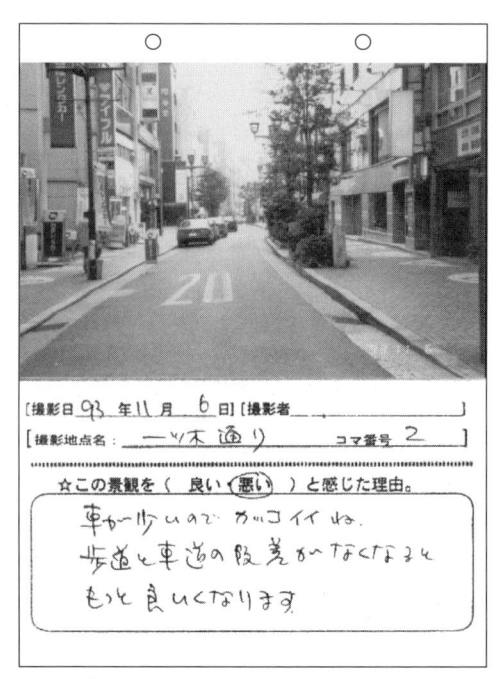

図4 景観カードの例

のかの3点を自由記述形式で明記する。
④写真とキャプションを1つの書式にまとめ，景観カードとして回収する（図4）。

上記の方法により作成された景観カードから，キャプションに記された言葉を抽出し分析を行う。

平手らは，キャプション評価法による景観調査結果の活用として，多変量解析等を用いた景観評価に関する研究[7]，景観行政・都市計画のための資料，市民活動をあげている。応用例では，市民活動として行ったワークショップにおける調査地域の景観についての意見交換の様子について報告している。

*1 形式的に住民参加型ワークショップを開催しさえすれば，民意の合意が得られたとする安易な傾向に警鐘を鳴らす声は多い[8]。ワークショップが合意形成の道具ではなく，参画の道具・方法であることを十分に認識して行う必要があるだろう。
*2 1970年代のアメリカでは，建築・都市に関わる専門家が住民参加の方法論を展開していったが，なかでもニコレットモールのデザインを手がけたL.ハルプリンが都市デザインに導入したワークショップ技法は後に大きな影響を与えた。「資源」「スコア」「ヴァリューアクション」「パフォーマンス」のサイクルをもったワークショップ・プログラムは，現在でも多く参照されている。
*3 まちづくりワークショップを豊富化する手法として，まちかどオリエンテーリングやガリバーマップの有効性も検証されている[9,10]。
*4 自己イメージ形成を支援する方法で，主観的基準による座標軸を用い，選択項目（ラベル）を2次元平面上に位置づけて意識化を図る[11]。
*5 適当な大きさの写真を用いて，少人数のグループでディスカッションを行う。参加者が自由に写真を読み，討議することで，参加者自身の価値観を明確化するのがねらいである[12]。
*6 カードを用いた整理・統合法の確立された手法としてKJ法がある。KJ法とは川喜多二郎氏により開発された方法で，氏のイニシャルから「KJ法」と名付けられている。ワークショップ等において試みられているカード式整理・統合法の多くは，KJ法に準ずるものといえるだろう。KJ法を活用するには，正則な基本訓練が必要であり，KJ法には著作権および商標権があるので注意しなければならない[13,14]。
*7 景観カードは，その後検討が加えられ改変されている[15]。

〔引用文献〕
1) 堀公俊・加藤彰『ワークショップ・デザイン』日本経済新聞出版社，2008
2) 大畑浩介・有馬隆文・瀧口浩義・坂井猛・萩島哲「空間理解とイメージ共有のためのワークショップ支援システム（その1）」日本建築学会計画系論文集，No.584，pp.75-81，2004.10，77頁・図4，図6
3) H.サノフ『まちづくりゲーム―環境デザイン・ワークショップ』晶文社，1993
4) 佐藤滋『まちづくりデザインゲーム』学芸出版社，2005
5) 早田宰・佐藤滋「参加型計画策定における立体建替えデザインゲームに関する研究」日本建築学会計画系論文集，No.455，pp.149-158，1994.1
6) 志村秀明・辰巳寛太・佐藤滋「目標空間イメージの編集によるまちづくり協議ツールの開発に関する研究―建替えデザインゲームによる景観形成手法の開発―」日本建築学会計画系論文集，No.558，pp.219-226，2002.8，220頁・図2
7) 小島隆矢・古賀誉章・宗方淳・平手小太郎「多変量解析を用いたキャプション評価法データの分析―都市景観の認知と評価の構造に関する研究その2―」日本建築学会計画系論文集，No.560，pp.51-58，2002.10
8) 木下勇『ワークショップ　住民主体のまちづくりへの方法論』学芸出版社，2007
9) 原宗孝・延藤安弘・横山俊祐「まちかどオリエンテーリングの有効性に関する考察―『まち遊び行動学』の視点から」日本都市計画学会都市計画論文集，pp.163-168，1988.11
10) 中村昌広「まちづくりへの参加の新しい局面とその道具としての『ガリバー地図』」日本都市計画学会都市計画論文集，pp.511-516，1989.11
11) 川内美彦・大原一興・高橋儀平「二次元イメージマッピング法によるまちづくりワークショップの評価―ユニバーサル・デザインを目指した住民参加のまちづくりに関する研究―」日本建築学会計画系論文集，No.590，pp.17-23，2005.4
12) 河村信治・玉川英則「フォトランゲージによる都市イメージの形成プロセスに関する研究―都市イメージ評価ポイントに関する分析―」日本建築学会計画系論文集，No.508，pp.141-151，1998.6
13) 川喜田二郎『発想法』中公新書，1967
14) 同『続・発想法』中公新書，1970
15) 平手小太郎・古賀誉章「曲がりかどにきた都市景観とその評価」公共建築，No.181，pp.44-47，2004.7

1.7 機器で調べる　アイマークレコーダ・脳波

佐野奈緒子

1. はじめに

　幼児，高齢者，身体障害者等の利用者の特性に合わせた環境設計，超高層や大深度地下環境の安全性・快適性評価，採光や通風，植栽など自然環境を取り入れたエコロジカルな環境の構築が現在求められている。こうしたニーズに対応するためには，構築された環境下で人がどのような行動をし，ストレスや快適さを感じるかを推定する必要がある。人の行動や生理応答を指標とした環境の分析と評価は，そのための重要な情報源となる。ここでは，機器を用いて人の環境に対する行動や生理応答を測定する手法を紹介する。

2. 目的と手法

　人の行動・生理応答に注目した建築学研究の目的は，人の行動・生理をものさしとして人と環境の関係性をモデル化することであろう。
　建築学でおもに用いられている人の行動・生理の測定手法として，ここでは，
　　行動の測定：アイマークレコーダ，モーションキャプチャ
　　生理応答の測定：筋電位，血圧，心拍数，発汗，脳波，事象関連電位
を紹介する。
　そのほか，唾液によるカテコールアミン測定や，瞬目数，瞳孔径により気分やストレス状態を測る方法など，生理的な変化を身体を傷つけることなく間接的に測定する非侵襲（non-invasive）な生理学，生理心理学的手法も利用できる。技術の発展に伴い新しい測定技術が年々利用可能になっている。動作のシミュレーションに用いられる3次元加速度センサや，近赤外光により脳応答を測定するNIRSは，建築学における今後の普及が予想される。

3. 視線の向きを捉える（アイマークレコーダ）

　アイマークレコーダを用いた研究は，環境のなかの何に視覚的に注目しているかを調べる場合に行われる。室内や通路の移動，屋外景観などを視覚の対象とし，視線の滞留時間や滞留の順序を求める。
　装置は，眼鏡型の装置を用い眼球に遠赤外線を投射し，眼球運動を測定するもの[*1]，装置を装着させず映像上の頭部の動きから注視点を推定するもの[*2]がある。
　測定は，アイマークレコーダを装着し，実験室内で映像を呈示したり，屋外で対象を観察させる。眼球運動測定型の装置の場合，眼球運動を瞳孔の位置を指標として求めていく。平面上は眼球運動から推定される視線の位置を判断しやすいが，視覚深度としてどこを見ているかは求めづらい。眼球だけでなく顔も動くので，その変動量も加味して視線の移動の軌跡を計算する。そして，実景観ないし実験映像の静止画，動画，3次元映像と重ね合わせ，注視点の位置とその動きを分析する。図1は，カメラ画像上での注視点の軌跡の例である[*3]。8.応用例において実験例を紹介する。

図1　街路景観に対する注視点の軌跡の例 （引用文献1）

4. 動作を捉える（モーションキャプチャ・3次元加速度センサ）

　モーションキャプチャは，身体各部にマーカ（目印）を着け，その動きを2次元ないし3次元の座標上に時系列に記録していくことで，身体の動きの形と量を捉えていく3次元動作解析システムであり，身体動作の経時変化を表現する。スポーツでのフォーム解析や高齢者の身体動作等人間工学研究に利用されるが，建築学で

は物の配置に対する身体動作の大きさや歩行等の動きの研究に用いられている。例えば横断歩道などの群衆の流れのなかで，移動方向が異なると人の動きがどのように変化するかが検討されている（図2, 3）。モーションキャプチャは複数の点の動きを同時に解析するため，個人の動作だけでなく複数の人間の動作間の相互作用も観察できる（図4）[*4]。

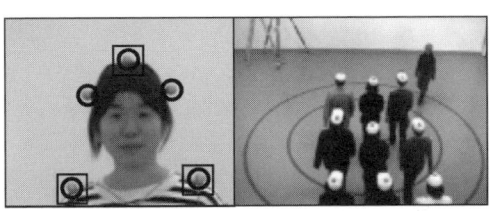

図2　モーションキャプチャのマーカ取付け位置（引用文献2）

図3　群集流動の実験風景（引用文献2）

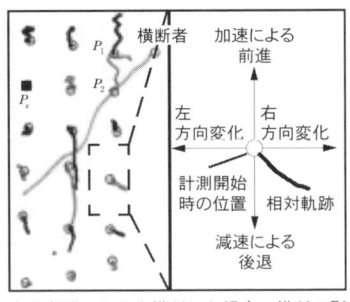

図4　群集相対位置ダイアグラムの例（引用文献2）

歩行者群のなかを横断した場合。横断の影響で歩行者群のうち前列が前進を加速させ，後列が減速による後退をしている。
（P_0は歩行速度，進行方向の分散が最小である基準歩行者，P_1, P_2はそれぞれ歩行者を示している）

人の動作をデータベース化してコンピュータ上の人間に再現させ，空間行動のシミュレーションに役立てる試みも行われている（図5, 6）[*5]。モーションキャプチャシステムは，ビデオカメラ，画像処理用PCサーバ，データ解析用ワークステーションにより構成され，身体動作をビデオカメラで録画し，パソコン上で，マーカの位置の移動を3次元の座標軸上にプロットする。その時間軸上の変化を身体部位の角度の変化，速度，加速度，運動量等として算出する。8. 応用例で事例を紹介する。

また近年注目されるのは，運動型のゲーム機等に組み込まれている3次元加速度センサである。小型3次元加速度センサを身体各部位に装着し，その部位の加速度を算出する。加速度の変化から，身体運動量を測定する。歩行や室内での動作，またユビキタス技術と連携した室内コントロール装置と動作の連携などが今後予想される。室内環境と動作との関係の研究等への利用が考えられる[*6]。

図5　モーションキャプチャによる動作計測風景（引用文献3）

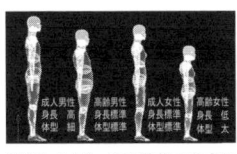

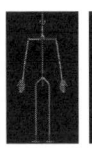

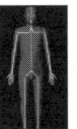

計測したデータを動作の指標としてコンピュータ上の人形に当てはめ，動作を再現する。

図6　コンピュータマネキンへの動作の当てはめ（引用文献3）

5. 運動量・生理的な負荷を測る

例えば，避難を想定してビル10階から1階まで降りる場合，高齢者と若年者ではどれだけ生理的な負荷に差が見られ，その結果，避難にどれだけの時間が必要となるか，などという推定に必要な実験データを得る場合には，運動量の測定として筋電位の大きさや，運動負荷の測定として血圧，心拍数の測定が考えられる。緊張状態を反映する指標としては，心拍変動や精神性発汗が測定に用いられる。

（1）筋電位

筋肉の収縮は，運動神経の興奮が筋繊維へ伝達され筋繊維の興奮により筋収縮が生じる。これら一連の活動に伴う電位変動を捉えたのが筋電位である。測定は，電極を2箇所以上皮膚上に置き，その電位差を測定する。筋肉を運動させ，その際の電位変動を生体アンプで増幅してデータレコーダに記録しA/D変換してデジタルデータを分析する[*7]。

建築学では，高齢者や身体障害者の身体動作による負荷を計測し，キッチンカウンターなど

室空間のデザインを検討する人間工学的研究で用いられている[*8]。

(2) 心拍数，心拍変動，R-R間隔変動係数

1) 心拍数

心拍数とは1分当たりの心臓の拍動数を指す。心臓の拍動は交感神経系，副交感神経系の二重の支配を受け，交感神経が優位になると心拍数は増加し，心電図の電位の立ち上がりも急峻になる。運動，緊張やストレスにより心拍数は増加する。安静時と運動時の最大心拍数の差分により運動強度を測定する指標としても用いる。

測定は心電計や筋電計，脳波計などを利用し，胸部や四肢に電極を複数装着し，その電位差によって心臓の拍動による心筋の活動電位を導出する。生体アンプにより増幅し，A/D変換してパソコン上で心電図を表示する。血圧や呼吸の影響を受けるので，年齢，運動状態や室温など目的に応じた実験統制が必要である[*9]。

建築学では，運動や気温の変動による生理的負荷の測定に用いられている[*10]。

2) 心拍変動，R-R間隔変動係数

心拍変動（heart rate variability，HRV）とは，心拍の拍動間隔の分散を示す。交感神経機能と副交感神経機能相互の活動の優位性の違いにより，分散の幅が変化する。分散が大きい場合，副交感神経優位でリラックスした状態を示す。また，パワースペクトル解析により低周波（low frequency：LF）・高周波（high frequency：HF）成分のパワーレベルを求め，交感・副交感神経系の支配の割合を検討することができる。

心電図の2つの隣り合うR波間の間隔であるR-R間隔の変動を，R-R間隔変動係数（coefficient of variation of R-R intervals，CV-RR）として測定する場合もある。CV＝SD/平均R-R間隔×100（％）。リラックス－緊張状態を示す指標として用いられる。

測定は心電計や筋電計，脳波計などを利用し，胸部に電極を複数装着し，それらの電位差によって心臓の拍動による筋電位の変動を測定する。測定は通常1～2分行う。おもにR波をマーカーとしてその電位の発生間隔を計測し，それらの分散を求める。加齢により交感神経機能優位になる傾向がある。また血圧や呼吸の影響を受けるので，被験者の年齢層，運動状態や室温など研究目的に応じた実験条件の統制が必要である。

図7は，コンクリートブロックに囲まれた空間と樹木に囲まれた空間で受聴レベル80dBAの騒音を聴いている状態での，被験者の心拍変動係数である。男性の場合，樹木を見ている場合にR-R間隔変動係数が増加し，副交感神経機能優位な状態にある。ストレスが植物を見ることにより緩和されていることが示唆される[*11]。

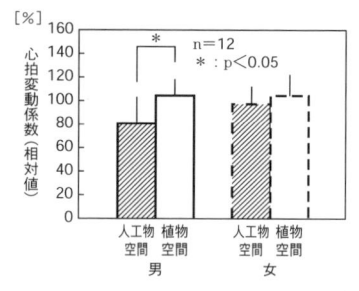

図7 騒音曝露時に対する空間直視時の心拍変動係数の割合（騒音曝露時を100％とする相対値）
（引用文献4）

(3) 血圧

血圧は外因性変動として，環境条件や身体，精神的ストレスにより変動する。リラックス時

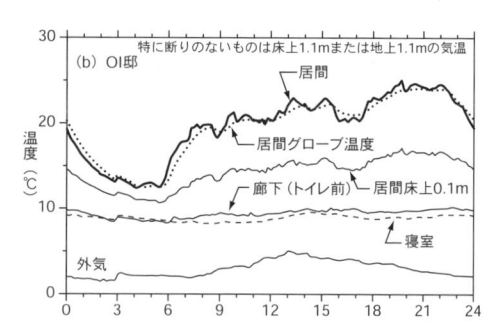

図8 東北地域の住宅の温熱性状の事例（時刻別平均データによる）（引用文献5）

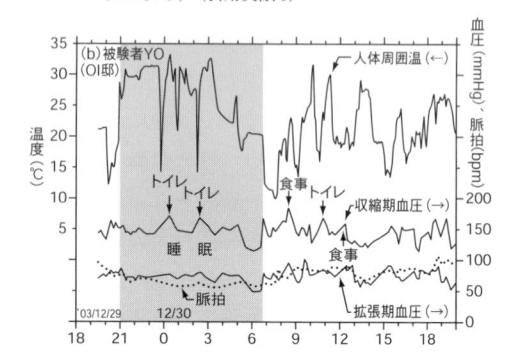

図9 同住宅事例の日常生活における曝露温度と血圧の変動（78歳被験者）（引用文献6）

と比較して会話，作業，運動，電話，食事，デスクワークなどで収縮期血圧が高まる。精神活動との関係では，覚醒状態で血圧は上昇する。白衣高血圧のように精神的な緊張感で血圧は上昇する。幸福感の増大により収縮期血圧は下降する。不安感の増大により拡張期血圧が上昇する。血圧は，呼吸，心拍数とともに変動する。

測定は，腕にカフを装着し，カフに空気を送り上腕部の血管を圧迫する。血管運動や血流の変化を音響センサ等で測定する。24時間携帯型血圧計により連続測定が可能である。

図8，9は，東北地方の住宅で冬期の住宅の温熱環境と，住宅内行動における血圧変動を示した例である。収縮期血圧が室温の低い廊下やトイレへ移動した際に上昇している（図9）[*12]。

(4) 発汗

発汗（skin potential response, SPR）には，温熱性発汗と精神性発汗がある。温熱性発汗は，気温の上昇や運動による体温上昇に伴い全身から発汗する。精神性発汗は，緊張状態にあるときにおもに手足のひらや指に生じる発汗である。体温調節は視床下部に統合されている体温調節中枢によるが，精神性発汗は大脳皮質の前運動領，大脳辺縁系，視床下部が関連し，体温調節とは異なる情報処理過程を経ている。これらの汗腺活動は交感神経の支配にあり，発汗による皮膚電位反応により交感神経機能の亢進状態を観察することができる。

測定は，手のひらに一対の電極を置き，発汗に伴う電極間の電気抵抗値を測定する方法，皮膚の一部を換気カプセルで覆い，そのカプセル内に発汗した水分量を換気して乾燥ガスに取り込み，赤外線ガス分析をする方法がある。また温熱性発汗では，発汗量と呼吸による水分蒸発量を含め，精密秤量計で水分蒸発による体重の減少量を測定する方法もある。

図10は，高層ビルの風圧による揺れを想定した振動に被験者を暴露した際の精神性発汗を測定した例である。被験者を横たわらせた振動台を駆動させた波形が大きくなるほど，発汗波形も大きくなっている[*13]。

6. 注意・気分・感情状態を推定する

中枢神経機能の測定には，脳波，事象関連電位，脳磁界，光トポグラフィ，fMRI，NIRS等が用いられる。そのうち建築学でおもに用いられている手法を紹介する。

(1) 脳波

脳波（electroencephalography, EEG）は，おもに覚醒―睡眠に至る意識の状態を観測するのに用いられる。脳の神経活動に伴う電位変動である。脳波はその周波数帯域により低いほうから0.5-3 Hzのデルタ（delta）波，4-7 Hzのシータ（theta）波，8-13 Hzのアルファ（alpha）波，14-35 Hz程度のベータ（beta）波，40 Hz前後の（gamma）波に分類される。シータ波，デルタ波は神経細胞内の脱分極を反映している。アルファ波は視床と大脳皮質の活動が反映していると考えられている。ベータ波，ガンマ波は覚醒時に現れ，大脳皮質ニューロンの活動を反映していると考えられている。

測定は，頭皮上に設置した電極により導出し，生体アンプにより増幅して記録しする。電極位置は，多くの場合国際10-20法により指定された位置に準じて測定する。脳はその部位によって情報処理の機能が異なるために，どの部位が

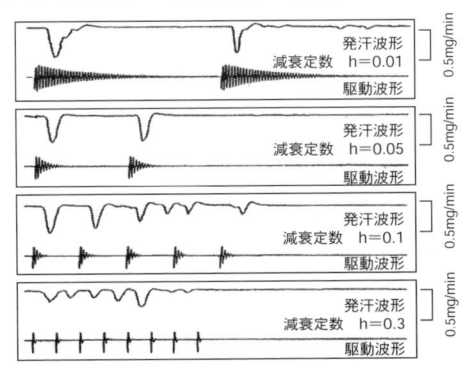

図10 振動体感時の発汗波形の例 （引用文献6）

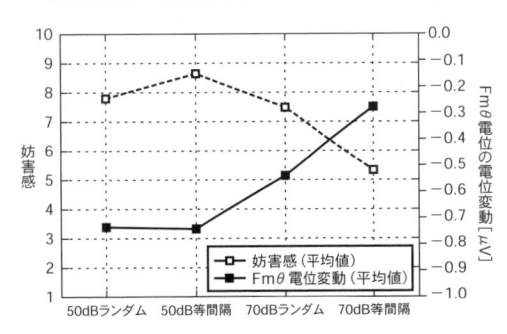

図11 Fmθ波の電位変動と妨害感 （引用文献7）

活性化しているのかを推定することができる。

図11は，精神作業時に騒音を聴取させた場合の主観的な音の妨害感と，聴取時のFmθ波（Fp1，Fp2の平均値）パワーレベルである。妨害感が高まるほど，Fmθ（シータ）波のレベルが小さい。シータ波は入眠時に見られるが，Fmθ波は精神作業に集中している際，前頭部位で観察される[*14]。

(2) 誘発電位・事象関連電位

音や光など，特定の環境刺激に対する注意状態を観測する場合には，誘発電位（evoked potential, EP），事象関連電位（event related potential, ERP）を測定する。刺激に対する脳の活動部位の推定，反応の大きさ，情報処理過程を推定する。五感からの刺激や内的な情報処理活動を量的に測定できる。視聴覚刺激に対する注意状態の測定に用いられる。

脳波のうち，刺激に誘発されて生じる電位の変化を誘発電位と呼ぶ。誘発電位のうち刺激の発生から潜時50 ms程度までの早期の成分は，刺激の物理的処理に対応する。出来事の発生に伴い発生する電位を事象関連電位という。300〜500 msまでの心的活動を含む高次情報処理過程を観測できる。

誘発電位，事象関連電位の測定方法は脳波測定とほぼ同様であるが，電位変動を加算平均するところが異なる。刺激発生時を起点とした同期加算することにより，ランダムに出現する脳波の周波数成分を相殺し，刺激に対する固有の反応を捉える。誘発電位を得るには50回前後の加算平均が必要になる。頭皮上の複数の測定点のデータから活動部位を推定することで，脳内の情報処理の性質とその処理過程を表現することができる。微弱な電位を扱うので，歩行等の強い筋電位の発生する条件下での測定は難しい。加算回数に応じて被験者の拘束時間が長くなる。ms単位の高精度の時間分解能で大脳皮質の活動状態を捉えられること，比較的簡易なシステムにより測定できるという利点がある[*15]。

図12は，注意を向けている音（ターゲット音）とそうでない音に対する事象関連電位の例。N1は音の物理量と音に対する初期的な注意状態に対応して生じる陰性電位で，注意を向けている場合，振幅が大きくなる。P3は音に対する認識に関わる高次の情報処理状態に関わる陽性電位で，注意を向けている場合P3が観察される[*16]。

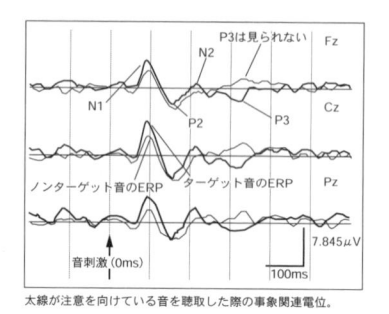

図12　ターゲット音とノンターゲット音の加算波形の例　（引用文献8）

(3) 近赤外分光法

近赤外分光法（near-infrared spectroscopy, NIRS）は近赤外光を頭表に照射し，その反射光を測定する。近年，普及が進んでいる技術である。脳波測定と同程度の操作性で，身体の拘束性が少なく，比較的自由な刺激提示条件で脳応答を測定できる。測定は，ゴム帽子状のホルダを頭部に装着し，近赤外線を頭皮に投射し，その入射―反射光を測定し，大脳皮質上の酸素化―脱酸素化ヘモグロビンのモル濃度の変化量により，酸素消費量の多い活動部位を推定する[*17]。

7. 実験での留意点

(1) 行動・生理測定の短所と長所

建築学において人をものさしとして環境の質を測定する方法には二種類ある。一つは言葉によって評価する心理評定による方法，もう一つは行動や生理応答によって評価する方法である。行動や生理応答による方法には，

・実験統制された環境でのデータ収集が必要
・測定によっては費用と分析時間がかかる
・結果に個人差が現れやすい

という短所がある。その一方で，

・教示による予見を与えずに評価できる
・行動の中の運動・精神活動・ストレス状態を定量的に評価できる
・環境条件と対応づけて検討できる

という長所がある。

心理評定では，人から評価を直接得ることはできるが，質問するために環境に対する視点をあらかじめ与えてしまうことになる。行動や生理の観察は，教示なしにそれらを観察することができるため，予備知識による評価のバイアスがかかることを避けることができる。また，心理評定は建築環境を体験したあとの事後的な評価になる。行動学・生理学的な手法では，行動を休止することなく運動量・精神活動・ストレス状態を定量的に評価できる。環境条件の差異と行動や生理を対応づけて検討することができる。

こうした特徴を理解して，研究目的にふさわしい測定指標を選択することが重要である。

(2) 被験者の保護

実験に先立ち，所属機関に倫理委員会が設置されている場合は，実験の安全性について審査を受ける必要がある。

実験で最も重要なことは，被験者の安全性の確保である。それには心理的な側面も含まれる。白衣症候群に見られるように，実験室を見ただけで緊張してしまう被験者や，狭い場所が苦手な被験者もいる。実験にあたり過度の緊張を招かないように，被験者に対しては十分な実験内容についての説明を行い，書面等で内容および参加の合意を確認したうえで実験を行う。実験前，実験中ともに被験者の参加，不参加の自由が損なわれないように配慮する。また電気的測定をする場合，安全に十二分に配慮する。測定機器は臨床検査用に開発された機器を用い，機器のアースを必ずとり，毎回使用前に必ずすべてのシステムのチェックを行う。

8. 応用例

近年，高齢者や身体障害者に配慮した空間づくりが求められている。その一方，空間認知や行動特性の知見の蓄積は少なく，今後，重要な研究領域となっていくと考えられる。ここでは車椅子利用者を例にとり，アイマークレコーダおよびモーションキャプチャを用いた研究事例を紹介する。

a. アイマークレコーダ

○知花弘吉「交差点付近における車イス利用者と健常者の注視特性」日本建築学会計画系論文集，No.510, pp.155-160, 1998.8

本研究は，アイマークレコーダ（論文中ではアイカメラと表記されているが同義である）を用い，健常者と車椅子利用者の街路移動時に手掛かりとする視覚情報の特性の違いについて検討したものである。

実験では，健常者と車椅子利用者にアイマークレコーダを装着し，交差点を歩行および車椅子により移動させた。移動行動は，交差点に接する歩道の1箇所を起点と終点とし，信号に従って周回させた。

分析では，視野映像（景色の映像）とアイマークレコーダによる注視点座標値を重ね合わせ，映像フレーム（1/30秒）ごとの視点の停留点を記録し，0.2秒以上視点が同位置に留まった場合を注視点とした。注視点を用いて注視時間と注視対象を求めた。

図13は歩道を移動中，信号待ち，横断中のアイマークの位置にある視野映像から注視対象

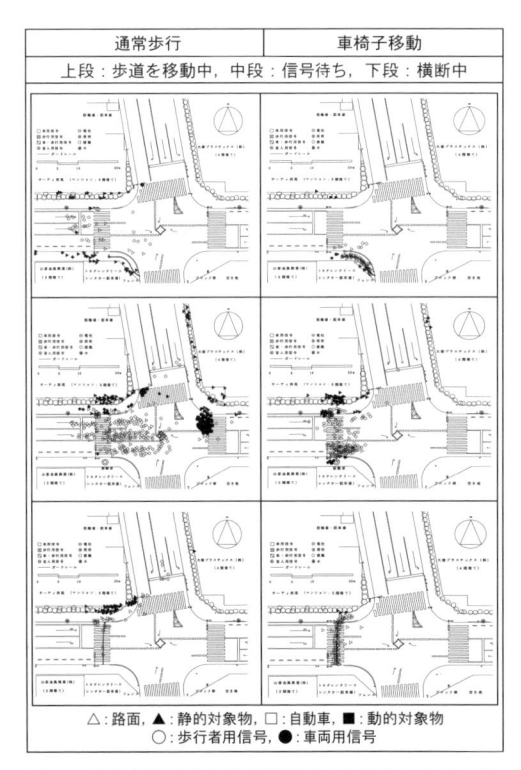

図13 通常歩行時と車椅子移動時の交差点における注視対象の分布 （引用文献9）

を読み取り，平面図上にその注視対象の位置をプロットしたものである．上段から，通常歩行（図の左側）と車椅子（図の右側）の注視対象を比較してみる．

歩行中，注視対象は通常歩行の場合，進行方向へ広く分布するが，車椅子では移動している場所のごく身近に分布する．信号待ちにおいても車椅子の場合，注視対象の分布範囲が狭く，横断中の場合は通常歩行の場合，進行方向の路面や（横断歩道の先の）静止物が注視されるが，車椅子移動では目前の対象を注視する傾向が認められる．

b．モーションキャプチャ
○佐野友紀・建部謙治・萩原一郎・三村由夫・本間正彦「災害弱者による防火設備開口部の通過特性」日本建築学会計画系論文集，No.559, pp.1-7, 2002.9

本研究では，災害弱者の避難行動を防火設備開口部の設計に反映させるために，モーションキャプチャを利用して人が防火扉を通過する際の行動を観察し，扉の開閉に伴う通過特性を明らかにしている．

実験は，防火扉およびシートシャッターによる実大実験装置（図14）を用いて行われた．シートシャッターは，シートの一部にスリットを設けることで三角形の開口部をつくり，人を通過させる構造になっている（図15）．被験者は，健常者，高齢者，子供，車椅子（手動，電動），ストレッチャー（前後各1名の操作者）とし，スリットを通過させ，その際の歩行・移動軌跡を記録した．モーションキャプチャは被験者の身体各部にマーカを装着し，マーカの3次元位置座標を1/120秒単位で測定した．またビデオカメラにより被験者の動作を記録し，その特徴を把握した．

図16は，防火扉，シートシャッターの実験結果の例である．健常者男性の歩行軌跡がそれぞれ直線的であるのに比べ，電動車椅子では閉じてくる扉を避けるために回り込んで通過し，またシートシャッターでは扉座版に車椅子が引っかかる例が見られた．

研究から，被験者の身体能力の違いによって，防火設備の通過動作に差異が認められている．子供，高齢者，手動車椅子利用者では，防火扉（開放重量：44 N*[計測値]）の開放が困難である一方，シートシャッター（15 N）では開放が容易であった．また防火設備の性状について，実験に用いたタイプのシートシャッターの場合，車椅子の流動性向上のために寸法を増加する場合，高さ方向よりも幅方向への増加の効果が大きいことが明らかになっている．

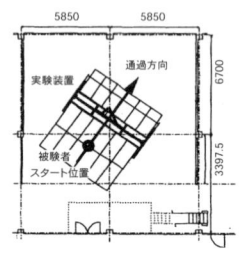

図14 実験室平面図（引用文献10）

図15 実験被験者例（引用文献10）

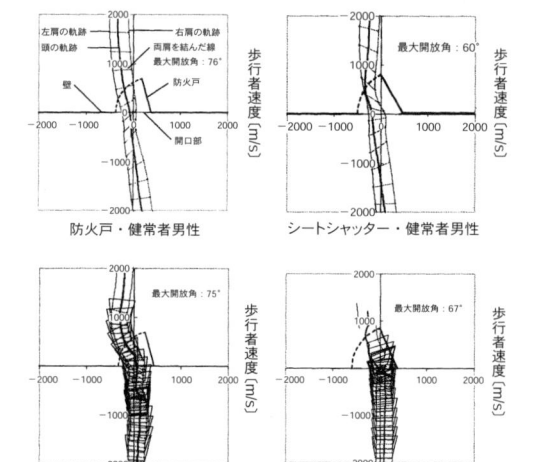

図16 防火戸・シートシャッター通過時の歩行・通過軌跡（引用文献10）

*1　装置例　NAC EMR-9
　　http://www.eyemark.jp/history/02/index.html
*2　装置例　NAC EMR-AT VOXER
　　http://www.eyemark.jp/product/emr_at/index.html
*3　（引用文献1）
*4　（引用文献2）
*5　（引用文献3）
*6　伊勢史郎・上野佳奈子・尾本章・鈴木久晴・渡邉祐子「複数の身体が協調して音場と相互作用する空間システムの提案—身体運動の可聴化の実験的検討—」日本音響学会講演論文集，pp.709-710, 2007.3
*7　装置例　日本光電　MEB-2400

http://www.nihonkohden.co.jp/iryo/products/physio/04_emg/meb 9400.html
＊8　松井香代子・勝平純司・長澤夏子・渡辺仁史「腰部負荷と筋活動からみた腰に負担のかからない調理カウンターの研究」日本建築学会関東支部研究報告集，No.5004, pp.13-16, 2007.2
＊9　装置例　日本光電　心電計　DSC 3200
　　http://www.nihonkohden.co.jp/iryo/products/physio/01_ecg/dsc 3200_1.html
＊10　参考事例：田中千歳・野口孝博・眞嶋二郎「高齢者・障害者の心拍数から見た住宅内外での移動の容易性と快適性に関する実験的検討―積雪寒冷地の住宅における出入り空間の形状とあり方に関する基礎的研究―」日本建築学会計画系論文集，No.545, pp.121-127, 2001.7
＊11　（引用文献 4）
＊12　（引用文献 5）
＊13　（引用文献 6）
＊14　（引用文献 7）
＊15　誘発電位測定装置の例　日本光電　MEB-2300
　　http://www.nihonkohden.co.jp/iryo/products/physio/04_meb/meb 2300.html
＊16　（引用文献 8）
＊17　装置例　近赤外光イメージング装置　島津製作所医用機器事業部
　　http://www.med.shimadzu.co.jp/application/other/t 05.html

〔引用文献〕
1) 大野隆造・宇田川あづさ・添田昌志「移動に伴う遮蔽縁からの情景の現れ方が視覚的注意の誘導および景観評価に与える影響」日本建築学会計画系論文集，No.556, pp.197-203, 2002.6, 200頁・図 8
2) 佐野友紀・志田弘二・建部謙治「物理指標からみた交錯についての実験的研究：群集流動横断時の歩行特性に関する研究　その 1」日本建築学会計画系論文集，No.546, pp.127-132, 2001.8, 128頁・図 3, 128頁・図 4, 130頁・図 14, 130頁・図 15
3) 布田健「データベース構築のための問題点の整理及び手法の検討：人体寸法や身体機能から見た動的建築設計資料集成の開発」日本建築学会大会学術講演梗概集(E-1), pp.771-772, 2003, 772頁・図 4, 772頁・図 5
4) 黒子典彦・藤井英二郎「脳波・心拍反応及び主観評価からみた緑地の騒音ストレス回復効果に関する実験的研究」ランドスケープ研究（日本造園学会誌），No.65(5), pp.697-700, 2002.3, 699頁・図 8
5) 松本真一・伊藤明香・長谷川兼一・源城かほり・佐藤優可理「東北地域の住宅における健康性に関わる室内環境の実態調査：その 6　秋田県本荘・由利地区における高齢居住者の血圧変動の実測事例」日本建築学会東北支部研究報告集（計画系），No.69, pp.137-140, 2006.6, 139頁・図 2(b) OI邸, 139頁・図 3(b) 被験者 YO（OI邸）
6) 塚越勇・小竹潤一郎・梅村俊之「建築構造物の減衰性能と生体の生理反応　仰臥位での振動暴露に対する手掌部発汗と減衰性能」日本建築学会構造系論文集，No.497, pp.39-46, 1997.7, 41頁・図 5
7) 辻村壮平・山田由紀子「脳波を用いた精神作業時の音の妨害感に関する基礎的研究」日本建築学会環境系論文集，No.608, pp.67-74, 2006.10, 73頁・図 16
8) 謝明燁・佐野奈緒子・秋田剛・平手小太郎「中心視光源の輝度レベルが覚醒状態・注意・作業遂行に与える影響に関する研究」日本建築学会環境系論文集，No.581, pp.87-93, 2004.7, 87頁・図 6
9) 知花弘吉「交差点付近における車イス利用者と健常者の注視特性」日本建築学会計画系論文集，No.510, pp.155-160, 1998.8, 158頁・図 3
10) 佐野友紀・建部謙治・萩原一郎・三村由夫・本間正彦「災害弱者による防火設備開口部の通過特性」日本建築学会計画系論文集，No.559, pp.1-7, 2002.9, 2頁・図 2, 図 3, 3頁・図 5(a), 図 6(a), 4頁・図 7(e), 図 8(e)

〔参考文献〕
1) 中山沺編著『図説　生理学テキスト　改訂第二版』中外医学社，1991
2) 日本自律神経学会編『自律神経機能検査』文光堂，1992
3) 尾前照雄監修，川崎晃一編『血圧モニタリングの臨床』医学書院，1993
4) 加藤象二郎・大久保堯夫編著『初学者のための生体機能の測り方』日本出版サービス，1999
5) 宮田洋監修，藤澤清・柿本昇治・山崎勝男編『新生理心理学 1 巻 生理心理学の基礎』北大路書房，1998
6) 宮田洋監修，山崎勝男・藤澤清・柿木昇治編『新生理心理学 3 巻 新しい生理心理学の展望』北大路書房，1998
7) 安西裕一郎・苧阪直行・前田敏博・彦坂興秀『注意と意識　岩波講座　認知科学 9』岩波書店，1994
8) 栗城真也『脳をみる』テクノライフ選書，オーム社，1995
9) 丹羽真一・鶴紀子編著『事象関連電位　事象関連電位と神経情報科学の発展』新興医学出版社，1997
10) 日本建築学会『よりよい環境創造のための環境心理調査手法入門』技報堂出版，2000

1.8 機器で調べる GPS

1. はじめに

近年，地震や火災などの都市災害や，ターミナル駅等の交通結節点における混雑などを解消する必要性から，ダイナミックに変動する人の動きを把握する技術が求められている。また，情報通信技術（ICT）の発展にともない，人々のライフスタイルが多元化・多様化するなかで，建築空間内部における人の動き・動作特性を計測する手法が模索されている。

都市における人の動きを把握する調査方法は，パーソントリップ調査*，CCTVカメラを用いた面的な人数カウント，ICタグを用いた自動改札による駅の乗降客数，携帯電話基地局等への端末登録数などがあげられる。特定の人を対象とした生活行動に関する調査方法は，被験者が自ら記述する日記式調査票やインタビュー調査が挙げられる。しかしながら，このような調査方法は，コストや調査に費やす時間が膨大になってしまう問題がある。さらに，日々の生活というプライベートな領域であるため，調査員による行動追跡や，住居内での記録することはきわめて困難である。

これに対して，GPSやFRIDのような小型軽量な機器を使った調査方法が検証されている。機器を使って調べることにより，多数の被験者のデータを同時に，広範囲に，継続的に収集することができる。被験者や調査員の主観の介在しない計測手法は，一定の精度で得られた一次データを分析することから客観的な基礎資料として期待できる。

またコンピュータ技術の発展により，GIS，CG，CAD等によるデータの可視化が進んでいる。例えば都市圏全体のような広域の2次元空間で，多数の人の集中状況を俯瞰したり，3次元空間での局所の人の流れの特性を分析するといった，よりリアリティをもたせつつ全体を可視化することも可能になってきている。

2. GPS：Global Positioning System

（1）GPSとは[1,2,3]

GPSとは，Global Positioning Systemの略語で，人工衛星を使った測位システムの一つである。GPSは元来，米国軍需品として軍事車両や歩兵の位置把握，ミサイルなどの誘導を目的に開発されたものであり，P（Position：位置），V（Velocity：速度），T（Time：時刻）が求まるセンサである。

2000年以降，民生用として広く普及し，カーナビゲーションシステムに代表されるように，生活の身近なツールとなった。現在は，多くの携帯電話にも搭載され，子供の見守りや移動ナビゲーションとしても活用されている。携帯電話による位置の取得は，搭載されたGPSチップや携帯電話の基地局測位によるものがある。このほか，無線LAN（Wi-Fi）の基地局を用いる測位もある。スマートフォン（特にiPhoneやAndroid）上では，GPSとWi-Fiのハイブリッド測位ができるようになっている。図1は，ある一人の行動を5分間隔，約12時間測位した結果である。

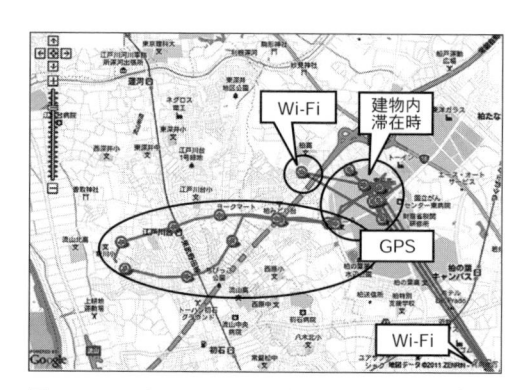

図1 スマートフォンのGPSとWi-Fiのハイブリッド方式による測位 （引用文献4）

（2）研究事例

建築，都市計画分野においては，GPSを利用した人の行動把握によって，行動と空間構成の関係を探る研究が進められている。例えば子供や高齢者を調査対象として，被験者の移動距離，移動速度から日常的な生活圏域を明らかにする研究[5,6]，観光地における人の歩行軌跡や立寄り行動等を明らかにする研究[7]が行われている。

GPS軌跡による児童の放課後の自宅を基点とした行動圏域分析[8]

広範な都市空間を対象として観察するために，

丹羽由佳理

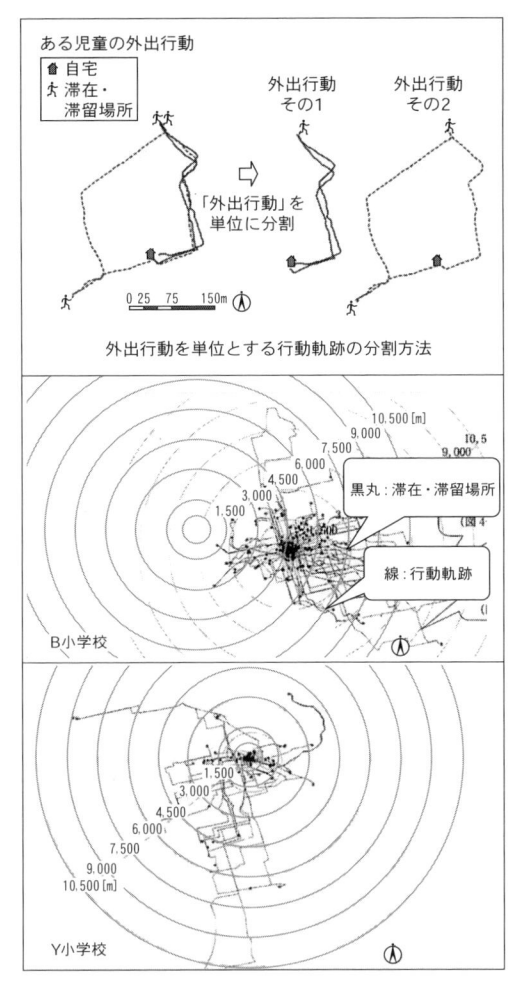

図2 自宅を基点に重ねた行動軌跡と「滞在・滞留行動」場所の分布（B小学校とY小学校）
(引用文献8)

多人数の児童の放課後から帰宅するまでの間を対象として，連続的に小型軽量のGPSを利用している。図2は，児童が「滞在行動（屋外での3分以上の停止）」，「滞留行動（屋外での5分以上の停止）」を行った場所の分布を，自宅を中心に重ね合わせた結果である。自宅を起点とした行動軌跡と外出先の分布を把握し，児童の行動圏域と児童や学区の特性との関係を明らかにしている。

3. RFID：Radio Frequency IDentification

(1) RFIDとは[9]

RFIDとは，Radio Frequency Identification（無線周波個体識別）の略語で，無線を使った個体識別技術である。バーコードに代わるものとして期待されており，内部のメモリに人や物を管理するためのIDなどの情報を記録するRFIDタグ，RFIDタグと無線で通信するリーダ/ライタ，そしてIDに関連づけられた情報を記録するデータベースなどで構成される。

小型のRFIDタグから情報を読み取ってデータを交信するというもので，例えば博物館の特定の場所に行くと，自動的に案内メッセージが流れたり，危険な場所で注意を呼びかけたりといったことが可能になる。航空手荷物の管理や図書館の蔵書管理などで広く利用されている。

GPSは，民生利用の場合，メートル単位での誤差が生じることや，人工衛星からの電波が受信できる屋外での利用に限られるという制約がある。一方，RFIDタグは電波の届く距離が短いため，GPSと比べて広範囲での位置検索はできないが，限られた空間で人や物の位置情報を取得することができる。RFIDを用いることにより，被験者や調査員に負担を強いることなく，住居内の行動や動作特性を計測することができる。

(2) 研究事例

a. アクティブRFIDを用いた中国都市部の集合住宅における高齢者夫婦の部屋使用行動の研究[10]

高齢中国人夫婦世帯の住戸内での起床から就寝までのおもな室利用を明らかにしている。アクティブRFIDタグを利用して，いつ，どこで，どの部屋に被験者や滞在しているのかを連続的に記録し，そのデータを分析することによって朝，昼，晩の各々で滞在や頻繁に往来のある部屋の組合せを特定している（図3）。

b. アクティブRFIDタグを用いた住宅における部屋滞在行動観測手法[11]

ある独居世帯を対象にして，アクティブRFIDタグを用いて部屋使用の行動を観察し，部屋使用行動の特徴を分析する手法を提示している。図4は，部屋（屋外）間の移動頻度と，各部屋の延べ滞在時間の組合せから，各時間帯の部屋使用行動の特徴を図示したものである。居間と台所は最も滞在時間が長く，それらの間の移動頻度も最も大きいことがわかる。生活行

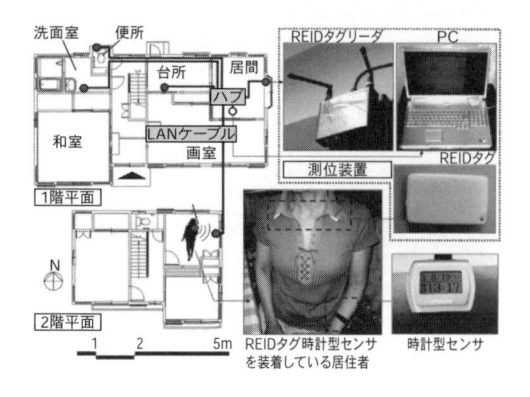

図3 RFIDタグリーダの設置およびRFIDタグの装着状況（引用文献11）

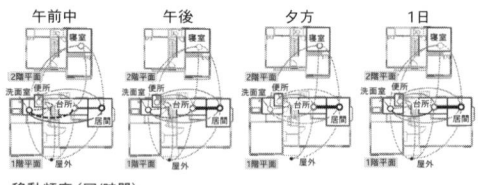

図4 部屋（屋外）間の移動頻度と延べ滞在時間の大小関係（引用文献11）

図5 指輪型RFIDリーダによる接触動作モニタリングシステム（引用文献12）

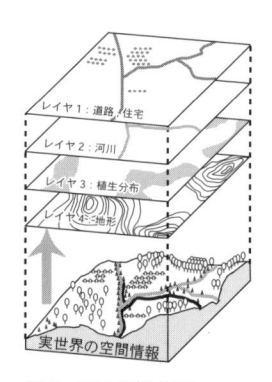

動を把握することにより，異なる世帯に共通する部屋滞在行動や，個別世帯の特徴的な生活行動などを明らかにすることを目指している。

c．指輪型RFIDリーダによる接触動作モニタリング[12]

RFIDタグと指輪型RFIDリーダを用い，人が物に触れるときの接触動作を記録することによって，人間の行動特性を分析している。図5は，調査より得られた接触履歴データから作成された接触動作ネットワーク図である。ネットワーク図として動作の軌跡を可視化することにより，住宅内における被験者の行動を理解しやすくなり，生活空間における疎密が明らかになった。

4．地理情報システム（GIS）

（1）GISとは[13,14]

GPSで得られた位置情報と電子地図を結び付けるツールの一つとして，GIS（Geographic Information System）がある。GISは，おもに地理情報システムと訳され，位置が特定できる実世界の存在（自然，社会，経済等の属性）を，デジタルデータとして抽象化し，統合的に処理，管理，分析し，その結果を表示するコンピュータ情報処理体系である。さまざまな自然，社会現象の構造や特性を分析，解析するコンピュータベースのシステムともいわれている。

GISが扱う仮想的なシートをレイヤと呼び，複数のレイヤを何枚も重ねたり，特定のレイヤだけを選択することにより，要素を追加したり編集したりできる（図6）。例えば，鉄道路線図だけを抜き出したレイヤ，道路網だけのレイヤ，コンビニエンスストアの位置をプロットしたレイヤーなど，特定の要素だけを取り出し組み合わせることで，詳細な分析が可能となる。

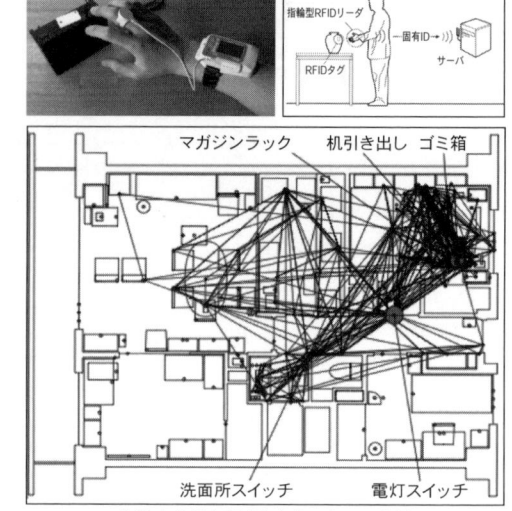

図6 GISの概念図
（1999年度インターネット講義「地球科学におけるGRASS GIS入門」を元に筆者が編集）

(2) 建築，都市計画分野におけるGIS活用

1995年に起きた阪神・淡路大震災の際には，国内外から多くの救助隊が入り，そこで被害状況の調査や救助活動を調整するために，GISが提供する地理データが利用されたといわれている[15]。また，GISとGPSを統合して，位置情報を取得しながら被災情報をリアルタイムで収集することができ，倒壊家屋による瓦礫の撤去のための情報管理ツールとして活用された。

自治体においては「統合型GIS」が盛んに導入されている。統合型GISとは，地方公共団体が利用するデータのうち，複数の部局が利用するデータ（道路，街区，建物，河川，課税データなど）を各部局が共有できる形で整備し，利用する横断的なシステムである。ホームページ等で，住民にGISを用いて都市情報を公開している自治体もある。統合型GISの導入により，データの重複を防ぎ，各部署の情報交換を迅速にし，住民サービスの向上，費用対効果を図ることができるといわれている。

---

* パーソントリップ調査とは，一定の地域における人の動きを調べ，交通機関の実態を把握する調査である。どのような人が，どのような目的・交通手段で，どこからどこへ移動したかなど，ある人の平日1日の動きを把握する。この調査から，鉄道や自動車，徒歩といった各交通手段の利用割合や交通量などを求めることができる。昭和43年以降，10年ごとに実施している。（参照：http://www.tokyo-pt.jp/person/index.html（東京都市圏交通計画協議会））

〔引用文献〕

1) トランジスタ技術編集部『GPSのしくみと応用技術—測位原理，受信データの詳細から応用製作まで—』CQ出版社，2009
2) ユニゾン『図解雑学 GPSのしくみ（図解雑学シリーズ）』ナツメ社，2003
3) ITS情報通信システム推進会議『図解 これでわかったGPS 第2版 ユビキタス情報通信時代の位置情報』森北出版，2005
4) 関本義秀・Horanont, T.・柴崎亮介「解説：携帯電話を活用した人々の流動解析技術の潮流」情報処理，Vol.52, No.12, pp.1522-1530, 2011.12
5) 吉田勝美・杉森裕樹「GPS付き携帯端末及び地理情報システム（GIS）を用いた高齢者行動分析」千葉大学環境リモートセンシング研究センター年報8, pp.32-33, 2003.7
6) 細田崇介・西出和彦「GPS追跡調査による広域通学を実施する小学校における子どもの放課後行動に関する研究」日本建築学会大会学術講演梗概集（F-1）, pp.869-870, 2008.7
7) 藤田朗・半明照三・山田雅夫・大内浩・三宅理一「GPS携帯電話を用いた回遊行動の調査分析—小田原市中心市街地を事例として—」日本建築学会大会学術講演梗概集（F-1）, pp.855-856, 2003.7
8) 松下大輔・永田未奈美・宗本順三・中村朋世「GPS軌跡による児童の放課後の自宅を基点とした行動圏域分析」日本建築学会計画系論文集，No.658, pp.2809-2815, 2010.12, 2810頁・図1～3
9) NTTコムウェア（株）研究開発部『RFIDの現状と今後の動向』電気通信協会，2005
10) 屈小羽・松下大輔・吉田哲「アクティブRFIDを用いた中国都市部の集合住宅における高齢者夫婦の部屋使用行動の研究」日本建築学会計画系論文集，No.654, pp.1825-1833, 2010.8
11) 屈小羽・松下大輔「アクティブRFIDタグを用いた住宅における部屋滞在行動観測手法」日本建築学会計画系論文集，No.650, pp.797-804, 2010.4, 780頁・図7, 803頁・図15
12) 遠田敦・大塚佑治・渡辺仁史「指輪型RFIDリーダによる接触動作モニタリング」日本建築学会計画系論文集，No.646, pp.2739-2744, 2009.12, 2741頁・図1, 図2, 2743頁・図3（一部）
13) 高橋重雄ほか『事例で学ぶGISと地域分析—ArcGISを用いて』古今書院，2005
14) 東京大学空間情報科学研究センターCSIS（てくてくGIS） http://www.csis.u-tokyo.ac.jp/japanese/index.html
15) 碓井照子・橋本潤治「電子地図とGPS搭載の携帯型パソコンGISの開発—地域現場からの災害情報取得システムへの応用—」GIS学会講演論文集，Vol.5, pp.39-42, 1996

1・9 行動を探る　経路探索

1. 概要

　経路探索に基づく環境的行動は，主体が環境において目標とする地点に到達するための経路の探索過程を示すものであり，環境内における空間的問題解決（spatial problem solving）行動であると考えられている[1]。つまり，ある地点に到達するという主体に発現した環境的問題に対して，主体自身が有する環境への知識や認知能力，ならびに環境から得られる物的・空間的情報などを駆使し，解決に向かおうとする行動である。

　経路探索という用語について，舟橋[2]は「環境の情報が不足している事態，あるいは行動主体の側からいえば，学習水準が低い場合における経路の「選択」を指す。」と定義し，経路探索と経路選択を区別している。それゆえに，経路探索を方法論として用いる場合，主体が環境的問題の解決に向けて何かしらの探索を行う状態が調査・実験計画に反映されていることが必須の条件になるといえる。

　しかしながら，この定義には環境情報が不足している事態や学習水準の低い場合の程度が示されていないため，どの程度から経路探索が経路選択に変容するのかが不明である。そのため，経路探索に係る多くの研究が対象者を選定する際，この程度の曖昧さを回避するため，対象とする環境に対して来訪経験といった直接的接触も情報メディアや他者との会話などから得られる環境情報といった間接的接触も皆無である不慣れな状態であることをその前提に置いている。

　経路探索が方法論として，さまざまな環境改善を目的とする研究に応用され始めた背景には，経路探索の容易さが環境のわかりやすさを示す一つの指標であると解釈されていることに起因する。経路探索の容易さに係る環境の物理的特性に関しては，J.Weisman[3]が見通しなどに関する「視知覚的近接 "visual access"」，ランドマークや手掛かりなどに関する「建築的分節の程度 "the degree of architectural differentiation"」「サイン "the use of signs and room numbers to provide identification"」「平面形態 "plan configuration"」の4つの項目を指摘し，T.Gärlingら[4]も同様に「分節の程度 "the degree of differentiation"」「視知覚的近接の程度 "the degree of visual access"」「空間的配置の複雑さ "complexity of spatial layout"」をあげている。その結果，環境改善を目的とする多くの研究が「経路探索の容易さ＝環境のわかりやすさ」といった立場で展開されている。

　そして，この立場に基づく発展的展開として，近年，その主体が健常者のみにとどまらず，何かしらの障害を有する人々にまで広がりを見せている。例えば，赤木[5]の認知症高齢者に関する研究のように，記憶障害や空間見当識障害を中核症状として発現する認知症高齢者の徘徊行動を，転倒などの危険性を含んだ継続的な経路探索行動であると位置づけ，経路探索の容易さに関する検討から認知症高齢者にとって，より安全でわかりやすい環境を提供しようとする研究などがこれに相当する。

　しかしながら，「経路探索の容易さ＝環境のわかりやすさ」といった図式には，未だ矛盾する事柄が残されており，両者が必ずしも完全に対応する関係ではないことを理解しておく必要がある。つまり，「経路探索の容易さ＝環境のわかりやすさ」を前提に経路探索を方法論として用いる場合，少なからず自身の研究において，この関係性が常に成立しうる図式であるか否かを十分に検討したうえで調査・実験計画を立案する必要がある。

2. 目的と特徴

　経路探索に基づく環境的行動が，環境内における空間的問題解決行動であるとする場合，この問題解決とはどのような性質を有する事柄であるのかを理解しておく必要がある。

　M.W.Eysenckら[6]は，認知心理学的立場から問題解決という用語について，「その問題を解決する人にとって自明な解決方法が手に入らない場合に，与えられた状況を目的とする状況に変換するために費やす認知的な処理のことを指す。」と定義している。つまり，問題解決は認知と密接に係る事柄であり，問題解決を内在する経路探索が，思考・記憶・意識・感情・学

赤木徹也

習・知識・知覚などの認知に係る諸分野と向き合わざるを得ないのは必然的なことなのである。それゆえに，多くの建築・都市環境的研究の中でも，経路探索に係る研究は，認知的アプローチが試みられている研究として理解されているのである。

経路探索に係る研究をその目的から概観すると，おもに「トランザクションの理論的発展」を目的とする研究と，「経路探索の容易さに基づく環境的示唆」を目的とする研究に大別される。前者は，主体と環境とのトランザクションそのものを解明することを目的とした研究であり，経路探索が目的的に用いられている傾向が強い研究であるといえる。一方，後者は主体に発現した現象を環境とのトランザクションから得られた結果とし，その結果から環境改善に向けた示唆を加えようとすることを目的とした研究であり，経路探索が手法的に用いられている傾向が強い研究であるといえる。

3. 方法の解説

経路探索に基づく環境的行動は，主体の心的な方略に基づいて外的に発現する行動である。それゆえに，経路探索を方法論として用いる場合，経路探索時における主体の環境的行動の根拠となる方略を抽出し，外的な環境的行動と内的な方略との関係性を検討することが重要となる。この関係性を検討している多くの研究では，調査・実験計画を立案する際，主体と環境との両者，もしくは主体か環境のどちらか一方に，その研究目的に応じた何かしらの差異が生じるような条件設定が行われ，それらの比較検討から各々の結論が導き出されている。

(1) 調査方法
①主体側の条件設定：この条件設定では，おもに主体に対する初期教示によって主体側に差異をもたらし，その差異に基づき属性分けが行われているか，もしくは，主体が従来から有しているさまざまな特性や環境に対する知識などを根拠とする差異に基づき属性分けが行われているか，に大別される。以降，仮に前者を初期教示別設定，後者を基本特性別設定と呼び，解説を加える。

①-1 初期教示別設定：初期教示とは，調査・実験を行う際，あらかじめ主体に与えられる情報であり，経路探索に係る研究ではおもに環境に関する情報が教示されている。おもな初期教示には，方向感・距離感・道順・経路図・身体感覚などがあげられる。

初期教示の目的には，おもにそれ自体が研究の根幹を成し，環境に対する知識の有無やその程度などが環境的行動やその方略に与える影響を捉えようとするものと，調査・実験環境の説明的内容のものが見られ，初期教示別設定としては前者がこれに相当する。初期教示別設定は，おもに健常者を主体とする研究において多く行われており，障害者を主体とする研究では，ほとんど行われていないのが現状である。その理由は，初期教示に対する理解度が大きく影響しているものと考えられる。障害を有する人々の中でも認知障害を伴わない場合は，初期教示の理解確認が比較的容易であるため，今後，研究の発展にともないさまざまな試みが行われるであろうことは十分に考えられる。しかしながら，認知障害を有する人々に対する初期教示別設定は，今後の大きな課題であるといえる。

①-2 基本特性別設定：この条件設定では，おもに調査・実験時に主体がすでに対象環境に対する知識を有しているか否かによって大別され，すでに何かしらの知識を有している場合は，予備調査・実験などに基づき主体の属性分けが行われる。おもに環境に対する知識の程度やイメージなどを確認するためのものであり，環境習熟度別や環境イメージの差異別による属性分けなどがこれに相当する。

一方，環境に対する知識を有していない場合は，年齢・経験・身体特性・原因疾患などさまざまな特性によって属性分けが行われる。例えば，高齢者と青年者，熟達者と非熟達者，車椅子使用者と歩行者，認知症高齢者のアルツハイマー型と脳血管性型，などがこれに相当する。

②環境側の条件設定：経路探索に係る研究が対象とする環境は多種多様であり，建築環境から街路環境，さらには都市環境へと広がりを見せる。建築環境では，集会施設・図書館・病院・

福祉施設・駅舎・美術館・学校施設，街路環境では通学路・通勤路・交差点・大学キャンパス・広場，都市環境では住宅地・都市部繁華街・地下街・大規模ターミナル地区・駅舎周辺，などがあげられる。

　このような多種多様な対象環境において，次のような環境側の条件設定が行われている。例えば，物理的環境要素の異なる環境，平面形状の異なる環境，経路形態の異なる環境，サインを中心とする環境情報の異なる環境，スケールの異なる環境，往路と復路，知覚関連的表象を示す環境と運動関連的表象を示す環境，一般歩行経路の状態別（歩道上・信号待ち・横断歩道），交差点における付加情報別（基本・指示・メロディ・点滅）などがあげられる。

　なお，調査・実験計画を立案する際，対象とする環境の用い方には，現実の環境をありのままに用いる場合とシミュレーションをはじめ，現実の環境を普遍化するために何かしらの操作が施された実験的環境を用いる場合が見られる。

　両者には，原因と結果の関係において，各々長所と短所がうかがえる。つまり，前者はより現実の事態に即した知見が得られる反面，分析においては原因の所在を明確にしにくい傾向がある。一方，後者は特定の原因を明らかにしやすい反面，得られた知見が現実の事態にどの程度即し得るのかといった有効性の確認が困難である。そのため，調査・実験計画を立案する際，自身の研究目的に応じてより適切な対象環境の用い方を選択することが望まれる。

（2）分析方法

　ここでは，主体の環境的行動とその方略をどのような指標として（分析指標），どのように抽出するのか（分析指標の抽出法）を解説する。

　分析指標の抽出法では，おもに観察・再認・再生・発話・知覚などが多く用いられている。分析の手順は，おもに経路探索時における主体の外的な環境的行動を観察によって確認するとともに，その根拠となる心的な方略を再認・再生・発話・知覚などを用いて抽出し，その結果得られた各分析指標に基づいて，環境的行動と方略との関係性を検討するといったフローで展開される。

①観察：観察は，主体の環境的行動とそれを取り巻く環境の物的・空間的要素などを直接的に得ることができる抽出法である。主体の環境的行動では行動観察法，環境の物的・空間的要素ではデザイン・サーヴェイなどがこれに相当する。この抽出法から得られる分析指標として，行動観察法では歩行軌跡・目標地点到達状況・身体反応・歩行時間・立ち止まり時間，デザイン・サーヴェイでは環境要素・環境構成・サインを中心とする環境情報，などがあげられる。

②再認：再認とは，すでに保有している記憶と新たな情報との相違を判断することであり，認知的アプローチが行われる場合，しばしば用いられる抽出法である。経路探索終了後に行われる再認として，再認記憶テストや写真判別法などがこれに相当する。そして，この抽出法から得られる分析指標として，判別理由・判別正解率・再認正解率，再認速度，などがあげられる。

③再生：再生とは，すでに保有している記憶を新たに再生成することであり，再認の場合と同様に，認知的アプローチが行われる場合，しばしば用いられる抽出法である。経路探索終了後に行われる再生として，視認・思考内容の口頭説明，地図描画法・エレメント想起法などがこれに相当する。そして，この抽出法から得られる分析指標として，説明内容・描画様式・描画手順・再生正解率・想起率，などがあげられる。

④発話：発話は，言語データが主体の経路探索に連動した形で系統的に得られる抽出法であり，発話思考法・対話法などがこれに相当する。そして，この抽出法から得られる分析指標として，発話内容・発話順序・発話頻度・沈黙長さ・話題数，などがあげられる。

　なお，発話を抽出法として用いる場合，主体の個性や調査・実験から受ける緊張感などが，主体の発話状況に影響を与えることは無視できない。それゆえに，主体が発話しやすい状況や環境をどのように整えるかといった事柄が大きな課題としてあげられる。

⑤知覚：知覚には，視覚・聴覚・触覚・臭覚・味覚などがあるが，経路探索ではおもに視覚が中心に行われており，アイカメラ法などがこれに相当する。これは環境を捉えるうえで視覚が

他の感覚器に比べ，環境情報の需要量が最も多い感覚器とみなされているからであるとともに，比較的軽量で操作が容易な眼球運動測定装置が開発されていることもその理由としてあげられる。

それゆえに，視覚を中心に解説を行うとすれば，この抽出法の特徴は，主体の環境的行動に連動した形で主体が今，何を注視しているのかをきわめて客観的に捉えられることであるといえる。そして，この抽出法から得られる分析指標として，注視回数・注視時間・注視走査・注視点移動速度・注視点軌跡，などがあげられる。

なお，知覚を抽出法として用いる場合，知覚と認知が必ずしも完全な対応関係を有していない事柄であることを念頭に入れておく必要がある。つまり，知覚したからといって，その対象を認知しているか否かは判断を要する事柄なのである。

4. 応用例

a. 主体を健常者，環境を都市環境とした応用例

○赤木徹也・渡邉隆太「経路探索特性に基づく都市空間の認知プロセスに関する実験的研究—格子状街路網地区を対象として—」日本建築学会計画系論文集，No.593, pp.109-116, 2005.7
〔要約〕 この研究は，認知説的学習理論に基づき，同一の格子状街路網地区において同一の被験者を用いた経路探索歩行実験を繰り返し3度行い，空間的知識の未成熟な段階から徐々に成熟していく段階へと人間が都市空間を学習していく過程，つまり認知していく過程を経路探索行動の変容過程と空間認知（視覚的場面・記号

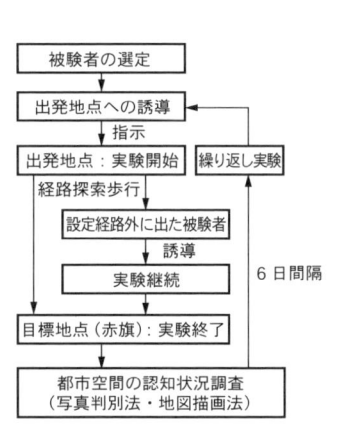

図1 実験手順

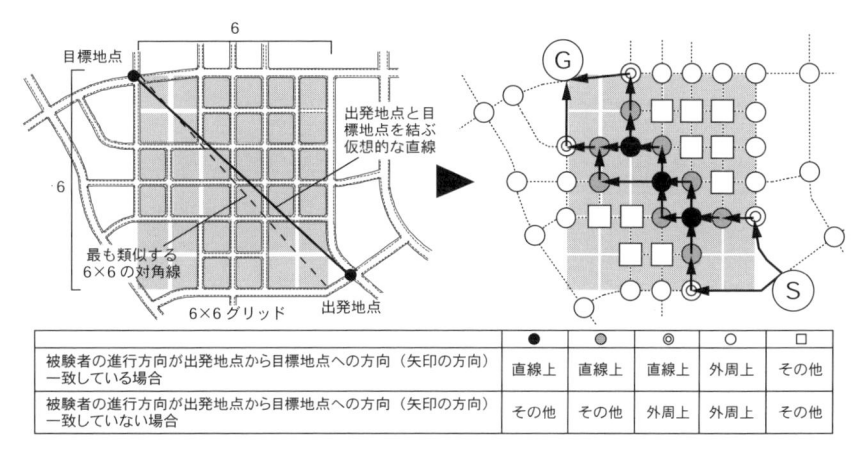

図2 交差点の分類基準

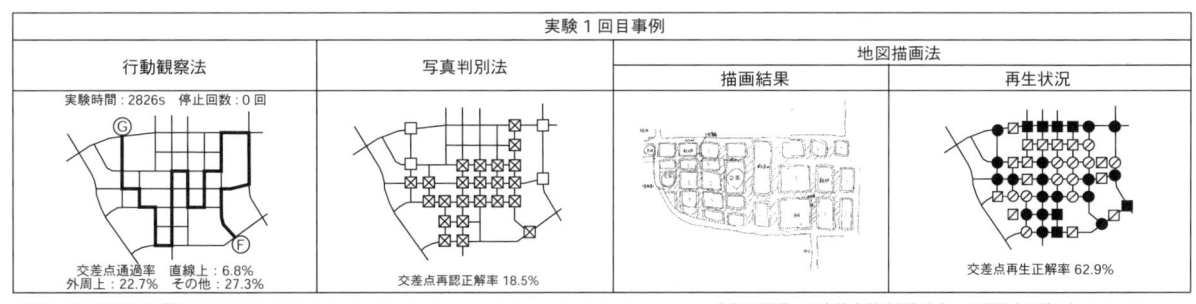

図3 行動軌跡・写真判別状況・地図描画状況

$$交差点通過率（\%）= \frac{実際に通過した交差点数（出発地点，目標地点を除く）}{総交差点数（出発地点，目標地点を除く）} \times 100$$

$$交差点再認正解率（\%）= \frac{再認得点}{実際に通過した交差点数（出発地点，目標地点を含む）\times 2} \times 100$$

$$交差点再生正解率（\%）= \frac{被験者が描画した交差点を実際に通過した交差点数（出発地点，目標地点を含む）と一致する数}{実際に通過した交差点数（出発地点，目標地点を含む）} \times 100$$

的場面の認知と体制化）の変容過程との関係性から生態学的に検討しようと試みたものである。

1）調査方法

①実験場所：建築物のデザインや高さが比較的統一され，ランドマークとなり得る高層建築物などがない格子状街路網を有する都市空間である。生態学的有効性といった観点から，被験者が経路探索を行う実験場所を実際の都市空間内に設定し，目標物となる赤旗以外，実験のための経路設定は行われていない。

②実験手順：被験者が個別に出発地点から，赤旗を目標物とした目標地点への経路探索歩行を行い，歩行終了後，都市空間の認知状況を明らかにするための写真判別法や地図描画法といった調査が行われている。そして，この実験手順に従って，同一実験場所で同一被験者を用いて，6日間隔で実験が3度繰り返されている。

③被験者の属性：実験場所に対して，直接的・間接的接触も皆無である7名が採用されている。

2）分析方法

この研究では，分析方法として行動観察法・写真判別法・地図描画法が用いられ，各々の分析方法から得られたデータの中から目標地点への到達に最も重要と考えられる交差点を中心に検討されており，交差点通過率・再認正解率・再生正解率などがおもな分析指標とされている。

b．主体を認知症高齢者，環境を建築環境とした応用例

○足立啓・赤木徹也「ホール状空間における視覚情報探索行動　屋内歩行時の視覚誘導情報への痴呆性老人と精神薄弱者の注視に関する実験的研究　その2」日本建築学会計画系論文集，No.512, pp.101-105, 1998.10

〔要約〕　この研究は，認知症高齢者にとって，より安全でわかりやすい建築環境への改善をおもな目的として，建築空間内における認知症高齢者の視覚情報探索行動を検討しようと試みたものである。ここでは，出発地点から目標地点までの途中に，目標地点への到達を意図する手掛かりを設定せず，認知症高齢者自らが必要な視覚情報を広範囲に探索することで，目標地点

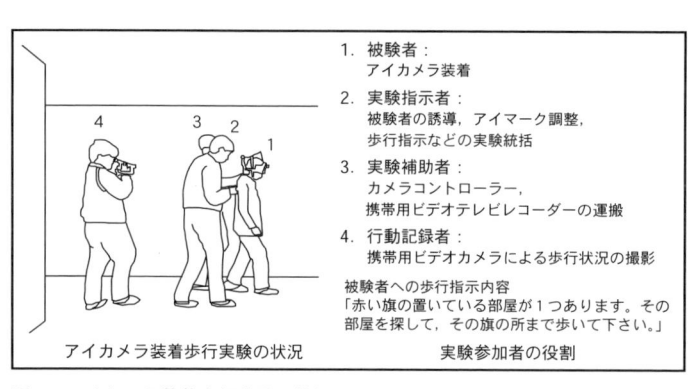

図4　アイカメラ装着歩行実験の状況

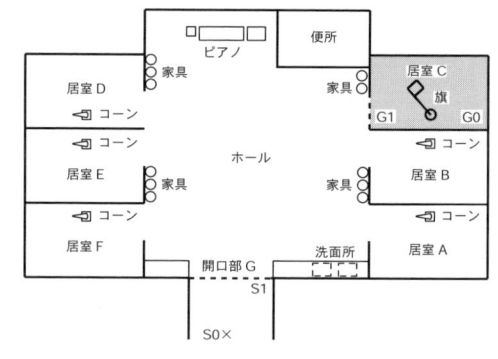

図5　実験空間と居室記号

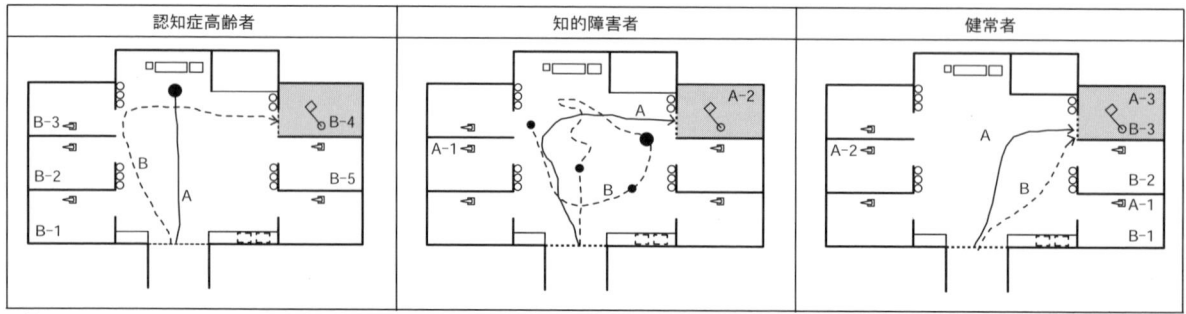

図6　属性別被験者の歩行軌跡と「居室」への注視走査順序

に到達しうる実験空間が設定されている。
1) 調査方法
①**実験場所**：空間に対する慣れを最小限にするため，被験者が日常的に利用していない空間が用いられている。実験空間は廊下から7.5m×7.5mのホール状空間へ入り，ホール状空間を取り囲む6つの居室群の中から赤旗のある居室（居室C）に到達する過程である。他の5つの居室には，比較対照物として赤コーン（高さ90cmの円錐型）が設置されている。目標地点到達には居室内を注視し，旗の有無やコーンを確認する必要がある。よって，この実験では各居室内部（以下，「居室」）への視覚探索が重要となり，「居室」が目標地点到達のための手掛かりとなる最も重要な視覚情報と位置づけられる。
②**実験手順**：S0を出発地点とし，G0に目標地点である旗を設置し，旗を探索するための歩行を行う。歩行開始，終了時の歩行の不安定さによるデータの乱れを考慮し，分析区間はS1（ホール入口）からG1（居室C入口）となっている。
③**被験者の属性**：視力に問題がなく，目標物である旗の理解が可能な認知症高齢者7名，知的障害者4名，健常者7名が採用されている。
2) 分析方法
　この研究では，分析方法として行動観察法・アイカメラ法が用いられ，経路探索時の視覚情報探索行動に基づき，歩行状況（経路途中の立ち止まりの有無や歩行軌跡）・到達状況（「居室」への注視の有無と目標地点への到達状況）・「居室」への注視状況（注視走査順序・注視時間比率）・視対象別注視時間比率などがおもな分析指標とされている。

〔引用文献〕
1) P. Arthur and R. Passini：WAYFINDING; People, Signs, and Architecture, McGraw-Hill Ryerson Limited, 1992
2) 舟橋國男「WAYFINDINGを中心とする建築・都市空間の環境行動論的研究」学位論文（大阪大学），1990
3) J.Weisman：Evaluating architectural legibility; Way-finding in the built environment, Environment and Behavior, 13(2), pp.189-204, 1981
4) T.Gärling, A.Book and E.Lindberg：Spatial orientation and wayfinding in the designed environment; A conceptual analysis and some suggestions for postoccupancy evaluation, Journal of Architectural and planning Resources, 3(1), pp.55-64, 1986
5) 赤木徹也「痴呆性高齢者の視覚探索特性に基づく建築空間整備に関する基礎的研究」学位論文（大阪大学），2001
6) M.W.アイゼンク編，野島久雄・重野純・半田智久訳『認知心理学事典』新曜社，2001

〔参考文献〕
1) K.Lynch：The Image of the City, The MIT Press, 1960
2) 日本建築学会建築計画委員会編「wayfinding研究の展開とその計画学的意味を探る」日本建築学会大会（東北）建築計画部門研究懇談会資料，2000
3) R.Passini：Wayfinding; A conceptual framework, Urban Ecology, 5(1), pp.17-31, 1981
4) R.G.Golledge(ED)：Wayfinding:Behavior; COGNITIVE MAPPING AND OTHER SPATIAL PROCESSES, The Johns Hopkins University Press, 1999
5) T.Gärling, E.Lindberg, and T.Mäntylä：Orientation in buildings; Effects of familiarity, visual access, and orientation aids, Journal of Applied Psychology, 68(1), pp.177-186, 1983
6) M.O' Neill：Effects of signage and floor plan configuration on wayfinding accuracy, Environment and Behavior, 23(5), pp.553-574, 1991 a
7) M.O' Neill：Evaluation of a conceptual model of architectural legibility, Environment and Behavior, 23(3), pp.259-284, 1991 b
8) E.Cornell, D.Heth, and D.Alberts：Place recognition and way finding by children and adults, Memory and Cognition, 20(6), pp.633-643, 1994

〔注記〕
　現在，「痴呆」「精神薄弱」といった用語は，障害を有する人々の人格全体を否定する響きがあり，差別や偏見を助長しかねないとの指摘から使用されなくなっている。よって，本稿の本文内においては，「痴呆性老人」を「認知症高齢者」，「精神薄弱者」を「知的障害者」としている。しかしながら，用語の改定が行われる前に発表されている研究論文の題目に関しては，発表当時に使用されていた用語を原文のまま記載している。
　また，人を対象とする研究では，安全の確保や個人情報の保護，不利益や負担の禁止など，対象者に対する十分な倫理的配慮が求められている。特に，何かしらの障害を有する対象者に研究協力を求める場合，対象者とその家族の同意に加え，対象者に介護サービス等を行っている機関における責任者の承諾が必要となる。よって，本稿における応用例も対象者・家族・介護サービス提供機関の同意と承諾を得て行われている。そして，さらなる倫理的配慮が求められる近年では，上記同意や承諾に加え，大学やそれに準ずる研究機関などに設けられている倫理委員会において研究内容に関する審査を行い，承認を得ることも，研究を遂行するうえでの必須条件となってきている。

1·10 群集の行動を調べる　群集流動

林田和人・佐野友紀

1. はじめに

不特定多数の群集が利用する施設を設計する際には，その行動を把握，予測し，これに即した計画とする必要がある。また，群集の流れを考えて計画したり，休憩や待合せなどで滞留する空間をあらかじめ計画したりすることで，群集の流れを誘導，制御することが可能になる。このとき，空間の形態とそこで生じる群集行動の関係を明らかにしておくことが，施設計画のための有効な資料となる。

施設における群集の流れを把握するためには，施設での群集の行動を観察，記録し，わかりやすい形で提示する必要がある。群集行動の検討には，流れる人を調査する群集流動の分析と，留まる人を調査する滞留行動の分析がある。

群集行動は，詳細に観察すると個人の歩行行動の集積である。群集内の個人の歩行行動はその目的によって，向かう方向・歩行速度などは多様であるが，群集全体としてみると，個人の行動はお互いに相殺され，一定の法則をもった大きな流れや滞留として観察される。このような群集の行動を観察し，群集全体としての行動特性を明らかにする必要がある。群集分析の方法の一つは，群集流動を流れとして捉え，流動量や流動係数のように，全体を水の流れのような量として表現する方法である。もう一つは，群集流動を個々の人の動きとして捉え，歩行軌跡の記述や歩行パス分析のように，個人の詳細な挙動を計測し，それらを統合して分析する方法である。

滞留行動の分析では，施設内や屋外空間での経路の選択や，待合せ，立ち止まり場所などの停留位置の選択などを分析するものである。これらには，図面上に停留位置をプロットしたり，停留領域を示したりする方法が用いられる。

群集行動は，複数の人々が時々刻々とその位置を変えながら行動している状態の集積である。そのため，空間-時間の二つの要素が変動する時空間データとなるが，これを計画や研究の目的に合わせていかにわかりやすく集計・提示するかが重要な点となる。その方法としては，瞬間の行動を見る方法，連続した時間での行動を見る方法，一定時間の行動の結果を集計値として捉える方法などがある。また，時空間の群集流動データを視覚的に表現する方法を開発することで群集状態の理解を促進する試みなども行われている。

新たに計画する施設の群集流動は事前に計測することができないため，類似の施設での調査結果を用いる。建替えなどの場合には，過去の状態のデータを用いたり，既存データを基にした群集流動シミュレーションを利用したりするなどの方法が考えられる。類似施設のデータを用いた場合にはそのデータの信頼性，シミュレーションを用いた場合にはその妥当性を確認するために，計画の事前段階での調査だけではなく，竣工後の利用調査などを行うことで，計画と実情との関係を確認することが望ましい。

2. 目的と特徴（群集流動と滞留を見る）

駅や遊園地，また博覧会場などには，不特定多数の人々が集まる。このような空間では，不特定多数の人々の行動を把握し，平常時や非常時にかかわらず，安全で安心な空間計画が必要となってくる。

そのためには，空間における人々の行動を時間変化も踏まえて把握し，そこから行動特性（ルール）を導き出し，空間計画へフィードバックする手順が重要となってくる。この不特定多数の人々の行動は，個々に考察するだけではなく，属性ごと，また群集として捉えたほうが，その特徴が浮き彫りになることがある。

群集流動（動いている状態）と，滞留行動（留まっている状態）の二つの状態について，そこから読み取れることについて述べる。

(1) 群集流動を見る

1) 瞬間を見る

図1は，駅の乗り換え客を，一定時間おきに上方の定点カメラで撮影したものである。それぞれの写真は，ある瞬間の群集の様子を記録している。空間との対応で観察すると，群集が空間のどこを通りやすいのかがわかり，人間側の視点で観察すると，人と人との距離関係などを読み取ることができる。

また，どの程度の密集度合いかを示す指標である群集密度（ある範囲の人数をその面積で除した値：人/m²）を計算しなくても，群集の密集度合いを視覚的に把握することができる。それぞれの写真には時間変化の情報がないため，写真を時間の経過ごとに並べて比較（ビデオで撮影したものと等価）すると，群集の振る舞いの時間変化を観察することができる。

図1　時間ごとの群集の様子

2) 時間を連続させる

一人一人の座標を時間ごとにつなぐと，歩行軌跡となる。図2は，障害物を避ける様子で，一人一人の歩行軌跡を一枚の図面に重ねたものである。歩行の時間推移が表現されるため，一人一人がどこを歩行し，どの場所を多く歩行するのかが，先の瞬間の記録よりもわかりやすい。例えばこれを駅で実施すれば，駅全体の中でどこがよく通行されているのかなど，歩行の量がわかる。また，博覧会のような回遊空間では，一般的に左回りの回遊経路が多い[1]といわれているが，このように経路の方向的な特徴も見出すことができる。

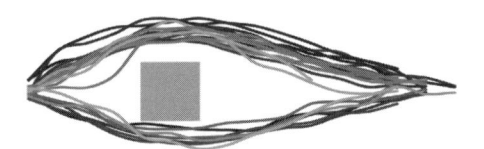

図2　歩行軌跡（障害物の回避）
（早稲田大学渡辺仁史研究室の調査による）

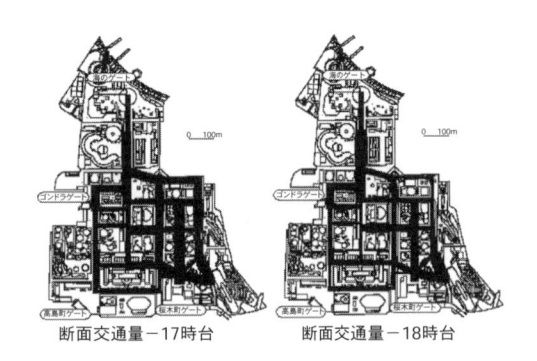

3) 断面交通量

博覧会など広域な空間においては，通路のどこを通ったのかが重要なのではなく，どの通路を通ったのかということが意味をもってくる。図3は，博覧会場における各1時間の通過者数[2]を示している。歩行軌跡を重ねればこの図を作成できるが，空間が広域の場合に歩行軌跡を収集することは困難である。そこで，空間内の通路上の複数箇所で断面交通量（そこを通過する人数）を計測する。この図から，時間ごとに会場内の混雑状況が把握できる。

また，通路上のある区域の単位時間当たりの通過者数を計測すれば，通過時の密集具合を示す指標である流動係数（人/秒・m）がわかる。例えば図4は避難実験であるが，扉での流動係数の時系列変化の特徴[3]が明らかになっている。

4) 群集のさまざまな可視化（表現）

歩行軌跡を重ねれば，ある時間幅での群集の様子は浮き彫りになるが，瞬間の状態を合わせて見ることはできない。この両者を可能にするために，図5のようにXY平面に平面移動，Z軸方向に時間軸を取り，歩行軌跡を描く[4]方法

図3　博覧会における断面交通量

図4　扉の通過実験

I　調査の方法　75

がある．この図からは特に，2次元の歩行軌跡からは読み取れなかった，時間経過を踏まえた群集の交差の様子を読み取ることができる．

また図6は，ある瞬間の群集の座標に，それぞれの進行方向と速度をベクトルで表現[5]している．この図からは，群集内や空間での位置によって，群集の向かう方向・速度が異なるなどの特性を見出すことができる．

さらに，図7は集団が確保する領域を塊として表現[6]しており，個人に着目していたときには見出せなかった集団間の領域確保と相互作用を明らかにすることができる．このように，単純な歩行軌跡をさまざまな側面から見ることができるため，知りたい情報が得られる方法で見ることが重要となってくる．

(2) 滞留行動を見る

図8は，待合せなどの目的で駅の改札前に滞留している人を図面上にプロットした図である．この図からは，滞留行動と空間との関係，例えば柱や壁，また改札からの距離などとの関係を見ることができる．

空間との関係だけではなく，滞留行動と群集流動との関係を見る場合には，滞留をプロットした図に流動を書き込むことでその関係がわかりやすくなる．図9は改札前の滞留者と流動，また図10は店舗前の滞留者と後方を移動する群集流動との関係[7]を示している．

3. 方法の解説（群集流動と滞留を測る）

歩行の様子を具体的に計測するには，目視やビデオを活用する方法，また情報技術を用いる方法などがある．

(1) 経路の記入と追跡調査

図11は，商店街の滞留者を図面にプロットした図である．このように，図面を用意し目視でその場で記録，また写真を撮りそれを頼りに後で図面に記入するなどの方法がある．

経路の場合には，後方より実験者が追跡し，被験者の経路を逐一記入する追跡調査があるが，被験者の行動と同じだけ調査時間がかかるため効率が悪い．そこで，図12のような空間のマップを被験者に渡し，被験者に記入してもらえば効率は良いが，信頼性は欠けるデメリットもある．

(2) ビデオ撮影調査

歩行軌跡を正確に，そして詳細に知りたい場合は，連続写真，もしくはビデオ撮影が有効である．ただし，撮影中にカメラが動かないように固定し，定点撮影する必要がある．撮影した

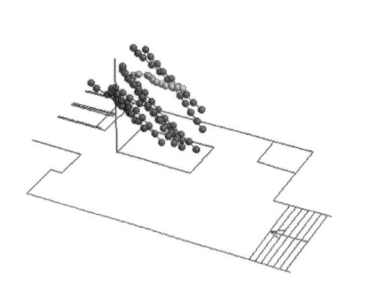

図5　空間-時間系歩行軌跡

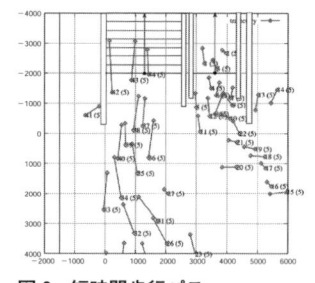

図6　短時間歩行パス

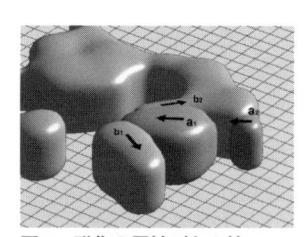

図7　群集の属性ごとの塊

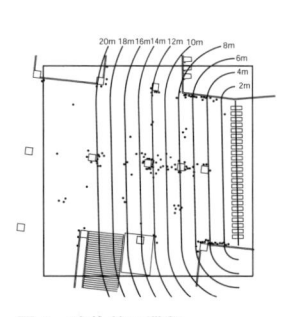

図8　改札前の滞留
（早稲田大学渡辺仁史研究室の調査による）

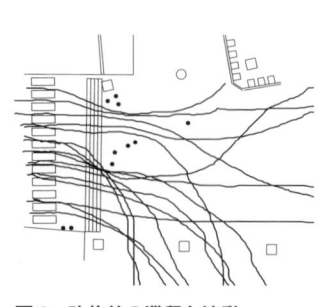

図9　改札前の滞留と流動
（早稲田大学渡辺仁史研究室の調査による）

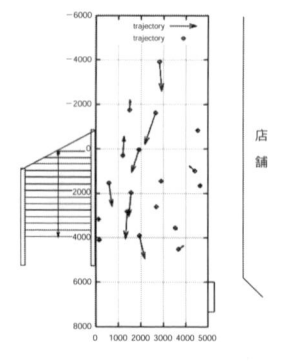

図10　短時間歩行パスによる流れと滞留

映像の処理として一番原始的な方法は，直接もしくは PC モニタに映った画像に，図面の描かれたトレーシングペーパーを重ね，歩行者をトレースする方法がある。また画像処理ソフトを用い，画像に図面のレイヤを重ね，歩行者の座標を押さえる方法がある。

いずれも相当の労力と時間を要するため，図 13 のように画像上の人間の位置をクリックすることで，その座標を記録する方法もある。最近では，図 14 のように画像上の色を識別し，それを自動追尾し座標を取得（デジタイズ）するソフトも市販されているが，まだ高額であるのが現状である。

(3) 断面交通量調査

駅などの施設全体の動きを知りたい場合，ビデオや写真などの方法で行う場合は，その撮影範囲が限られるため複数台を必要とする。このような場合には，断面交通量を計測することで，個人の歩行経路はわからないが，施設全体の状況を把握することができる。

調査の方法は，通路に対して直交する線を決め，そこを通過する人数を計測する。通行量に増減の波が少ない場合は，5 分程度計測し，その時間帯 1 時間の代表値としても，それほど誤差はない。しかし駅のように，列車からの降客の影響で通行量の増減が激しい場合は注意を要する。

(4) 情報技術の利用

進歩のめざましい情報技術を用い，歩行軌跡を取得する事例も多く見られるようになった。これらの手法は，初期の設置はコスト的にもたいへんであるが，前述のような人間を検出する作業の苦労を不要とする。また，位置情報をリアルタイムにデジタルデータとして取得し，行動をモニタリングできるという利点がある。

屋外であれば GPS が有効で，位置情報に関するさまざまなサービスも登場している。携帯電話にも GPS 機能が組み込まれるようになっている現状を考えると，すべての人の位置をリアルタイムに把握し，サービスを行うことも可能になるであろう。

一方，屋内ではこの GPS が機能しないため，さまざまな手法が考案されている。例えば，赤外線センサを利用し人感センサとして利用しているものや，図 15 のように床にタグを埋設し，スリッパにリーダを設置して人間の歩行位置を取得する仕組み[8]も考えられている。

また人間がタグを持ち，空間の要所にリーダを設置することで，個人の位置情報を取得する方法[9]もある。この方法は屋内外を問わず有効

図 11　位置のプロット
（早稲田大学渡辺仁史研究室の調査による）

図 12　経路記入マップ―博覧会
（早稲田大学渡辺仁史研究室の調査による）

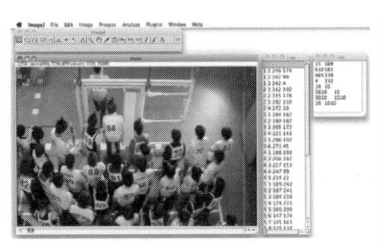

図 13　歩行軌跡の抽出操作画面

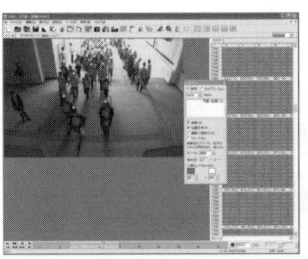

図 14　デジタイズソフト

図 15　床タグによる座標の検出

な方法であるが，位置座標がリーダの位置に依存する欠点もある。

4. 群集流動調査の実例

群集流動・滞留の調査研究は，多数の人々が時々刻々移動・停止する状態を観察して検討するものであり，データの分析，結果の表示には，目的に合わせて方法を工夫する必要がある。ここでは，群集流動・滞留行動および歩行特性の調査事例を示す。

(1) 詳細な群集流動内の歩行挙動を見る―短時間歩行パス分析による流動の検討[5]

群集流動は，個人の歩行の集積であり，多くの人が同一の方向に進む場合と，ばらばらの方向に進む場合がある。ここでは，群集内の個人の移動を分析することで，群集流動の分類を行っている。群集を構成する各個人の1秒間の移動軌跡を表示し，その際の個人の移動方向，速度，密度を分析することで，群集の状態を評価する(図16)。

一方向流では，低密度では歩行速度が高いが，高密度になるにつれて歩行速度は低下する。交差流では，低密度ではお互いの間に余裕空間があり，うまくすり抜けるが，高密度ではすり抜ける区間が確保できず，接触・減速・立ち止まりが起きる。各グラフの座標データから，速度・方向・密度の詳細な値を計算によって算出できる(図17)。

(2) 滞留行動を見る―駅内商業施設における滞留領域の検討[7]

近年，駅内に商業用途の駅内商業施設が開発され，にぎわいを見せている。しかし，今までは交通利用専用として用いられてきた通路が駅内商業施設の利用者によって占有され，滞留が起こることで駅内の群集流動が阻害される可能性がある。このため，駅内商業施設において店舗前に立ち止まって商品を見て，購入するために必要な空間領域を検討した。例として，カウンター型の店舗では，商品を購入する人，購入者の後ろに並ぶ人，その後ろで立ち止まって眺める人がいる(図18)ことが明らかになり，それぞれの立ち位置を実測のよって算出し，店舗前必要領域として示すことができる(図19)。

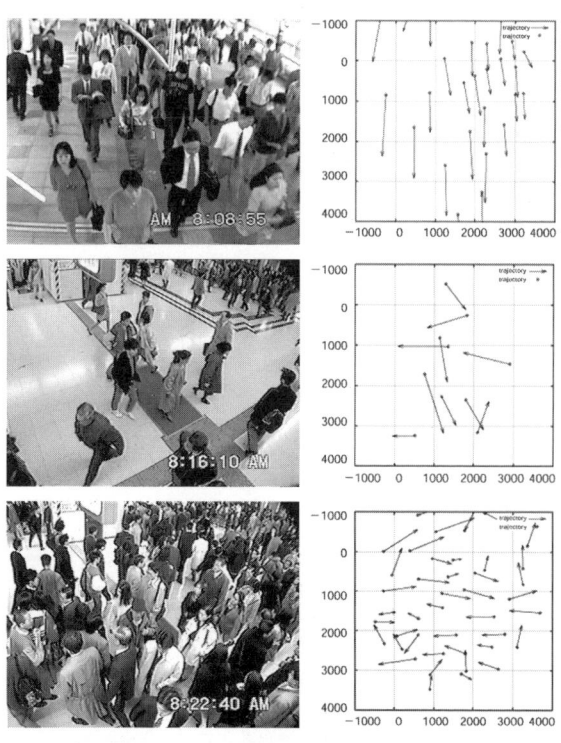

図16 歩行パス分析による群集流動の表現
(上：一方向流，中：交錯流−低密度，下：交錯流−高密度)

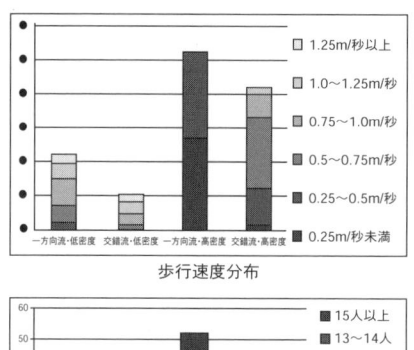

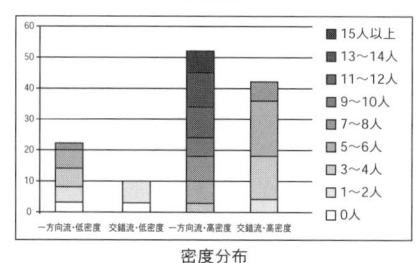

図17 歩行パス分析による歩行速度分布，密度分布の算出

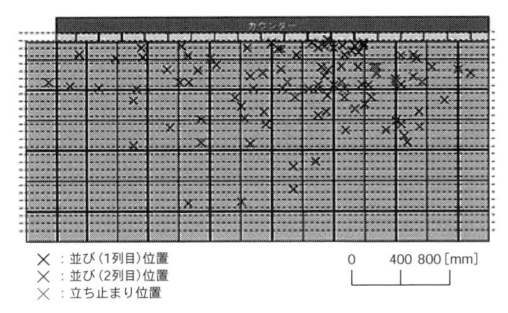

図18　カウンター型の店舗前滞留状況

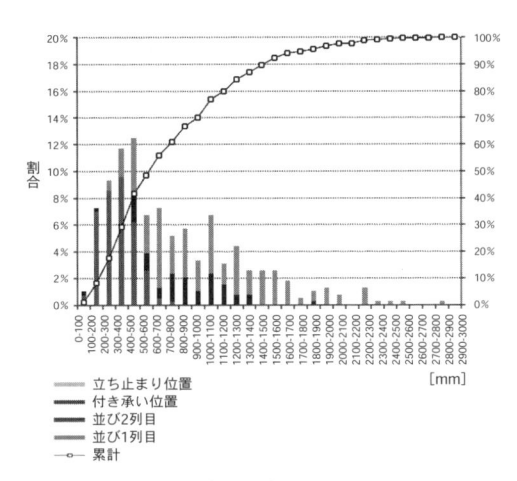

× 並び(1列目)位置
× 並び(2列目)位置
× 立ち止まり位置

図19　店舗前滞留距離と人数

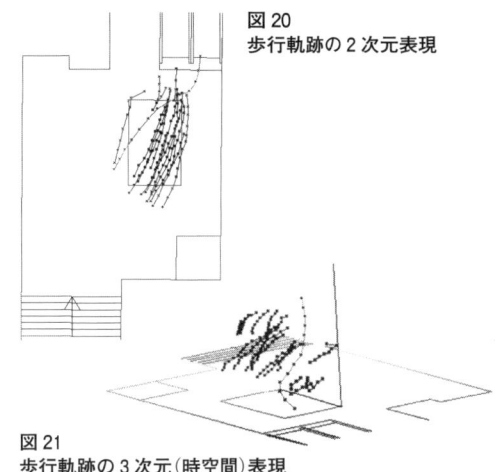

図20　歩行軌跡の2次元表現

図21　歩行軌跡の3次元(時空間)表現
（空間-時間系歩行軌跡モデル）

(3) 詳細な歩行軌跡分析から歩行特性を捉える―時空間歩行軌跡モデルによる交差流動性の解明[4]

　群集流動は，時間経過とともに変化するため，詳細な行動分析では，時々刻々移動する人の位置を検討する必要がある。歩行者がお互いによけながらすり抜けてゆくような行動は，一定の連続した時間のデータとして分析することで，その特性を明らかにできる。ただし，2次元上の歩行軌跡では，複数の歩行軌跡が重なって表示されてしまい，時間の前後関係を含んだ状況を捉えづらい（図20）。ここでは，歩行者の床面上の移動をXY軸，時間をZ軸として3次元で表す時空間歩行軌跡モデルを用いる（図21）。一人の歩行者が群集の間のすき間をぬって通行し，スムーズに群集を横断している様子が読み取れる。このように，時空間の表現により，時間経過とともに変化する人の動きを目に見える形で説明することが可能である。

〔参考文献〕

1) 新建築学大系編集委員会『新建築学大系〈11〉環境心理』彰国社，1982
2) 木瀬貴晶・榎本弘行・林田和人・渡辺俊・山田学・渡辺仁史「横浜博覧会の会場計画に対する観客側からみた評価に関する研究（その2）」日本建築学会大会学術講演梗概集(E)，pp.821-822，1990.9
3) 佐野友紀・今西美音子・布田健・萩原一郎「群集実験からみた開口部通過流動に関する考察」日本建築学会大会学術講演梗概集(E-1)，pp.957-958，2008.9
4) 佐野友紀・渡辺仁史「空間-時間系モデルを用いた群集歩行軌跡の可視化」日本建築学会計画系論文報告集，No.479，pp.125-130，1996.1
5) 中村彩子・諏訪正浩・佐野友紀・青木俊幸・石突光隆「短時間歩行パス分析による旅客流動の分析　鉄道駅の群集流動評価に関する研究　その1」日本建築学会大会学術講演梗概集(E-1)，pp.581-582，2008.9
6) 高柳英明・佐野友紀・渡辺仁史「群集交差流動における歩行領域確保に関する研究　歩行領域モデルを用いた解析」日本建築学会計画系論文集，No.549，pp.185-191，2001.11
7) 諏訪正浩・中村彩子・佐野友紀・青木俊幸・石突光隆「鉄道駅の利用者行動からみたラッチ内店舗施設計画に関する考察」日本建築学会大会学術講演梗概集(E-1)，pp.797-798，2009.8
8) 遠田敦・林田和人・渡辺仁史「スリッパ型RFIDリーダによる歩行行動追跡」日本建築学会計画系論文集，No.630，pp.1847-1852，2008.8
9) 高柳英明・馬場義徳・木村謙・中村良三・渡辺仁史「無線タグシステムによるスキー場来場者の利用特性に関する研究」日本建築学会大会学術講演梗概集(E-1)，pp.287-288，2001.7

1・11 行動を観察する　動線

1. 概要

建築の設計においては，そのユーザーである人間と建築がつくる環境との関係を十分に理解する必要がある。人間の行動観察は，そのための基本的な調査事項であるが，単に行動を観察するだけでなく，行動を分析し，なぜそのような行動をとるのかという行動心理を解明する手段としても重要である。

ここでいう行動とは，「内外からの刺激に対する生活体（人，動物）の一連の反応のうち，観察可能なもの」[1]のことである。また，観察とは「一定の目的または観点から，心理的事象や行動や言語的報告などを知覚すること」[1]であるが，特にここでは，視覚による観察を中心に話を進めることにする。

さまざまな個体の行動を観察する行為は，生態学，文化人類学，心理学，社会学，さらには物理学などあらゆる学問分野でみられるが，そこで使われるさまざまな方法は，建築計画学や都市計画学にも応用できるものが多い。

2. 観察者と被観察者の関係

観察にとってまず重要なことは，「自然の状態のまま」を観察することである。通常，被観察者が観察者の存在を意識すると，自然の状態のままの行動をとらなくなる可能性があるので，観察者が被観察者の行動の常態的過程における撹乱的要素にならないように注意しなければならない。観察の方法は，非参与観察と参与観察の二つに大別されるが[2]，両者は必ずしも明確に区別できるわけではない。

(1) 非参与観察

非参与観察（non-participant observation）とは，第三者として，できるだけ観察者が撹乱的要素とならないように注意し，被観察者の行動が自然かつ常態的に行われるように観察することである。

非参与観察の長所としては，被観察者が観察されているという意識をもたないことや，外部から観察できない事象や被観察者の考え方・感情の動きなどを理解できることがあげられる。

非参与観察は，観察者が被観察者と，①物理的に隔離されていること，②心理的に隔離されていること，が前提となる[2]。物陰や高所から，被観察者に気付かれずに調査する場合が①にあたり，幼稚園で園児の行動を観察する場合，最初は観察者の存在が園児の常態的行動を阻害するが，園児が遊戯に夢中になるうちに観察者の存在を意識しなくなり，自然な行動が観察できるようになるのが②にあたる。

しかし，現実には観察者と被観察者を物理的あるいは心理的に完全に隔離することが難しいため，準参与観察（quasi-participant observation）にならざるを得ない場合が多い。しかし，その場合でも，可能な限り観察者が撹乱的要素とならないように注意するとともに，観察者がどの程度，撹乱的要素として行動に影響を与えたかをあとで検討できるよう，あらゆる状況を克明に記録しておく必要がある。

(2) 参与観察

文化人類学や社会学などの調査においては，第三者が外部から客観的に観察する非参与観察だけでは，被観察者の行動やその意味を理解するには限界がある。このような場合には，観察者がその身分を隠しながら，観察の対象となる社会や集団の成員として生活や活動をともにする参与観察（participant observation）が有効である。

農村のように，濃密なコミュニティが残る地域で調査する場合は，調査者の身分を隠すことが困難であるため，厳密な参与観察を行うことは容易でない。だが，そのような場合でも，観察者自身が被観察者に意識されないほど十分に状況に溶け込む努力をすることで，しだいに観察者の存在が意識されなくなり，被観察者の行動が自然の状態に近づくことが期待できる。ただし，観察者は常に観察者としての意識と視点を忘れてはならない。

参与観察には，①被観察者の行為や事象の深層へのアプローチが容易である，②問題の総合的・多次元的な把握が可能である，③非参与観察よりも，質・量ともにはるかに豊富なデータが得られる（調査者自身が直接見聞きしたり体験したりしたことも貴重なデータとなる），とい

吉村英祐

う大きなメリットがある。

一方で，①観察標本としての代表性（調査場所，調査対象の選択基準の客観性），②解釈や推論の客観性・一般性（調査者の主観や恣意的推論の排除），③結果の検証・再現性をどう担保するのか，という問題がある。

参与観察による調査計画やデータ分析にあたっては，上記のメリットや問題点を十分に踏まえておく必要がある。

3. 観察の視点

事物を観察する場合，視点の位置や高さによって対象事物の見え方が異なるが，これは行動観察においても同様である。観察の方法は，その視点によって「鳥瞰的方法」，「虫瞰的方法（または蛙瞰的方法）」，両者を併用する「蝶瞰的方法」の3つに分類することができる。

(1) 鳥瞰的方法

空を飛ぶ鳥が地上を見下ろすように，高所から行動の全体像や個々の位置関係を観察する方法で，群集の流動状況，座席の占有状況，広場における人間の分布状況などの観察に適する（図1）。非参与観察の条件を整えやすいが，被観察者の個々の行動や表情などの細部を捉えるのには不向きである。

(2) 虫瞰的（蛙瞰的）方法

昆虫や蛙のように，被観察者と同じ視点で，その行動に密着することで，動作・しぐさ・表情・反応などの細部までを読み取ることができる（図2）。観察者が被観察者の行動の撹乱的要素とならないように注意しなければならず，観察・記録する方法に工夫を要する。

(3) 蝶瞰的方法

上空を舞ったり花や葉に留まったりを繰り返す蝶のように，鳥瞰的方法と虫瞰的方法を併用する方法である。行動観察は，鳥瞰的方法か虫瞰的方法かのいずれかに偏りやすいが，調査対象，調査場所，調査目的などに応じて両者を併用することで，互いの方法の欠点を補うことができる。

4. 行動観察調査の進め方

(1) 調査計画—予備調査と本調査

調査には目的がなければならず，その目的に応じた調査計画を立てることになる。調査の実施にあたっては，本調査の前に必ず予備調査を行い，その結果を本調査の計画にフィードバックするなどして調査計画を煮詰める。ただし，予備調査の段階では，目的や調査項目をあまり絞り込まず，一見関係なさそうな現象もその場で要不要の判断をせず，すべて記録しておくのが原則である。

また，机上のみで調査計画を立案することは，準備不足，調査項目の不備，分析方法の検討不足などの原因となり，その結果として研究の迫力を欠くことになる。しっかりした調査計画が立案できるか否かは，その研究の成否を決定づけるといっても過言ではない。

(2) 調査場所の選定

行動観察調査を成功させるには，調査目的に合った空間特性や地域特性を有する，適切な調査場所の選定が重要である。調査内容はおもしろいが，適切な調査場所が見つからなければ研究としては成立しない。

例えば，群集流を高い所から観察したくても，付近に高所から観察できる場所があるとは限らないし，手すり，看板，周辺の構築物などにより，思うように行動を観察・記録できないこともある。

日本では公道，広場，公園などの公共空間における観察調査は，原則として自由であるが，治安の悪化や個人情報の保護意識の高まりにより，調査がしにくくなっている。特に，民間の敷地内，駅の構内，百貨店・ショッピングセンターの売り場などでの調査は，事前に施設管理者の許可を得ておくことが必須の条件である。

図1 鳥瞰的方法—食堂における座席の選択行動の観察

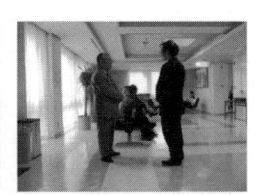

図2 虫瞰的方法—立ち話をする2人の姿勢，向き，表情を読み取る。間隔は30cm間隔の床の目地で測る

また海外では，公道における撮影や調査でさえ禁じられている場合があるので，調査が実施できるか否かを事前によく確認しておく必要がある。

一方，被観察者の属性から調査場所を選定するという発想もある。例えば，高齢者の行動を観察したい場合は，高齢者が多く集まるお寺の縁日が行われる日時・場所を選ぶことで，高齢者の行動を短時間に多数観察・記録できる。

(3) 観察の前提となる諸条件の記録

人間の行動は，その場の環境条件，天候・気温，曜日，時間帯などの影響を受けるので，行動観察においては，被観察者の行動を記録するとともに，調査目的に関係する要因か否かの判断をその場でせず，あらゆる要因を可能な限り記録しておく必要がある。

5. 行動観察の着眼点

ある環境における人間の行動を観察し，環境と行動の関係や行動の法則性を見出すことが，行動観察の主要な目的であるが，やみくもに行動を観察してもなかなか思うような成果が得られない。行動観察の成果をあげるためには，観察条件や観察の視点をうまく定めることが重要である。ここでは，行動観察の着眼点として，時間的比較法と空間的比較法を紹介する。

(1) 時間的比較法

調査場所や視点を1箇所に定めて観察を行い，行動の時間的な変化を捉える方法である。例えば，街頭の1箇所に調査地点を設定し，道行く人を終日観察すれば，通行者の属性（性別，年齢など），交通量，右側通行と左側通行の割合など，さまざまなデータが採取できる。

(2) 空間的比較法

建築の内部空間と外部空間，繁華街と閑静な住宅地，東京と大阪，渋谷と新宿，東京とニューヨークなどのように，空間や地域の特性が異なる調査地点で同一の行動を観察し，その結果を比較対照することで，今まで気付かなかった新しい知見が得られる可能性がある。

図3は，外国も含めた各地における歩行速度を比較したものである。歩行速度は歩行者の属

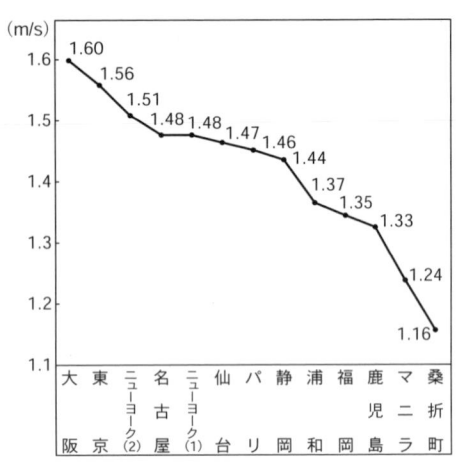

図3 各地における歩行速度 (引用文献1)

性や環境条件によって大きく異なるが，この調査では調査地の県庁か市役所の前の歩道10mに白墨で印を付け，ラッシュアワーを避けた午前11時前後か午後3時前後の時間帯で，さまざまの年齢の歩行者約200人をランダムに選んで，10mを歩くのに何秒かかるかを測るという方法をとっている。通行人の選択や年齢の推定が観察者の主観的判断によるため，科学的厳密性には欠けるが，場所によって歩行速度に大きな差があることを十分に示す結果を得ている。

6. 行動観察のフレーム

人間の自然な行動を観察するための適切な条件を備えた場所は，簡単には見つからない。また，火災時の避難行動のような非常時の行動を観察できる機会はまずあり得ない。

しかし，被観察者が観察されていることに気付かないよう，実験条件を制御した人為的な環

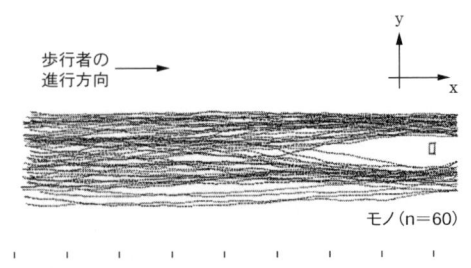

1目盛り：2m

オフィス街の歩道上に幅0.5m，高さ1.7mの塩ビパイプの骨組にグレイの布をからませた障害物を設置し，歩行者の回避行動をビデオ撮影した後，画像処理により2次元座標化して軌跡を描いた。

図4 歩行物の障害物回避歩行軌跡 (引用文献2)

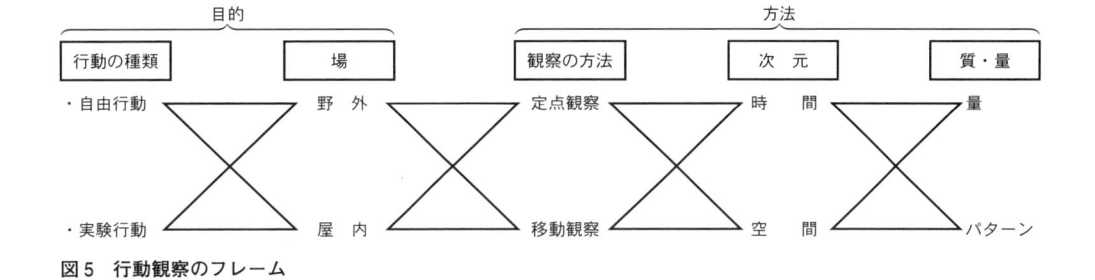

```
         目的                          方法
行動の種類      場      観察の方法      次 元      質・量
・自由行動    野 外    定点観察    時 間    量
   ╳        ╳        ╳         ╳       ╳
・実験行動    屋 内    移動観察    空 間    パターン
```

図5　行動観察のフレーム

境をつくりだして行動を観察する(図4),真の実験目的を伝えずに,別の実験を行うと思い込ませた状態で行動を観察するなどの方法により,自然な行動にきわめて近い行動が再現される可能性がある。なお,その場合は施設管理者の許可が必要か否かの確認や,被験者の安全に対する十分な配慮が不可欠である。

図5は,行動の種類,観察の場,観察の方法などの関係により,観察には研究目的や捉える対象によってさまざまな組合せが想定されることを示している。例えば,遊園地における行楽客の行動軌跡を尾行調査により捉える場合は,「自由行動—野外—移動観察—空間—パターン」の組合せとなる。

7. 行動観察調査の方法とその応用例

行動観察調査を行うには,人間の行動を記録することが必要である。記録されるものは,画像記録と非画像記録に大別される。画像記録の基本は目測,実測,撮影であり,それぞれに応じた記録の道具と方法がある(表1)。目測はスケッチによる記録が基本であり,撮影は一般的な写真機であるスチールカメラ(still camera)による静止画撮影と,ビデオテープレコーダ(VTR)による動画撮影に分けられる。

静止画撮影には,モータードライブによる連写,サイクルグラフ法(体の一部に豆電球を装着し,暗くしてカメラを開放で撮影すると,動作にともなって標点の移動軌道が映し出される),クロノサイクルグラフ法(サイクルグラフで使う豆電球を一定時間で点滅させることで,時間的要素を加えることができる),ストロボサイクルグラフ法(一定の時間間隔でフラッシュをたいて一連の動きを1枚に撮影する)などの手法があり,動画撮影にはメモモーション分析(撮影した動画を早い速度で再生して分析する),マイクロモーション分析(撮影した動画を遅い速度で再生して分析する)などの手法がある。

最近は,デジタルカメラやデジタルビデオによるデジタルデータでの記録が一般的である。デジタルデータは,コピー・保存・検索が容易であり,また市販の画像処理ソフトや画像解析ソフトが使えるので便利であるが,データのバックアップを必ずとっておく必要がある。

ただし,実際に画像記録を行う場合には,常に最新の道具や機器が使えるとは限らないことに注意しなければならない。例えば,電車内の座席選択調査や尾行調査などのように,被観察

表1　画像記録の方法と道具・技術

方　法	目　測	実　測	撮　影	
			静止画	動画
道　具	筆記具 野帳(フィールドノート) 地図 平面図	巻尺 トランシット 距離計(ステッキメジャー,ロードメジャー) レーザー距離計	スチールカメラ(フィルム・デジタル)	ビデオカメラ(最近はデジタルが主流)
技　術	スケッチ スケール感覚・方向感覚 目地・建材・物品等の既知の寸法を利用する	距離実測 測量	連写 サイクルグラフ法 クロノサイクルグラフ法 ストロボサイクルグラフ法	メモモーション分析 マイクロモーション分析

者に気付かれないように撮影するのが困難な場合は，目視によるスケッチ記録に限定される。また，光や音を発する記録方法も自然な行動の撹乱的要素となり得るので，使用に際しては注意を要する。

非画像記録は，計数記録と計時記録に分かれる。両方を同時に記録することが必要な場合は，画像に時刻を映し込む方法がある(図6)。

計数記録は，ある時点での滞留人数や，ある地点を通過した人数を数えることが重要な調査で用いられ，計時記録は時刻や時間の計測が重要な場合に用いられる。人数は数取器(図7)で数えるのが基本であるが，センサによる自動カウントや，画像処理で人間の頭部を検出してカウントする方法も開発されている。

その他，周りに気付かれないように，被観察者の行動を時刻や経過時間とともに，超小型テープレコーダやICレコーダに音声で記録する方法がある。

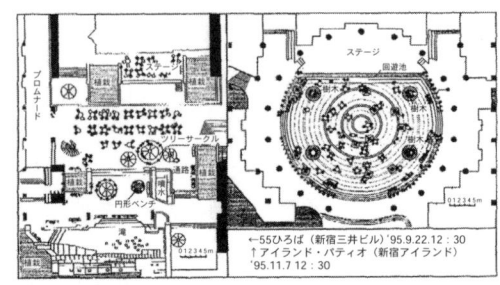

図8 都市のオープンスペースにおける行動観察調査
(引用文献3)

午後9時20分00秒における阪神甲子園駅改札口前の群集（約5人/m²）。画面右下に撮影時刻が映し込まれている（1999年6月13日撮影）。

図6 画像に時刻を映し込んだ例

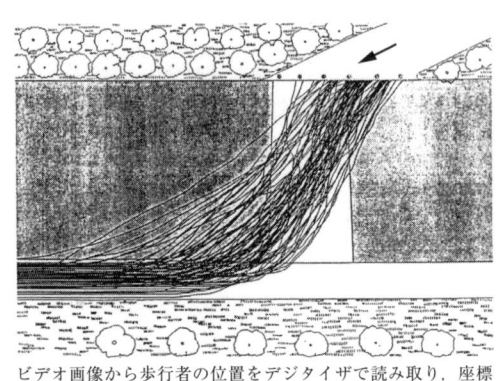

ビデオ画像から歩行者の位置をデジタイザで読み取り，座標変換して平面図に重ねて表した（調査場所：大阪大学吹田キャンパス前横断歩道）。

図9 横断歩道における歩行軌跡の集積図

図7 数取器

写真10 高密度状態を再現する詰め込み実験
（真上から撮影）(引用文献4)

表2 画像記録のアングルと画像の図面化の技術

	正射影記録	鳥瞰記録	虫瞰記録
画像記録のアングル	被観察者を真上，真横，真正面から記録する。	被観察者を斜め上から記録する。	被観察者と同じアイレベルで記録する。
画像の図面化の技術	記録画像をそのままトレースする。	幾何学的処理あるいは座標変換で平面図に変換する。	あらかじめ用意した平面図や地図に位置を記入する。

人間の分布位置や行動の画像データは，表2に示す方法で，分布図や行動軌跡として平面図に落とし込まれる（図8, 図9）。実験では真上からの正射影撮影が可能であるが（図10），野外で真上から撮影できる場所は限られており，斜め上からの記録（鳥瞰記録），あるいは人間の眼の高さからの記録（虫瞰記録）になる場合が多い。

あらかじめ調査対象範囲の図面が入手できない場合でも，斜め上からの画像をデジタイザで読み取って座標データ化し，コンピュータで正射影に座標変換することで，正射影の平面図や人の分布図が得られる。

その他，画像処理による歩行者流動の自動追尾システム，超音波式3次元行動追尾システムによる行動解析（図11, 図12），CGやアニメーションによる複雑な行動の可視化など，手法の発展は日進月歩である。最新の状況や詳細については，各自で研究事例をあたられたい。

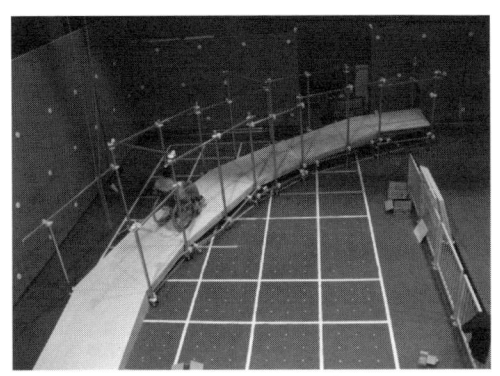

超音波式3次元行動追尾システムは，建築研究所ユニバーサルデザイン実験棟内の動作分析実験場に設置されている。床のメッシュラインの間隔は1m。壁面に千鳥格子状に取り付けられているのがリーダ（受信機）。移動体に取り付けたタグが上空の発信器から0.1秒間隔で発信される超音波を受信し，リーダに送信することで，タグの3次元座標が計測される。タグの位置をリアルタイムでモニタ上に表示可能。

図11　超音波式3次元行動追尾システムによる車いすの行動解析

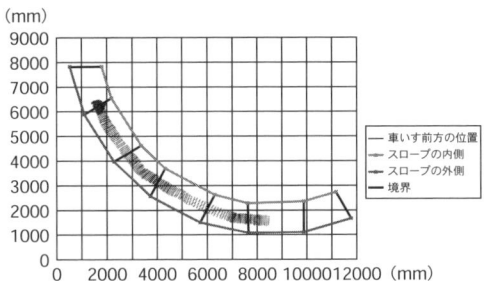

車椅子の左右前面に取り付けたタグの位置を直線でつなぎ，0.1秒ごとの位置を描くことで，車椅子の位置・左右のぶれ・速度の変化が読み取れる。

図12　曲線スロープ上を移動する車椅子の行動解析結果

〔引用文献〕
1) 辻村明編著『高速社会と人間』かんき出版，1980, 66頁・第5図
2) 建部謙治「歩行時回避行動の画像処理による分析的研究」（学位論文），1993, 55頁・図-2.2.1
3) 日本建築学会編『建築・都市計画のための空間学事典［改訂版］』井上書院，2005, 209頁・図-1
4) 吉村英祐ほか「人間の詰め込み実験に基づく群集密度と群集圧の計測」日本建築学会大会学術講演梗概集（E-1），pp.943-944, 2003.9, 943頁・図3

〔参考文献〕
1) 大山正・藤永保・吉田正昭編『心理学小辞典』有斐閣，1978
2) 福武直『社会調査』岩波書店，1958
3) 吉村英祐ほか「車いす等による昇降時の安全性・走行性の実験を目的とした多段型曲線スロープの製作」日本建築学会大会学術講演梗概集（E-1），pp.545-546, 2008.9

1・12 環境を測る 実測・写真

山家京子・橋本憲一郎

1. 概要

　私たちは優れたデザインの建築をよりよく知りたいと思い，簡単に寸法を測ったり，写真を撮ったりする。同様に，建築物を実測し図面を起こす，写真に撮って記録することは，建築・都市調査の基本である。実測と写真撮影は，対象を理解するための最も基本的な方法の一つといえるだろう。

　実測および写真撮影の方法は，調査の目的や分析方法によって異なる。実測が必要とされるのは，対象とする建築や都市空間の図面が存在しない，あるいは入手が困難な場合がほとんどである。図面が存在しないケースとして，歴史的建造物や集落を調査対象とする場合がある（歴史的建造物を対象とした史的視点からの調査はここでは扱わない）。困難な例としては，建築群から構成される都市空間などがあげられる。それぞれの建築に図面が存在していたとしても，依頼先への負担と手間に見合うだけの精度が要求されることはほとんどない。むしろ，精度に見合った分析手法を探るべきである。

　写真撮影にもさまざまな目的が考えられる。実測調査に基づく図面を起こす際に補う程度に写真を撮る，撮影した景観写真をそのまま被験者に評価させる，写真撮影した画像をトレースし（連続）立面図を作成する，撮影した画像を修正したうえでそのままデータとして分析対象とする，などである。記録のみを目的とした写真であれば精度は問わないが，撮影画像をデータとして使用する場合には，撮影条件の設定など精度を保つことが求められる。

　色彩は，景観を考えるうえで重要な要素だが，天候・時間の影響を受けるため，精度保持の観点から，写真撮影画像を対象とした分析ではいっそうの注意が必要である。また，色彩には撮影機材によってばらつきが生じる属性もあり，色彩の特性についての十分な理解と精度に見合った分析が求められる。

　また，カメラによる静止画だけでなく，ビデオカメラによる動画撮影も行われ，得られたデータは，群衆流動やアクティビティ等の分析に用いられる。

2. 方法の概説

(1) 実測調査

　実測調査の方法は，調査の目的によって，まったく異なったものとなる。例えば，同じ街路を対象とする調査であっても，街路景観に関するデータを集める場合と，街路の排水計画を決定するために面積や勾配を知ろうとする場合では，何を測定するのかという点からして別な調査となり，当然，方法も別なものとなる。

　ここでは，建築・都市計画の視点から，図面が手元にない対象（建築・都市）について，空間的な境界と領域を示す平面図・断面図・配置図，あるいはファサードの形態と要素を示す立面図を作成するための準備として，作図に先行して行う実測調査について述べる。

①測定箇所の決定：調査の目的をよく理解したうえで，何を測るのかを決定する。作図を前提とする実測の場合，最終成果物としての図面を想定したスケッチを先行して描き，その図面が対象物をうまく表象するために必要な測定箇所を選定する。時間が限られる実測調査では，図面の縮尺等を考慮して，必要な精度に見合った測定箇所と方法をデザインすることが重要である。

②測定：測定箇所，スケールに応じた器具を用いて採寸する。5m程度までであれば，鋼製巻尺が最も使いやすい。より大きなスケールに適した測定器具としては，超音波やレーザーを用いた距離計測器がある。建物の規模や配置関係を把握するのに要求されるくらいの精度でよければ，歩測は有効な手段である。歩測をすると，空間構成の把握がしやすくなる。巻尺で計測できない高さは，勾配計測器を用いて勾配を測定し，三角法で算出する。

③補助データの採取：測定と並行して，映像と音声による補助的な記録をとっておく。

④図面作成：スケッチと測定した数値，補助データが整合するように図面を作成する。

(2) 写真撮影

　写真撮影そのものの技法については，多くの入門書や専門書が執筆されており，ここでは割愛する。本項では都市景観の分析を意図した建

築および建築群を対象とする写真撮影における留意点,論文等で記述が求められる分析の前提条件について説明する。

①撮影条件:撮影日・時刻,気象条件(晴天または曇天)を記述する。気象条件は,スカイラインを抽出するなどコントラストを強くしたい場合は晴天を,影を避けるには曇天を選ぶ。夜景を対象とするなど特殊な場合を除いて,一般的に昼間(10:00～15:00)の撮影が多い。使用機材の仕様についての記載があれば,類似調査を計画している人たちの参考になる。撮影時に選択したレンズ(焦点距離),露出,仰角(水平,仰角)についても必要に応じて記述する。

②画像解像度:撮影時に設定した画像解像度,画像サイズ(縦横ピクセル数),階調を記述する。撮影画像をもとにした分析には,これらの記述が求められる。

③撮影位置:できるだけ歪みが出ないような撮影位置を探し,対象とする建築を真正面から捉える。あおりが出ないよう,前面道路反対側の路側帯等,できるだけ建築から遠い位置から撮影するのが望ましいが,車や人の通行などに妨げられることも多く,被写体によって最適な位置を探すことになる。連続立面の撮影では,一定間隔で撮影する,仰角を固定するなど条件を一定に保つよう留意する。また,街路空間を対象とした分析では,街路を通行しながらの空間把握を前提に,道路中心から等間隔にパースペクティブの効いた写真を撮ることも多い。人の空間把握を検討するためには,平均的な人間の視点の高さである地上1,500 mmの位置に設定する。

④スケール:写真撮影だけでスケールを把握することは困難だが,実測結果や地図等と対応を考慮した撮影を心がける。特に水平・垂直方向ともに,フレームに収まらない場合には注意が必要である。

⑤画像の取込み:撮影した画像を取り込み画像データとする場合,不要な部分を削除する,歪みの補正など,分析の前処理に必要な補正作業を行う。これらの処理の多くは,市販の画像処理ソフトにより可能である。

3. 応用例

○藤井明・Pham Dihn Viet・橋本憲一郎ほか「ベトナム中・南部における少数民族の居住文化に関する形態学的研究」住宅総合研究財団研究論文集,No.32,2005年版,2006.3

〔要約〕 ベトナム中・南部の高原地帯における少数民族の伝統的な集落・住居を対象として,実測調査を行った。それぞれの共同体がもつ居住様式について,空間的な同質性と差異性に着目して,形態学的な特性を明らかにすることを目的としている[1,2]。

〔解説〕 本研究における実測調査は,以下のように行った。

1) 集落内の建物配置の採取

建物の外形,広場等,外部空間の形状を配置図としてスケッチした後,建物の規模,隣棟間隔,広場の大きさを実測した。作図の際に歪みが生じないように,スケッチした配置図を三角形の領域に分割して,その頂点を結ぶ距離を測るように留意した。測定には,鋼製巻尺,超音波距離計測器を使用した。

2) 建物平面の採取

平面図・断面図をスケッチして測定箇所を決定し,実測した。調査集落の建物のうち,形態学的に重要と思われるものに限定して調査している。測定箇所は,構造形式が木造であったため,構造材の芯から芯までとすることを原則としたが,構造材と壁材が分離しているような場合には壁の内法を測る等,状況に合わせて決定した。鋼製巻尺,超音波距離計測器に加え,高さを測るために勾配計測器を使用した。

3) 撮影

建物の形態,構法,素材,装飾や周辺環境,植生等がわかるような映像を記録した。図面作成時には,記憶の欠落が生じていることを想定して,静止画像だけでなく,適宜現場の状況を音声で説明しながら動画も記録している。

4) ヒアリング

建物の各部分の使われ方,簡単な家族構成,象徴的モチーフの意味等,図面,映像として捉えることが困難な情報について,住民にヒアリングを行った。

以上の調査は，7～8名で分担して行い，調査時間は，1集落当たり2～3時間であった。モノとして現れている居住文化の形態学的な特徴を捉えることを目的としているため，寸法的な厳密さは，あるレベルで捨象されている。

　実測調査を行うと，寸法で表記される空間と体験としての空間との間にあるずれをはっきりと意識することができる。実測調査は，記録を残すという以上に，設計に必要な寸法感覚を鍛えるトレーニングとしても有効である。

図1　調査集落写真（集落名 A So）

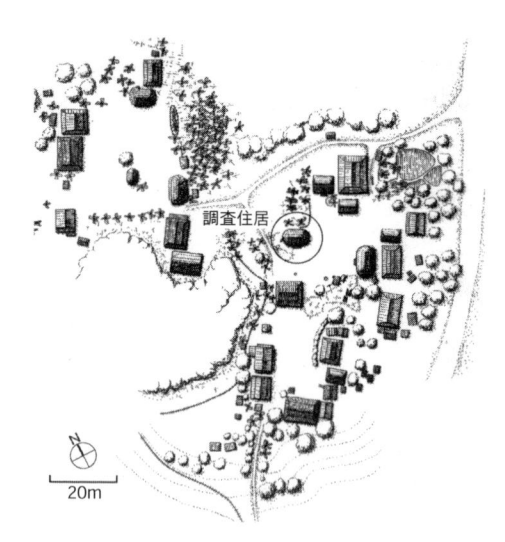

図2　集落配置図（集落名 A So）

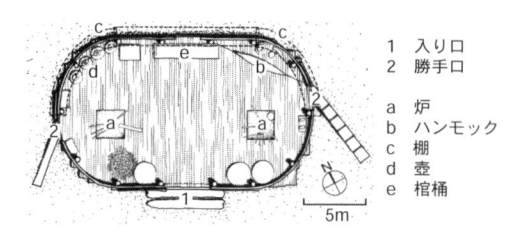

図3　住居平面図（集落名 A So）

1　入り口
2　勝手口
a　炉
b　ハンモック
c　棚
d　壺
e　棺桶

○山家京子・石井啓輔「商業集積地における表層の雑多性に関する研究―指標作成と用途断面の混在度との比較―」日本建築学会計画系論文集，No.614，pp.161-166，2007.4

〔要約〕　商業集積地の複数の立面を対象に，表層の雑多性を表す指標の提案を行った。「立面を構成する線の量が多い景観ほど，雑然とした印象を受ける」との仮定に基づき，連続立面画像の輪郭線量とその密度等を雑多性の指標としている。用途断面の混在度[3]との比較により，表層の雑多性と断面方向の用途の混在度との相関について検討し，商業集積地の垂直方向の複雑性について分析を行った。

〔解説〕　まず，立面景観を撮影し，立面景観画像を作成する。論文中には撮影条件として，撮影機材，画像解像度，撮影位置（スケール），気象条件を記載した。撮影した画像から，立面景観画像を作成する手順を簡単に示す。操作はすべて市販画像処理ソフトによるもので，特段のプログラムは作成していない。

1）画像の取込み

　撮影した写真をコンピュータに取り込む。その際の画素数と解像度を記す。

2）対象建物部分の切抜き

　1）で取り込んだ画像から，隣接する建物や空，道路など建物以外の部分を削除し，対象とする建物立面の部分のみの画像を作成する。

3）建物の歪みの補正

　立面を撮影した際に生じる歪みは，輪郭線の量を数値化した際に大きな影響を及ぼすため，2）で切り抜いた画像を1階部分の間口を基準とし，垂直に立ち上がるように画像加工操作により補正する。

4）建物の高さの補正

　建物を撮影する際に，低層部と高層部で共通する部分を含めて撮影しておき，その部分の低層部を基準とし高層部の高さを引き伸ばす。

5）建物の合成

　多くの場合，撮影位置の関係から一つの建物は複数枚の画像により構成される。4）までの工程で補正された複数枚の画像の重複する部分を重ね合わせて合成し，さらに撮影の際に測量スケールとなるように拡大または縮小する。

6）白黒濃淡画像（グレースケール）への変換

白と黒の濃度値の差のみによって輪郭を検出するために，色彩情報をすべて破棄し，白黒濃淡画像（グレースケール）に変換する。

作成した立面景観画像から輪郭抽出を行い2階調化する。不要部分の消去を行い，合成により連続立面輪郭画像を作成する。連続立面輪郭画像から輪郭線量（画素数）を読み取り，雑多性指標とした。

〔参考文献〕
1) 藤井明『集落探訪』建築資料研究社，2000
2) 東京大学生産技術研究所原研究室『住居集合論 I・II（復刻版）』鹿島出版会，2006
3) 山家京子・東國肇「用途断面の特徴と混在度から見た検討—商業集積地における均質性と固有性—」日本建築学会計画系論文集，No.602，2006.4

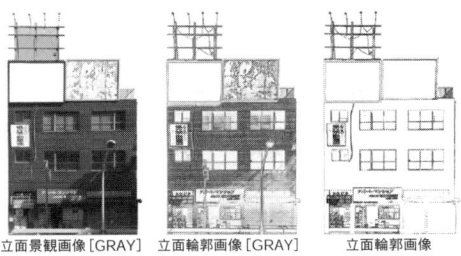

図4　立面輪郭画像の作成

図5　連続立面景観画像

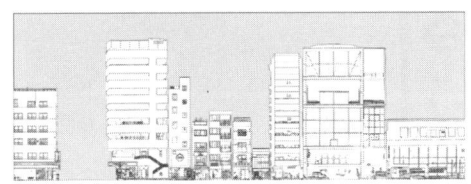

図6　連続立面輪郭画像

【コラム2】デザイン・サーヴェイ

デザイン・サーヴェイとは，「民家・集落，都市空間等を調査対象とし，その物理的環境の現況の姿を実測，一定のスケールを有する図面等により，客観的に記録・分析する調査方法」[1]を指す。1965年にオレゴン大学と伊藤ていじにより行われた金沢の調査において，初めてデザイン・サーヴェイと名付けられた。65年から70年にかけて，東京芸大による外泊，法大宮脇ゼミナールの倉敷・馬篭等，明大神代研究室の女木島など，精力的に行われた。70年代急速に増加した後，80年代には減少の局面を迎える。

歴史系の民家調査や計画系の研究調査とは共通点も多いが，目的と調査の精度において異なっている。例えば，民家調査では重要な「建立年代」や改修等の証拠となる「痕跡」は問題にしない。あくまでもデザイナーが創作活動の基盤を民家や集落に求めたのであった。

デザイン・サーヴェイが最盛期を迎えた1970年代は，ちょうど近代建築・都市計画理論に対する批判の時期とも重なっている。また，高度成長期に後押しされた列島改造論などの開発に対して，町並みの保存・修景が見直された時期でもあった。それまで振り返ることなく突き進んできた近代主義的な認識に対する転換が図られようとした時代にあって，生まれたムーヴメントだったといえよう。

（山家京子）

〔参考文献〕
1) 日本建築学会編『建築・都市計画のための調査・分析方法』井上書院，1987

図1　伊根亀山（部分）（調査：明治大学神代研究室）
（図版出典：宮脇檀編著『日本の住宅設計／作家と作品—その背景』彰国社，1976，182頁）

1・13 環境を記述する ノーテーション

大野隆造・小林美紀

1. 概要

ノーテーション（notation）とは，さまざまな状態を記録することや，記録する際の表記法で，音楽，言語，数学，化学などあらゆる分野で用いられる。「記譜法」とも呼ばれる。音符や化学記号のように記載する方法を共有することで，だれでも記述でき，内容を伝達できるようになる。ノーテーションとして最も知られているものは，西洋音楽の楽譜である。五線と音符などによって記されたノーテーションによって，音の強弱，長短，高低，音色等が表現される。五線譜の視覚的パターンによるものだけで，音をイメージし，再現でき，美的な感情を引き起こしてくれるのである。

音楽に3次元的な身体の動きや空間移動が加わる舞踊・ダンスは，ノーテーションを確立することがやや困難であるため，古くから口伝等により伝承されてきた。しかし，舞踏会が盛んになり，17世紀以降から，ステップやフロアでの動きの軌跡を記録して印刷されるようになった。その後も，さまざまな記述法が試みられ，20世紀半ばから，身体の動き等をオーケストラの楽譜のように記述する方法が現れてきた。バレエを主として記録するために考案されたベネッシュ・ノーテーションは，五線譜上を身体の各部位と見立て，舞踊家の後姿を楽譜と同じように左から右へ記録する記譜法である。

またR.ラバンが考案した「ラバノーテーション」と呼ばれる舞踊記譜法（図1）は，人の動きを表示するための2次元グラフィック記述を用いている。図2にその例を示す。五線譜に似ているが，時間軸は下から上へと進み，中央の線が身体の中心軸で，左右の身体の動きはそれを中心にした左右に記号化され，手足など身体の各部位の動きが記述されている。これらは，被験者の身体に付けたモーションキャプチャのデータからも読み取ることが可能で，特定のダンスの動きを記録するだけでなく，さまざまな流派や異なった舞踊等を比較分析するのにも用いられている。

映画でも，物語上のつながりがある一連の断片的シーンのシークエンス（sequence）を表現するのにのに用いられる。画面，あらすじ，効果音，会話，時間，音楽等が書き込まれ，各シーンのイメージを共有し，再現しやすいものとして表される。

建築の分野では，建築・都市空間を記述するさまざまなノーテーションが開発・提案されているが，本項では，特に移動や時間経過にともなって変化する情景などを記述する方法や，それに関連する研究について紹介する。

2. シークエンス・ノーテーション

人が移動することにともなって生じるシークエンシャルな空間体験を記述しようと，建築・都市分野ではさまざまなノーテーションが開発・提案されてきた。

古くは，D.アップルヤードら[3]が，高速道路に沿った景観を連続的に記述したノーテーションを作成した。景観を構成する要素をカテゴリー化し，それらを連続的な表記でシークエンスを記述しているが，楽譜における記号ほど，厳密化されたルールを持ち合わせたものではない。

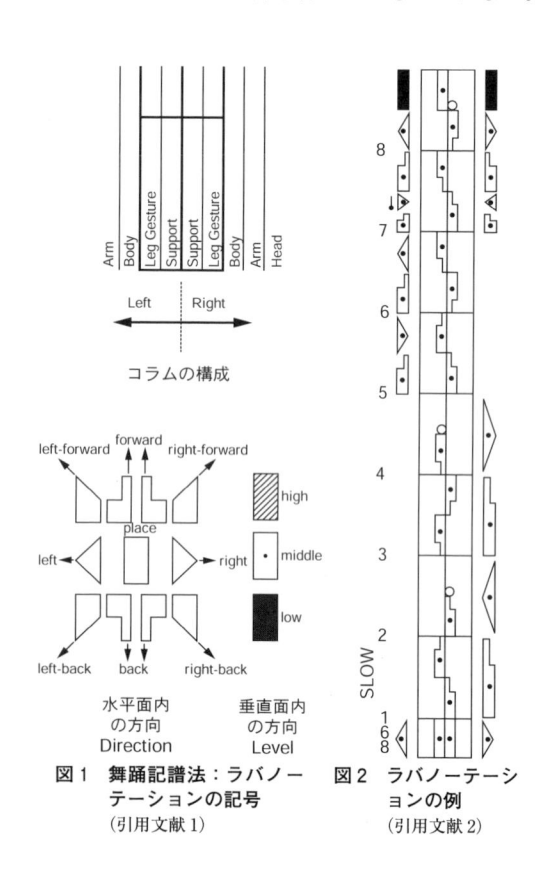

図1 舞踊記譜法：ラバノーテーションの記号
（引用文献1）

図2 ラバノーテーションの例
（引用文献2）

L.ハルプリン[4]は，ノーテーションを用いて設計段階でのスタディをすることを試みた。アメリカのミネアポリスで設計したニコレットモールでは，図3のように，そこを歩いていくときのシークエンシャルな空間体験を記述した。街路での人々の動きも取り入れ，景観を構成する要素を分類し，"motation"（move 人の動き＋notation 空間の記述法）という分析方法を提示した。

　P.シール[5]は，都市空間を歩いているときの環境の状態および人間の行動・心理状態を連動させるようなノーテーションを提案している。オーケストラのすべてのパートを上下そろえて配列した総譜のように，多種の変数の動きを並行して記述していく表記法である。これは，楽譜と同じように，時間軸に沿って「行動パターン」や「感情」「考え」のそれぞれの変化などを一度に記述しようとしたところに特徴がある。実在する空間での体験とをリンクさせることで，設計の計画段階での提案としても使えるよう工夫した。

　国内では，宮宇地一彦[6]がP.シールの手法を用いて，ショッピングモールをはじめ，神社の参道や庭園などにおいて，人間移動にともなう視覚的シークエンスを表記し，それによる分析と検証を行っている。池田岳史ら[7]も，庭園や街路空間などを移動中の被験者の行動と空間の構成要素の記述について写真画像を基に行っている。船越徹ら[8]も，参道空間などを対象に，空間の雰囲気が変化する分節点を，門などの象徴的要素，緑量や天空率などの自然的要素，折れ曲がりなどの地形要素により定量的に捉え，シークエンス分析を行っている。松本直司ら[9]は，VTRやCGによって製作された映像を被験者に提示し，その脳波を解析することで空間を移動する際に生じる情緒変化の予測を試みている。

　一方，屋内空間については，山田哲也ら[10]がF.L.ライト設計の旧山邑邸を研究対象として，実測調査により作成した図面を基に，移動空間における空間構成要素の変化プロフィールを求めた。さらに，階段や廊下などを移動する際の空間寸法や仕上げなどの空間構成要素の変化から，移動空間を分節化することを試みている。

　近年，屈曲する斜路に象徴される流動的な建築空間が増加し，そういったダイナミックな空間に対応する記述方法が開発されている。脇坂圭一ら[11]は，「遮蔽縁シーンブック」という手法を開発し，建築内部空間を構成する視覚的手がかりとして遮蔽縁に着目し，遮蔽縁の時間的な動き方によって移動時の視覚体験を記述している。

　以上の概観したような記述法により，設計者などの専門家だけでなく，一般のユーザーも空間体験をある程度共有することが可能である。それによって，建築・都市空間における計画段階から多様な人々がデザインに参加するための，コミュニケーション・ツールの一つとしても活用されることが期待されている。しかし，これまでのところ，すべての空間に適用可能なノーテーションが構築されているというわけではない。環境は総体として膨大な情報を有しており，取り出したい体験や空間情報の一部に限定して表記せざるを得ないためである。また，各々のノーテーションから現実の空間を直接イメージや再現することも，現状ではまだ困難である。音楽と楽譜のような関係を構築するためには，ノーテーションの表記を共有していくことも必要になると思われる。

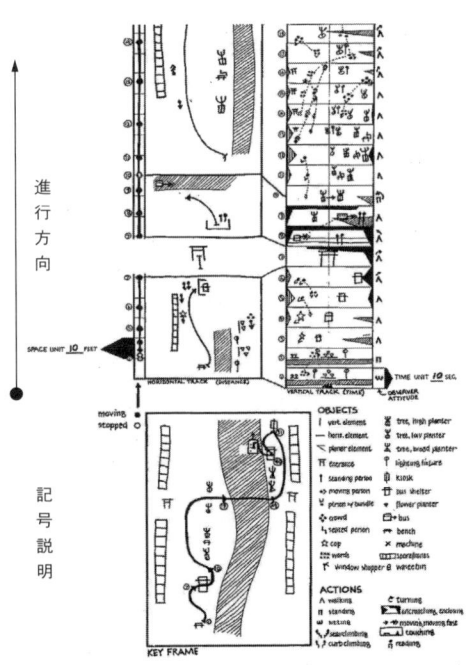

図3　ニコレットモールのノーテーション（引用文献4）

3. 応用例

○小林美紀・大野隆造「修学院離宮上御茶屋区域を対象とした感覚刺激情報による景観分析」ランドスケープ研究，日本造園学会誌，Vol.63, No.5, pp.577-582, 2000.3

本研究は，変化に富んだ豊かな空間体験を与えてくれる回遊式庭園の修学院離宮上御茶屋を対象として，回遊中に環境から受容する感覚刺激情報（環境視情報および視覚以外の情報）を計測し，記述する方法を提案している。

図4の上段には，紀行文や写真映像による体験の記述を，下の段には客観的で連続的な記述を試みた結果の一部を示している。庭園の実測図から，地形や樹木配置等の環境データをコンピュータに入力して，苑路の一点から周りを見渡したとき，空や樹木や池の水面などがどの程度見えるか（各々の立体角の比率＝可視量），見渡せる空間の広がり（可視空間容量）を計測して求めている。それらを苑路に沿って歩幅にあたる50cmごとに繰り返して，その変化プロフィールとして表記した。さらに，苑路のテクスチャーの変化や曲がり具合，上下の動きなど，視覚以外の触覚や運動感覚に訴える感覚情報の変化も合わせて記述している。

こうしたノーテーションにより，庭園を歩いたとき，さまざまな感覚チャンネルを通して受け取られる人の空間体験を推測しようと試みた。ここでは，各々の変化プロフィールの記述と庭園を訪れた人の体験を記述した文章とを照合し，苑路空間の分節化，つまり一定の雰囲気をもった，まとまりのある空間の終わりと始まりが生じる環境要因，および分節化された空間の特徴について考察している。このようなシークエンシャルな空間体験を客観的に捉えるノーテーションによって，他の屋外空間を評価する可能性についても言及している。

○大野隆造・辻内理枝子・稲上誠「屋外空間での移動に伴い変化する感覚の連続的評定法—環境視情報の記述法とその応用に関する研究（その2）—」日本建築学会計画系論文集，No.570, pp.65-69, 2003.8

本研究は，人が歩みを進めるに連れて展開す

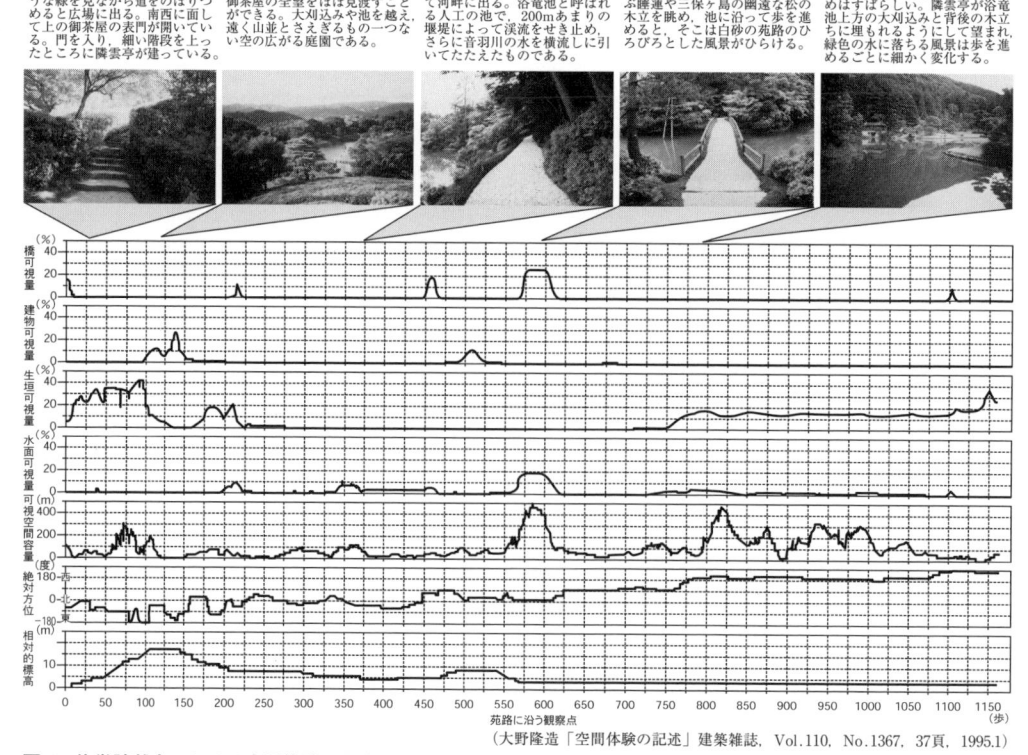

図4　修学院離宮における空間体験の記述　（引用文献12）

る周囲の環境の何らかの変化を捉え，それに反応している行動について究明するため，物理的な環境視情報の変化（可視空間容量・建物可視量・樹木可視量・天空可視量等）を計測する一方で，そこで人が移動中に受ける種々の感覚的印象の変化を，連続的にリアルタイムで評定させる方法を開発している。具体的には，被験者が歩行中に周囲の環境から受ける「圧迫感」や「開放感」といった感覚の強弱を，言葉を介さず手元にある評価装置のつまみを回す動作に置き換えて連続的に評定し，記録するものである。

実験は，図5に示す屋外経路を15名の被験者に歩行させ，環境から受ける感覚的印象（圧迫感）の変化を記録し，計測された環境視情報の変化プロフィールとの相関関係を分析している。その結果，圧迫感の変動は，構築物および樹木の可視量の変化によっておおむね説明できることを示している。

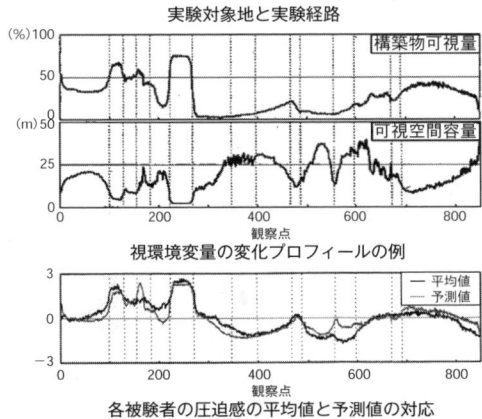

図5 屋外空間での移動にともない変化する感覚の連続的評定（引用文献13）

〔引用文献〕

1) 八村広三郎・中村美奈子「モーションキャプチャデータから舞踊譜Labanotationの生成」，情報処理学会研究報告「コンピュータビジョンとイメージメディア」128-14，2001.7，105頁・図5，図6

2) A.Hutchinson: Labanotation, Theatre Arts Books, New York, 2005, p.105, Fig 157 の一部

3) D.Appleyard, K.Lynch and J.Mayer : The View from the road, The MIT Press, 1964

4) L.Halprin : The Rsvp Cycles : Creative Processes in the Human Environment, George Braziller, 1970, p.69

5) P.Thiel : People, People, Paths, and Purposes : Notations for a Participatory Envirotecture, University of Washington Press, 1997

6) 宮宇地一彦「人間移動に伴う視覚的シークエンスの研究（その2）シークエンスの特徴分析と表記法の検証」日本建築学会計画系論文集，No.455, pp.97-108, 1994.1

7) 池田岳史・材野博司「街路空間における連続継起的表記と歩行者の回頭行動に関する研究 京都の幅員の異なる都心街路の比較」日本建築学会計画系論文集 No.524, pp.223-229, 1999.10

8) 船越徹・積田洋・清水美佐子「参道空間の分節と空間構成要素の分析（分節点分析・物理量分析）：参道空間の研究（その1）」日本建築学会論文報告集，No.384, pp.53-61, 1988.2

9) 松本直司・瀬田惠之・河野俊樹・高木清江・武者利光「脳波解析手法を用いた建築外部空間の情緒的意味のノーテーション」日本建築学会計画系論文集，No.562, pp.181-186, 2002.2

10) 山田哲也・大野隆造「空間寸法および構成要素の定量的分析による移動空間の分節化〜旧山邑邸におけるケーススタディー〜」日本建築学会大会学術講演梗概集(E), pp.1145-1146, 1994.9

11) 脇坂圭一「現代建築の分析に向けた遮蔽縁シーンブックの開発 建築内部空間における視覚体験の記述方法に関する研究 その2」日本建築学会技術報告，第14巻，No.27, pp.241-244, 2008.6

12) 小林美紀・大野隆造「修学院離宮上御茶屋区域を対象とした感覚刺激情報による景観分析」ランドスケープ研究，日本造園学会誌，Vol.63, No.5, 2000.3

13) 大野隆造・辻内理枝子・稲上誠「屋外空間での移動に伴い変化する感覚の連続的評定法—環境視情報の記述法とその応用に関する研究（その2）—」日本建築学会計画系論文集，No.570, 2003.8，67頁・図2の一部，図3の一部，図5

1・14 環境を記号化する　記号

1. 概要

私たちの身の回りの環境には，無限ともいえる豊かな情報があふれている。人間は五感を通じてそれらを知覚するが，そこで得られる情報はごく限られたものに過ぎない。例えば，紫外線は見えないし，高周波の音は聞こえない。また，仮に知覚できたとしても，人間はさまざまな知識や固有の価値観を通して環境を捉えているので，抽出される情報も多様である。虹の色数も国や文化によって異なる。同じ環境が，歴史や文化を理解すると，まったく異なったものに見えることもしばしば経験することである。

したがって，建築・都市計画を実践していく上で，生活する人間が環境をどのように捉えているのかを問うところから始める必要がある。人間は限られた情報やバイアスのかかった情報をもとに，無限の可能性（危険性を含む）に満ちた環境の中で生活し，その環境を組み立てていくほかはないからである。

こうした問題に取り組んできた理論に「記号論」(semiotics) がある。人間は環境から意味のある情報を「記号」(sign) として抽出し，生活に必要な意味を解読していくわけであるが，記号論ではこのプロセスを「記号現象（あるいは記号過程）」(semiosis) と呼び，その仕組みの解明を目指すのである。漁師が夕方の雲から明日の天気を予想し，医者が患者の徴候から病気を診断するように，私たちの日々の生活は絶えざる記号現象の連続である。そのため，記号論は遠く古代ヘレニズム時代の医学に始まり，現代に至るまでヨーロッパ文明に根強い伝統をもっており，言語学，修辞学，論理学，哲学など，実に多様な系譜を有する。

本項では，このような歴史を踏まえて構築された現代記号論のエッセンスを紹介し，それに基づいて建築・都市計画の調査に役立つ「環境を記号化する」方法について解説する。環境から何を記号として抽出するかということが，建築・都市計画の基盤となるからである。

具体的には，まず，①あらゆる記号現象に介在する「記号」の概念について，記号論に基づくモデル構造を説明し，次いで，②建築・都市記号論を中心に，環境への記号論的アプローチの可能性を展望する。その中で環境がどのように記号化されてきたかを理解する。そして，③応用例として，街並みを対象とする「環境を記号化する方法」を総合的に提示するとともに，得られた記号を組み合わせた新たなデザインの可能性についても考察する。

2. 記号とは

ふつう記号といえば，交通標識や数学記号のように，コードの明確な記号が連想され，機械的なイメージを抱く人も少なくない。しかし，何の意味もないように思える雲の形や樹々の色彩にも豊かな意味を読み取ることができるように，あるものに人が意味を認めさえすれば，それらをすべて記号とみなすことができる。

そのような観点から見ると，言語に限らず，身振り，ファッション，音楽，絵画，映像，演劇，建築，都市，さらに自然に至る人間の生の営みに関わるあらゆるものが，「記号の世界」に包み込まれることになる。

こうした広義の記号の捉え方を可能にし，現代記号論の基礎を築いたのは，アメリカの哲学者パース (Charles Sanders Peirce) とスイスの言語学者ソシュール (Ferninand de Saussure) である。ここでは，パースとソシュールの記号論を中心に記号モデルの基本構造について概説し，環境を記号として解読しデザインする可能性を展望する[1]。

(1) 記号現象のカテゴリー

パースの記号論は，独自の「現象学」に基づいて展開されたものである。現象とは「心に現れる一切のものの総合的全体」であり，現象学の仕事は，すべての現象を分類できる普遍的な「カテゴリー」(category) を研究することである。パースは，あらゆる現象を分類できるカテゴリーとして，「一次性」(firstness)，「二次性」(secondness)，「三次性」(thirdness) を導き出している。

一次性とは，何かそれ自体であって，他のものと関係をもたないようなもののあり方，二次性とは，何か他のものと関係しているが，いか

門内輝行

なる第三のものをも含まないような（実在する） もののあり方，三次性とは，第二のものと第三のものを互いに関連づけるような（法則，目的から切り離せない媒介する）もののあり方である。この一次性・二次性・三次性という形式的な表現は，それぞれ「質・関係・表象」(quality, relation, representation)，「可能性・実在・法則」(possibility, existence, law) といった質料的な表現としても表示される。

大切なことは，パースは森羅万象の中に，カテゴリーに基づく三分法的な存在様式を見出し，宇宙におけるいっさいの現象をカオスからコスモスへ，偶然から法則へ，対立から統合へと至る秩序の「生成」(generation) として，あるいは逆の過程を「退化」(degeneration) としてダイナミックに捉えている点である。

(2) パースの記号モデル

パースは，一次性から三次性に至る記号現象を三項関係として捉え，第一の相手を「記号」(sign)，あるいは「表象体」(representamen)，第二の相手を「対象」(object)，第三の相手を「解釈項」(interpretant) として，次のように記号モデルを定式化している。

「記号，あるいは表象体とは，ある観点もしくはある能力において，誰かに対して何かの代わりとなるものである。それは誰かに話しかける。つまり，その人の心の中に同等の記号，あるいはさらに発展した記号を創り出す。それが創り出す記号を，私は最初の記号の解釈項と呼ぶ。記号はその対象である何ものかの代わりとなる。」(CP 2.228)[2] (図1)

この定義によれば，同じものでも観点や能力が違えば，別の記号として現象し得る。例えば，赤信号は《止まれ》を表す記号であるが，交通法規を知らない人には《赤い丸》であり，急病人を抱える人には《注意して進む》という解釈を創り出すこともある。パースは，解釈項を導入して，主体の能動的役割を考慮に入れ，記号現象の多層性を捉えている[*1]。

(3) ソシュールの記号モデル

ソシュールは，「事物があって，それを命名するのが記号である」という伝統的言語観を否定し，「言葉があってはじめて概念が生まれる」という新しい言語観のもとに，言語記号の本性を深く探究し，新たな記号概念に到達した。

言葉以前には，言葉が指さすべき事物も概念も存在せず，言葉は，一次的には，自らのうちに意味を担っているというのである。したがって，嵐を告げる黒雲のような記号が，自分とは別の現象を指示するのに対して，言語記号は，自らの外にア・プリオリに存在する意味を指し示すのでは決してなく，表現と意味とを同時にもつ二重の存在なのである。

「言語記号が結ぶのは，概念(concept)と聴覚映像(image acoustique)である。後者は，純粋に物理的である資料的音声ではなく，音声の心的刻印であり，われわれの感覚によって証拠だてられるそれの表象である。言語記号は，二面を有する心的実在体である。」ソシュールは，聴覚映像と概念を一般化して，それぞれを「記号表現」（シニフィアン，signifiant），「記号内容」（シニフィエ，signifié）と呼び，両者が一体になった全体を「記号」（シーニュ，signe）と名づけることによって，言語記号に基づく二項関係からなる記号モデルを導き出したのである（図2）。

記号表現と記号内容は，相互依存の関係にあ

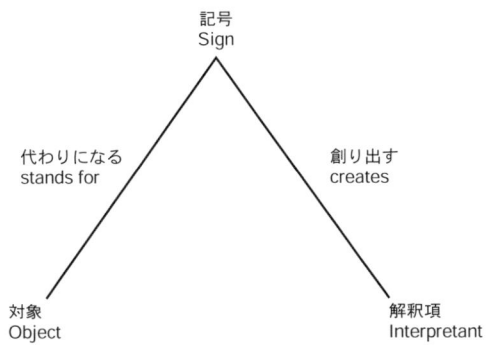

図1　パースの記号モデル

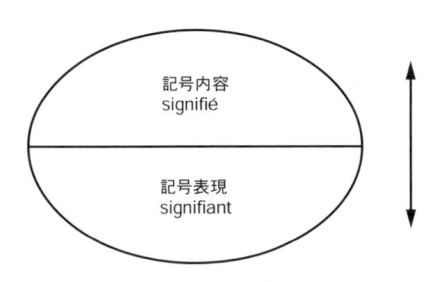

図2　ソシュールの記号モデル

り，いずれも記号に包み込まれている。ソシュールの記号概念は，記号の外にある対象や解釈項との関係を考えるのではなく，記号の内部構造を定式化したものなのである[*2]。

(4) 記号のタイポロジー

パースはカテゴリーの三分法に基づいて，記号現象の側面を，「記号それ自体のあり方」（一次性），「記号とその対象との関係」（二次性），「記号とその解釈項との関係」（三次性）という3つに区分する。そして，これらの記号現象の3つの側面も，それぞれカテゴリーの三分法に支配されると考えられるので，次のような3つの三分法が得られる（図3）。

第一に，記号が本質的に単なる質であるのか，現実の実在であるのか，一般的な法則であるのかにしたがって，記号は「性質記号」（qualisign），「単一記号」（sinsign），「法則記号」（legisign）と呼ばれる。

第二に，記号と対象との関係が，記号が自分自身の中にある特性をもっていることによるのか，その対象との実在的な関係によるのか，その解釈項との関係によるのかにしたがって，「類似」（icon），「指標」（index），「象徴」（symbol）が区分される。

第三に，その解釈項が記号を可能性の記号として表象するのか，事実の記号として表象するのか，理性の記号として表象するのかにしたがって，記号は「名辞」（rheme），「命題」（dicent），「論証」（argument）と呼ばれる。

ここで，古来注目を集めてきた「類似・指標・象徴」について，少し詳しく見ておく。

類似は，記号の性質が対象の性質と類似している記号であり，それ自体の性格によって，それが表示している対象に言及する記号である。"富士山の絵"や"配線図"は類似の例である。

指標は，その対象により実際に影響を受けることによって，その対象に関わる記号である。指標はその対象によって影響を受ける限り，その対象とある質を共有する。"風の方向を指示する風見"は指標であるが，他に"これ"，"あれ"のような指示代名詞も指標に含まれる。

象徴は，法則，規範，習慣，一般観念などを媒介としてその対象に関わる記号である。象徴は特定の事物を指示できず，事物の類を指示する。"与える"，"星空"といった言葉，数式や化学式などはすべて象徴の例である。

3. 建築・都市環境の記号化

あらゆるものが記号として現象し得ることから，建築・都市における記号現象の仕組みを解明する「建築・都市記号論」（architectural and urban semiotics）を構想することができる。

現代記号論の文脈でみると，1930年代にプラハ言語学スクールの人たちが，建築の多次元的機能に言及したことが注目される。例えば，P.ボガトゥイリョフは，"記号としての衣裳"と題する論文の中で，「村の建物やその部分ははっきりと実用的なものである機能のほかにも数多くの機能を果たしている。美的機能，呪術的機能，地域を示す機能，それに社会的地位を占める機能などがさらに見られ，それらすべて

	記号それ自身 Sign itself	記号とその対象との関係 The Relation of the Sign to the Object	記号とその解釈項との関係 The Relation of the Sign of the Interpretant
一次性 Firstness	性質記号 Qualisign	類似記号 Icon	名辞 Rheme
二次性 Secondness	単一記号 Sinsign	指標記号 Index	命題 Dicent
三次性 Thirdness	法則記号 Legisign	象徴記号 Symbol	論証 Argument

図3 パースによる記号の10分類

表1　建築的対象の三分法的な記号図式への変換　(引用文献5)

建築的対象	M	O	I
	すべての構成上の要素 (素材, 形態, 観念)	指示された建築的対象	建築物を使用する基礎となる建築的文脈(環境)
媒体関係 M	性質記号 感覚的(触覚的, 視覚的)に知覚可能な実質	単一記号 個々の, 単一の形態における実現やその美的状態	法則記号 物理的, 構造的, 静的法則, 慣習
対象関係 O	類似記号 枠組システム 居住システム	指標記号 方向システム アクセスシステム	象徴記号 選択システム 寸法システム
解釈項関係 I	名辞記号 オープンな関係(レパートリー)の要素として解釈されるもの	命題記号 クローズドな関係(ユニット)における要素として解釈されるもの	論証 完全な関係にとって不可欠な部分として解釈されるもの

が建物を一個の事物とすると同時に記号としているのだ。ある地域では，遠くからでも，建物の外観からその建物の持ち主の民族や社会的地位を言いあてることができる」と指摘している[3]。

1950年代になると，イタリアで建築記号論が盛んになる。その頃のイタリアは知的な刺激に満ちていた。新しい世代の画家たちが現れ，社会的リアリズムと抽象芸術の対立について白熱した議論が行われ，新進の芸術批評家も活動を始めていた。建築の領域では，建設ブームによる都市のスプロールの悪影響が現れ始めていた。こうした知的関心と危機感のもとで建築記号論が展開され，構築環境の意味の欠如，建築形態の均質化などが議論されたのである[4]。

その後，建築・都市における意味の喪失という緊急の課題に端を発した建築記号論の流れは，世界各地に広がっていくことになった。ここでは，その中で提案された建築・都市環境の記号化の方法のうち代表的なものを概観する。

(1) パースのモデルに基づく記号化

ドイツの記号学者M.ベンゼやE.ヴァルターらは，パースの記号論に基づく記号理論を探求し，それを建築記号論に応用している。彼らの教えを受けたG.R.ブロマイヤーとR.M.ヘルムホルツは，建築的・都市的状況は，記号とみなされる建築的対象によって，観察者やユーザーに伝えられ，そのようなものとして使用されると考え，建築的対象を媒体関係(M)，対象関係(O)，解釈項関係(I)という記号図式に変換している。この変換は，ベンゼが定式化した媒体関係，対象関係，解釈項関係を決定することに

よって行われる[5](表1)。

Mは，建築を構成するすべての素材的(形，色など)，形態的(建築的要素)，観念的手段(様式など)からなる。Oは，類似的な枠組システム(環境を分節し，居住可能なユニットを形成する居住システム)，指標的な方向システム(居住システムを連結するアクセスシステム)，象徴的な選択システム(寸法システムなど)を含む。Iは，建築物を使用する基礎となる建築的な文脈(環境)を意味する。

こうした記号分類を応用することによって，建築的対象を包括的に把握し，潜在的なデザインの可能性を発見することが可能になる。

(2) ソシュールのモデルによる記号化

C.ジェンクスは，ソシュールの記号モデルに基づいて，建築的記号を記号表現と記号内容をもつものとして定式化している[6](表2)。

記号表現は，形態，空間，表面，ヴォリュームであり，リズム，色彩，密度などの部分に分割できない特性を備えている。さらに，騒音，臭い，触感，運動性，熱など，建築的経験に関わりの深い二次的な記号表現がある。記号内容は，どんな観念(の集合)であってもよい。

(3) 建築的コードの記述

建築的記号の階層構造を解読し，建築的コードに言及したのは，D.プレチオージである。すべての建築に共有されている，直接的に意味を担う最大の単位として，「空間単位」(space-cell)を抽出している。これは他の空間単位との体系的な関係に基づいて意味をもつもので，空間単位を相互に区別するのに役立つ下位の単

表2　建築的記号への変換 (引用文献6)

	第1のレベル		第2のレベル
記号表現 （表現のコード）	形態 空間 表面 ヴォリューム など	超部分的特性： リズム 色彩 テクスチュア など	騒音 臭い 肌触り 運動性 など
記号内容 （内容のコード）	イコノグラフィ 意図された意味 美的意味 建築的観念 空間概念 社会的／宗教的信念 機能 活動 生活様式 商業的目標 技術システム など		イコノロジー 露呈した意味 潜在的特徴 人類学的データ 暗黙の機能 プロクセミックス 土地の価値 など

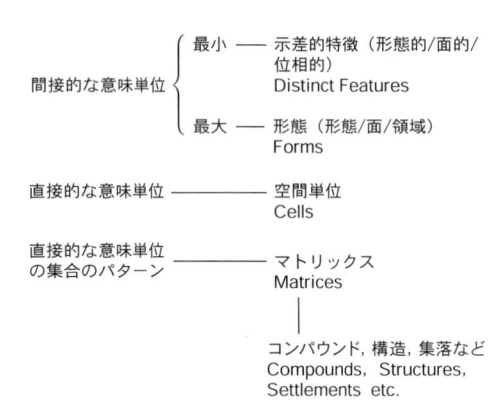

間接的な意味単位 ｛ 最小 —— 示差的特徴（形態的/面的/位相的） Distinct Features
　　　　　　　　　最大 —— 形態（形態/面/領域） Forms

直接的な意味単位 —— 空間単位 Cells

直接的な意味単位の集合のパターン —— マトリックス Matrices
　　　　　　　　　　　　　　　　　｜
　　　　　　　　　　　　コンパウンド, 構造, 集落など
　　　　　　　　　　　　Compounds, Structures, Settlements etc.

図4　建築的コードの階層構造 (引用文献7)

位である，「体系的単位」(systemic unit) から構成されている．さらに体系的単位は，「示差的特徴」(distinctive feature) から構成されている．また，空間単位の集合は，「マトリックス」(matrix) と呼ばれる．マトリックスの集合は，コンパウンド，近隣，集落などを形成する[7]（図4）．

構築環境の形態には驚くほど複雑な変化がみられるが，建築的コードは，形態における意味のある特徴として，可能な特徴のうちのほんの一部だけを採用する．また，あるコードで意味のあるものが，別のコードでは意味をもたないこともあり，何が意味のある建築の単位となるかということは，記号間の関係を規定したコードに依存して決まるのである．

(4) 環境記譜法

記号論に基づく環境の記号化のほかに，さまざまな方法が考案されている．1960年代以降の環境の劇的な変化を背景に，環境を記号化する「環境記譜法」(environmental notation) の試みが盛んになった[8]．

K.リンチの『都市のイメージ』，D.アップルヤードらによる『道路から見た景観』，P.シールの『視覚的認識とデザイン』などは先駆的事例であり，都市のイメージマップ，道路から見た景観の変化を記述したグラフィックスコアなどの方法が，多くの人々の関心を集めた．

その後，形，色，イメージ，音，香り，動きなど，多様な要素・特徴の記述が試みられ，視覚的な記述法の開発が蓄積されてきた．リンチの『知覚環境の計画』には，記号化の方法が系統的に集められている．

4. 応用例

近代化の過程で，建築・都市の意味が次々に失われていく状況を背景として，建築・都市記号論の研究や実践がさまざまなかたちで繰り広げられてきた．しかし，記号現象の断片的記述にとどまるものが多く，十分な成果をあげてきたとは言いがたい．

建築・都市のように，多種多様な記号の集合からなる環境を研究対象とするとき，①記号の集合である「テクスト」(text) を対象とした研究の展開，②記号の分布・配列を分析する手法の開発，さらに③環境の中に自らの身体をお

図5 伝統的な街並みの例―祇園新橋（京都市）

く経験に基づく研究の実践が不可欠である。

こうした論点をふまえて，筆者は建築・都市記号論の実証研究として，日本の伝統的な「街並み」(townscape)を対象とする「街並み記号論」を展開してきた（図5）。すなわち，街並みを記号化し，さまざまな記号の組合せとして広い意味での環境（ここでは景観）を記述することを通して，街並みにおける記号現象の仕組みを探究してきた[9]。

ここでは，街並み記号論の研究の中で適用してきた「環境を記号化する」方法を応用例として提示する[10]。

a. 環境の記号化

環境を記号化する上で，パースによる「記号現象のカテゴリー」はきわめて有効なモデルを与える。具体的に考えてみよう。

街並みは，人々の生活の舞台となる街路を形成し，豊かな意味を表現する。街並みの佇まいや雰囲気は，言語化できない未分化な全体的な印象であり，身体で感じとることのできるものである（一次性）。道の方向や住居の配列は，街並みが存在する場所の地形や気候をそれとなく指示する（二次性）。さらにファサードは，住む人の個性や社会階級を象徴する媒体となり，街並みには「集団の記憶」が刻印され，人々はそこに深い愛着すら抱くのである（三次性）。

このように，街並みには多層に及ぶ記号現象が認められる。環境を記号化するときには，こうした記号現象の多層性に注意を払うことが不可欠である。

パースの記号モデル（記号分類）は，記号現象のカテゴリーから導き出されたものであり，記号現象の多層性を踏まえた環境の記号化を可能にする方法として重要である（表3）。

街並みにおける「記号」には，形状・色彩・素材・テクスチュアなどの特徴，屋根・壁・格子といった形態的要素やその集合状態，妻入り・平入りといった形式や住居の配列規則などが含まれる。

記号の「対象」には，色彩や素材が醸し出すイメージや雰囲気，住居の配列が指示する水系や道の方向，卯建が象徴する経済的な豊かさなど多様な意味が含まれる。記号の「解釈項」には，推論の内容のほかに，解読者の心・行動・思考に及ぼす実際の効果が含まれる。豪壮な住居の造りが，見る人の心を威圧する場合などがそれである。

さらに，記号を解読するコンテクストが含ま

表3 記号のタイポロジーに基づく街並みの記号化

建築的記号　S	
性質記号	形状・色彩・素材・テクスチュアなどの特徴
単一記号	個々の単一の形態（屋根，卯建，樹木，山，川など）やその集合状態（住居，街並み，山並み）
法則記号	形態のパターン，建築的な形式・様式，諸要素の配列規則，景観図式
記号とその対象との関係　R (S, O)	
類似記号	イメージやメタファー，たたずまいや雰囲気
指標記号	物理的な機能（雨や雪を防ぐこと，通風・換気など），指標的方向性（住居における窓の位置，道路との関係を示す出入り口の位置，宅地における庭の位置，地形の傾斜・水の流れ・風向きなどと相関する住居の配列など）
象徴記号	象徴的な意味（身分，防衛，職業，街の産業，経済的地位，祝祭性など），アイデンティティ（京都らしさ，〜らしさ，個と集団の関係，他の街との関係）
記号とその解釈項との関係　R (S, I)	
名辞	一般的記号のレパートリーとして解読される内容や効果（建築的記号のレベル）
命題	テクストの要素として解読される内容や効果（街並みのレベル）
論証	テクスト相互の関係を含む完全な関係に不可欠な部分として解読される内容や効果（街並みの相関関係のレベル）

れる。ある記号を単独でみる場合と，他の記号との関係においてみる場合では，異なった意味が導き出されるからである。

b. 環境のコードに基づく記号化

　街並みを構成する記号は，相互に結びついて魅力的な街並みを形成する。それゆえ，街並みを記号化するためには，個々の記号だけではなく，記号相互の関係を含む街並みのコードを構築する必要がある。筆者はM.A.K.ハリデーらが発展させた言語における「体系文法」(Systemic Grammar) に基づいて，街並みのコードを構築している*3。

　この考え方に基づくと，街並みの景観は，
①意味システム (meaning)［自然・政治・経済・文化などのコンテクストに関わる］
②形式システム (form)［形態素，屋根，格子，住居などの建築言語のシンタックスに関わる］
③実質システム (substance)［形状・スケール，色彩，素材・テクスチュアなどに関わる］
といった3つの「層」(stratum) からなるコードによって記述される。すると例えば，経済的豊かさ（意味）は，屋根（形式）と瓦（実質）によって実現される。このコードは，環境から記号を抽出する有効なモデルとなるはずである。

　日本の伝統的街並みについて，意味・形式・実質のシステムからなるコードを構築し，街並みの景観を記述してみると，驚くべきことに，日本の街並みには約30程度の限られた数の建築的記号が共有されており，多様に見える街並みの景観が，それらの組合せによって実現されていることが明らかになっている（表4）。

　これは言語や自然生態系にも認められる「離散無限」(discrete infinity) と呼ばれる仕組みである。この仕組みに基づいて，日本の伝統的街並みには，「類似と差異のネットワーク」が縦横に張り巡らされた魅力的な景観が実現されているのである。

　伝統的な街並みの場合，その魅力を理解するためには，「類似と差異のネットワーク」を記述することが不可欠である。それが集団の協調的関係と個としての自己主張という，生活のドラマにおける緊張関係を連想させ，互いに他を生かすことによって自らの個性を発揮する機会を得る「共同体の景観」をかたちづくり，街の個性を表現しているからである[11]。

　筆者らは，人工知能の領域で開発されたオブジェクト指向言語であるCommon Lisp Object System (CLOS) を用いて，街並みのデータベースを構築し，類似と差異のネットワークを分析している[12]（図6）。

　街並みを構成する記号をオブジェクトとしてモデル化し，各記号の情報を蓄積するとともに，データベースを活用して記号間の関係，記号の分布や配列，意味・形式・実質の層の関係などを調べるのである。このデータベースを活用すると，さまざまなレベルに類似と差異のネットワークを見出すことができるはずであるが，こうした記号相互の関係も，環境を構成する重要な記号なのである。

表4　形式システム：要素レベルの記号

ELEMENT (S)		
PART rank	ELEMENT rank	
R：屋根部分	R1（屋根面），R2（庇），R3（煙出し），R4（屋根飾り），R5（明かり窓）	
N：軒下部分	N1（卯建・袖壁），N2（軒下部分），N3（駒寄せ），N4（床几），N5（雁木・こみせ），N6（雨囲い・雪囲い）	
F：ファサード部分	D：点的要素	D1（看板），D2（持ち送り），D3（飾り金物），D4（すだれ・暖簾），D5（軒灯類），D6（呼樋）
	C：線的要素	C1（手摺・欄干），C2（柱），C3（出桁），C4（貫・梁・胴差類）
	O：開口部	O1（格子），O2（戸），O3（窓），O4（換気口）
	W：壁面	W1（壁），W2（戸袋）
	G：基礎部	G1（基礎）
H：付属物	H1（境界），H2（アクセス），H3（樹木），H4（蔵），H5（煙突）	

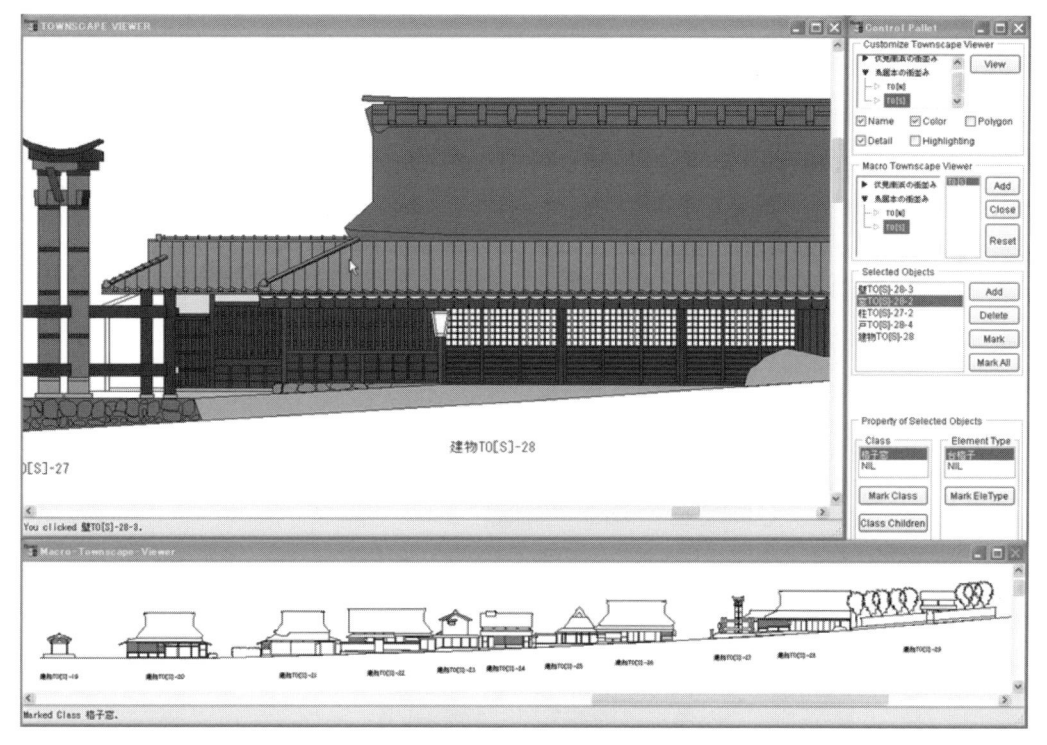

図6　CLOSを用いた景観との対話システムの構築

c. 環境の記号化とデザイン

　環境の記号化を考えるとき，記号化を行う主体の問題を避けて通ることはできない。記号論に基づくカテゴリーや記号分類を用いるとしても，具体的にどのような記号を抽出するかということは，主体の視点のとり方や価値観によって変わってくるからである。

　筆者らは現在，現代都市（京都市修徳学区）の中で，伝統的街並みの中で実現されていた類似と差異のネットワークからなる美的秩序をデザインできないかと考え，住民参加による街並みの景観形成という集合的活動に取り組んでいる[13]。実際にワークショップで街並みについて語り合ってみると，歴史や文化，住み手の人柄などをふまえて，環境の記号化を行う必要があることがよくわかる（図7）。

　和風旅館の美しい外観の背景には，維持管理に関する涙ぐましい努力があること，その隣のマンションが旅館との調和に配慮して建てられたこと，モダンな外観にも多くの人々が愛着を覚えていることなど，住み手による環境の記号化の重要性を示す事例に事欠かない。

　現在，修徳学区では，「修徳まちづくり憲章」

図7　街並みの景観デザインのためのワークショップ（京都市修徳学区のまちづくり）

を制定し，個々の建築行為に際して，行政への各種の申請に先立って，コミュニティレベルでその建物が街並みに似合うかどうか話し合う場を持つことにしている。

　具体的には，敷地周辺の街並みの3次元CGモデルを作成し[*4]，デザインの代替案を敷地にはめ込み，それを見ながら街並みに似合うデザインを検討するワークショップを行うのである（図8）。個々の代替案についても，建物の高さ，外壁の色彩・素材，開口部，樹木などの記号に変更・付加・削除などの操作を加えることが可能である。こうした多種多様な記号のシミュレ

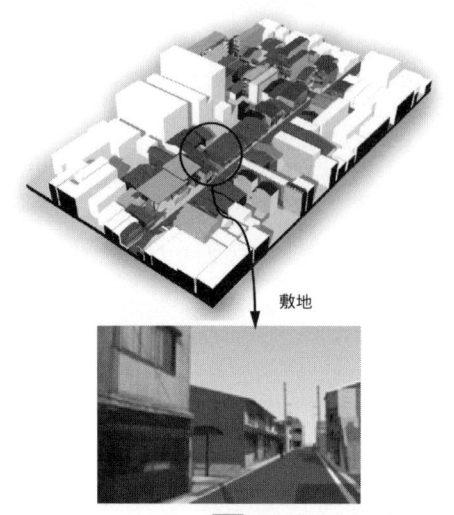

図8　3次元 CG モデルを用いた景観デザインの試み

ーションに基づく対話を通じて，人々は街や通りの個性を学習し，類似と差異のネットワークからなる共同体の景観としての街並みを形成していくのである[14]。

　環境の記号化は，そこで生活を営む主体を含むコミュニティのデザイン実践と関連づけられるとき，いっそう効力を発揮する*5。

*1　パースによれば，解釈項とは記号が誰かに話しかけ，その人の心の中に創り出す「同等の記号，あるいはさらに発展した記号」である。つまり解釈項も記号であり，それがまた新たな記号である解釈項を生成していくように，思考は連続的に展開していく。パースによる記号の定義には，無限の記号過程が含まれているのである。それゆえ，他の記号に依存せず孤立して出現する記号は存在しない。

*2　ソシュールは，記号の意味の源泉を「ラング」（langue）という「体系」における差異の網目に依存する「価値」に見出している。記号は相互に密接に関連し合って体系を形成しており，そこでの関係の網目によって個々の記号の価値が生じるのであり，記号の内にある意味はこの価値からもたらされる，と考えるのである。

*3　体系文法では次のように考える：私たちは，自分たちが成長し生活している時代，場所，集団の言語や他の意味作用のコードによって，意味が表現される典型的な様式に関連づけられている。どんな社会的状況でも，さまざまな行為の可能性を有している（can do）。その行為の一様式が意味を作ることであり（can mean），意味を作る一様式が言語を使用することである（can say）。したがって，いかなる記号論的テクストも，「潜在的な意味のシステム」（meaning potential）と「意味を物質的に実現する一貫したパターン」とをもつことになる。

*4　3次元 CG モデルは，Google Sketch Up Pro を用いて構築している。これは，街並みを構成するさまざまな記号の組合せを表現でき，住民が何を記号化しているかを調べる方法としても活用することができる。

*5　今日の日本の都市計画には徹底した敷地主義が浸透しており，個別の建築活動が無関係に累積し，魅力的な街並み景観が次々に姿を消している。修徳学区のまちづくり活動は，こうした現実の矛盾を乗り越えるために，個々の建築活動において建物相互の関係や建物と人間・環境との関係を検討する営みを積み重ね，街並みの景観形成という集合的活動を展開していくことにより，現代都市の文脈において，伝統的な街並みで認められた魅力的な景観の質を創生する試みであり，拡張的学習，協働学習の典型的な事例といえる。

〔引用文献〕

1) 門内輝行「記号」『建築論事典』日本建築学会編，彰国社，pp.30-33，2008
2) Hartshorne, Charles and Weiss, Paul (eds.), Collected Papers of Charles Sanders Peirce, Volume I–Volume II, Cambridge, The Belknap Press of Harvard University Press, 1978（CP 2.228 は第Ⅱ巻228節を示す）
3) Bogatyrev, P., `Costume as a Sign : The Functional and Structural Concept of Costume Ethnography', Matejka, L. and Titunik, I.R. (eds.), *Semiotics of Art: Prague School Contribution*, The MIT Press, pp.13-19, 1977
4) Krampen, M., `Survey on Current Work in Semiology of Architecture', Chatman, S., Eco, U. et al. eds., A Semiotic Landscape : Proceedings of the First Congress of the International Association for Semiotic Studies, Milan, 1974, Mouton Publishers, pp.162-194, 1979
5) Blomeyer, G.R. and Helmholtz, R.M., `Semiotic in Architecture : A Classifying Analysis of an Architectural Object', *Semiosis 1*, Agis–Verlag, pp.42-51, 1976, p.43 Table 1, p.43 Table 2
6) Jencks, C., `The Architectural Sign', Broadbent, G., Bunt, R. and Jencks, C. (eds.), *Signs, Symbols,*

  and Architecture, John Wiley & Sons, pp.71-118, 1980, p.74 Figure 2
7) Preziosi, D., *The Semiotics of the Built Environment: An Introduction to Architectonic Analysis,* Indiana University Press, 1979, p.58
8) 門内輝行「街並みの景観に関する記号学的研究」東京大学審査学位論文，1997
9) 門内輝行「記号としての景観の記述」総合論文誌第3号，日本建築学会，pp.51-53，2005.2
10) 日本建築学会編『建築・都市計画のための空間計画学』井上書院，pp.168-178，2002
11) 門内輝行「関係性の視点からみた人間―環境系のデザイン」設計工学，Vol.43，pp.583-592，2008.12
12) 守山基樹・門内輝行「京都の街並み景観の記号化と記号のネットワークの記述―街並みの景観における関係性のデザインの分析 その1―」日本建築学会計画系論文集，Vol.75，No.652，pp.1507-1516，2010.6
13) 門内輝行「集合的活動システムのためのスキルと組織：街並みの景観形成をめざして」『スキルと組織』椎木哲夫編，国際高等研究所，pp.101-124，2011.3
14) 前川道郎・門内輝行「コミュニティ・ガバナンスに基づく町並みの景観形成に関する研究―京都市修徳学区を対象として」Designシンポジウム2010，USB，2010.11

〔参考文献〕
1) 池上嘉彦『記号論への招待』岩波書店，1984
2) U.エーコ，池上嘉彦訳『記号論Ⅰ，Ⅱ』岩波書店，1980
3) 米盛裕二『パースの記号学』勁草書房，1981
4) F.ソシュール，小林英夫訳『一般言語学講義』岩波書店，1973
5) E.ヴァルター，向井周太郎訳『一般記号学―パース理論の展開と応用』勁草書房，1987
6) ユクスキュル，クリサート，日高敏隆・羽田節子訳『生物から見た世界』岩波書店，2005
7) 山口昌男監修『説き語り 記号論』日本ブリタニカ，1981
8) Halliday, M. A. K., *Language as Social Semiotic: The Social Interpretation of Language and Meaning,* Edward Arnold, 1978
9) 竹山実・谷川渥，宇波彰，外山知徳，門内輝行，石井和紘「住空間の冒険3」『室内記号学』INAX出版，pp.81-96，1992
10) 竹山実『街路の意味』鹿島出版会，1977
11) 多木浩二『生きられた家―経験と象徴』岩波書店，2001
12) C.ジェンクス，「ポスト・モダニズムの建築言語」a+u，臨時増刊号，1978.10
13) K.リンチ，丹下健三・富田玲子訳『都市のイメージ』岩波書店，1968
14) Appleyard, D., Lynch, K., and Myer, J., *The View from the Road,* The MIT Press, 1964
15) Thiel, P., *Visual Awareness and Design: An Introductory Program in Conceptual Awareness, Perceptual Sensibility, and Basic Design Skills,* University of Washington Press, 1981
16) K.リンチ，北原理雄訳『知覚環境の計画』鹿島出版会，1979

1.15 シミュレートする CG・VR

大野隆造・小林美紀

1. 概要

「シミュレーション（simulation）」の一般的な意味は，広辞苑を引くと，「物理的・生態的・社会的等のシステムの挙動を，これとほぼ同じ法則に支配される他のシステムまたはコンピュータによって，模擬すること」とある。スーパーコンピュータを使って地球温暖化や地殻変動など，地球規模でのシミュレーションに利用される地球シミュレータといったスケールのものも含まれるが，本項では都市・建築空間のスケールの対象を扱う。ただし，建築環境工学の分野で扱う音，光，熱，空気といった環境要素の効果推定や，構造工学の分野で扱う構造物の力学的挙動の把握，あるいは防災工学の分野で扱う都市火災の延焼予測など，物理現象そのものの，ここでは人間の建築・都市空間の体験あるいは行動に関わるシミュレーションについて扱う。

2. 目的と特徴

ここで扱う建築・都市空間のシミュレーションの目的は大きく，1）俯瞰的な視点から建築平面図あるいは地図の上での人間の動きを模擬する行動シミュレーションと，2）人間の目の高さ（アイレベル）からの情景を模擬する視覚的シミュレーションとに分けられる。

前者は，おもに環境行動研究や設計案での人の動きに関する仮説を検証する目的で行われるもので，群集の流動や滞留（避難行動，帰宅困難者，街頭の見物客）を扱ったものや，経路探索，サイン計画の研究などで活用されるほか，防災教育の教材としても使われている。この行動シミュレーションについては別の項（1.10）で述べられているので，本項では扱わない。

後者の視覚的シミュレーションは，それが用いられる場面によってさらに2つに分けられる。一つは，専門家が建築・都市空間の設計段階で自らの設計案によって作られる情景をシミュレートし，自分自身で，あるいは仲間と確認するために用いる場合で，必ずしも細部にわたる全般的な表現は必要でなく，例えば建物のヴォリュームを確認する場合などは，ワイヤーフレームだけの簡易な表現で十分である。もう一つは，建築家がクライアントに提案内容の理解を得るために行うプレゼンテーションなどの場合で，できるだけ現実に近い情景を作成する必要がある。また，この一般向けの視覚的シミュレーションは，特定のクライアントだけでなく，広く市民のまちづくりなどにおいて，情報の共有や合意形成のためのツールとしても用いられる。

3. 視覚的シミュレーション

視覚的シミュレーションには，縮尺模型や実写映像を用いた「アナログ・シミュレーション」と，CGを用いた「デジタル・シミュレーション」がある。それらを建築・都市空間に適用した事例を以下に紹介する。

（1）アナログ・シミュレーション

縮尺模型を用いたシミュレーションとして，1970年代に最も先駆的な役割を果たしたのは，カリフォルニア大学バークレー校（UCB）の環境シミュレーションラボ（Sim Lab）である。巨大な都市模型に内視鏡を差し込み，アイレベルで模擬空間の写真や動画を撮影する装置は，アーバンデザインの分野に大きなインパクトを与えた。日本においてもそれに倣って，同様の内視鏡を用いて模型空間を撮影できるシミュレーション装置が作られるようになった（図1）。ヨーロッパにおいてはEAEA（欧州建築内視学会）が1993年に設立され，それ以降今日まで隔年で国際会議を続けている[1]。これらのシミュレーション装置は，1）建築・都市空間の景観などについての視知覚研究，2）地方自治体のプロジェクトの可視化による意思決定のサポ

図1　視覚的シミュレーション装置例

ート，3）環境デザインを専門とする学生の教育などに活用されている。

内視鏡を用いたシミュレータでは，受光部のレンズが小さいため非常に強力な照明が必要であることや，内視鏡を取り付けたカメラ本体の重量が大きいため，装置自体が大掛かりなものにならざるを得なかったが，1980年代後半から普及し始めたCCDカメラを用いることで小型のシミュレータの製作が可能となった。松本直司ら[2]の開発した，見上げ機構を工夫した装置はその先駆けといえる。小型軽量のCCDカメラは視方向の制御が比較的容易であるため，HMD（頭部装着提示装置）を装着した観察者の頭部の動きと連動させることもできる。いわゆるバーチャルリアリティ（VR）は，あらかじめ作成された映像を見るのではなく，観察者が見たいところを見る，つまり人の動きと仮想環境のインターアクションが実現されることが基本である。このCCDカメラとHMDを組み合わせた装置を用いて，室内の視環境評価の研究[3]などが行われている（図2）。

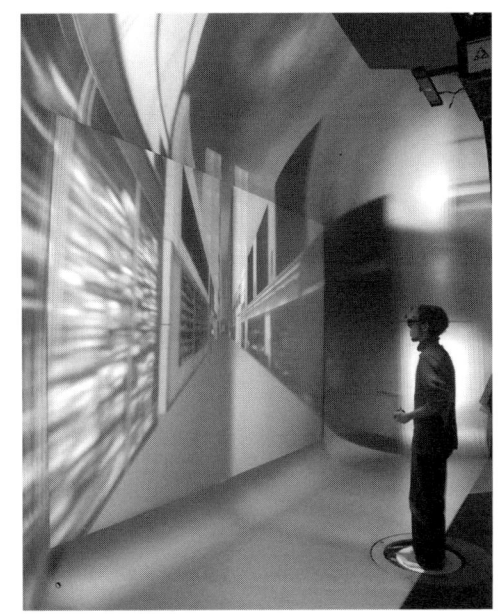

図3　没入型視覚シミュレーション装置（D-Vision）
（東京工業大学精密工学研究所佐藤誠研究室開発）

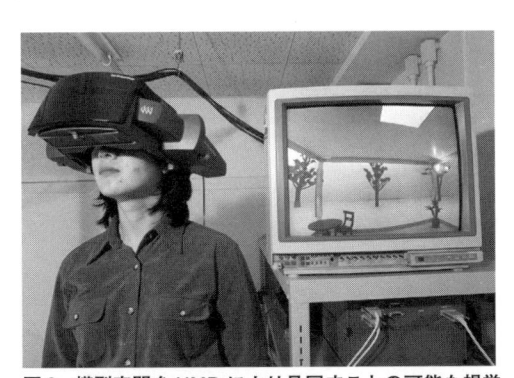

図2　模型空間をHMDにより見回すことの可能な視覚シミュレーション（引用文献3）

近年目覚ましく進展したPCソフトを活用して，実写映像を用いたシミュレーションツールが末繁雄一ら[4]によって開発されている。これはApple社のQTVR（QuickTimeVR）を用いて，都市空間の一地点周りの情景を複数の写真で接合した筒状の360度パノラマ画像を作成し，それを街路に沿って多数作成して，隣接するものの間で相互に移動できるようにリンクを張ったものである。そのデータをPCに搭載すれば，マウスのクリック操作で，街路上の情景を自由に見回し，進む経路を選択し，移動できる，都市の回遊行動シミュレータツールとなる。

(2) デジタル・シミュレーション

CGによる視覚シミュレーションのなかでも，あらかじめ作成されたアニメーションではなく，見る人の行動と連動するリアルタイムの描画には，コンピュータの性能向上が不可欠であるが，実際にそれが着実に実現して，これまでに至っている。特に，映像提示装置の進歩は著しい。180度の視野をカバーする大型スクリーンに投影する没入型視覚シミュレーション装置（図3）や，見る人の視点・視方向と映像が連動する提示装置として前述のHMDがあるが，さらにそれに加えて没入型6面立体ディスプレイシステムが開発されている[5]。これは，一辺3mの立方体の4方向の壁と床，天井に高精度のCG映像を投影する装置で，高い没入感，臨場感を得ることに成功している。これは，設計段階の建築物の評価やクライアントに対する完成後の原寸大仮想空間の提示のほか，アミューズメント等にも活用されようとしている。

(3) ハイブリッド・シミュレーション

現在，コンピュータの高性能化が格段に進み，描画ソフトが充実して，デジタル・シミュレーションが優位になってきている。とはいえ，縮尺模型を用いたアナログ・シミュレーションのほうが自然な材質感や光環境を簡易に再現でき

I 調査の方法　105

ること，また設計者が試行を繰り返しながらデザインを展開しやすいこと，一般市民の合意を得るためのツールとして，より親しみやすく実感として受け入れやすいこと，などの利点は多く，その存在意義は依然として失われていない。

そこで，両者の利点を生かした合成シミュレーション・システムが提案されている。そのシステムでは，素材やテクスチャーなどの表現が大切な建物や街路等の固定的な要素を模型で表現し，人や車などの動的な要素をCGで表現し，それらを合成した景観を提示している（図4）。

図4 模型＋CGの視覚シミュレーション

図5 VRシミュレーション（引用文献6）

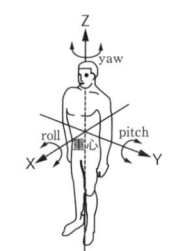

図6 身体座標軸系の定義（引用文献7）

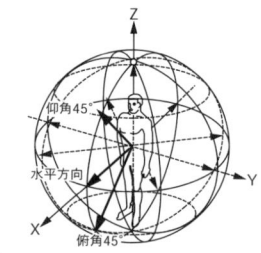

図7 出発点の指示方向（引用文献6）

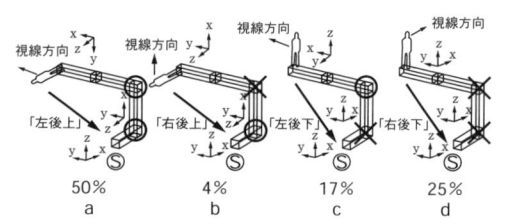

図8 各曲折における視点軸の変化の認識の正誤と方向指示（引用文献6）

4. 応用例

○大野隆造・青木宏文・山口孝夫「バーチャルリアリティによる無重力環境における空間識に関する研究，その1：空間識とモジュールの連結形状の関係」日本建築学会計画系論文集 No. 558, pp.71-77, 2002.8

宇宙ステーションを想定した仮想の無重力内部空間をCGにより作成し，複数のモジュール（宇宙ステーションを構成する室）間を移動する際に，その連結形状の違いが空間認知に及ぼす影響を明らかにした研究である。

被験者は，着座姿勢でHMDを装着し，手元のコントローラ操作により擬似的な無重力空間内を自由に移動できる（図5）。実験では，空間認知の難易に関わる変数として，空間形状の曲折数，幾何学的面数，および身体姿勢を考慮した面数を仮説的に設定し，それらにより空間の連結形状を系統的に分類し，その中から選択したいくつかの形状（図8）を被験者に体験させ，

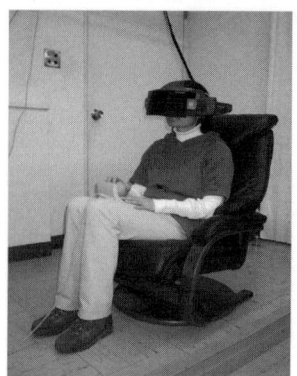

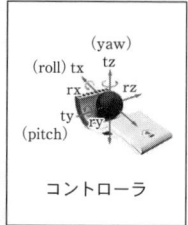

1）空間構成の把握のしかたを調べる模型組立実験，2）空間内部における位置や姿勢の把握のしかたを調べる方向指示実験を行っている。

仮説として設けた変数（面数）が増えるにしたがい誤りが増える傾向を示す実験結果から，その変数が空間認知の難易に影響する要因であることを確認している。また，曲折点における回転移動により，身体軸の回転が認識されずに誤った方向指示をしたり，空間形状の再構成では，身体軸を中心とした相対座標系と，出発点での姿勢を基準にした絶対座標系を混同したりする場合があることを明らかにしている。

○大野隆造・片山めぐみ・小松崎敏紀・添田昌志「歩行動作と連動する視環境シミュレータを用いた距離知覚に関する研究」日本建築学会計

画系論文集，No.550, pp.95-100, 2001.12

物理的に同じ距離でも，人によって，また状況によって異なる主観的な距離知覚の特性は，地理学や心理学の分野で長い間研究されてきた。広域の地理的イメージや移動経路のパターンによる影響が主に論じられ，実際の建築・都市空間の体験に基づく距離知覚については，あまり論じられてこなかった。そこで，この研究では主観的な距離知覚に影響すると思われるいくつかの環境要因を縮尺模型を用いて系統的に操作し，被験者の歩行動作と連動する視環境シミュレーションを用いて検討している。

通常，われわれは身体の動きと視覚とを連動させて周りの環境を知覚しており，特に距離感覚の特性を捉えるためには，身体の移動感覚が重要となってくる。この研究では，身体運動感覚も含めたシミュレーションを行うため，従来の視覚シミュレータでマウスなどを用いた視点移動を，トレッドミル上で被験者に歩行させ，その速度に応じて模型空間内のCCDカメラを移動させ，歩行動作と連動する映像をHMDにより提示している（図9）。また，頭の回転による見回し動作も磁気センサー（トランスミッタ）によりカメラと連動させている（図10）。

実験では，開発した実験装置の有効性を検討した後，距離知覚に影響を及ぼす要因とされている視覚的要因のうち，視空間容量（空間的広がり）の変化と，通路両側の建物立面の視覚的煩雑さの2要因を取りあげ，それらが異なる模型通路空間で距離判定を行っている。実験で求めた主観的な距離判断と視覚的環境要因との定量的関係から，空間の広がりや空間の煩雑さが距離知覚に影響していることを示している。

〔引用文献〕

1) 大野隆造「都市のビジュアルシミュレーション ヨーロッパ建築内視学会（EAEA）の動向」都市計画 Vol.5, No.6, pp.5-8, 2007.12
2) 松本直司・久野敬一郎・谷口汎邦・山下恭弘・瀬田恵之「空間知覚評価メディア（シミュレータ）の開発 —建築群の空間構成計画に関する研究 その5—」日本建築学会計画系論文報告集，No.403, pp.43-51, 1989.9
3) 原啓一郎・添田昌志・大野隆造「ガラス面を構成面にもつ空間の囲まれ感に関する実験的研究」日本建築学会大会学術講演梗概集（D-1），pp.759-760, 1998.9, 759頁・写真3
4) 末繁雄一・両角光男「QTVRによる都市空間回遊行動シミュレーションツールの再現性の考察 熊本市の中心市街地における視覚情報と来訪者の回遊行動の関係に関する研究」日本建築学会計画系論文集，No.597, pp.119-125, 2005.11
5) 平湯秀和・山田俊郎・大石佳知「没入型6面立体ディスプレイシステムCOSMOSと建築分野への応用展開」都市計画 Vol.5, No.6, pp.59-62, 2007.12
6) 大野隆造・青木宏文・山口孝夫「バーチャルリアリティによる無重力環境における空間識に関する研究，その1：空間識とモジュールの連結形状の関係」日本建築学会計画系論文集，No.558, 2002.8, p.71-77, 73頁・図1-3, 75頁・図11
7) 青木宏文・大野隆造・山口孝夫「バーチャルリアリティによる無重力環境における空間識に関する研究，その2：空間認知を誤る要因の解明」日本建築学会計画系論文集，No.563, pp.85-92, 2003.1, 86頁・図1-2
8) 大野隆造・片山めぐみ・小松崎敏紀・添田昌志「歩行動作と連動する視環境シミュレータを用いた距離知覚に関する研究」日本建築学会計画系論文集，No.550, pp.95-100, 2001.12, 97頁・図1-2

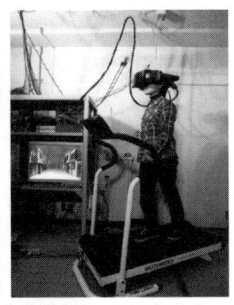

図9　模型内のCCDカメラと実験状況（引用文献8）

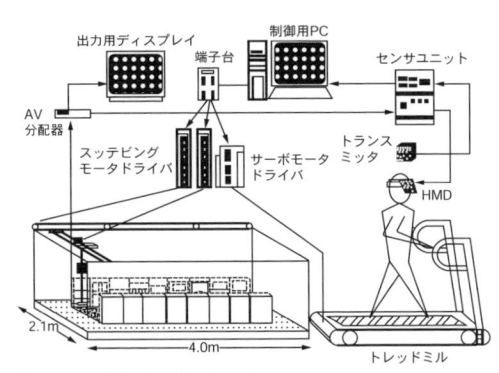

図10　実験装置の概要（引用文献8）

1・16 人体・動作を測る　パーソナルスペース

1. 概要

建築空間は人間生活との関わりが切っても切れない。建築空間の計画・デザインにおいて最も重要なことは空間の形状・寸法を決めることであり，そこで日常生活を行う人間の諸特性を理解しなければならないが，その中でも，人体のスケールに関するものは基本となる。

現在，近代的意味での人間の論理から，科学的合理性や機能，快適性などが追求される。それはいわゆる「人間工学（Ergonomics）」と呼ばれるものである。一般的に人間工学とは，人間の特性を解剖学・生理学・心理学などの観点から理解して，人間にとって合理的で使いやすく安全な機器・装置・環境などの設計に資することを目的とした科学・工学である。建築空間においては，より日常の社会・文化的人間生活に即した人間性を追求した人間工学が求められる。

2. 目に見える人体の寸法

建築における人間工学の基本は人体とその動きがどのように3次元空間を占めるか，すなわち人体寸法・姿勢・動作を理解することである。建築にとって必要なのは，人体の生理や骨の構造のような見えない部分のことよりも，外寸となる目に見える人体の輪郭であり，それも日常生活の動きを伴ったものである。

日常生活はいろいろな姿勢で行われている。生活姿勢は立位，椅座位，平座位，臥位の4つが基本となっている（図1）。

人間が一定の場所にいて身体の各部位を動かしたとき，手が届く範囲等，ある領域の空間がつくられる。これを動作域という。図2は各姿勢の動作域である。

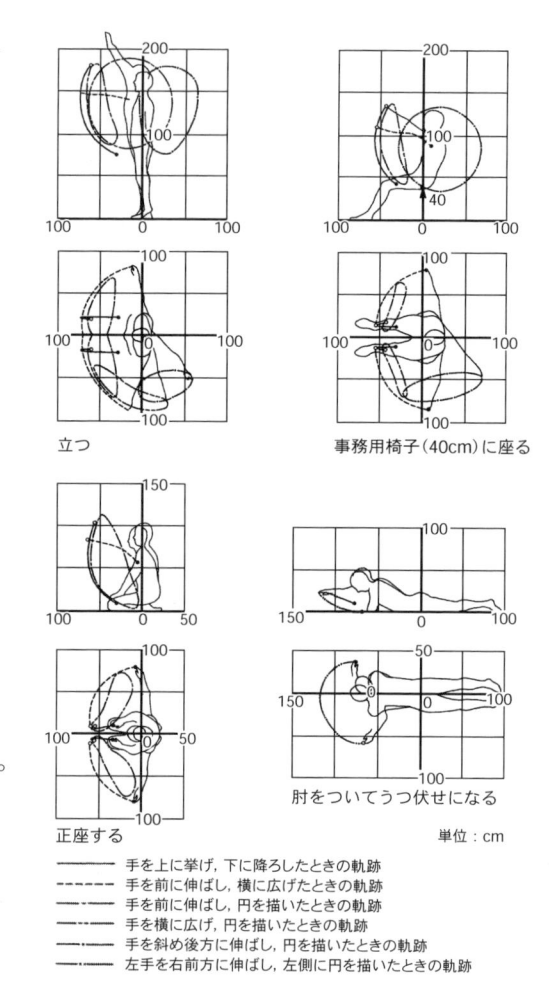

　　立つ　　　　　　　　事務用椅子（40cm）に座る

　　正座する　　　　　　肘をついてうつ伏せになる

単位：cm

――――― 手を上に挙げ，下に降ろしたときの軌跡
――――― 手を前に伸ばし，横に広げたときの軌跡
――――― 手を前に伸ばし，円を描いたときの軌跡
――――― 手を横に広げ，円を描いたときの軌跡
――――― 手を斜め後方に伸ばし，円を描いたときの軌跡
――――― 左手を右前方に伸ばし，左側に円を描いたときの軌跡

図2　生活姿勢の動作域（引用文献2）

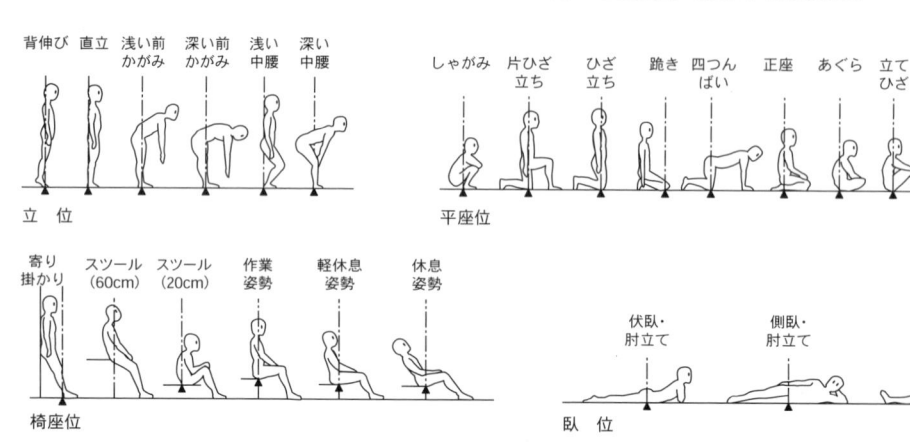

立位：背伸び／直立／浅い前かがみ／深い前かがみ／浅い中腰／深い中腰

平座位：しゃがみ／片ひざ立ち／ひざ立ち／跪き／四つんばい／正座／あぐら／立てひざ／投足

椅座位：寄り掛かり／スツール（60cm）／スツール（20cm）／作業姿勢／軽休息姿勢／休息姿勢

臥位：伏臥・肘立て／側臥・肘立て／仰臥

図1　生活のなかでとられる姿勢のいろいろ（引用文献1）

西出和彦

一つの行為は関連する動作の連続から成り立っている。例えば，座るという動作も，立った状態から座るまでと，後で立ち上がる動作につながる連続の動作の一部である。一つの動作もそれに関連する動作すべて含めて考えなければならない（図3）。

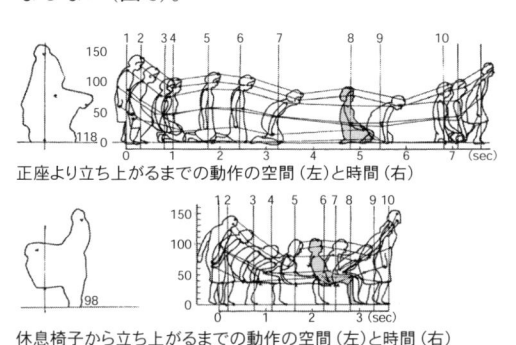

正座より立ち上がるまでの動作の空間（左）と時間（右）

休息椅子から立ち上がるまでの動作の空間（左）と時間（右）

図3 動作の分析と動作空間 （引用文献3）

これらの測定方法は必要に応じて適宜考えられる。基本的にはひずみが出ない状況で写真を撮ることである。平面に対しては真上から，立面に対しては真横から，十分に引いて撮れるような実験空間が必要となる。連続の動作を捉える場合には，連続撮影やビデオが用いられる。

実際に建築空間ではさらに多くの一連の動作の連続が行われる。空間寸法はそれら行われ得るさまざまな一連の動作，他の人の動作が同時に並行して行われる可能性も配慮して決められなければならない。

3. 目に見えない人体の回りの空間

以上は目に見える人体である。しかし，人体の回りには目に見えない人体寸法がある。

建築空間の中で生活している人間の体は，壁や天井に接しているわけではなく，ある程度の広がりのある空間の中にいる。また，他人との間にもある程度の間隔がある。

人間の回りに間があることは無意味なことではない。人間は他人が近づいてくるとそれを敏感に感じ，近づきすぎると自分のなわばりに侵入されたような気になる。建築物が体にぴったりくっつくように狭いとたまらないと感じる。

人間の回りは透明だが均質ではない。他の人間の行動なり意識に影響を及ぼす何らかの力をもっている。それは，生物としての人間が本来的にもっているものもあれば，社会・心理的なものや，文化的な規範などによるものもある。

人間個体の回りには，目には見えないが，一種のなわばりがある大きさをもって広がるように形成されていると考えることができる。狭い部屋や混み合いでこのなわばりが侵されると不快を感じる。そのなわばりはパーソナルスペース（personal space：個人空間，個体空間）と呼ばれるものである。

建築空間には人が集まる。建築空間の中で人間どうしはパーソナルスペースを確保しようとし，その時の状況に応じて一線を越えては他人には近づかないようにする。

しかし，建築空間という限られた空間の中で，空間が狭すぎたり，人が多すぎたりすることにより，各自が確保したいと思うパーソナルスペースが確保できなくなる。それはプライバシーの侵害にもなる。

コミュニケーションしたいとき，また列を詰めたいときなど他人に近づかなければならないとき，他人に対して近づきたくても越えられない目に見えない一線がパーソナルスペースの境界である。それは，身体の周辺で，他人が近づいた場合，「気詰りな感じ」や「離れたい感じ」がするような領域で，その人の身体を取り囲み，見えない「泡（バブル）」に例えられる。

ロバート・ソマー（Robert Sommer）（1959, 1969）は，人間は個体の回りを取り巻く他人を入れさせたくない見えない領域をもっているとし，それをパーソナルスペースと呼んだ。そのパーソナルスペースは，個人について回り持ち運びできるという点で「なわばり（territory）」と区別し，パーソナルスペースは必ずしも球形ではなく，前方に比べ横のほうは未知の人が近づいても寛容になれるとしている。

しかしまたそれは，性別，親しさ，場面の状況などの違いで大きさが異なり，固定的なものではなく調節機能をもっているものでもある。

距離だけでは捉えきれない人間集合と空間との対応の現れとしてお互いの体の向け方がある。ハンフリー・オズモンド（Humphrey Osmond）（1957）は，精神病院のあり方についての研究の

中で，空間デザインのタイプとして，ソシオフーガル(sociofugal)—人間どうしの交流を妨げるようなデザイン—と，ソシオペタル(sociopetal)—人間どうしの交流を活発にするデザイン—の性質をもつ2種があるとし，特に精神病院の設計においてはそれらの使い分けが重要であるとした。

ソシオフーガル・ソシオペタルは人間の行動と関連づけられた空間タイプ分類といえる。またソシオペタル・ソシオフーガルという名称は，ソマー（1959, 1965, 1969）の座席の占め方のタイプ分類にも取り入れられた（図4）。

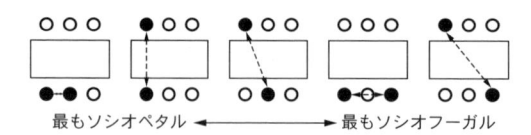

図4 テーブル席の占め方の分類（引用文献4）

このように，人間どうしの距離や体の向け方，人と人の間の空間は，透明だが均質ではない意味がある。

4. パーソナルスペース研究の方法と応用例

パーソナルスペースを定量的に，また物理的空間と対応させて測定・検討する方法はおおむね次のとおりである（Altman(1975)参照）。

(1) シミュレーション法

人形や写真，絵等を被験者に見せたり，並べさせたり，イメージを図などにより描かせる方法である。後述の実際に被験者がその場に立つ実験ではなく，模型などに被験者がイメージを投影するものである。

この方法は人間の心理構造を探るにはよいが，実際の寸法を考えたり，環境的要因などの影響を見るには必ずしも適当ではない。

リトル（Little, K.B）(1965)は，「パーソナルスペースは，他人との相互作用が大部分その中で行われるような直接個人を取り巻いている領域」と定義し，相手との心理的距離が小さければ物理的距離も小さくなる，一連の変動する同心球であるとし，人間関係，場面を変えて，被験者に人形および女優を配置させる実験を行い，空間に対する概念としてのパーソナルスペースを求めた。

距離の取り方についての主観的な体験はベータ・パーソナルスペースとして，通常いわれるパーソナルスペース（アルファ・パーソナルスペースとする）と区別されることがある。主観的な体験は間接的にしか測定できない。

会話など立場が対等の場合，パーソナルスペースも双方が同じと考えていたら問題ないが，一方が違うと問題となる。例えば，AとBが会話していて，Aは近すぎると思っていないのに，Bが近すぎと感じれば，BからみてAは妙になれなれしいと見える。異文化との接触などでしばしば感じることである。

シミュレーション法には不十分な点があるが，このようなベータ・パーソナルスペースの研究には適用できる可能性がある。

(2) 実験室実験による方法

実物大の実験空間において，被験者を用いて測定する方法がある。パーソナルスペースは，パーソナルスペースをどのように捉えるかによって，それにふさわしい方法の実験を行い，それぞれの実験の状況設定において具体的な寸法をもったものとして示すことができる。

①停止距離法

一定の主観的基準をもって，被験者にパーソナルスペースの境界まで接近させるという実験方法である。パーソナルスペースをある境界をもった領域として捉えるのが前提である。接近者が止まる判断をするか，接被接近者の判断で接近者を止めるかによってその位置は異なる。また判断基準をどう設定するかにより異なる。

ホロヴィッツ（Horowitz）他(1964)は，人が他人または物体に8方向から近づく実験により，人間は自分の回りに他人の侵入を防ごうとするボディバッファーゾーン(body–buffer zone)をもつとした（図5）。

田中政子(1973)は，8方向から「近すぎて気詰りな感じがする」という主観的な接近距離を，被験者が中心の人に近づく場合と，被験者自身が中心に立ち相手が近づいてくる場合に分けて測定し，正面が遠く背後が近い，卵型のパーソ

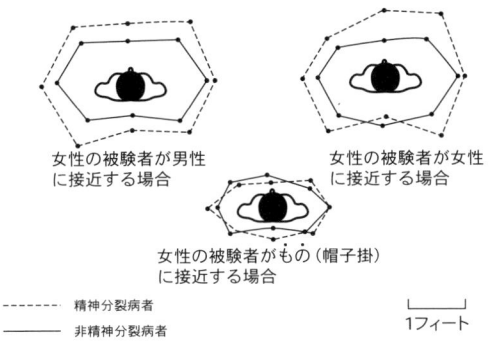

女性の被験者が男性   女性の被験者が女性
に接近する場合   に接近する場合

女性の被験者がもの(帽子掛)
に接近する場合

------ 精神分裂病者
―― 非精神分裂病者   1フィート

図5 Horowitz(1964)のbody-buffer zone (引用文献5)

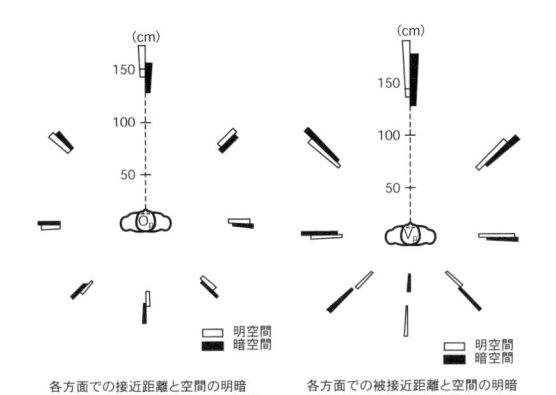

図6 田中政子(1973)によるpersonal space (引用文献6)
各方面での接近距離と空間の明暗
(対数値の平均の信頼区間(95%)を
指数変換値により図示)
明空間／暗空間

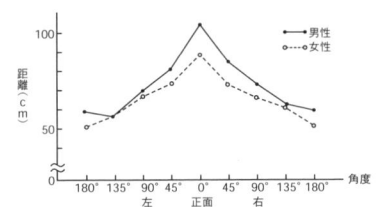

図7 青野篤子(1981)によるpersonal space (引用文献7)
Mean distance as a function of sex of-subject×angle

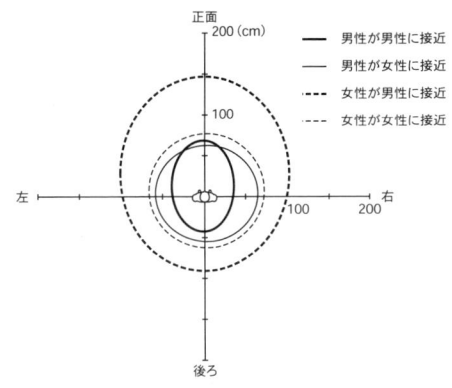

接近実験によるパーソナル・スペース(接近者が知人の場合)
男性が男性に接近／男性が女性に接近／女性が男性に接近／女性が女性に接近

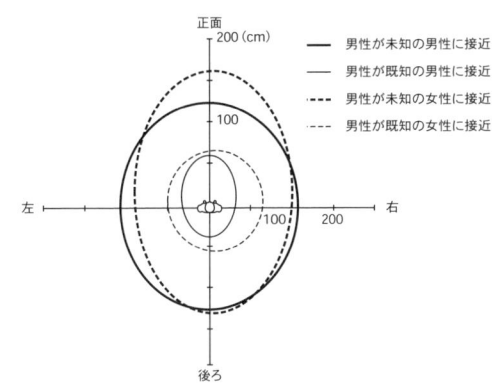

接近実験によるパーソナル・スペース(接近者が男性の場合)
男性が未知の男性に接近／男性が既知の男性に接近／男性が未知の女性に接近／男性が既知の女性に接近

図8 渋谷昌三(1990)によるpersonal space (引用文献8)

ナルスペースを得た(図6)。そして，このような方向による違いを「異方的構造」と呼んだ。

青野篤子(1981)も同様に，実験により「近すぎて気詰り，落ち着かない，いやな感じだと感じ始める」点を求め，方向による違いと，男女による違いを示した(図7)。

渋谷昌三(1984)も，「それ以上近づきたくない(近づいて欲しくない)」，「不快を感じる」点によって境界がつくられるパーソナルスペースを実測し，男性が見知らぬ男性，女性に接近するとき大きくなることや，女性が知合いの男性に接近するとき大きくなることを明らかにした(図8)。

これらは，実験によってパーソナルスペースを2次元平面上の寸法をもった空間領域として捉え，それを測定したものである。ここではパーソナルスペースは，変動し得る一つの境界をもった領域であるが，方向によって径が異なる異方的構造をもっていることを明らかにしている。そして性による差などその大きさに関わる要因について実験が積み重ねられた。

②位置関係を評定する方法

パーソナルスペースを明瞭な境界をもった領域と捉えるのではなく，「他者の存在から受ける影響力の強さの分布」として人間個体の回りに拡がる領域と捉えることもできる。

この場合，人間どうしをいろいろな配置に置いたときに被験者にある評定尺度によって評価させる実験ができる。「他人に近づく」という行為(動き)が意味しているものがあり，近づくに応じて高まる，意識・感情的な何かがある。それは，人間どうしの位置関係を近すぎる，遠すぎるなどと認識・判断し，必要以上に近づき

I 調査の方法　111

すぎてはまずい，近づいても差し支えないところまで近づくなど，自身の行動選択の要因となる力となる。それにより，人間の回りは人間を原点として潜在力が分布する空間が形成されている。

高橋鷹志・西出和彦らによる一連の研究（1981など）から，人間は個体の回りに「他人を入れない領域」と「他人と会話をする領域」の2つをもち，コミュニケーションを求めるということは他人どうしなら不快を感じる領域へ入っていく，という結果を得ている。心理的領域は相手と会話などのコミュニケーションをとる意志がある場合とない場合とでそれぞれ異な

る分布を示すと考えられ，橋本都子他（1996）は「居心地」の尺度と「会話」の尺度の2つを用いた実験を行った。実験方法は図9のように教示を受けた被験者が二人一組になり，aとbに分かれて指定された位置に指定された向きで立ち，図9に示す尺度で「居心地」と「会話」について5段階の評定をするというものである。

シミュレーション法も実験室実験も，いろいろな条件をコントロールできる利点があるが，実験の状況と現実空間のギャップや，被験者に意識が働くことが避けられない。

(3) 自然状態での人間の行動観察

観察は被験者にまったく意識させずに自然な

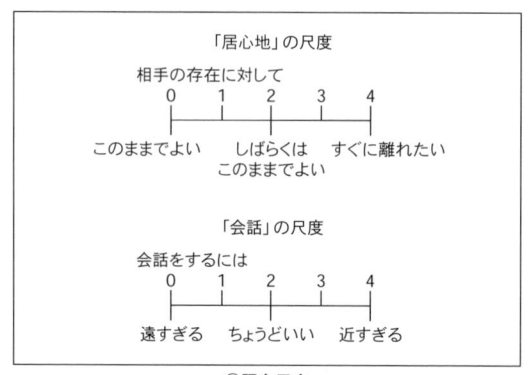

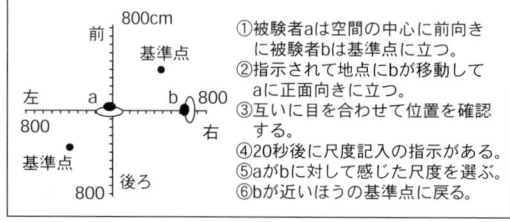

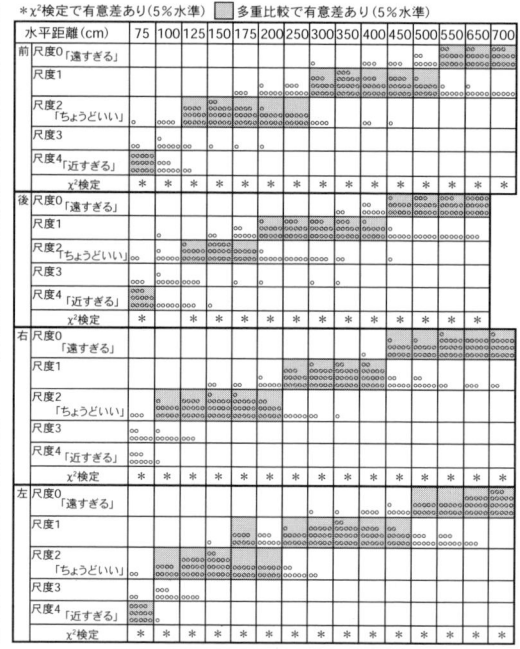

実験方法

実験方法を②に示す。教示*を受けた被験者（学生：女性18名）は二人一組になり，aとbに分かれて指定された位置に立つ。実験の相手は初対面とした。aは定位置に前方向を向いて立ち，bはaの前・後・左・右方向のいずれかに，aに向かって立つ。指示に従ってランダムな位置に立つbに対して，aは①に示す尺度で「居心地」と「会話」についての5段階の評定をする。なおbがaの左右や後ろに立つ場合は，aは足を動かさずに横や後ろを向いて判断した。設定した二者間の距離は，75～200 cmの間は25 cm刻み，200～600 cmの間は50 cm刻み，600 cmの次は700 cm（後ろ方向は600 cmまで）として合計15段階である。距離の測定は，aとb両者のかかとの位置を基準とした。またbが立つ位置は床にあらかじめ印を付けて示した。実験は連続して行うため，bが次に立つ場所をaに予測させないように，床にはbが実際に立つ位置以外の箇所を含めて，空間の中心（②のaの位置）から4方向に25 cmピッチで800 cmまで印を付けた。さらに，前の回答が次の回答に影響しないように，bは次の位置に移動する前に基準点に戻るようにした。

*）これから行う実験は，居心地や距離感に関するものです。私たちは，普段色々な人に囲まれて生活しています。周囲の人々の種類や人数はその時によっていろいろありますが，回りに人がいるときにその場をどう感じるかが居心地であり，その人が居る位置や距離についてどう思うかが距離感と考えます。実験は二人一組になって行います。あなたは一定の位置に立ち，相手の人がこちらの指示に従っていろいろな位置に立ちます。各地点について，「相手がいることによるその場の居心地をどう感じるか」また，「こちらの距離としてはどうか」の2つについて用意した尺度で答えてもらいます。この実験はあくまでも感覚的なことを尋ねているため正解はありません。自分が感じた状態に一番近いと思われる尺度の番号に〇を付けて下さい。相手の位置を確認するときは，必ず目を合わせて下さい。例えば，相手が後ろにいるときは何回でも振り向いて見て構いません。

図9 居心地と会話の評定によるpersonal spaceの測定（引用文献9）

状態を把握できる。

ホール（E.T.Hall）(1966)は，行動観察から，人間どうしの距離の取り方などの空間の使い方は，それ自体がコミュニケーションとしての機能をもつと考え，距離をコミュニケーションと対応させて分類し，4つの距離帯を提案した。さらにそれが文化によって異なるとした。また，このような人間の空間行動を研究する領域をプロクセミクス（proxemics）と名付けた。

公的な空間（駅など）で立ち話をする場合，お互いにふさわしい距離や位置関係で行う。広い空間の中央部で，壁や柱などの影響を受けていないと思われるところで，止まって立ち話している者を観察記録し，床の目地などから間隔を測定することができる（高橋・西出他(1978)）。

自然状態での観察は，調査者の得たいと思う情報を得ること，原因を推定することが難しく，また条件も一定にできないなどの短所がある。

このようにいずれの方法も長所・短所がある。研究者はそれぞれの方法の長所と短所に注意する必要がある。そのためQuasi-Experiment（擬似実験）とでもいうべき中間的な方法もある。例えば実際の空間で，実験者が「さくら」のようにあらかじめ仕組んだ行動をとって一般の被観察者の動きを観察するもの(Felipe & Sommer, 1966など)や，間仕切りや家具配置といった空間のしつらえを変えて人間行動がどう変わるか観察するなどである（Rosenbloom, 1976など）。

〔引用文献〕
1) 日本建築学会編『建築設計資料集成3 単位空間I』丸善, 1980, 9頁・図2
2) 日本建築学会編『建築のための基本寸法 人と車, 設計製図資料13』彰国社, 1975, 12〜13頁・図2(一部)
3) 小原二郎編『インテリアデザイン2』鹿島出版会, 1973, 72頁・図-8.3.4, 図-8.3.5
4) H. M. プロシャンスキー他編, 広田君美訳編『環境心理学3』誠信書房, 1974, 169頁・図11-1
5) 同上, 88頁・図6.1
6) 田中政子「Personal spaceの異方的構造について」教育心理学研究, 21, 4, pp.223-232, 1973.12, 227頁・Fig.2, Fig.3
7) 青野篤子「個人空間に及ぼす性と支配性の影響」心理学研究, 52, 2, pp.124-127, 1981, 125頁・Fig.1
8) 渋谷昌三『人と人との快適距離―パーソナル・スペースとは何か』日本放送出版協会, 1990, 24頁・図I-4, 図I-5
9) 橋本都子・西出和彦ほか「実験による対人距離からみた心理的領域の平面方向の拡がりに関する考察」日本建築学会計画系論文集, No.485, pp.135-142, 1996.7, 136頁・図1, 図2, 図3

〔参考文献〕
1) Altman, I. : The Environment and Social Behavior, Brooks/Cole, 1975
2) Daves et al. : Effect of room size on critical interpersonal distance, Perceptual Moter Skills, 33, 926, 1971
3) Felipe, N. & Sommer, R. : Invasions of personal space, Social Problems, pp.206-214, 1966
4) E.T.ホール, 日高敏隆ほか訳『かくれた次元』みすず書房, 1970
5) Horowitz et al. : Personal space and body-buffer zone, the Archives of General Psychiatry, 1964
6) Little, K. B. : Personal space, Journal of Experimental Social Psychology, 1, pp.237-247, 1965
7) Osmond, H. : Function as the basis of psychiatric ward design, Mental Hospitals, pp.23-30, 1957
8) Rosenbloom, S.: Openness-enclosure and seating arrangements as spatial determinants in lounge design, The Behavioral Basis of Design (Proceedings of EDRA 7), pp.138-144, 1976
9) Sommer, R. : Studies in personal space, Sociometry, 22, pp.247-260, 1959
10) ロバート・ソマー, 穐山貞登訳『人間の空間―デザインの行動的研究』鹿島出版会, 1972
11) 高橋鷹志・西出和彦・平手小太郎「空間における人間集合の型―その2 小集団の型」日本建築学会大会学術講演梗概集, 1978.9
12) 高橋鷹志・高橋公子・初見学・西出和彦・川嶋玄「空間における人間集合の研究―その4 Personal Spaceと壁がそれに与える影響」日本建築学会大会学術講演梗概集, 1981.9
13) 日本建築学会編『建築設計資料集成［人間］』丸善, 2003

1・17 心理量を測る 感覚尺度構成法

大野隆造・小林美紀

1. 概要

人間の心理や行動が環境によって何らかの影響を受けることに疑問を抱く人は少ないだろう。この環境が人間に及ぼす影響はさまざまなレベルで議論が可能である。最もマクロな、したがって曖昧な影響の例としては、気温と犯罪の発生率との関係などがあげられるが、そこにはさまざまな条件が介在するので、単純な関係が得られることは稀である。

一方、ここで扱う精神物理学や心理尺度構成法は、最もミクロな関係であり、人間の感覚が介在するものの、ちょうど物理的現象のように安定した数量的関係が求められる。つまり、人間を入力（外界からの刺激：stimulus）に対して一定の出力（反応：response）を返す機械のようにみなして、入出力の数量的な関係（S-R関係）を求めるのである。例えば、人がやっと感じられる光はどの程度か、または物理的な光の強さ（照度や輝度）の変化を人はどの程度の差と感じているのか、という疑問に答えようとするのである。

古くからさまざまな感覚について、刺激の物理量と人間の感覚量との関数関係が多くの実験によって求められている。なかでも基本的な法則として、ウエーバー・フェヒナーの法則が知られている。わずかに重さの違う2つの物をそれぞれ左右の手で持ってその違いを判断させる実験をすると、重さの違いがやっと知覚される両者の重さの差（「弁別閾」という）は、比較している物の重さによって違う。例えば、100gの物と105gの重さの違いはわかっても、1,000gの物と1,005gの重さの違いはわからない。E.ウエーバーは、刺激量(S)とその弁別閾(ΔS)の比が一定であることを、さまざまな感覚について調べて明らかにした。前述の例でいえば、100gの物でやっとわかる重さの違いが5gなら、その10倍の1,000gの場合は50gの差が必要である。これを式で書くと、$\Delta S/S = K$（一定）となる。

G.フェヒナーはこの関係を積分して、感覚量(R)は刺激(S)の対数に比例する関係（フェヒナーの法則：$R = K \cdot \log S$）を導いた。これは、物理的な刺激の大きさ（エネルギー）が大きく変化しても、感覚量はさほど変化しない関係を示している。さらにS.スティーブンスは、物理的表面凹凸と触覚的なあらさ感、音や光のエネルギーと音の大きさや明るさ感覚などの数量的な関係を弁別閾による間接的な方法ではなく、後述のマグニチュード推定法によって直接求め、その関係を一般化して下式のべき関数の法則として示した。

$$R = k \cdot S^n$$

2. 目的と特徴

デザイナーが環境を操作する、つまり設計して空間を創り出した際、そこで意図された特定の知覚効果が実際に有効であるか否かについて検証することは重要である。例えば、サインの明視性を考えるときに、文字と背景との間にどの程度の明度差（実際には輝度コントラスト）があれば文字を読むことができ、またその文字の大きさと輝度コントラストの関係はどうか、さらにそれらの変数の大小と見やすさとはどんな定量的な関係があるのか、といった課題に答える必要がある。前者は質的な弁別閾の問題であり、後者は量的な感覚尺度の問題である。

3. 方法の解説

(1) 主観的等価値を求める（精神物理学）

精神物理学（Psychophysics）には、以下のような3種の基本的な実験手法がある。それぞれの方法で、標準刺激と比較刺激の一対比較により、主観的等価値(PSE)を求める場合について述べる。ここで主観的等価値とは、例えば前述のサインの明視性でいえば、文字の背景とのコントラストと文字のサイズという2つの刺激変数の大きさが違っても、「サインが読めるか否か」という観点では同じになる刺激変数の組合せのことである。

①**調整法**(Method of Adjustment)：この方法は、被験者が自ら比較刺激の大小を操作して主観的等価値を求めるところに特徴がある。例えば、音色の違う2つの音が主観的に同じ大きさの音

に聞こえる音のエネルギーを求める場合を考える。まず標準刺激を聞かせ，それとは異なる音色の音を比較刺激として聞かせるが，その音量を被験者にちょうど同じ大きさに聞こえるようにボリュームを操作して調整させる。これを数回行ってその平均値を主観的等価値とする。簡便な方法であるが，被験者への依存の度合が大きく，他の方法に比べて信頼性は低い。

②**極限法**(Method of Limit)：この方法は，比較刺激を一定のステップでわずかずつ段階的に増加または減少させ，そのつど被験者に標準刺激と同じかどうかの判断を求める方法である。十分小さな音から始めて徐々に音量を上げる上昇系列と，逆に明らかに大きな音から始める下降系列の両方向の実験を数回繰り返し，上昇系列で初めて「大きい」，下降系列で初めて「小さい」とされた音量の平均値を求め，主観的等価値とする。

③**恒常法**(Constant Method)：この方法は，標準刺激の上下にわずかずつ異なる比較刺激を数段階あらかじめ用意し，それを実験者がランダムな順序で多数回提示するごとに被験者の判断を求めるものである。標準刺激に対して「大」あるいは「小」との判断の出現率がちょうど50％となるところが主観的等価値となる。大小どちらかの判断を求めるこの方法は2件法，中間に「同じ」の判断を入れる方法を3件法という。3件法で行った場合に予想される結果は，図1のようになる。この図中，「小さい」「大きい」の反応の出現率が50％となる刺激値R_1，R_2の中間値$R_0 (= R_1 + R_2 / 2)$が主観的等価値となる。また弁別閾は，R_0を中心として，上弁別閾が$R_2 - R_0$により，下弁別閾が$R_0 - R_1$により求められる。この方法は，被験者の予断が入りにくいので最も信頼性が高いが，多数回の判断を求めるため，実験の所要時間が長くなり，被験者の疲労の影響を考慮する必要がある。

以上は3種の方法によって，主観的等価値を求める場合について述べたが，ある感覚が生じるか否かの刺激閾を求める場合は，単一の刺激に対して「知覚できる」「知覚できない」の判断を求める点が違うものの，前述の各手法で行った実験手続と同様に行う。

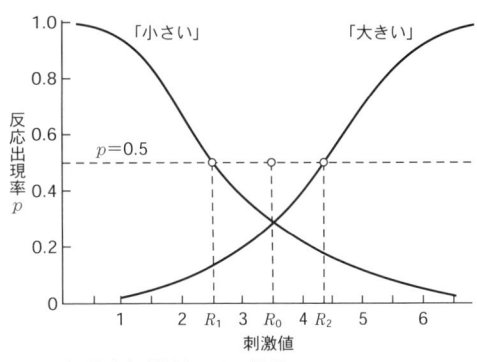

図1 恒常法（3件法）による結果

(2) 感覚尺度を作る

①**系列範疇法**(Method of Successive Categories)：ある感覚，例えば「かたさ」について多数の刺激を用意して，それに対する被験者の反応から，その物理量と対応する心理尺度を構成する方法である(1.19 参照)。被験者は「非常に硬い」から「非常にやわらかい」まで，言葉で表現されたカテゴリーを用いて刺激のかたさを判断する。この際，「かたさ」の心理的連続体の上で「非常に」と「かなり」との距離は，必ずしも「かなり」と「やや」との距離と同じではない。つまり，心理的な違いの大きさは，カテゴリーで等距離に目盛られた表面尺度と同じではない。そこで，カテゴリーの判断が正規分布に従うことを前提として，多数の被験者の判断結果からカテゴリー間の距離を調整し，心理的な差異が距離として表される間隔尺度に変換するのが系列範疇法である。各カテゴリーが選択される比率で正規分布の面積を分割し，そのときの分割点を各カテゴリーの心理的端点とみなす(図2)。これによって，各カテゴリーが間隔尺度上で定められることになる。

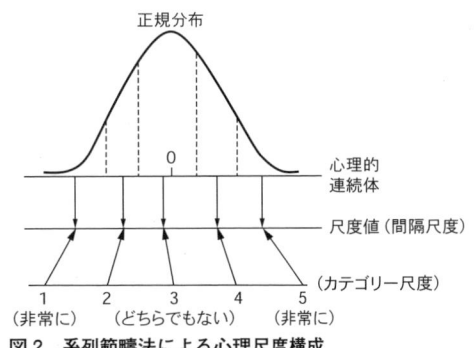

図2 系列範疇法による心理尺度構成

②マグニチュード推定法(ME法, Method of Magnitude Estimation)：前述のスティーブンスが考案した方法で，ある感覚について，標準刺激の強度を例えば100とした場合，それと比較したときの比較刺激の強度を被験者に推定させ，数値で回答させる方法。標準刺激の数値を被験者に定めさせる場合もある(1.18 参照)。

4. 応用例

○込山敦司・橋本都子・初見学・高橋鷹志「室空間の容積と印象評価に関する実験的研究 容積を指標とした空間計画のための基礎研究（その1）」日本建築学会計画系論文集，No.496, pp.119-124, 1997.6

　住宅の計画や居住性を評価する際に，圧迫感や開放感といった心理的評価は，天井高や容積，さらには空間のプロポーションが大きく関与する。本研究は，実大空間の比較実験を行い，容積の知覚および印象評価について考察している。前者の容積の知覚については，本項で紹介した恒常法を援用した方法とマグニチュード推定法を用いている。

　恒常法を援用した実験では，標準刺激とした基準空間と比べて，床面積と天井高を系統的に変えた比較空間の容積が〔大きい・同じ・小さい〕のうち，いずれかの判断を求めている。実験の具体的な進め方は，図3に示すように，被験者が基準空間を15秒体験し，次に比較空間を同じく15秒体験した後，質問に回答する，

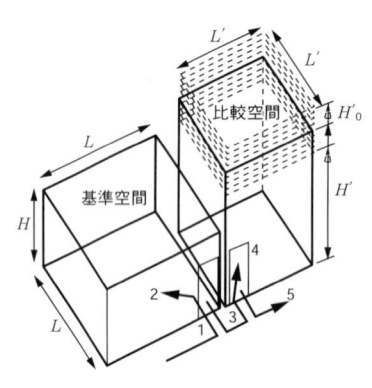

というものである。

　マグニチュード推定法による実験は，比較空間の容積が基準空間と同じ場合について行い，基準空間の容積を100としたときの比較空間の容積を数値で回答することを求めている。

　以上の実験を通して，容積が同じなら床面積が狭くて天井高の高い空間のほうが，床面積の広くて天井高の低い空間と比べて大きく感じられる傾向があることなどを明らかにしている。

○三上貴正・横山裕・大野隆造・地濃茂雄・小野英哲「屋外スポーツサーフェイスのかたさの評価指標および評価方法の提示 屋外スポーツサーフェイスのかたさの評価方法に関する研究（第2報）」日本建築学会構造系論文報告集, No.396, pp.1-8, 1989.2

　本研究は，テニスコートなど屋外のスポーツサーフェイスのかたさについて，ユーザの使用感を官能検査によって調べ，それを系列範疇法により感覚尺度を構成し，それと対応する物理的な性状を測る測定機を自作して，ユーザの感覚に即した測定方法を開発している。

　官能検査は，さまざまなかたさ，材料構成をもつスポーツサーフェイスの試供体と，異なるシューズとを組み合わせた種々の条件で被験者に使用感を問うものである。その結果よりかたさの感覚尺度を構成し，その尺度上に各条件の評価値を求める。一方で，各条件の物理量計測を行い，評価値とよく対応する評価指標を求める。種々の物理変数を検討したうえで，接地時のサーフェイスの緩衝作用と跳ね返り強さを組み合わせた物理量で，評価値とよく一致することを見出している。これにより，スポーツ種別ごとの運動性評価の推定法を示している。

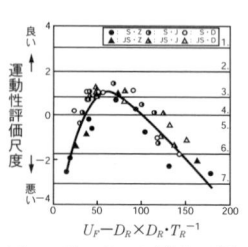

比較空間が基準空間と同じ容積となる天井高：
$$H'_0 = \frac{L \times L \times H}{L' \times L'}$$

図3　実験概要（基準空間と比較空間）（引用文献1）

図4　サッカーに関する運動性評価と物理量（引用文献2）

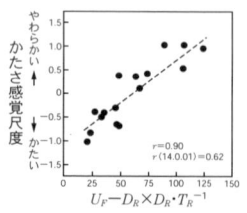

図5　かたさ感覚尺度と物理量（引用文献2）

○大野隆造・小倉麻衣子・添田昌志・片山めぐみ「地下鉄駅における主観的な移動距離および深さに影響する環境要因」日本建築学会計画系論文集，No.610, pp.87-92, 2006.12

近年，都心における地下鉄駅は地中深く位置するようになり，利用者の移動経路は従来にも増して長く，深くなっている。本研究は，人々に閉塞感や不安感といったネガティブなイメージを抱かせがちな地下の経路を対象として，移動の手段や経路の構成，空間のデザインなど，主観的な移動距離や深さの評定に影響を及ぼす環境要因を明らかにしている。

実験は，東京都心の地下鉄駅周辺の地下経路の幅や天井高，曲折数，壁面仕上げ，明るさなどが異なる2つの経路を被験者に歩行させ，最初に歩いた経路を100としたとき，次に歩いた経路をマグニチュード推定法によって評定させる。このME値を前後の経路の実距離で除して相対伸縮率を求め，経路の状況の違いによる主観的な移動距離および深さの差異を定量的に求めている。そして，この差異を生み出している要因について，経路の物理的な状況および形容詞対により評価させた印象によって考察している。

7組の実験結果より，地下経路の長さや深さの印象を緩和するデザインとして，通路空間の広がりを大きくとり，曲折などで空間の分節されるのを避け，吹抜けなどで見通しを良くし，「明るい」印象を与えることで有効であることを示している。

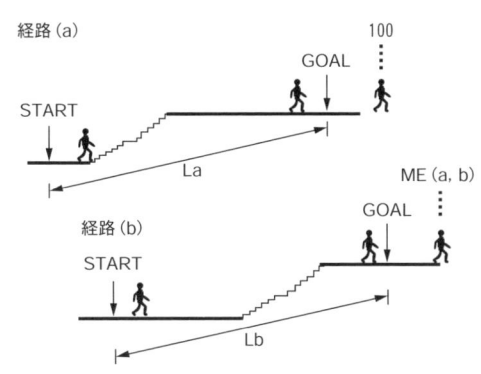

$ER(a, b) = 1/100 \cdot ME(a, b) \cdot La/Lb$
ただし，$ER(a, b)$：経路(a)に対する(b)の相対伸縮率
　　　　$ME(a, b)$：経路(a)を100としたときの(b)の主観的距離（または深さ）
　　　　La：経路(a)の実距離（または深さ）
　　　　Lb：経路(a)の実距離（または深さ）

図6　ME値から相対伸縮率を求める手順（引用文献3）

〔引用文献〕
1) 込山敦司・橋本都子・初見学・高橋鷹志「室空間の容積と印象評価に関する実験的研究　容積を指標とした空間計画のための基礎研究（その1）」日本建築学会計画系論文集，No.496, pp.119-124, 1997.6, 120頁・図1
2) 三上貴正・横山裕・大野隆造・地濃茂雄・小野英哲「屋外スポーツサーフェイスのかたさの評価指標および評価方法の提示　屋外スポーツサーフェイスのかたさの評価方法に関する研究（第2報）」日本建築学会構造系論文報告集，No.396, pp.1-8, 1989.2, 4頁・図4, 6頁・図5
3) 大野隆造・小倉麻衣子・添田昌志・片山めぐみ「地下鉄駅における主観的な移動距離および深さに影響する環境要因」日本建築学会計画系論文集，No.610, pp.87-92, 2006.12, 88頁・図1, 90頁・表2の一部，91頁・表3の一部

〔参考文献〕
1) J.P.キルフォード，秋重義治監訳『精神測定法』培風館，1959
2) 和田洋平『感覚・知覚ハンドブック』城信書房，1969
3) 日科連官能検査委員会編『官能検査ハンドブック』日科技連出版，1973

表1　経路の特徴と実験結果（例 E-4）（引用文献3）

経路の物理の特徴			
経路の組合せ		C-e	F-e
平均移動所要時間(秒)		66.1	56.9
移動時間率(秒/s)		1.66	1.67
距離	ME値	—	96.2
	相対伸縮率	—	1.16
深さ	ME値	—	96.7
	相対伸縮率	—	1.28
印象評価	開放感	3.5	-1.79
	明るさ感	2.96	-1.46
	清潔感	3.63	-1.96
	不安感	2.33	-1.33
	疲労感	2.58	-0.04

実験結果			
経路の組合せ		C-e	F-e
距離(m)		39.8	34.1
深さ(m)		12.4	9.4
天井高	最大(m)	17.4	3.5
	最小(m)	5.2	2
通路幅	最大(m)	13.0	3.8
	最小(m)	2.45	2
曲折数		1	0
見通し長さ(m)		24.2	17.4
明るさ	最大値(1x)	5950	255
	最小値(1x)	400	140
	平均(1x)	2243	187
	標準偏差	1888	25
斜め・水平比		2.73	1.68

C-e	F-e
吹抜け空間，明るく清潔	曲折なし，明るい

1·18 空間感覚を探る
実験室実験・マグニチュード推定法（ME法）

橋本 雅好

1. 概要

「この部屋はゆったりと感じる」や「ここに座ると居心地が良い」といったように，人は，空間の雰囲気や広さを評価し，行動することができる(図1)。行動したりする空間感覚（space perception）は，明確に表現できるわけではなく，潜在的な感覚であることが多い。そのため，何らかの手法によって，その行動を引き起こす条件を見つけ出すとともに，これらの空間感覚を捉え，空間の物理的要素との関連性を明らかにすることができれば，建築や都市をデザインするための一指標となる。つまり，建築や都市をデザインする際には，人がもつ空間感覚特性を把握しておくことが重要となってくる。

また，人々のライフスタイルは多様化し，都市居住においては，平面（床面積）による居住性を充実させることの難しさといった要因から，空間の高さ方向への広がりに価値を見出し，二層吹抜けのような従来より天井高が高い空間が計画されてきている(図2)。これらは，多様な生活展開の可能性を秘めた空間といえる。

こうした3次元的に積極的なデザインをされた空間による生活の拡大，質の向上につながる空間については，平面だけでなく，天井高，容積や室空間の形態に着目し，それが人々にどのように知覚・認知され，さらにどのような空間がより豊かな可能性をもっているのかに関して多様な視点から検討する必要がある。

図1 居心地が良い場所
（聖クララ与那原カトリック教会）

図2 天井高が高い居住空間
（天王洲ビュータワーの1.5層住宅）

2. 目的と特徴

「この部屋をゆったりと感じるのはなぜか？」や「ここに座ると居心地が良いのはなぜか？」といった疑問に答えるために，実物大の実験空間（experimental mock-up space）を用いた実験的手法が有効である。例えば，まず，「この部屋をゆったりと感じさせる要因は天井高が高いからである」というような仮説を立て，的確な研究目的を設置する。その後に，実験変数および実験条件の妥当性，実験方法のメリット・デメリットの把握を入念に行うことで，結果・分析の信頼性が高まる。さらに，既往の調査・実験結果との比較検討を行うことにより，人の空間感覚の特性を明確にすることが可能となり，実際の建築や都市のデザインへの適応も期待できる。

特に，人の空間感覚とは，実際にその空間を体験してこそわかることであるため，より実際の場面に近い状態での実験を行うことが重要である。また，法則性を見出すうえでも，実験の再現性を考慮し，科学的データとしての積み重ねが有用な研究成果となり，継続して実験・分析することができるという利点もあり，実物大の実験室実験の意義は大きいといえる。

3. 方法の解説

ここでは，実物大の実験空間を用いた実験的手法について解説する。

例えば，先述の「この部屋をゆったりと感じさせる要因は天井高が高いからである」というような仮説を立てたとすると，次に考えることは，実験条件の設定である。実験条件は仮説に沿って空間感覚を刺激するだろう条件をピックアップし，意識的に操作することによって，実験条件の影響を検証することができる。

具体的には，空間のプロポーションや家具，間仕切りといった物理的な要因や被験者の姿勢，空間に滞在する人数および時間といった要因が実験条件としてあげられる（図3）。これらは，分析の段階で重要な要素となるため，複数の要因を実験条件にするのではなく，十分に絞り込み，数回の実験を経る想定をするなど検討して決定する必要がある。

次に，実験方法については，空間の大きさや広さの感覚を計量的に扱う手法として，スティーブンス（Stevens, S. S.）が案出したマグニチュード推定法（ME法, Method of Magnitude Estimation）がある。ME法は，「人は自分の感覚を量的に把握できる」と仮定し，感覚量を定量的に報告させる手法であり，感覚量に限らず広い範囲で用いられている。

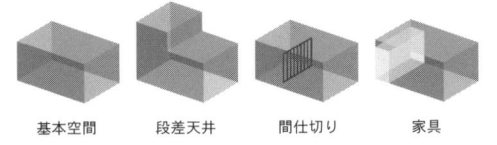

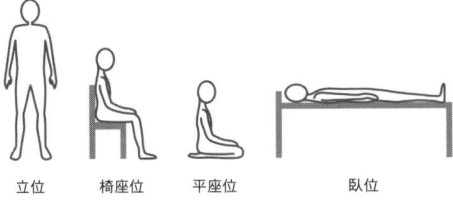

方法としては，被験者に標準刺激と比較刺激の2種類が提示され，標準刺激に対する比較刺激の感覚量を両者の比として，標準刺激を100とした場合に比較刺激はいくつと感じたかを，120や95といった数量で直接表現させる（図4）。結果の処理については，被験者の報告した数値をそのまま心理量と仮定し，同一比較刺激における対数平均値を求め，変化刺激の物理量との関係を検討する。

ME法では，被験者が評価している間に比較刺激が変化することがないため，刺激提示から反応終了まで同一の刺激を受け続けることができるというメリットがある。一方で，0という評価（絶対ゼロ）の意味づけに疑問が残るといったデメリットもあるが，実験の目的意識と標準刺激・比較刺激の設定，実験方法などを注意深く選定することで，空間感覚を探るための手法として非常に有用である。

また，ME法を使った研究の多くは，ME法の結果のみで分析するだけでなく，空間の印象評価（居心地や圧迫感など）の結果と併せて分析することによって，人の空間感覚を多角的に検証している。

図3 実験条件となる要因

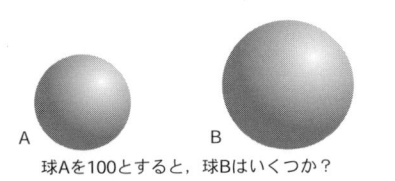

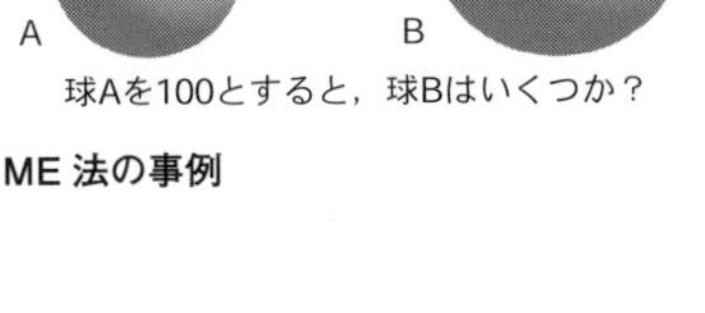

図4 ME法の事例

4. 応用例

ここでは，ME法を使った研究を紹介する。先述のようにここで挙げる研究もME法だけの分析ではなく，印象評価を併せて分析しているが，ME法に関する部分のみ紹介する。

〇橋本雅好・西出和彦「室空間における空間欠損と容積の知覚・印象評価の関係に関する基礎実験」日本建築学会計画系論文集, No.530, pp.171-177, 2000.4

空間欠損が人間の空間知覚特性に与える影響を，実物大の実験空間を用いて，実験的に検証することを目的とした研究で，具体的には，「室空間内に空間欠損が配置されることで容積は小さく知覚される」という仮説のもと，空間欠損の配置・量が容積の知覚に与える影響を検

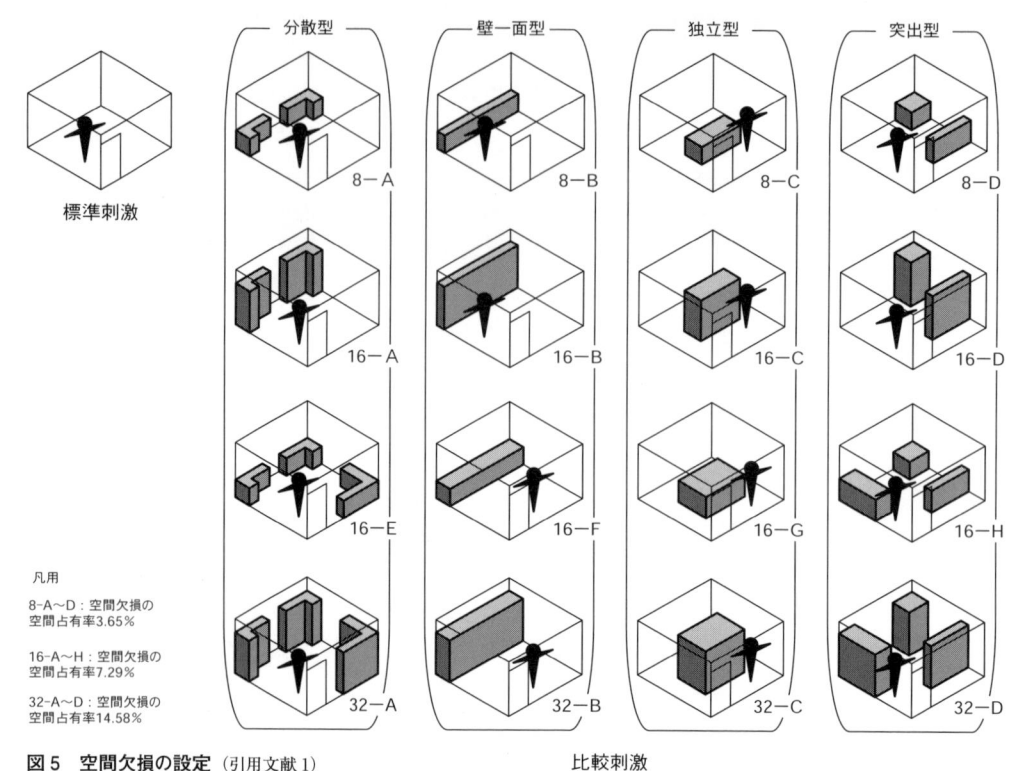

図5 空間欠損の設定（引用文献1）

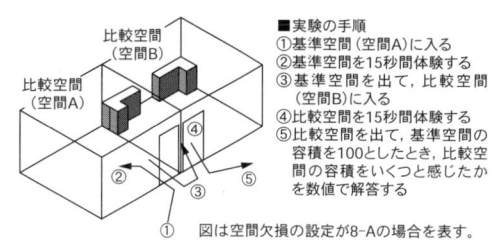

図6 実験の手順（引用文献1）

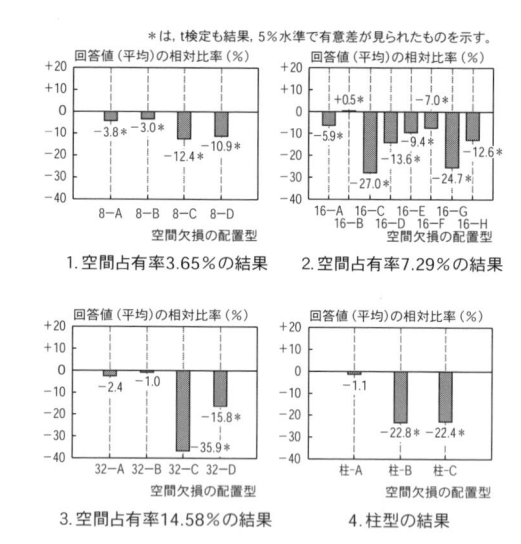

図7 実験の結果（容積の知覚）

1. 空間占有率3.65％の結果
2. 空間占有率7.29％の結果
3. 空間占有率14.58％の結果
4. 柱型の結果

証した。

　実験設定は，室空間内に何も設置しない基準空間の容積と，室空間内に空間欠損を設置した比較空間の容積を比較する方法で実験を行った。

　実験空間は，基準空間，比較空間ともに，床面の大きさは3,600×3,600（8帖）の正方形とし，天井高は2,400とした。空間欠損は白色ダンボールを積み重ねて表現し，さまざまな条件と被験者の疲労や慣れの面も考慮し，設定数は19パターンとした（図5）。また，被験者への空間欠損の呈示はランダムに行った。

　実験の手順（図6）は，被験者は，最初に実験の教示を受けた後，まず，基準空間に入り，15秒間容積を目測する。その後，実験者の合図で一度外に出て，次に比較空間に入り，再び15秒間容積を目測する。その後，実験者の合図で外に出て，「基準空間の容積を100としたときの比較空間の容積をいくつと感じたか」について数値で回答する。被験者は，大学生，大学院生の男女各10名の合計20名とした。

　結果としては，例えば，空間欠損の空間占有

率が14.58％の場合（図7の3）では，配置型が32-Aと32-Bでは，見かけの容積と実際の容積はほぼ等しかったが，32-Cと32-Dでは，見かけの容積は実際の容積よりも15.8～35.9％小さく知覚されていた。さらに，見かけの容積を実際の容積よりも小さく知覚されていた32-Cと32-Dを比較すると，32-Dよりも32-Cのほうが，容積をより小さく知覚されていた。

このことから，空間占有率が14.58％の場合，分散型，壁一面型では，容積の知覚はほぼ正確に知覚されていたが，独立型，突出型では，容積の知覚は空間欠損の影響を受け，見かけの容積は実際の容積よりも小さく知覚され，突出型よりも独立型のほうが，容積を小さく知覚する割合が大きいことがわかった。

各配置型の違いに注目すると，空間欠損が側壁面に接している割合（空間欠損の壁面占有率，表1）の違いが容積の知覚の重要な要因であると考えられ，壁面占有率が低い配置型では，見かけの容積と実際の容積の差が大きく，一方，壁面占有率が高い配置型では，見かけの容積と実際の容積の差が小さくなり，容積を正確に知覚できる傾向があることがわかった（図8）。

○橋本都子・倉斗綾子・上野淳「学校教室と天井高についての生徒の印象評価と寸法知覚に関する研究」日本建築学会計画系論文集, No. 606, pp.41-47, 2006.8

本研究は，教室の天井高が生徒の心理・知覚にどのような影響を与えるものかを検証することを目的とした調査であり，実際の教室を使用している点，従来教室と天井を変化させて改修した教室を比較している点が特徴的である。

実験空間は，普通教室（間口9.0m×奥行7.0m×天井高3.0m）を使用し，2室を改修して天井高を2.4mおよび2.7mに設定した（図9）。

表1　空間欠損の壁面占有率　（引用文献1）

配置型	壁面占有率(％)	配置型	壁面占有率(％)
8-A	10.68	16-A	21.35
8-B	11.20	16-B	22.40
8-C	0.00	16-C	0.00
8-D	5.08	16-D	10.16
32-A	38.02	16-E	19.01
32-B	26.04	16-F	13.02
32-C	0.00	16-G	0.00
32-D	33.33	16-H	7.68
柱-A	22.22		
柱-B	0.00		
柱-C	0.00		

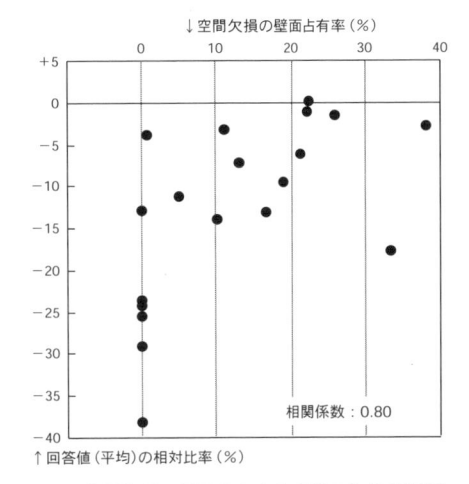

図8　空間欠損の壁面占有率と容積の知覚の関係
（引用文献1）

図9　調査を行った在来教室（3.0m）と設営教室（2.7m, 2.4m）の様子　（引用文献2）

実験の手順は，被験者は，最初に実験の教示を受けた後，はじめに入った教室（基準空間：天井高2.7m）の天井高を100とした場合，2番目に入った教室（比較空間：天井高2.4mまたは3.0m）の天井高をいくつに感じるか（天井の高さ感）数値で回答するME法を用いた。

被験者は，普段教室で学んでいる中学2年生の男女各15名の合計30名で，1グループ5～6名で一緒に教室に入り，あらかじめ指定した机に座り，それぞれ30秒間教室を体験する。

結果(図10, 11)としては，基準空間2.7mと比較空間2.4mの場合，標準刺激(2.7m)100に対して比較刺激(2.4m)は88.9であるが，評定値の幾何平均は68.4であったことから，2.4mの天井の高さ感は20%程度小さく評価されていた。一方，基準空間2.7mと比較空間3mの場合，標準刺激(2.7m)100に対して比較刺激(3.0m)は111.0であるが，評定値の幾何平均は124.2であったことから，3.0mの天井の高さ感は12%程度大きく評価されていた。

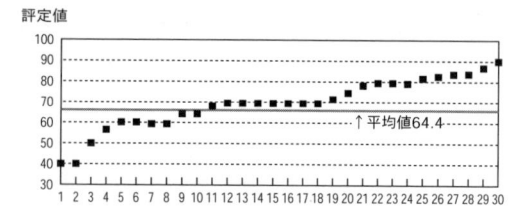

図10　天井の高さ感知覚調査（引用文献2）
（2.7mを100とした場合の2.4mの評定値の分布）

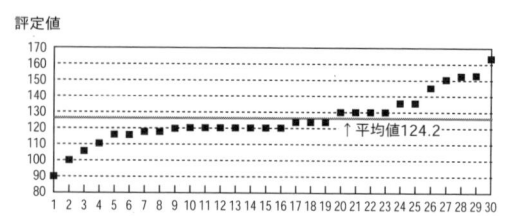

図11　天井の高さ感知覚調査（引用文献2）
（2.7mを100とした場合の3.0mの評定値の分布）

〔引用文献〕
1) 橋本雅好・西出和彦「室空間における空間欠損と容積の知覚・印象評価の関係に関する基礎実験」日本建築学会計画系論文集，No.530, pp.171-177, 2000.4, 図1～4, 表2
2) 橋本都子・倉斗綾子・上野淳「学校教室と天井高についての生徒の印象評価と寸法知覚に関する研究」日本建築学会計画系論文集，No.606, pp.42-47, 2006.8, 写真1, 図7～8

〔参考文献〕
1) 内田茂「閉空間に対する感覚に関する実験的研究(1)」日本建築学会論文報告集，No.282, pp.113-122, 1979.8
2) 内田茂「閉空間に対する感覚に関する実験的研究(2)」日本建築学会論文報告集，No.285, pp.117-125, 1979.11
3) 込山敦司・初見学「建築内部空間における天井高の認知構造」日本建築学会計画系論文集，No.490, pp.111-118, 1996.12
4) 込山敦司・橋本都子・初見学・高橋鷹志「室空間の容積と印象評価に関する実験的研究―容積を指標とした空間計画のための基礎研究（その1）―」日本建築学会計画系論文集，No.496, pp.119-124, 1997.6
5) 橋本都子・込山敦司・初見学・高橋鷹志「室空間の容積と印象評価に関する実験的研究―容積を指標とした空間計画のための基礎研究（その2）―」日本建築学会計画系論文集，No.508, pp.99-104, 1998.6
6) 橋本雅好・大崎淳史・西出和彦・長澤泰「段差天井と容積の知覚・室空間の印象評価との関係に関する実験的研究」日本建築学会計画系論文集，No.540, pp.167-173, 2001.2
7) 市川伸一『心理測定法への招待―測定からみた心理学入門―』サイエンス社，1991
8) 森敏昭・吉田寿夫『心理学のためのデータ解析テクニカルブック』北大路書房，1990
9) 内川惠二・岡嶋克典編『講座〈感覚・知覚の科学〉5　感覚・知覚実験法』朝倉書店，2008

【コラム3】実際の建築での空間感覚

実際の建築や都市では，空間感覚を刺激する要素が多数同時に存在し，多様な情報があふれている。つまり，どの刺激要素によって空間感覚が刺激されたのかについて特定できない。また，近年では，建築技術の発展や相反する素材の適用による空間の曖昧性などが目立つ建築が多くなってきている。例えば，スチールなどの人工物と木などの自然物が同時に扱われ，「自然的でもあり，人工的でもある」といった「どちらも該当する」という評価が適合する場合も見られる。

以上のように，実際の建築や都市での空間感覚を把握することは，多くのハードルが存在する。一方で，実際にその場へ行くと感じる感覚は必ず存在することからも，何らかの調査・分析方法で，実際の建築空間や都市での空間感覚を明らかにすることは重要である。

このような背景を考慮しながら，実際の建築や都市での空間感覚を明らかにするための研究は，調査・分析方法を工夫しながら行われてきている。例えば，岡来夢ら[1]は，「その場で感じる感覚」を対象とし，実際の建築空間を体験した後，自由発言方式のインタビュー調査を実施している。具体的には，発言の言葉を「要素」と「因子」の項目に沿って抽出（表1）し，それぞれの項目の発言率によって分類した（表2）。

15の建築を対象に分析した結果，【感受性】の要因を基準に，周辺の自然要素や自身の動作と相互浸透することで感覚づけられた「環境相互型」（図1）と，特徴的なファサードや光・色彩から影響を受けて感覚づけられた「感受性突出型」に大別でき，「感受性突出型」については，【空間表現】【誘引】【相互浸透】の要因によって，4つの型に細分類できることを示した。こういった研究成果が応用され，蓄積されていくことによって，実際の建築や都市での空間感覚の解明へとつながっていくだろう。

（橋本雅好）

〔引用文献〕
1) 岡来夢・橋本雅好「インタビューによる実体験印象評価調査に関する考察－建築空間の実体験を通して得られる感覚的評価に関する基礎的研究 その1―」日本建築学会計画系論文集，No.651，pp. 1079-1086，2010.5，表5，表7，図3

表1 言葉の抽出：会話例

表2 分析の方法：プロット例

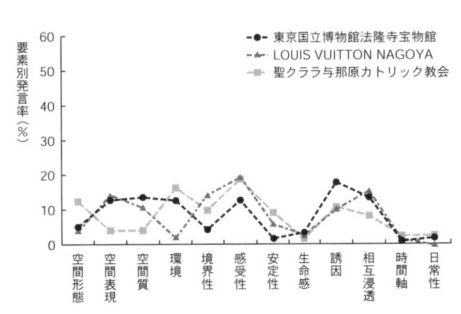

図1 環境相互型―要素分布

1.19 意味を捉える SD法

1. 概要

　SD法とはSemantic Differential法の略であり，心理学的測定法の一方法である。1957年にイリノイ大学のC. E. オスグッドらにより提議され，本来は言語の意味の研究を目的としたものである。

　ある概念（広く評価対象全般を指す）を表すための，例えば「広い感じ—狭い感じ」といった複数の形容詞句対による7段階程度の言語尺度を用いた心理評価実験を行い，それぞれの尺度の評定値を得る。さらに，得られた値を変数として因子分析（2.10参照）を行い，抽出された変数間の潜在的で有意な共通因子を相互に無相間の多次元な意味空間の直交座標軸と考えたうえで，その概念の意味を記述したり，各概念に関する意味上の異同関係を把握し，最少の変数（因子軸数）および次元を知る方法である。建築計画や空間研究では，空間が人に与える心理的評定の影響を定量的に得るためにさまざまな方法があるが，近年ではSD法が広く用いられている。

　そのデータと意味空間のモデルを示す（図1, 図2）。

　オスグッドは，意味空間を3次元の構造として，第Ⅰ因子はEvaluation（評価性），第Ⅱ因子はPatency（力量性），第Ⅲ因子はActivity（活動性），が得られるとした。しかし，後に「概念の種類によっては，E. P. Aと異なった次元からなる意味空間もあり得る」としている。特に建築・都市空間を対象とした場合，オスグッドの意味空間とは異なった構造や，3次元を超えて次元数が示される場合も多い。

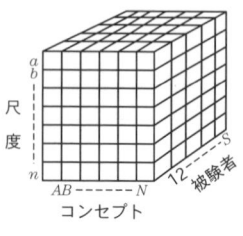

図1　SD法データ
　　（引用文献1）

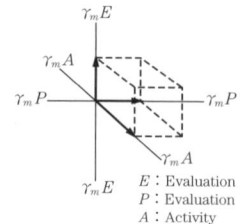

図2　意味空間
　　（引用文献1）

2. 目的と特徴

　人にある刺激，例えば"原宿の街"の認識にともなって表現する観念を直接把握しようとする場合，「"原宿の街"についてどんなことを思い浮かべますか」と問う自由連想法は，"原宿の街"に対する各個人の先行経験から自発性と重要性のある評定を得ることができるが，他者の評価結果と比較したり，同一人物における他の対象との評価を比較する場合の共通項を得ることは難しい。

　また，「"原宿の街"について，どんなことを想い浮かべるか，次の中から該当するものを選んで下さい」という制限連想法では，評定結果を相互比較する場合，共通評定項目をそろえられる長所はあるものの，それぞれの項目が各個人の評定の可能性についてどの程度網羅しているかが問題である。

　さらに，選択された評定項目ごとに各個人の程度の差が不明であるといった難点がある。「"原宿の街"について，次の評定がそれぞれあなたにとってどの程度か，項目ごとに段階尺度（例えば7段階）上で評定して下さい」と問う評定法は，評定項目それぞれに対する各個人の程度を知り得るが，反応項目に対する網羅性について問題が残り，偏った限定されたものとなりやすい。

　SD法では，数多くの評定項目（尺度）を用意したうえで，評定法と同様な手続きで評価項目ごとの程度を知り，得られた評定値を基に因子分析により整理し，次に整理された各群から代表的な評価項目を選び，それぞれの評定を行うという2段構えの手続きをとることで，評定項目の網羅性や共通項目の比較が客観的に行うことができる。さらに重要な点は，その概念について人々の評定を包括的に捉えて，主要な因子を把握することができ，数量的に記述することが可能となる。

　この点で心理学的測定法として広く普及し，建築計画や空間研究で広く用いられるようになった。

積田　洋

3. 方法の解説

SD法のフローチャートを図3に示す。

SD法の手順の大略を述べると，まずSD法を適用する概念・対象，例えば"原宿の街"を設定し，複数の被験者から概念を表現する言葉を多数集め，bi-polar（両極）となる形容詞や形容詞句対となる評定尺度を設定する。なお，次のようなbi-polarにならないものは極力排除することが必要である。

1) 両極の言葉の意味が反対にならないもの
2) 0点を中心として，言葉が対称とならないもの
3) 一般的に使われない言葉

評定尺度は，図4のような7段階が一般的である。5段階とする場合や，意図的に「どちらでもない」を省いた偶数段階の尺度も見られる。形容詞対は30～50対くらいで，おおむね30対くらいが標準であろう。

評定尺度を決定する際，評定の難易等の検討が必要である。意味上の親近関係によるとみなされる尺度が続いて並んだり，尺度の極に置かれる形容詞の左右が意味的に一貫関係をもって並んだりすることがないようにすることは，評定に際して覚醒度を高める点で望ましい。これを用いた調査用紙により概念を評定させる。概念の提示のしかたは自由であり，文字や音声・写真・絵画，CGでもよいが，建築や都市の空間を評定するうえでは，実際の空間が望ましい。

実際の評定実験において，被験者に対象空間をどのような方法で示すか，その提示方法は評定を左右しかねず，目的に合わせて十分に検討して決定する重要な問題である。空間研究では，実際の空間を体験させて，同時または直後に評定させる。しかし，研究の目的によってはどうしても実際の空間では行えない場合もある。

一つは，現地に多数の被験者を集めることが困難な場合，また一定の条件でスケールや色あるいは光の条件を変える必要がある場合など，その条件に合わせて実際の空間を選ぶことは至難であり，その場合，写真やCG，VTR，VRを用いることもあるが，それぞれの提示方法の長所，短所など方法の特性について十分な理解が必要である。

また，被験者の属性も重要である。一般に，男女や年齢，建築の専門家・非専門家にかかわらず，20～50人くらいで評定実験を行う。しかし，建築空間など対象によっては素人に理解できず，空間の特徴を比較して評定しにくいことがある。空間の感覚を言葉で表現する訓練も必要となり，建築的知識をある程度もっている建築学科の学生などが適当な場合も多い。

それぞれの評定尺度の評定値（データ）は，まず対象空間ごとに，各尺度の上に全被験者のデータをプロットし，また平均値と標準偏差を算出する。一般的に，プロットした点の分布が狭く，あるいは標準偏差が小さいことが望ましい。すなわち，正規分布で評定のばらつきが2つに分かれる二項分布になっていないことを注意する。なお，スミルノフ・グラブス検定（データから外れ値を除くための手法，「外れ値検

図3 SD法のフローチャート

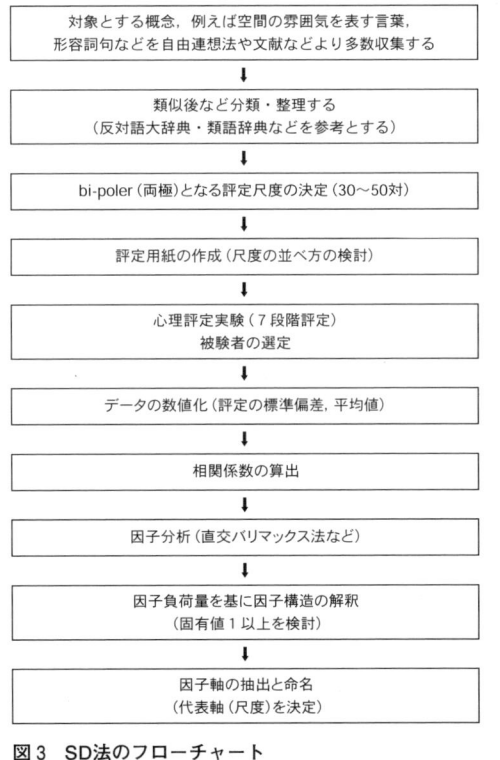

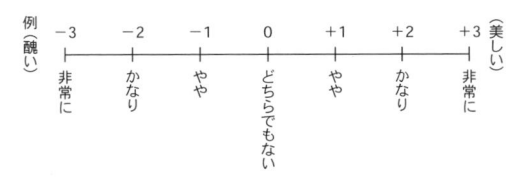

図4 評定尺度の作り方

定」ともいう）も有効である。前述でない場合は，その原因をチェックする。要因として尺度の曖昧さ，実験の空間が被験者に正確に伝えられていないなどが考えられる。評定尺度が原因の場合には，必ずしも排除や変更をしなければならないものでもない。

次に，評定尺度ごとの平均値を求め（対象がタイプ化できる場合，そのタイプごとの平均も求めておくと後の分析に役立つ），全尺度を縦に並べたグラフを作成し，平均値を記す（図5）。これを「プロフィル」と呼ぶ。全体の平均値のプロフィルが中央にプロットされ，標準偏差が大きいとき，対象とする空間が良いバラエティをもっていることを意味する。

以上の検討のうえ，すべてのデータが有効と判断された後，因子分析にかける（2.10 参照）。因子分析の結果から得られたそれぞれ因子軸について，各評定尺度の因子負荷量の大きい順に尺度を並べ変えて，それぞれの因子の意味を解釈し，概念・対象の意味空間，構造を理解する。さらに，それぞれ因子軸について，因子負荷量の大きい尺度の中から代表評定尺度を用いて各対象の評定を定量的に把握する。

SD法は，ある概念・対象について，人間の意識を構造的・定量的に数値化できるものであり，少数個に集約された心理評定の一つのものさしとなるものといえる。

4. 応用例

a. Semantic Differential法による建物の色彩効果の測定[3]：小木曽定彰・乾正雄

① 映画館ロビーなどの室内空間の色彩を対象した研究である。〈意味研究〉を色彩に適用したものであり，建築空間についてSD法を適用した，初出といえる。

② 概念，対象を評定する言葉の収集は膨大であり，示された一覧表は，色彩以外の研究にも参考となるものである。評定尺度は30対を採用している。

③ 被験者は，心理および建築専攻の男女学生50人で，予備実験の結果，専攻・男女別の差はないことから，一体として扱っている。

④ 評定実験は，25空間をスライド映写によって示し，7段階評定を用いた。

⑤ 因子分析はセントロイド法を用いて5因子軸を得ている。考察は日本語の意味研究との比較を慎重に行っている。さらに，第Ⅰ因子軸と第Ⅱ因子軸の関係などを，因子負荷量を基に直交座標の上にプロットして検討している（図6）。

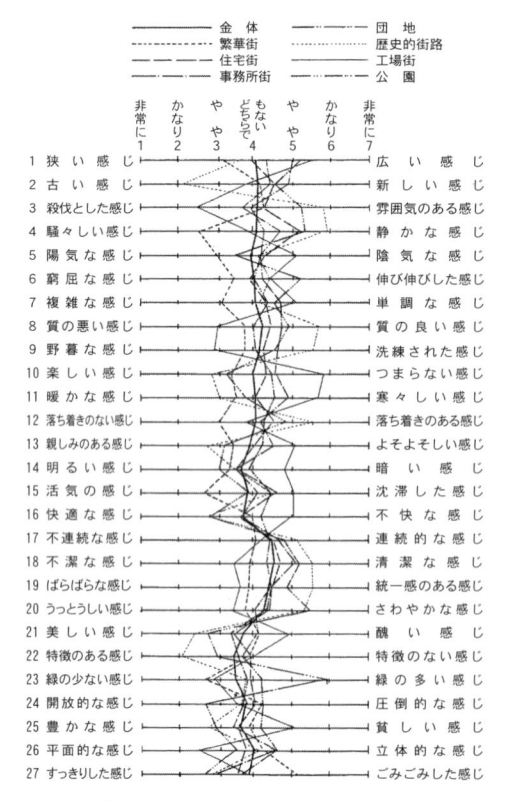

図5　評定尺度および評定平均値図（引用文献2）

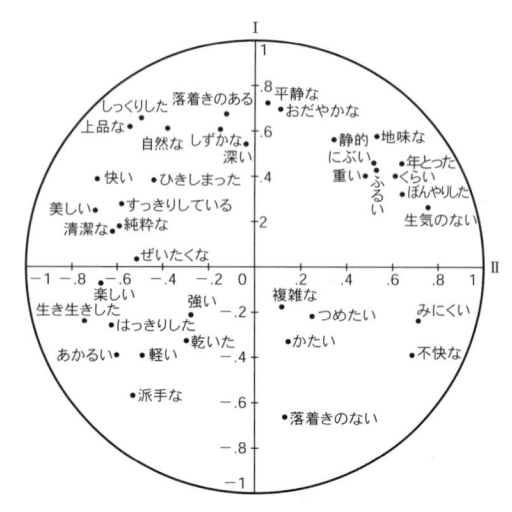

図6　第Ⅰ，Ⅱ因子空間（引用文献3）

b. 都市的オープンスペースの空間意識と物理的構成との相関に関する研究[4]：積田洋

① 対象は，東京および横浜周辺地域を中心に，4タイプ（コ，ニ，ロ，L型）のオープンスペース（以下「O・S」と略）20地区（SD法を適用したものは15地区）である。まず，広くO・Sを収集し，典型的なタイプに分け，人々の心理評価構造を心理因子軸として抽出する〈心理量分析〉。次に，O・Sをいくつかの空間構成要素に分解することにより，定量的に表現する〈物理量分析〉。さらに，心理量と物理量の両者の間に数量的関係を求める〈相関分析〉へと展開させたものである。

② 評定尺度は，25対の形容詞句による7段階評定尺度を用いている。

③ 被験者は建築科学生21名。

④ 評定実験は，写真撮影等の実地調査を行い，キャビネサイズ（120 mm×165 mm）のカラー写真を用いて各地区4枚により評定を行っている。実験に用いた写真は，O・Sの空間全体が写真により把握できることを前提に，各O・Sごとに撮影した多くの写真の中から選出した。

⑤ 因子分析は，直交バリマックス回転法を用い，25尺度の相関行列を求め，因子負荷量および因子寄与を得ている。なお，各タイプによりその空間の特徴からO・Sに対する人々の心理評価構造が異なり，それぞれのタイプの空間独自の心理的特性が明らかにされることによって，すべてのデータを一括して扱った場合より，より具体的にさまざまなO・Sの心理的評価や分析に適用が可能な心理評価構造が得られると考え，因子分析を15のO・S〈すべてのデータ〉を対象とした場合と，O・Sのタイプとして4つのタイプのデータごとに行っている。

〈すべてのデータ〉を対象とした場合，心理因子軸は5軸現れ，固有値1以上のものについて整理した結果を表1に示す。4つのタイプごとに得られたデータによって現れた6軸を加え，表2に示した11の心理因子軸を抽出，それぞれの心理因子軸を命名し，O・S空間の心理評価構造（意味空間）を表す代表尺度を示した。

表1　因子負荷表（引用文献4）

尺度＼軸	I	II	III	IV	V
22：活気のある感じ ― 沈滞した感じ	0.849	-0.137	0.030	-0.056	0.035
2：楽しい感じ ― つまらない感じ	0.835	0.174	-0.106	0.116	0.007
21：陰気な感じ ― 陽気な感じ	0.809	-0.074	-0.059	0.141	0.138
19：多彩な感じ ― 無彩な感じ	0.711	0.101	-0.096	0.047	0.052
18：地味な感じ ― 派手な感じ	0.692	-0.029	0.027	0.169	-0.055
12：雰囲気のある感じ ― 雰囲気のない感じ	0.549	0.314	-0.138	0.288	0.020
25：新鮮な感じ ― 新鮮味のない感じ	0.537	0.577	-0.050	0.075	-0.154
4：特徴のある感じ ― 特徴のない感じ	0.453	0.369	-0.335	0.010	0.025
7：開放的な感じ ― 閉鎖的な感じ	0.413	-0.014	0.218	-0.164	-0.175
17：洗練された感じ ― 野暮な感じ	0.237	0.862	-0.070	-0.033	0.008
3：質の良い感じ ― 質の悪い感じ	0.262	0.823	-0.092	0.068	0.093
14：美しい感じ ― 醜い感じ	0.189	0.808	0.022	-0.043	-0.105
8：古い感じ ― 新しい感じ	-0.340	-0.618	0.025	0.055	-0.080
6：静かな感じ ― 騒々しい感じ	-0.380	-0.579	0.001	0.343	-0.025
24：すっきりした感じ ― ごみごみした感じ	-0.151	0.551	0.227	0.090	-0.161
20：さわやかな感じ ― うっとうしい感じ	0.358	0.540	0.157	0.059	-0.305
15：豪華な感じ ― 質素な感じ	0.248	0.468	-0.079	-0.049	0.236
13：ばらばらな感じ ― 統一感のある感じ	0.120	0.369	-0.203	-0.091	-0.005
1：緑の多い感じ ― 緑の少ない感じ	0.178	0.345	-0.032	0.253	-0.096
5：不連続な感じ ― 連続な感じ	-0.035	-0.161	-0.158	0.030	0.097
11：平面的な感じ ― 立体的な感じ	-0.159	-0.181	0.982	0.002	-0.013
9：複雑な感じ ― 単調な感じ	0.410	0.141	-0.576	0.041	0.006
10：落着きのある感じ ― 落着きのない感じ	-0.152	0.422	-0.015	0.893	0.007
16：繊細な感じ ― 大胆な感じ	0.072	0.212	0.041	0.251	-0.251
23：重厚な感じ ― 軽快な感じ	-0.406	-0.091	-0.110	0.119	0.895
固　有　値	5.088	4.800	1.642	1.276	1.165

表2　心理因子軸表（引用文献4）

都市的OS心理因子軸		代表尺度	街路空間心理因子軸		
主要	I	アメニティ因子	楽しい感じ―つまらない感じ	アメニティ因子	II	主
主要	II	デザイン因子	質の良い感じ―質の悪い感じ	デザイン因子	I	主
主要	III	立体性因子	平面的な感じ―立体的な感じ	立体性因子	X	特
強力	IV	落ち着き因子	落ち着きのある感じ―落ち着きのない感じ	落ち着き因子	VII	必
強力	V	軽快性因子	重厚な感じ―軽快な感じ	―	―	―
強力	VI	統一性因子	ばらばらな感じ―統一感のある感じ	統一性因子	XII	特
必要	VII	大胆さ因子	繊細な感じ―大胆な感じ	―	―	―
特性	VIII	派手さ因子	地味な感じ―派手な感じ	デザイン因子	(I)	主
特性	IX	開放性因子	開放的な感じ―閉鎖的な感じ	開放性因子	III	主
特性	X	連続性因子	不連続な感じ―連続な感じ	連続性因子	V	強
特性	XI	緑因子	緑の多い感じ―緑の少ない感じ	緑因子	XIII	特

〔引用文献〕

1) 岩下豊彦『SD法によるイメージの測定』川島書店，1983.1，12〜13頁・図1-7，図1-8
2) 船越徹・積田洋「街路空間における空間意識の分析（心理量分析）―街路空間の研究（その1）」日本建築学会論文報告集，No.327，pp.100-107，1983.5，102頁・図5
3) 小木曽定彰・乾正雄「Semantic Differential（意味微分）法による建物の色彩効果の測定」日本建築学会論文報告集，No.67，pp.105-113，1961.2，112頁・第1図
4) 積田洋「都市的オープンスペースの空間意識と物理的構成との相関に関する研究（その1）」日本建築学会論文報告集，No.451，pp.146-154，1993.9，146頁・表1，表2

〔参考文献〕

1) Osgood, C. E. et al. : The Measurement of Meaning, Illinois Univ. Press, 1957

1.20 イメージを描く 認知地図

1. 概要

　都市空間や建築空間などにおいて，空間要素を人々がどのように認知し，そのプロセスがどのようなものかを知り，また心理的側面から解明することは，空間を計画・設計をするうえで重要な意味をもつ。人間の内的イメージ（認知）を抽出する方法には大別して，ペーパーに内的イメージを描写してもらう方法と，面接や質問により被験者の言語でその内面的イメージを聞き出す方法とがある。本項では前者について述べ，後者は「1.21 想起を記述する」で述べる。

　内的イメージを描写してもらう方法は，K.リンチの調査より特に都市空間のイメージの把握に盛んに用いられるようになり長い歴史をもつ（図1）。その内容の分類は，おおむね以下の方法があり，本項では，旧版「1.11 意識をとらえる」を踏襲するとともに，新たな内容や応用例を紹介するものとする。また，本項では，さまざまなイメージを描写する調査方法が存在するが，それらを統括して「認知マップ調査」と呼ぶこととする。

　イメージを描く方法（図2）として，
①自由描写法（スケッチマップ，サインマップ法）
被験者に体験した空間を白紙のペーパーに自由に描写してもらう方法。

②統制的描写法（サインマップ法，断面想起法）
自由描写法の最大の欠点である描写能力の差や空間の歪みを可能な限り排除するため，実験方法にある統制を加え，工夫した実験方法によって描写してもらう方法。
③圏域図示法
提示した図に，その空間の分節点や境界点を図示してもらう方法。
④空間要素図示法（自由指摘法，指定要素指摘法）
提示した詳細な図に，その空間要素の有無や評価を図示してもらう方法。

　その他，イメージを描く方法以外には写真判定法，CG判定法，パズルマップ法，行動マップ法などがある。

2. 研究方法・調査方法

　本項のイメージは，人間の内的イメージであり，脳に記憶された内容を想起により再現させる行為である。認知心理学では，一般的に以下のフローをとるといわれている（図3）。心理プロセスで認知と重要な関係の「知覚」があるが，『環境と空間』（高橋鷹志ら）[3]では，「認知は人間が外界の意味を読みとる一連の心理プロセスであり，知覚はその最初の一過程と見なされる。つまり知覚は，ある人が「いま，ここ」で出会

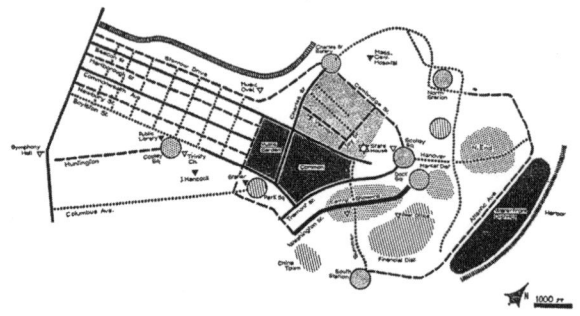

図1　略地図からひき出されたボストンのイメージ（引用文献1）

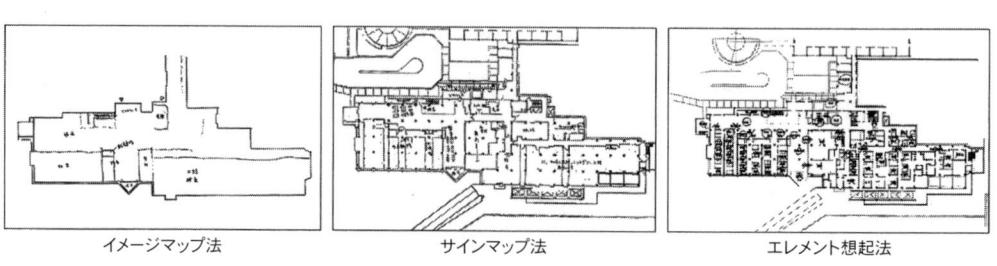

図2　イメージマップ法，サインマップ法，エレメント想起法の比較（引用文献2）

鈴木弘樹

図3 認知心理学の記憶の過程

記銘　保持　想起

った情報を受け取る過程である。一方，認知には，その情報に下されるなんらかの判断や決定，推論，あるいは過去の記憶と照合といった，一つの知識が獲得されるまでのすべての心理プロセスが含まれる。」とある。

また，『建築・都市計画のための 空間学事典』では，「建築や都市の空間構造を研究する場合，人間の記憶現象そのものを研究対象とするよりは，それらの記憶現象を利用して，より心理的な空間構造を解明しようとする場合が多い。したがって，その実験方法も，記憶の正確なメカニズムを対象とするのではなく，その内容がそのような構造をもつものかにその意味の中心が移ることになる。」[4]とある。

空間認知の研究には，都市や建築の空間要素や空間構造などがもつ意味を明らかにしようとする研究が多く存在するが，認知を十分理解して研究計画および実験を行う必要がある。

空間を調査する方法は，認知レベルや状況を把握するものと，認知の構造を知るために対象を評価させる方法とがある。

認知レベルや状況を把握する実験方法としては，記憶から想起させるため実体空間の情報をできるだけ提供しないで調査する方法をとることが一般的である。よって，都市や建築空間を扱う場合，実体空間を体験し記憶した状態で，他の場所で調査することになる。

一方，認知の構造を知るためには，評価実験を実施することになる。その場合，実体空間の情報をできるだけ提供することが不可欠である。本項の「イメージを描く」は，前者に適しており，後者の場合は，空間意識などを評価する実験方法のSD法による心理実験などがある。

なお，その場で行う実験とその場所を離れて行う実験は，データのもつ意味合いが違い，その場で行う実験はより知覚領域の実験方法であり，その場所を離れて行う実験はより認知領域の実験方法となる。

描写による実験方法は，被験者の描写能力や空間再現能力，地図の読み取り能力がデータの精度や分析方法に大きく影響する。そのため，研究目的や仮説として設定した内容を明らかにするのに適切な実験方法や工夫が必要で，合わせて得られた描写の図をどのように分析するかもあらかじめ想定して計画を進める必要がある。

描写による実験方法の長所としては，空間の全体の状況の把握や要素間の相互関係をダイレクトに生々しく知ることができるところにある。

認知の状況を知るためには，描写されたものを整理し分析することにより明らかになるが，認知の構造をより深く知るためには，認知の構造を評価する必要があり，描写手法と心理的実験方法などを併用するなど，研究者によって工夫して適用することが必要である。

(1) 自由描写法

自由描写法は，被験者に体験した空間を白紙のペーパーに自由に描写してもらう方法である。この方法は，リンチによって初めて行われた「スケッチマップ」と呼ばれた実験方法であり，古くから都市や地域のイメージを把握する方法として使用されている。鈴木成文によって「イメージマップ」として呼ばれたものが，日本ではこの方法を指す言葉として広く用いられている。次項の統制的描写法も合わせて「イメージマップ」と呼ぶ場合もある。

実験の一般的な手順を以下に示す。また，統制的描写法の実験方法でも同様のフローとなり，手順3の描写する方法や内容が違う。

手順1：調査する内容により調査範囲を設定する。

手順2：被験者に面接し，調査者が実験の前に描写してもらう対象範囲を教示し，例えば駅から目的にまでの範囲，○×住宅地，○×大学内，○×地区などを口頭で指示をする。

手順3：被験者は白紙のペーパーに自由に描写をする。調査者は描写順序や所要時間などを記録する。

手順4：データを整理し，分析を行う。

自由描写法の最大の長所は，自由に被験者の意思によって記述するため，調査者の誘導要因が最も少ないことである。また，イメージが

生々しく表現され，意識された空間の状態や要素間の関係が直接的，総合的に表現されている点である。描写された空間要素などの強弱やデフォルメ，歪みとして捉えられた都市などのイメージを抽出できる点である。

しかし，外的評価がないため数量化が難しく，抽出された空間要素などの強弱やデフォルメ，歪みが，描写能力なのかそれとも共通したイメージを抽出したものなのかを判断する際，研究者の主観の判断となるため，高度な分析・読み取り能力が必要で，客観性をどのようにもたせるかが重要な課題といえる。

その他の欠点として，被験者の描写能力の程度が大きく影響し，学歴や職種，年齢などの属性も影響しやすい。また調査者は面接をし，描写順序や所要時間などを記録するため，実験にはかなりの時間と手間がかかり，被験者を大量に調査するのに向いていないなどがあげられる。

また，吉武泰水が「認知対象あるいは人間の行動空間のひろがりは，都市のスケールから地理的スケールに及ぶものが大半で，建築や住居のような人間の近傍を扱ったものが少ないことは，われわれの専門からみて残念である。」[5]と指摘しているように，自由描写法は，比較的範囲の広い調査対象地の実験に多く適用されており，比較的詳細な描写を要求される建築空間などには用いられることが少ない。

さらに，描写された空間要素を整理し，その要素を出現率としてまとめる事例が多くあるが，都市空間などのイメージの中で非常に強い要素のみが把握できる傾向にあり，微妙な違いによって醸し出されるイメージの要素は捉えにくい傾向にある。その他，自由描写法の別角度からの研究として，同条件で認知される被験者の属性を類型化し，その相違を捉える研究にも活用できる。

(2) 統制的描写法

統制的描写法は，自由描写法の最大の欠点である描写能力や空間の歪みを可能な限り排除するため，実験方法にある統制を加え工夫した実験方法によって描写してもらう方法である。被験者の描写能力や歪みのばらつきなどを緩和し，分析の難易度を緩和する目的として，調査者の工夫により考案されたグループである。代表例としては，サインマップ法や筆者らの断面想起法があげられる。

サインマップは，鈴木成文により開発され，その方法は，記述する紙に最初から道路，通路や住宅地の輪郭や建物の輪郭を書き，その紙に自由に地図を書かせる方法である。そこに書かれた内容から，自由描写法より詳細な空間把握の情報を得ようとして提案された方法である。

断面想起法は，空間の高さや距離，高低差，角度などをどのように認知しているかを捉えるため，用紙にスケールの補助となるグリッドを示し記述してもらう方法で，表現のばらつきを極力排除させ，容易で簡便に記述でき，実際の図面と比較でき，数量化および数量化分析が可能な方法として開発されたものである。その詳細は，応用例で紹介する。

これらの方法は，自由描写法より詳細な空間把握の情報を正確に得るために統制をかけた方法であるため，ある程度の強制力が描写に働く。よって自由描写法より被験者の生々しいイメージの情報は減る反面，被験者の回答はしやすくなり，歪んだ描写を過度に助長させず，描写能力の極度なばらつきを整えられ，詳細な量的・質的情報が得やすくなる特徴をもつ。そのため調査者の誘導の影響がどの程度あり，分析にその影響がどの程度あるかを踏まえ考察することが必要である。いわゆる描写された図から抽出されるデータには，その実験方法の特徴が内在し，適用される空間の適性がある。

例えば，サインマップ法は，比較的小範囲の地区や構内などを詳細に知るために適し，断面想起法は，建築空間や建築周辺のランドスケープなどの空間に適している。また，被験者の記述内容を記録することによって，イメージ構築の構造や意識の広がりを量的・質的情報として把握することが可能である。

(3) 圏域図示法

圏域図示法は，自由描写法が抽象的なイメージを抽出し，意識された空間の状態や要素間の関係を直接的，総合的に表現するのとは違い，提示した図にその空間の分節点や境界点を図示してもらい，空間の構造把握や評価を抽出する

方法である。実験方法は,
手順1:調査する内容により調査範囲を設定し,それに対応した地図を用意する。
手順2:調査者が対象範囲を示し,空間の分節点や境界点の図示の方法,例えばその範囲を線で囲んでもらう,雰囲気の変化する箇所を線で分節するなどを教示する。
手順3:被験者は与えられた地図に,指示された方法で空間の分節点や境界点を図示する。あわせて,なぜそう感じたかのコメントを記述してもらう場合もある。
手順4:データを整理し,分析を行う。

　この実験方法は,建築や都市の空間や構造形成の評価に古くから用いられている。また,前記2つの実験方法とは大きく異なり,空間のイメージや状況を直接描写により探ろうとするものではなく,内面にある建築や都市の構造の切れ間や範囲を知り,その背後にある要因を探る目的のものである。

　実験が具体的な地図を用いるため,被験者の負担を軽減する反面,実験方法は単純で,得られる結果や分析も複雑な空間のイメージや構造を探るものには適さない傾向にある。むしろ具体的な都市や建築のイメージの評価や構造を個人や集団の属性に着目し,実験から導き出された結果を具体的な都市や建築の物理的空間要素や社会的背景などを合わせて分析し考察する実験方法として適している。

(4) 空間要素図示法

　空間要素図示法の実験は,空間全体についての把握というよりは,空間に存在する要素の印象の強弱など,例えば建物や道路,看板,移動する人々など,体験した空間を別の場所でイメージし,固定されたものから移動するものも含め,その空間のイメージを構築する要素を提示した詳細な図に,評価も含め図示してもらう方法である。

　調査の内容によっては,地図上にイメージできる要素を数限りなく,自由にマークしてもらう自由指摘法と,調査者が指定した要素についてマークしてもらう指定要素指摘法とがある。例えば空間要素の評価について,地図上に街の印象を良くしている要素を数限りなくマークしてもらう方法が自由指摘法である。また,すべての建物の中から好きな建物と嫌いな建物をマークしてもらう方法が指定要素指摘法である。

　空間要素を図示する方法の長所は,調査が短時間で簡便であり,描写方法で問題となりやすい被験者と調査者の位置関係や内容の食い違いが少なく,具体的な要素を正確に把握しやすいこと,被験者の能力に頼る要素が少ないことである。その意味で描写法よりかなり統制されたデータが得られ,定量化および数量化分析に適したデータが得やすい。また,描写法より小範囲の詳細な要素と意識の広がりなどを把握することに適している実験方法であるが,前述のように空間全体のイメージを把握するのには適さない。

(5) その他の方法

　上記にあげた方法以外に,その中間的手法や組み合わせた方法,さらに言語による回答や心理実験などを組み合わせた方法などがある。また,描写方法ではないが,写真投射による実験(写真判定法),CGによる実験(CG判定法),空間を分節したピースを組み立てる実験(パズルマップ法),被験者の行動ルートを地図上に記述していく方法(行動マップ法)などにより,被験者の認知の状況や評価を抽出する方法がある。

3. 応用例

a. 自由描写法

○徐華・西出和彦「床面形状の認知:展示空間における経路選択並びに空間認知に関する研究(その4)」日本建築学会計画系論文集,No.620,pp.73-79,2007.10

〔要約〕　この研究は,展示空間において,絵を鑑賞した際の展示室の距離とプロポーションを,床形状のスケッチマップとインタビューにより得られたデータを分析することにより,実際の空間との差異を明らかにし,その要因を考察したものである。

　対象空間は,国立西洋美術館の2階常設展示室である。認知実験を意識させないため,自由に展示作品を鑑賞してもらい,教示した6つの作品で,仮の課題として「絵の評価」をしても

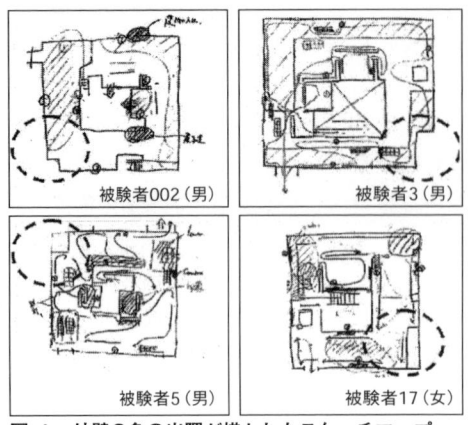

図4 外壁の角の出隅が描かれたスケッチマップ
(引用文献6)

らうことを求めた。歩行実験中は、被験者の頭にCCDを取り付け、視方向を録画し、実験後、インタビュー室で展示室の平面を白紙に描き、合わせて6つの絵の場所、歩いた経路、窓を描いてもらうものである。また、経路選択の理由をインタビューを行ったものである。

被験者は、健常な大学生の男13人、女10人で、その空間を訪れたことがない、もしくは行ったことがあるが対象空間をあまり覚えてない被験者としている。得られたスケッチマップで、著しく誤ったスケッチマップは除外している。

分析は、展示空間を見渡せる空間ごとに分節し、その空間をセクションと呼び、スケッチマップによる「幅」・「奥行き」を実際値と比較し、セクションごとの認知された床面形状の特性と順路や窓の空間要素と関連させながら空間認知を明らかにしている。

b. 統制的描写法

○積田洋・鈴木弘樹・栗生明「断面想起法による空間認知の分析」日本建築学会計画系論文集, No.589, pp.85-90, 2005.3

〔要約〕この研究は、建築と外部空間（以下、「ランドスケープ-アーキテクチャー」という）との関係を一体的に計画・デザインした空間を研究対象として、建築の内部から外部に至る一連の断面構成に着目し、断面の構成要素である距離や勾配、天井高などについて、どのように認知・把握されているか、その傾向を数量的に明らかにすることを目的としている。そのため、

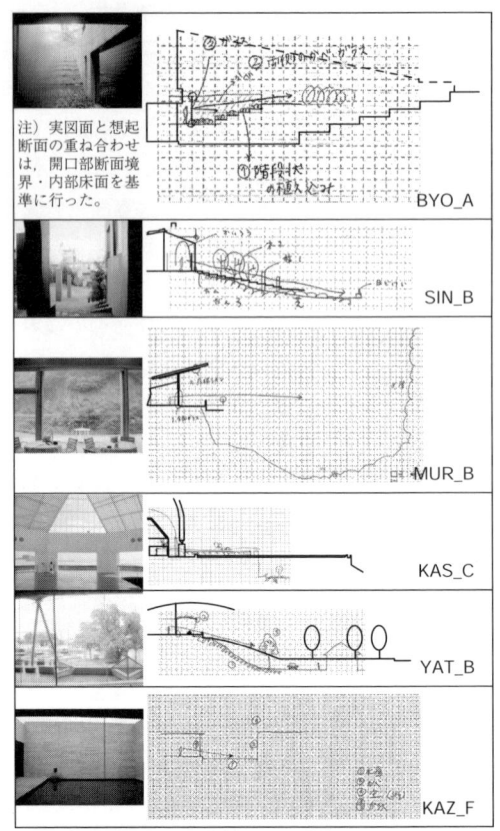

図5 視点場認知傾向分析シート(例)(引用文献7)
注) 図中の実線は実際の断面

断面の認知の傾向を分析する新たな実験手法「断面想起法」を、以下の条件のもとに開発、提案する。

①表現のばらつきを極力排除でき、空間の想起を容易に、かつ、簡便に記述できる方法であること。
②実際の断面図と比較が可能であること。
③数量的な分析が可能であること。

断面想起法による現地調査の実験は、まず調査対象地区で、建築とランドスケープの関わり合いが深い場所を、外部が望める内部空間を被験者に一通り見学させた後、印象深い視点場を指摘させ、総計の中より上位3～4箇所程度を選定した。次いで現地で空間を体験した後、その場を離れ、被験者に各視点場ごとに断面想起シートに記入してもらう実験方法である。

各視点場における被験者の断面構成の認知傾向を分析するにあたり、想起断面（断面想起法によって描かれた断面）と実断面（実際の断面）を同スケールで重ね比較するシートを作成

し，さまざまなランドスケープ-アーキテクチャーの視点場の距離や勾配，天井高などの認知を明らかにしている。

c. 空間要素図示法

○鈴木弘樹「断面指摘法による空間構成と空間認知の相関分析」日本建築学会計画系論文集，No.613, pp.111-117, 2007.3

〔要約〕　この研究は，「b. 統制的描写法」で紹介した積田洋・鈴木弘樹・栗生明「断面想起法による空間認知の分析」と関連した研究である。

ランドスケープ-アーキテクチャーの空間認知傾向と心理的評価に関係する空間構成要素を，建築とランドスケープの空間関係を連続的に表現できる断面図に着目し，ランドスケープ-アーキテクチャーで空間構成上重要だと感じる要素を指摘してもらう「断面指摘法」によって捉えた空間の高さや距離，段差や傾斜などと同時に，ランドスケープ-アーキテクチャーの床や壁，天井，テラス，水，緑，山，街並みなど，詳細なものから広大なものまで網羅的に抽出する実験方法である。実験で得られた空間構成上重要な要素が，空間認知の傾向や人の意識にどのように影響しているかを明らかにした研究である。

実験方法は，断面想起法の実験と同時に行い，断面想起法によって描写したスケッチに直接，空間構成上重要な要素を数限りなくあげて指摘してもらう手順で行った。

分析は，断面指摘法によって指摘された個々の空間構成の要素や，空間構成要素の中で最も指摘が高い要素と個々の空間要素を水平・垂直などの属性にまとめたものと，空間認知傾向比率の相関の関係を分析するなど，また心理量と空間構成を類型化し，空間認知傾向をマトリックス分析によって総合的に分析を行い，空間認知傾向に影響していると考えられるさまざまな要素間の関係を詳細に分析している。

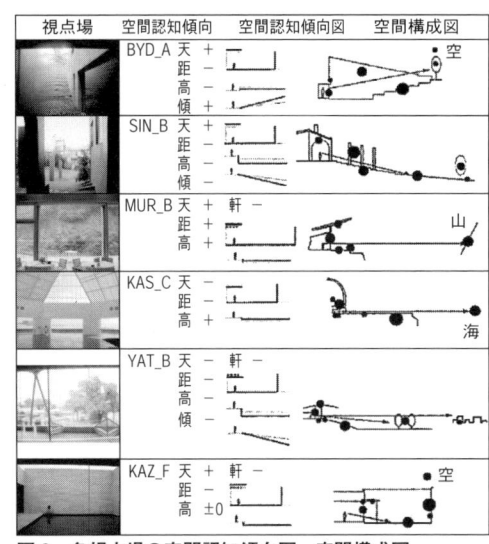

図6　各視点場の空間認知傾向図・空間構成図
（引用文献8）
指摘率　●1～33%　●34～66%　●67～99%　●100%
天：天井高　距：境界距離　高：敷地高低差　傾：敷地傾斜
軒：軒長
＋：高く，長く，上方向　－：低く，短く，下方向

〔引用文献〕
1) K.リンチ，丹下健三・冨田玲子訳『都市のイメージ』岩波書店，1968, 187～188頁・図36
2) 日本建築学会編『建築・都市計画のための空間計画学』井上書院，2002, 49頁・図1～3
3) 高橋鷹志・長澤泰・西出和彦『環境と空間』朝倉書店，p.91, 1997
4) 日本建築学会編『建築・都市計画のための空間学事典』p.14, 1996
5) R.M.ダウンズ & D.ステア，吉武泰水監訳，曽根忠宏・林章訳『環境の空間的イメージ』鹿島出版会，1976
6) 徐華・西出和彦「床面形状の認知：展示空間における経路選択並びに空間認知に関する研究（その4）」日本建築学会計画系論文集，No.620, pp.73-79, 2007.10, 75頁・図3
7) 積田洋・鈴木弘樹・栗生明「断面想起法による空間認知の分析」日本建築学会計画系論文集，No.589, pp.85-90, 2005.3, 87頁・図3
8) 鈴木弘樹「断面指摘法による空間構成と空間認知の相関分析」日本建築学会計画系論文集，No.613, pp.111-117, 2007.3, 113頁・図2

〔参考文献〕
1) 高橋鷹志・長澤泰・西出和彦『環境と空間』朝倉書店，1997
2) 日本建築学会編『建築・都市計画のための調査・分析方法』井上書院，1987
3) R.M.ダウンズ & D.ステア，吉武泰水監訳，曽根忠宏・林章訳『環境の空間的イメージ』鹿島出版会，1976
4) 日本建築学会編『建築学用語辞典 第2版』岩波書店，2003
5) 鈴木弘樹「断面想起法による建築内部と外部の空間認知に関する研究」東京大学学位論文，2007
6) K.リンチ，丹下健三・冨田玲子訳『都市のイメージ』岩波書店，1968

1.21 想起を記述する 想起法

福井 通

1. 概要

(1) 物理的空間と心理的空間

想起を記述する際，物理的空間と心理的空間が区別され，物理量と心理量の関係性を記述することが一般的である。

物理的空間は，人の外部に客観的・実在的に存在する空間だが，すべての人に等価に在るわけではない。アフォーダンスが示すように，同一の物理的空間でも，生物により環境世界の意味は異なる[1]。人の空間も同様に，体験者により異なる意味をもつ空間として存在している。

心理的空間は，人の意識内に主観的・実存的に存在する空間である。一般的には，子供と老人では環境の意味が異なるように，経験や学習，属性等により心理的空間の意味は異なる。

(2) 想起とイメージ・記憶

研究者にとっては，被験者の心理的空間をどのように想起させ，抽出するかが課題となる。その際，イメージと記憶がキーワードとなる。

想起とイメージ：想起法は，被験者の内的イメージを抽出する方法である。イメージの空間と知覚の空間を区別することが重要である。知覚とは現前している環境の事物，事象を認知することである。つまり対象が目の前にあることが条件だが，イメージは対象が意識の内部に現れるしかたであり，再生や記憶と関連する。人間の行動はイメージに規定されているが，イメージは大別すると，「事実のイメージ」と「価値のイメージ」があり[2]，そのいずれを想起・抽出するか，抽出方法には工夫が必要である。

想起と記憶：想起（recall）は「保持されている過去経験，特に記憶心像を再現する過程，またはそれを報告すること」[3]と定義されている。つまり，脳のどこかに貯蔵された記憶の引き出しから，刺激により再現された過程と理解されている。しかし，記憶は単なる過去の残像の記録ではなく，未来への予感を含む能動的作用として理解されるべきである。

「貯蔵された記憶」を記憶の存在論とすれば，「能動的作用としての記憶」は記憶の生成論といえよう。港千尋は「人間の記憶は，文字や数字や信号のように書き込まれ保存されている記録ではなく，われわれが生きているすべての瞬間に，刻々と変化しながら現出するものではないか。記憶は刻印の集積ではなく，ひとつの動的システムではないか」[4]と指摘している。

このような想起作用がもつ，未来への能動的側面についての哲学的根拠には，J.P.サルトルの『想像力の問題』[5]をあげることができる。

2. 研究目的と調査方法

想起作用は一種の動的システム，イメージのダイナミックな再現過程と理解することができるが，何を想起するかは想起が行われる雰囲気，環境条件等により異なる。一般的には，想起時の被験者の関心事や志向性が，想起内容に影響を与えることになる。したがって，調査にあたり重要なことは，被験者の記憶から想起により何を引き出し記述するかを明確にし，想起作用をコントロールすることである。

想起法でよく知られた都市空間のイメージ調査の嚆矢に，K.リンチ（Kevin Lynch）の研究がある[6]。彼の調査方法は，比較的少数の被験者に対し，長時間のインタビュー調査を行った。都市を構成する主要なイメージエレメントが何か，未だ不明の段階での調査であった。

その結果，多くの人々が共通に抱くパブリックイメージとして5つのエレメントが抽出されるなど，イメージ調査の可能性を示唆した。

イメージには大別して，「事実のイメージ」と「価値のイメージ」があることはすでに述べた。事実のイメージ調査とは，例えば調査対象地区に「何が在るか・無いか」の調査を指し，価値のイメージ調査は，それが「好きか・嫌いか」等の調査を指す。K.リンチの研究は，意味（meaning），すなわち価値のイメージにも言及はしたが，事実のイメージが中心となっていた。また，彼の研究は調査者の先験性と洞察力，および話術を含む抽出能力が必要とされる調査であった。

このように，被験者に何をイメージとして想起させ抽出するか，調査方法は研究目的により異なることに留意し，調査をコントロールする必要がある。

3. 調査方法の種類と特徴

(1) エレメント想起法

エレメント想起法（Element Recall Method）には、大別して自由想起法と条件想起法の2つがある。

自由想起法は、被験者に調査対象空間の構成エレメントを、想いつくままに自由に想起してもらう方法である。例えば、「○○の街で、あなたが知っているもの、想い出すものをあげて下さい」といったように、被験者が想いつくエレメントを順次記録するだけである。エレメントの位置等をその場で特定したい場合は、対象地区の白地図を用意する等、適宜判断をする。

条件想起法は、「○○の街で、あなたが嫌いな場所をあげて下さい」といったように、形容詞等の条件を付け調査する方法である。人間の想起は、好ましくない記憶は想起されにくい傾向にあり、自由想起法を補うために発想された想起法である。地図等を示し、好きなエレメントに○、嫌いなエレメントに×のような調査もこれに含まれよう。

調査内容・対象地区にもよるが、被験者が想起するエレメント数は3～6程度である。なお、図的エレメントは最初に想起されやすい等、一般的には想起される順番にも意味がある。

調査する場所は、知覚世界に影響を受けないよう駅のホーム等、対象地区が見えない場所で被験者が調査に協力しやすい環境が望ましい。

長所：自由想起法は自由に発想させるので、心的環境を素直に自然な状態で抽出できる特徴がある。また、条件想起法は条件を付けるので被験者が答えやすく、条件付けをうまく行えば抽出しにくいマイナスイメージの抽出も可能である。いずれも、きわめて短時間に多量のデータを得ることができ、数量解析が可能である。

欠点：自由想起法は、調査対象空間に特徴がない場合や逆に複雑な場合は、エレメントを抽出しにくいことがあげられる。また、プラスのイメージは抽出しやすいが、マイナスイメージのものは抽出しにくい傾向がある。条件想起法は、条件付けのしかたにより、被験者の心的環境が誘導または影響を受ける可能性がある。

(2) パズルマップ法

パズルマップ法（Puzzle-map Method）は、病院や美術館等の内部空間を、利用者がどのようにイメージしているかを研究するために開発された調査方法である。調査対象空間を複数の単位空間に分割したばらばらのパーツを被験者に示し、パズルのように正しいと思う平面図を再構築させる方法から、この名称が付けられている。

被験者が抱く「空間のイメージ」のあり方を探る既存の調査方法には、イメージマップ法、サインマップ法、エレメント想起法などがある。これらの方法は、いずれも都市的スケールを対象として考案された手法で、細かく複雑な内部空間のイメージを探る調査方法には適していない。この課題に挑戦した実験的方法が、パズルマップ法である。

長所：あらかじめパズルパーツに分けられている故、被験者は認知マップのように描画技法に左右されずに適応できる。ある程度の複雑な空間でも、何を知りたいかでパーツの大きさを決め、空間の分節を変えることが可能で、研究目的に応じた分節方法を取ることができる。また、調査方法を工夫することにより、多変量解析等の数量的分析を行うことが可能である。

欠点：被験者に調査前に対象空間を体験させる必要があり、学習・調査には時間がかかり被験者も制限される。パズルパーツが図面等だと、素人には形態・空間を理解するのが難しい。被験者が建築学科の学生等に限定されそうである。また、体験し学習した後に調査を行うので、知覚空間とイメージ空間が判然とは区別しにくい可能性がありそうである。

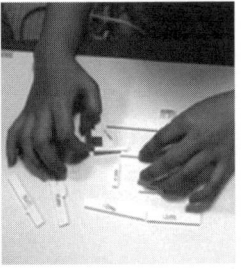

図1 パズルパーツの組立て （引用文献3）

4. 応用事例

a. エレメント想起法

○志水英樹・福井通「中心地区空間におけるイメージの構造」に関する一連の研究[7]

〔要約〕 この一連の研究は，首都圏の駅前中心地区を調査対象とし，来街者が抱いているイメージの構造を探ることを目的としている。

① 「中心地区空間におけるイメージの構造」（その1）〜（その4）は，「自由エレメント想起法」を用いた調査・分析事例である。被験者に対象地区を構成しているエレメントを自由に想起させ，中心地区の空間構造をエレメントの想起確率（想起される度数／全被験者数）の分布として示し，「街のイメージ」を定量的に分析している。

② 「中心地区空間における構成要素の意味的サブ構造に関する研究―中心地区における意味空間の構造（その1）―」は，「条件エレメント想起法」を用いた調査・分析事例である。被験者に形容詞による条件を与えてエレメントを想起させ，対象地区の意味空間の構造を複数のサブ構造に分解し，その複合過程として解明することを目的としている。

いずれも「想起エレメント法」を用い，街のイメージを定量的に分析した応用事例であるが，前者は「事実のイメージ」について，後者は「価値のイメージ」についての研究である。

〔解説〕 前者①の研究で用いられた「自由エレメント想起法」は，対象地区の最寄り駅のホームで電車待ちの人を被験者とし，「○○の街で，あなたが知っているもの，想い出すものをあげて下さい」と質問している。被験者数は属性別分析を考慮し，一地区につき男子既婚，男子未婚，女子既婚，女子未婚の各々100名，合計400名である。被験者は次の電車が来るまでは協力的で，この調査方法は短時間で多くのサンプルを得るメリットがある。

調査の集計結果を見ると，1人当たりの平均想起量は地区により異なる。線的地区では3〜4個，面的地区では5〜6個である。また，想起確率1/8以上の高いエレメントの数と分布は3〜9個あり，地区の核となるパブリックイメージをもつ図的エレメントを構成している。

本研究では，抽出されたエレメントの想起確率を用い，さまざまな分析が行われている。（その1）では，この想起確率の分布を外的基準として，地区を構成する物理的属性（建物の階数，間口，面積，駅からの距離等）を説明変数として重回帰分析が行われ，（その2，3）では，数量化Ⅰ類を用いエレメントの業種別イメージ確率に対する貢献度を算定，（その4）では，同じ想起確率の分布から情報理論的分析が行われる等，応用の可能性は高い。

後者②の研究での「条件エレメント想起法」は，14対（28個）の形容詞が条件として用いられた。これらの14対の形容詞を順不同に並び替え，「この街において，以下の形容詞に該当すると思われる所（場所）をあげて下さい」と質問し，回答の記録と被験者のフェイスシートが作成された。被験者数は，①の研究同様4属性だが，人数は各属性50名でよいと判断し，合計200名／地区である。

各形容詞別に連続的に想起された場合は複数個が記録され，即座に想起されない場合には空欄とされた。調査対象地区は，「自由が丘」「武蔵小杉」「武蔵溝ノ口」の3地区である。これらの地区は物理的特性が異なることから，意味空間の構造も異なることが予想された。

調査結果は，形容詞別のエレメント想起度数と評価順位が考察された。「よく行く，にぎやかな，中心的，明るい」等の中心地区特有のプラスイメージをもつエレメントの想起度数は共通して高い値を示すが，他の形容詞は各地区の異なる特性を反映し興味深い結果を示している。

さらに，28個の形容詞は，エレメントの想起度数を変数とするクラスター分析により6〜7個の意味因子（中心性，好感性，不確定性等）に分類され，想起エレメントは28の形容詞による想起度数を変数としたクラスター分析により5〜8のクラスターに分類された。

これらのクラスターは，同地区のサブエリアのエレメントの分布構造と対応することから，対象地区の意味的なサブ構造と解釈され，中心地区における意味空間の構造は，これらのサブ構造の複合過程であることが示されている。

図2　自由想起エレメント分布図（自由が丘）（引用文献1）

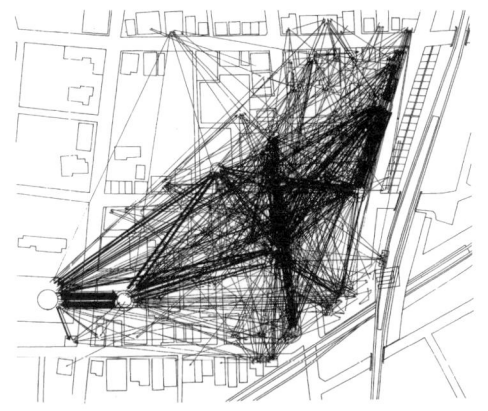

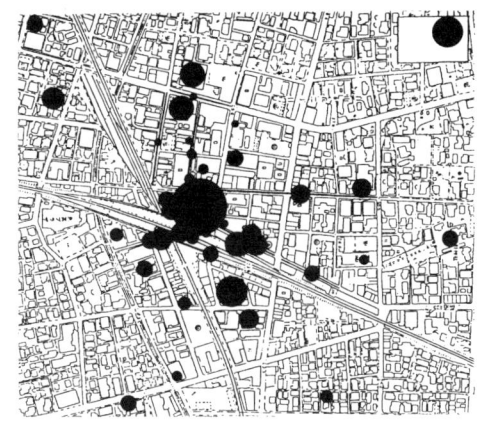

図5　条件想起エレメント分布図（自由が丘）（引用文献2）

図3　自由想起イメージフロー（自由が丘）（引用文献1）

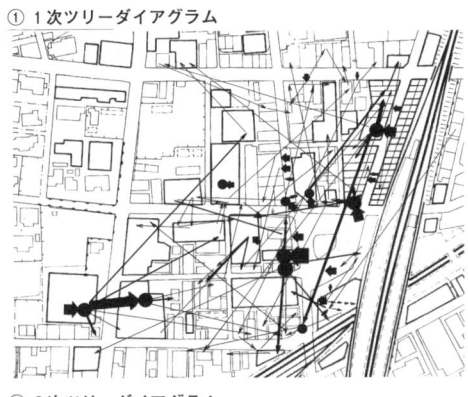

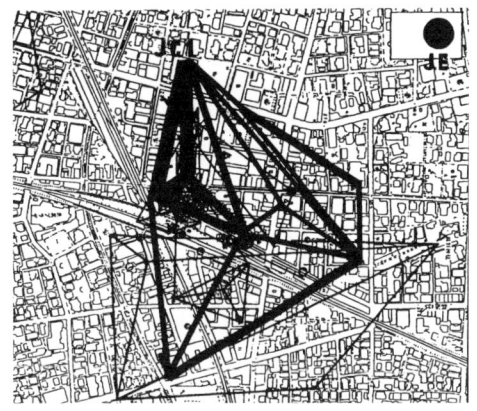

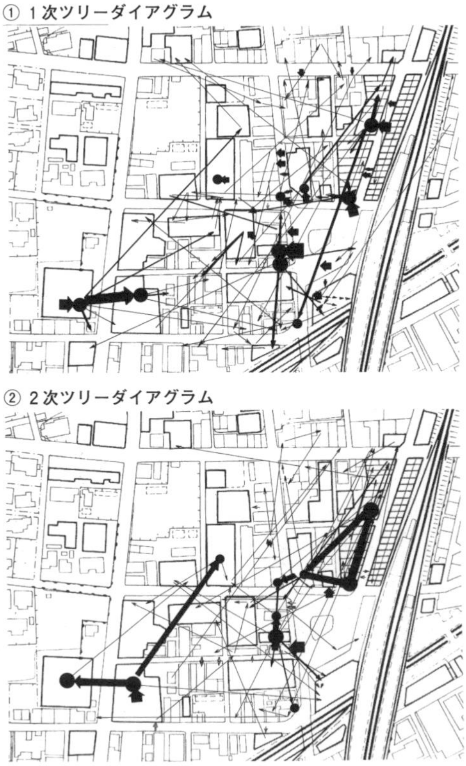

図6　条件想起クラスター分布図（自由が丘）（引用文献2）

① 1次ツリーダイアグラム

② 2次ツリーダイアグラム

図4　イメージフローの構造化（自由が丘）（引用文献1）

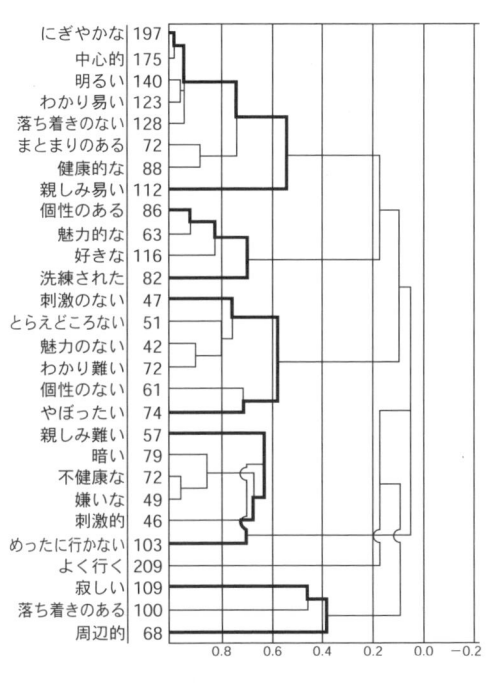

図7　形容詞のクラスター分析結果（自由が丘）（引用文献2）

I　調査の方法　137

b. パズルマップ法

○船越徹・積田洋・高橋大輔「パズルマップ法による病院の内部空間の分析—新しい認知マップ実験法の開発とその適用—」日本建築学会計画系論文報告集, No.503, 1998.1[8]

〔要約〕 本研究は, 病院の内部空間を研究対象とし, その空間把握の構造を捉えることを目的としている。

「空間のイメージのしやすさ」については, K.リンチのいう都市のイメージアビリティ(imageability)の概念があるが, 建築の内部空間に適用できる具体的手法ではない。一方, 病院, 学校, 美術館等, ある程度建築規模が大きく機能が複雑になると, 利用者にとって内部空間の把握が困難となる傾向がある。

この課題に対し, 被験者が表現しやすく, かつ, 数量的解析が可能な方法として, 「パズルマップ法」という方法を開発し, 内部空間のイメージアビリティを把握するという課題に, 本研究は実験的に挑戦している。

〔解説〕 調査方法：調査対象の病院の空間について, 「ホールや廊下などのパブリックスペースの正しい平面図を, 垂壁や天井高の変化, 廊下幅や折れ曲がりなどによってできる, 一つの空間のまとまりと感じられる単位ごとにばらばらに切り放したものを, パズルパーツ（20程度になる）として被験者に与え, パズルのように正しいと思う平面図を組み立てさせる」方法をとる。

実験の手順は, ①診察を受けにくる受診者が行動すると推定された行動をもとに, エントランス・総合案内・外来部門・検査部門といったルートを定め, 被験者（建築学科計画系の学生）に実験対象範囲を30分間, 自由に歩き回らせ空間を学習させる。

②その後, 別室で, 見学した際の記憶をもとに, 台紙上にパズルを組み立て, パブリックスペースの平面図を作成させる。その際, 判断基準となったものを自由に書き込ませる。

③完成したパズルおよび台紙上に, 記憶に残ったエレメントを自由に書き込んでもらい, さらに研究者側が指定したエレメント表を配布し, それも書き込んでもらう。この作業には1時間30分を与える。

④さらに正解図上にて, ③と同じ作業を30分以内で行ってもらう。

分析方法：調査結果から, ①被験者がどのパズルを基準として組み立てたかの基準指摘率, 各パーツの正答率, パーツ接続誤答率, エレメント想起率等を算出し, パーツ相互の関係がどの程度正確に把握されているかを分析している。

②被験者が作成したパズルマップを別の被験者に評価させ, 空間構成をどの程度把握しているか数値化させ, パズル完成度の評価を行うと

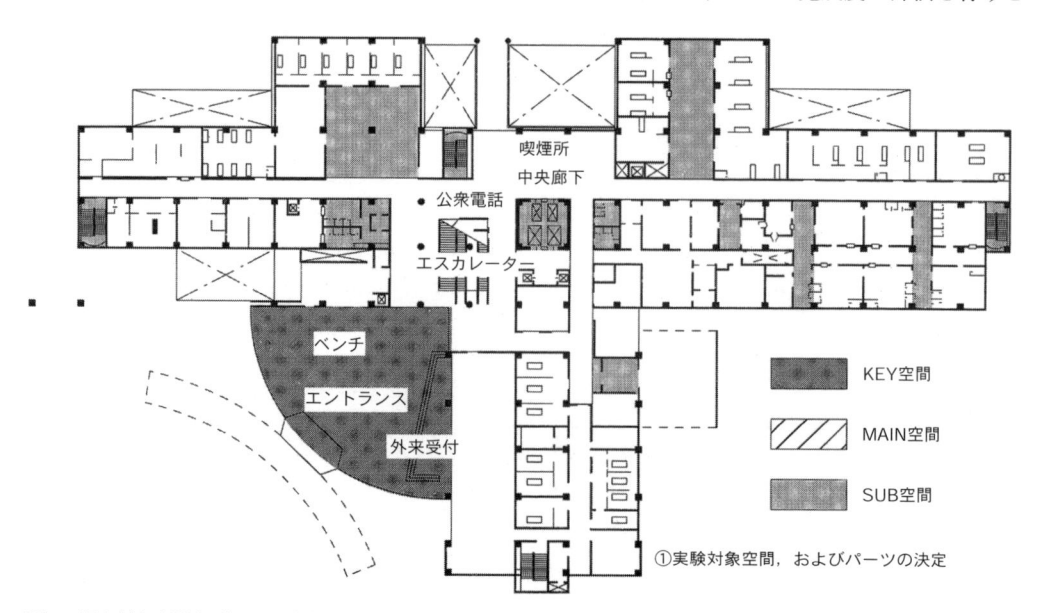

図8 調査対象空間とパーツの決定 (引用文献3)

ともに，数値化を操作的に扱い，パーツ構成種類別，パーツ接続種類別の重回帰分析を行い，空間のわかりやすさを評価・予測することが可能であることを示している。そのことにより，この実験的研究で開発したパズルマップ法が建築の内部空間の把握に有効であることを考察している。

①分割されたパズルパーツ

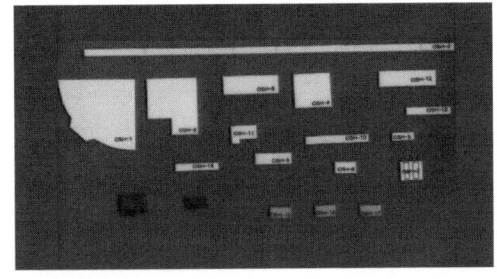

②正解パズルマップ

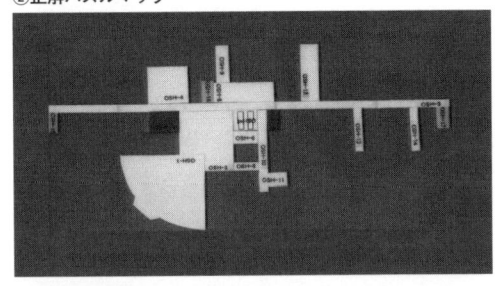

③被験者が作成したパズルマップ

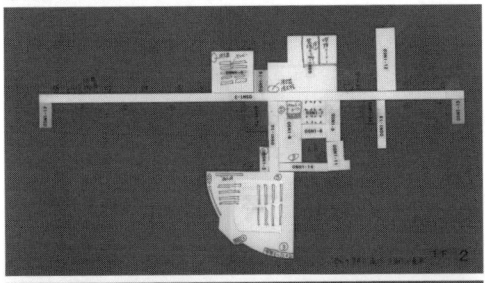

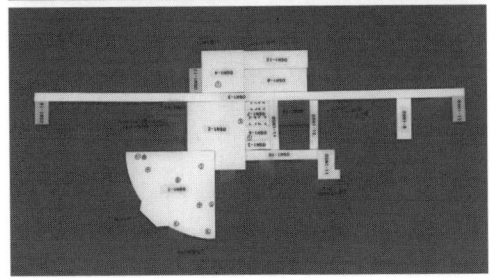

図9　パズルパーツとパズルマップ（引用文献3）

〔引用文献〕
1) 志水英樹『街のイメージ構造』pp.25, 44, 56, 57, 技報堂出版, 1979
2) 志水英樹・福井通「中心地区空間における構成要素の意味的サブ構造に関する研究—中心地区における意味空間の構造（その1）—」日本建築学会計画系論文報告集, No.371, pp.44-55, 1987.1
3) 船越徹・高橋大輔「空間把握の構造をとらえる」『建築・都市計画のための空間計画学』pp.48-56, 日本建築学会編, 井上書院, 2002, 51頁・図5（一部）

〔参考文献〕
1) 日高敏隆『動物と人間の世界認識』筑摩書房, 2007
2) K.E.ボールディング, 大川信明訳『ザ・イメージ』誠信書房, 1962
3) 梅津八三・宮城音弥・相良守次・依田新編『心理学事典』平凡社, 1957
4) 港千尋『記憶』講談社, 1996
5) J.P.サルトル, 平井啓之訳『想像力の問題』人文書院, 1955
6) K.リンチ, 丹下健三・富田玲子訳『都市のイメージ』岩波書店, 1968
7) 志水英樹・福井通「中心地区空間におけるイメージの構造」（その1）〜（その4）, 日本建築学会論文報告集, No.229, pp.163-171, 1975.3, No.236, pp.49-59, 1975.10, No.244, pp.51-61, 1976.6, No.263, pp.101-108, 1978.1
8) 関連文献に以下の研究がある。
高橋大輔・船越徹・積田洋「パズルマップ法による小学校の内部空間の分析—新しい認知マップ実験法の開発とその適用—（その2）」日本建築学会計画系論文報告集, No.515, pp.151-158, 1999.1
高橋大輔「パズルマップ法によるミュージアムの内部空間の分析—新しい認知マップ実験法の開発とその適用—」日本建築学会計画系論文報告集, No.518, pp.137-144, 1999.4

1.22 要素を指摘する 指摘法

1. 概要

われわれが実際に建築や都市の空間を体験したとき，その空間を構成している建築，その部位，看板，遠くに見えるランドマーク，街路樹，ストリートファニチャーなどさまざまなエレメントを意識する。しかし，その空間を構成するエレメントのすべてを意識するわけではない。その空間を特徴づけているエレメントが意識され，エレメントによっては長く記憶に残ることとなる。例えば，パリといえばエッフェル塔，渋谷では忠犬ハチ公などは，その街を説明する代表的なエレメントである。しかし，実際の空間は上記のように刺激の強いエレメントのみで構成されておらず，空間構成や構造の特徴を具体的に捉えることはできない。

そこで，実際の空間，その場において直接，印象的なエレメント，特徴的なエレメントをあげてもらい，これを集計してその街や都市の空間構造を把握するための方法が指摘法である。

2. 目的と特徴

人間の認知機能で重要である，人が過去の経験を憶え込み，保持する働きが〈記憶〉であり，心理学において，〈記憶〉は記銘・保持・想起・再生・再認の過程から構成される情報処理（情報の保持と再生）であり，この〈記憶〉の一側面が"想起"であり，憶え込んだこと（記銘）を再生することである。

図1に示すように，この記憶のメカニズムの中で「短期記憶」とは，約20秒間に7～8項目まで貯蔵され，それ以上保存できない記憶である。また，「中間記憶」は9時間程度で大半が失われ，1時間から1カ月程度保存されるもので，「長期記憶」とは忘却しない限り保存されるものである。

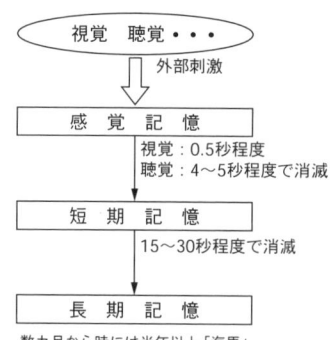

この記憶による指摘法とエレメント想起法（1.21 参照）との違いは，指摘法が短期，中期の記憶を再生することであり，エレメント想起法は中期から長期の記憶を再生する方法といえよう。したがって，エレメント想起法は地域の中でも強く認識されるイメージに残るエレメントの抽出に向いており，指摘法はより実際の空間の具体的な構成について意識されるエレメントの抽出に用いられる。

3. 方法の解説

① 指摘実験の方法

実験の対象となる空間で，被験者に空間を一通り体験した後，「この地点（空間）において，印象的なもの，特徴的なものを数に限りなくあげて下さい」と教示し，直接エレメントを指摘してもらい，平面図や配置図等の用紙に指摘したものの位置に丸印を付け，またそのものを特定できる言葉や図，絵を書き込む方法である。さらに，印象に残った理由を記述してもらう場合もある。

書き込んでもらう平面図や配置図には，調査地点や建物の輪郭，道路や歩道などが記されているものを用いて，被験者が指摘するエレメントなどを正しく記入できるように準備することが必要である。また，実際の空間ではさまざまな類似のエレメントや識別の難しいエレメントなど多様であり，集計の際にこれらが特定できるように図や絵，言葉などを付記させる。一方で，研究者は該当地区のエレメントの詳細について，実験の事前，事後に調べておく必要がある。

② 指摘エレメントの集計・分析

指摘されるものは必ずしも物理的なエレメントとは限らず，雰囲気を表す言葉や人，車両といったものも含まれるので，これらは目的に合

図1 記憶のメカニズム

積田 洋

わせて整理・排除する。さらに，エレメントの属性や種別ごとにまとめ，併せて「特定できるもの」「ペーブメントのテクスチャーや街路樹など一体として指摘されるような複数あるエレメントで特定できないもの」に分類する。

それぞれのエレメントの指摘数を集計し，指摘率を求める。

指摘率＝エレメントを指摘した人数／全被験者×100%

③ ドットマップの作成

指摘率をその値の大きさに比例したドットや点線に置き換え，各地区ごと配置図にプロットする。

図2〜図4は，筆者らが現地にて指摘法実験を行ったイタリア，ナポリの南，サレルノ湾に面したイタリア最古の港湾都市アマルフィ，ネパールのカトマンズ盆地にある多数の宗教が混在して作られた都市パタンのダルバル広場，小高い丘の頂上に建てられた仏教寺院のあるスワヤンブナート広場について指摘率をドットとして表したものである。

アマルフィのドットマップを見ると，背景となる海や街を囲む岩山が，意識のうえではその街を特徴づける「図的」エレメント（後述）として，聖アンデレ教会が「図」エレメントとして強く意識され，街のランドマークとなりキーエレメントとなっている。

パタン・ダルバル広場は，多くのストゥーパが存在するにもかかわらず，単一で「図」となるエレメントはなく，これらのストゥーパの総体として広場を特徴づける「図的」エレメントとして構成され，多様性を生んでいる。

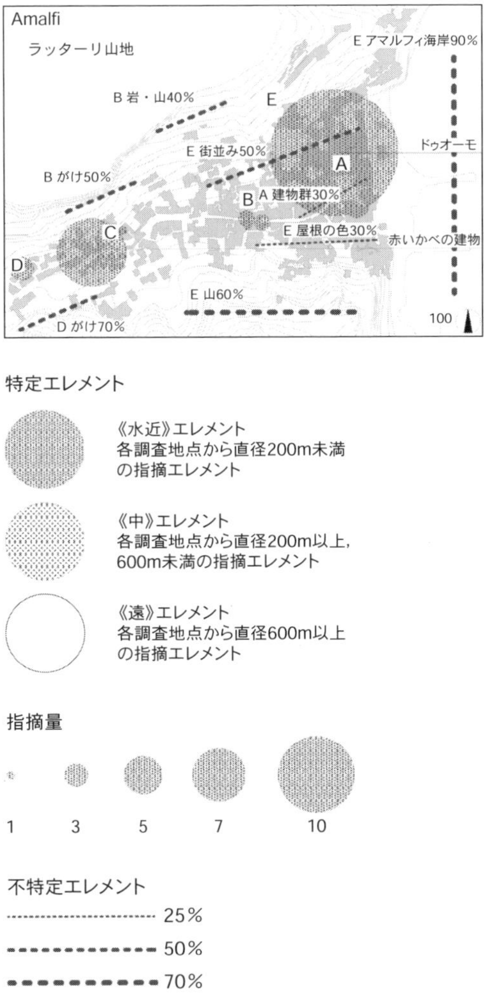

大別	種別	指摘エレメント	指摘率
特定	近	教会	90%
	近	赤いかべの建物	90%
	近	トンネル	40%
	近	BAR PESCHRIA	40%
	近	建物と建物をつなぐ廊下	30%
	近	オープンテラス	30%
	近	教会の階段	30%
不特定		がけ	50%
		洗濯物	40%
		岩・山	40%
		人	40%
		建物群	30%
		小広場	30%

図2 ドットマップ／アマルフィ

I 調査の方法

- 広場脇のマーケット
- 塔群
- 行き交う人々
- 全体の見通し
- 開放感
- 期待感
- 軸性
- 鳩

- お土産・店舗
- 五色の旗
- マニ車
- 犬・猿
- 音楽

図3　ドットマップ／パタン ダルバル広場 (引用文献1)

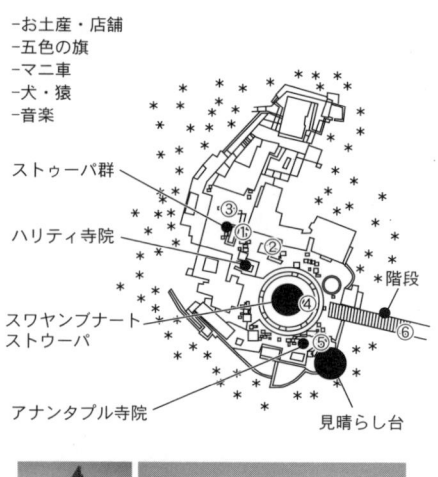

図4　ドットマップ／スワヤンブナート広場
(引用文献1)

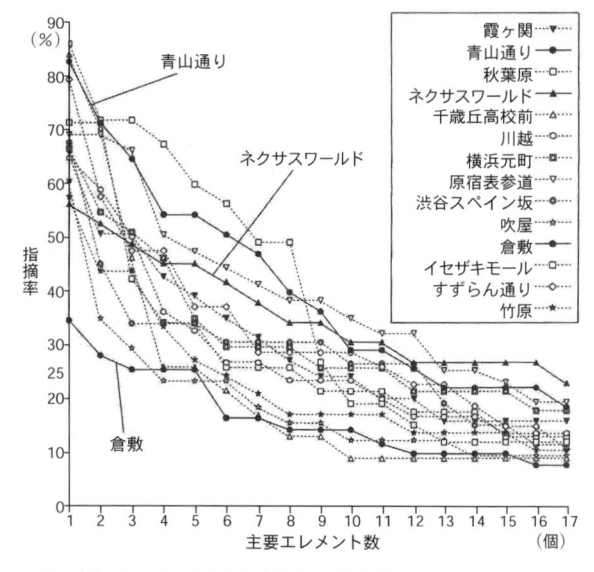

図5　主要エレメント低減グラフ (引用文献2)

表1　指摘エレメントの低減傾向による分類 (引用文献2)

グラフ形状		指摘エレメントの低減のしかた		
		緩	中間	急
エレメントの位置最高指摘率を得た	高	青山通り イセザキモール	すずらん通り	千歳丘
	中	原宿・表参道 ネクサスワールド	霞ヶ関 秋葉原 川越 横浜元町 渋谷スペイン坂	吹屋 竹原
	低			倉敷

一方，スワヤンブナート広場は，頂上のスワヤンブナートストゥーパが「図」エレメントとして強く意識され，さらに地理的な空間の特徴としてカトマンズ盆地が見渡せる見晴らし台も「図」エレメントとして意識されている。

以上のように，ゲシュタルト心理学でいうところの「図」と「地」の関係が読み取れ，それぞれの空間構造を知ることができるなど，空間の意識から見た構成や構造の分析に有効な方法である。

④ エレメント数低減グラフの作成

指摘されたエレメントの指摘率順に並べ替えた低減グラフ（図5）を作成してみると，その街で特徴づけられ，印象に残るエレメントと印象に残る度合いから街のエレメント構成を理解できる。

1）指摘率の高いきわめて特徴的なエレメントが複数存在する地区，2）特徴的なエレメントが多数存在する地区，3）指摘率の低いエレメントが多数存在する地区などがあり，これらがその街の空間構造を表しているといえる。

4. 応用例

○積田洋「心理量分析と指摘量分析による街路空間の「図」と「地」の分析―街路の空間構造の研究（その1）―」日本建築学会計画系論文集, No. 554, pp.189-196, 2002.4

〔要約〕 特徴的・典型的な街路空間を選出し，「心理量分析」としてSD法による心理実験を行い，各街路空間の雰囲気をSD法により定量的に捉え，また「指摘量分析」として，各街路空間で印象に残る，あるいは特徴的な要素を抽出する指摘法実験を行い，得られたエレメントについて心理量との相関関係を分析している。エレメントのもつ心理的な意味を探り，意識の点から「図」と「地」の関係として街路の空間構造や特徴を捉え，「図的」エレメントという新しい概念を示している。

〔解説〕 研究目的に合わせて研究対象空間を網羅的に選ぶことが重要であるが，膨大な数の対

表2 心理量―主要エレメント相関係数表 （引用文献2）

因子番号・尺度	1———7	主要エレメント数(個)	
		特定	不特定
Ⅰ. 質の悪い感じ―質の良い感じ		-0.07	0.20
Ⅱ. 楽しい感じ―つまらない感じ		-0.35	-0.11
Ⅲ. 開放的な感じ―閉鎖的な感じ		-0.37	-0.12
Ⅳ. 古い感じ―新しい感じ		0.80	0.15
Ⅴ. 不連続な感じ―連続的な感じ		-0.64	0.10
Ⅵ. 特徴のある感じ―特徴のない感じ		-0.11	-0.12
Ⅶ. 落ち着きのない感じ―落ち着きのある感じ		-0.64	0.13
Ⅷ. 複雑な感じ―単純な感じ		-0.68	0.26
Ⅸ. 騒々しい感じ―静かな感じ		-0.57	0.07
Ⅹ. 平面的な感じ―立体的な感じ		0.40	-0.01
Ⅺ. 殺伐とした感じ―雰囲気のある感じ		-0.18	0.24
Ⅻ. ばらばらな感じ―統一感のある感じ		-0.71	0.20
ⅩⅢ. 緑の少ない感じ―緑の多い感じ		-0.17	0.10
ⅩⅣ. 目立つ感じ―目立たない感じ		-0.46	-0.10
ⅩⅤ. 中心性のある感じ―中心性のない感じ		0.36	0.16

相関分析（5%検定：有相関>0.46）

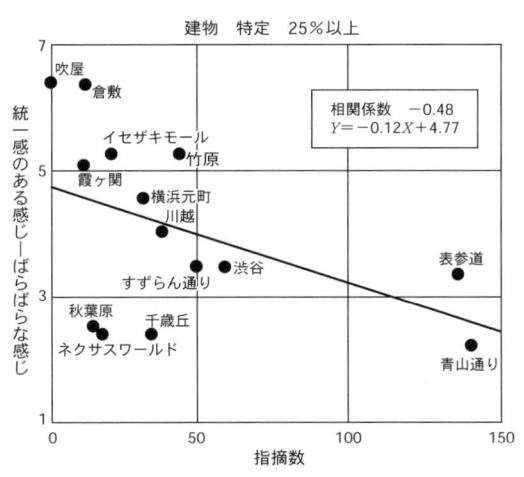

図6 心理量―指摘エレメント単相関図 （引用文献2）

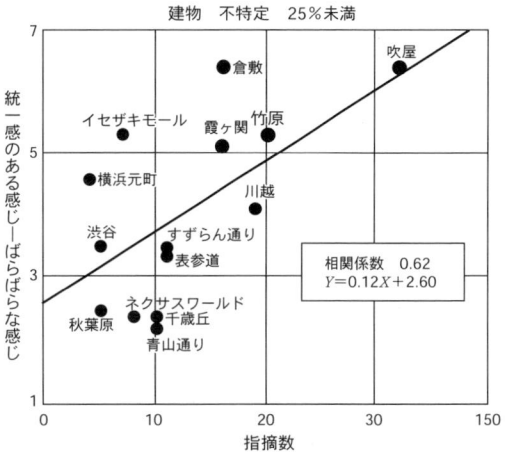

象をすべて調査することは不可能である。そこで，これらを代表する典型的な例を客観的な方法で選ぶ必要がある。その方法として，本研究では，文献などの資料により65の街を選び，平面形態，縦断面形態，用途など11のアイテムについて各街路の特徴を選択し，クラスター分析(2.14 参照)を適用して14に類型化し，それぞれ代表的な街路を調査対象としている。

各街路について，30名の被験者によりSD法による心理実験と指摘法実験を行い，指摘されたエレメントそれぞれについて指摘率を算出し，指摘率の割合を50％，25％，12.5％と総数に分けて，15の心理評定尺度の心理量との相関を分析している。その結果，25％以上の指摘のあるエレメント数が心理に対して影響が強いことがわかり，これを街路空間の「主要エレメント」と呼び，さらに単体で特定できるものと街路樹などのように複数で特定できるものとに分け，街路地図上に指摘率に対応したドットを分布し，各街路空間の特徴について論じている。

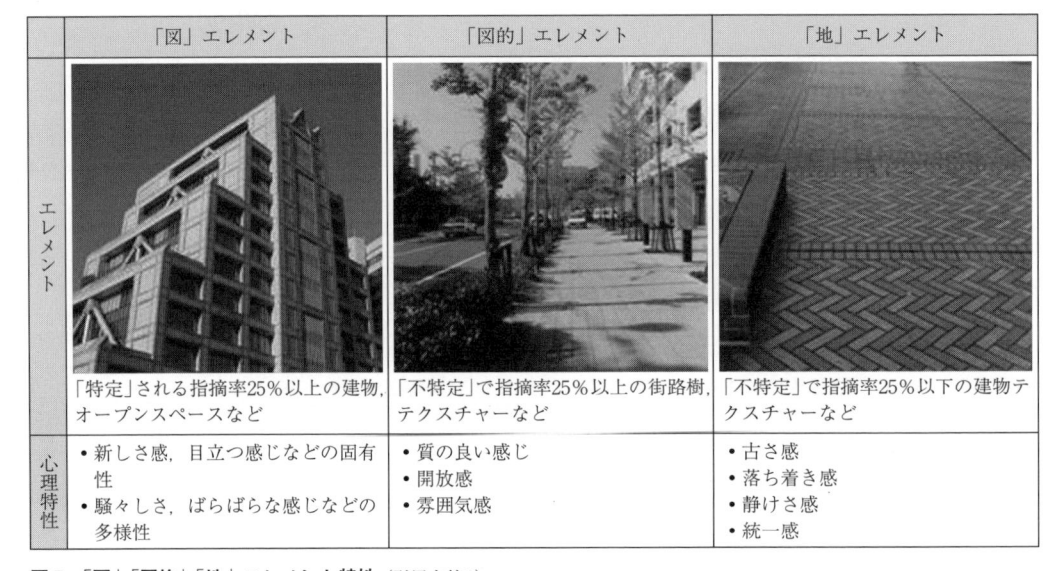

	「図」エレメント	「図的」エレメント	「地」エレメント
エレメント	「特定」される指摘率25％以上の建物，オープンスペースなど	「不特定」で指摘率25％以上の街路樹，テクスチャーなど	「不特定」で指摘率25％以下の建物テクスチャーなど
心理特性	・新しさ感，目立つ感じなどの固有性 ・騒々しさ，ばらばらな感じなどの多様性	・質の良い感じ ・開放感 ・雰囲気感	・古さ感 ・落ち着き感 ・静けさ感 ・統一感

図7 「図」「図的」「地」エレメント特性 (引用文献3)

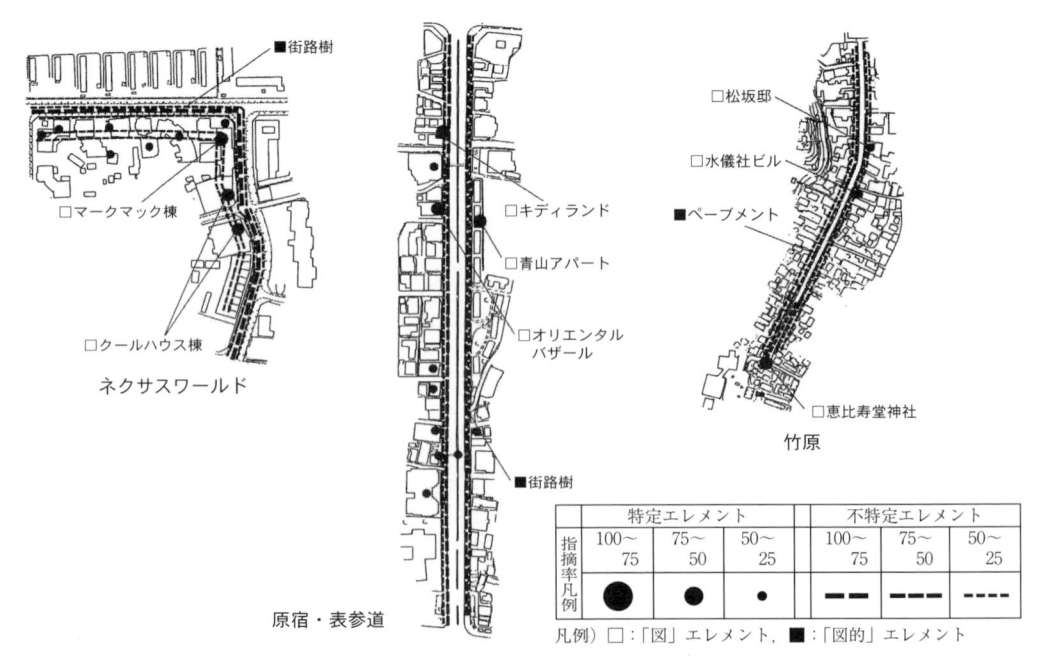

図8 主要エレメントドットマップ (引用文献2)

さらに，心理量をクラスター分析により類型化した〈意識型〉と，指摘エレメントの属性について指摘数から類型化した〈指摘型〉のマトリックス分析を行い，街路空間を分類し，エレメントの性格についてゲシュタルト心理学のいうところの「図」と「地」の関係から論じ，「図」となるエレメント，「地」となるエレメント，さらに「地的」な構成エレメントの中で特に街路を印象づけるエレメントとして，新たに「図的」エレメントという概念を示した。

〔引用文献〕
1) 積田洋・栗生明・鈴木弘樹・プロダンスラズ「指摘法による広場の空間構成要素の分析—ネパールにおける外部空間構成の研究(その1)—」日本建築学会計画系論文集，No.589, pp.63-70, 2005.3, 65頁・図-2
2) 積田洋「心理量分析と指摘量分析による街路空間の「図」と「地」の分析—街路の空間構造の研究(その1)—」日本建築学会計画系論文集，No.554, pp.189-196, 2002.4, 191頁・図-2, 193頁・表-4, 表-5, 194頁・図-3, 図-4
3) 日本建築学会編『建築・都市計画のための空間計画学』井上書院，2002, 24頁・図-11

〔参考文献〕
1) K.リンチ，丹下健三・富田玲子訳『都市のイメージ』岩波書店，1967
2) 志水英樹『街のイメージ構造』技報堂，1979
3) 高野陽太郎『認知心理学2』東京大学出版会，1995
4) 柴山茂夫・甲村和三・林文俊『工科系のための心理学』培風館，1998
5) 齋藤勇『図説 心理学入門』誠信書房，2005
6) Hiroshi Tsumita, Shimpei Hamamoto : A Study on the Impressive Elements and the Atmosphere of City Spaces In Europe., Proceedings of the 7th International Symposium for Environment-Behavior Studies, pp.413-420, EBRA 2006

1.23 社会で試みる 社会実験

1. 概要

社会実験とは，新たな施策の展開や円滑な事業執行のため，社会的に大きな影響を与える可能性のある施策や事業の導入に先立ち，場所や期間を限定して施策等を実験的に試行するものである。例えば，高速道路におけるETCの導入，またスマートIC実験は，日本全国的かつ大規模な社会実験である。近年では，商店街に近い道路などをトランジットモールとする実験や観光交通としての自転車利用の促進，住宅地内を通るミニバス運行，オープンカフェ，オープンテラスの設置など，地方自治体や民間の社会実験が盛んになってきている。

都市の交通計画分野に限定すれば，社会実験の歴史は古く，1969年に行われた北海道旭川市「平和通買物公園」にさかのぼる。この実験では，12日間にわたり，車道から一切の自動車を締め出して歩行者天国（買物公園）化する社会実験が実施された[1]。車道に仮設の花壇，噴水，ブランコ，ベンチ，ビーチパラソル，フラワーポット等を配置し，総幅員20mの幹線道路を歩行者だけに開放した。

1997（平成9）年には，国の道路審議会や都市計画審議会において，交通社会実験が都市の交通問題を改善する場合の有効な手段であることが認識され，社会実験の積極的な活用が提案された。そして1999（平成11）年，旧建設省において新たに助成制度が創設されたことにより，日本の交通社会実験は都市交通計画の通常のプロセスのなかに明確に位置づけられることになった。

このことが重要な契機となり，社会実験は急速に普及した。現在では，ソフトな交通施設の多くが社会実験を踏まえたうえで本格実施の検討に移ることが半ば常識化しつつある[2]。

2. 目的と意義

社会実験は，地域が抱える課題の解決に向けた意見交換，ならびに市民への周知としても有効である。ときには，検討されていた施策の本格導入を見送るか否かを決める判断材料ともなり，市民にとっては「まずやってみる」，「課題や問題点がわかる」，「環境整備面においての不十分さを確かめる」というプロセスを共通で認識することができる。また，住民参加手法としてみると「敷居の低さ」が重要な特徴である。社会実験を体験することは「参加」というよりも「自然に巻き込まれる」という感覚に近く，多様な評価結果を得ることが期待できる[3]。

社会実験は，「企画立案」，「計画策定」，「実験実施」，「評価」というフェーズ（段階）を含んでいる[4]。「企画立案」では，対象とする地域が抱えている課題を明確に示し，実験の目的と手法を決定する。実験により得られる利点や欠点などを関係者で理解しておくことが重要である。「計画策定」では，実施体制を明確化し，場所や時間帯などを詳細に設定する。このとき，市民や関係者が実験に関する理解を深めることで，地域の合意を形成し，その後の本格実施を円滑にする。「実験実施」，そして「評価」では，実験により得られた効果や市民の意見を元にして実験の評価を行う。実験が成功したか失敗したかを明確に判断することは難しいが，一般的には，関係者，地域住民に対するアンケート調査が主流となっている。こうした社会実験の結果を公表し，「本格的に施策を導入する」，「実験を継続する」，「中止（導入の取りやめ）」等の選択肢を選ぶ。

都市づくりにおける主要な課題が，新しい市街地形成から既成の市街地再整備へと移行していくなかでは，すでに存在している社会資本を有効に活用するための手法が重要である。そして，実施した実験をいかに評価し結論へ結び付けていくか，ということも重要な視点である。

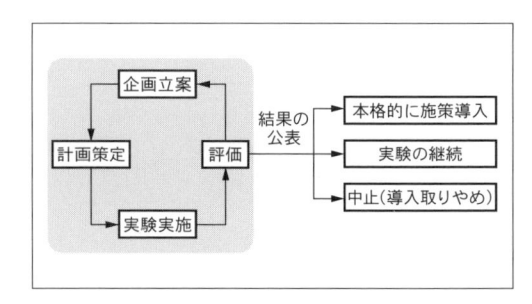

図1 社会実験の流れ
（国土交通省道路局の「社会実験の推進」を元に筆者が編集）

丹羽由佳理

3. 事例

社会実験は，実施される地域のみが改善されるだけでなく，他地域に有効な実験性を提供できるという利点も含んでいる。以下に，さまざまな地域で行われた社会実験の概要を示す。

a. 柏の葉まちづくり社会実験（千葉県柏市）[5]

千葉県柏市柏の葉地域では，「柏の葉アーバンデザインセンター（UDCK）」を中心として，新しい都市システムの構築に向けた社会実験が次々に展開されている。

地域で自転車を共同利用する「かしわスマートサイクル」は，ITと独自のポイント制度の仕組みを使ったレンタサイクル社会実験であり，5箇所に設置された駐輪ポートでは，専用端末にICカードをかざすだけで，どこでも自由に貸出・返却ができる。自転車利用の促進，近距離移動の利便性向上，放置自転車対策などの効果を検証している。

また，電力の公衆化を進める「公衆電源サービスespot」は，UDCKと東京電力株式会社の協働による社会実験である。非接触型ICカードへのモニター登録（無料）を行い，公衆電源ステーションにて認証確認がされると1回30分間，電力利用ができる。パソコンや携帯電話の利用のほか，近隣住民が友達と集まってホットプレートでバーベキューを楽しむなど，地域交流の機会としても機能している。新しい視点で製品・サービス開発を進める「産業創出の機会」に発展するものとして期待されている。

b. 交通エコポイント社会実験（名古屋市）[6]

市内の鉄道にICリーダーを設置し，交通渋滞の激しい都心部への移動に，公共交通を利用するとき電子的なポイントを与えた場合の効果を探る社会実験である。自動車利用と比較したCO_2削減量などをあわせて提示することにより，環境配慮行動への循環的拡大を狙っている。

c. 物流効率化の実証実験（東京丸の内）[7]

東京丸の内を対象として，対象地区への物流車両流入台数を減少させ，物流車両の走行距離も削減することを目的とした社会実験である。共同配送事業や駐車マネージメントにより，NOx, PMの排出量を削減するなどの環境改善も図られた。

d. 節水の社会実験（熊本市）[8]

市民一人1日当たり生活用水使用量を10%削減することを目標として，市民，事業体，行政機関に節水を呼びかける社会実験である。市のホームページで使用量を公表し，市民の節水意識や行動変化等についてアンケートや聞き取り調査を行っている。

〔引用文献〕

1) 太田勝敏編著『新しい交通まちづくりの思想 コミュニティからのアプローチ』鹿島出版会，1998
2) 日本建築学会編著『まちづくりの教科書シリーズ7 安全安心のまちづくり』丸善出版，2005
3) 久保田尚「交通社会実験の成果と今後」道路，Vol.751，pp.12-15，2003
4) 国土交通省道路整備局（社会実験の推進） http://www.mlit.go.jp/road/demopro/about/about01.html
5) 柏の葉アーバンデザインセンター（UDCK） http://www.udck.jp/
6) 佐藤仁美・倉内慎也・森川高行・山本俊行「公共交通利用促進のためのポイント制度の評価に関する研究：名古屋市における交通エコポイント社会実験から」日本都市計画学会都市計画論文集，Vol.41(3)，pp.25-30，2006.12
7) 高橋洋二・石田宏之・水口雅晴・折原清・最首恵「丸の内における交通・環境改善及び物流効率化のための実証実験」日本都市計画学会都市計画論文集，Vol.37，pp.241-246，2002.10
8) 熊本市保全課（くまもとウォーターライフ） http://www.kumamoto-waterlife.jp/

図1 柏の葉アーバンデザインセンター（UDCK）（引用文献5）

図2 かしわスマートサイクル（引用文献5）

図3 公衆電源サービスespot（引用文献5）

【コラム 4】乗り合い型交通システム・コンビニクル（東京大学）

「乗り合い型交通システム・コンビニクル」は，東京大学大和研究室が行っているオンデマンドバスシステムの社会実験である。コンビニクルとは「Convenient & Smart Vehicle」の略であり，便利で経済的な新しい交通システムを意味している。地方小都市などでは，路線バスの悪循環が深刻化し，バス業者が撤退する地域が多く見られるようになった。コミュニティバスの導入を図っている地域も多いが，路線バスよりもバス停が増える，特定の住宅地をコース設定しているために利用者が限定されてしまうという問題がある。

コンビニクルは，パソコンや電話を使える人はいつでも気軽に予約をすることができ，自宅や職場から好きな場所まで好きな時間に移動できる。システムに集まる予約を処理するプロセスで効率的な運行計画を即座に作り出し，似たような予約があれば一緒に運ぶ（乗り合い型）ことが可能である。

運行管理側のメリットは，低コストのサーバ運営，運行管理システムの充実である。サーバをサーバセンターで構築・管理し，複数の自治体でサーバを共有するため，初期コストおよびランニングコストを大幅に削減することができる。

また利用者のメリットは，ドア・トゥー・ドアで移動できる，時間が正確という点があげられる。実際の移動にかかった時間をデータベースに蓄積していき，実情にあった移動時間を算出する技術を確立するシステムを構築したことにより，地域の実態を正確に把握できるようになった。

2010 年までに三重県玉城町，千葉県柏市，山梨県甲府市，北杜市，埼玉県鳩山町，北本市等で社会実験を行っている。東京大学柏キャンパスのある千葉県柏市では，2006 年 1 月から実験を開始し，予約成立率を向上させるアルゴリズムの改善や高齢者を対象としたシステムの検証，予約提案サービスの検証など，新機能を追加しサービス内容を向上させている。利用者は，大学関係者のほか企業関係者や地域住民へも浸透し，買い物や病院への移動に利用されている。鉄道駅にはタッチパネル式の予約専用端末を設置するなど利用者の促進を図っており，地域になじみやすい工夫がなされている。

これまでの実験により，高齢者でも十分に利用できることが確かめられ，予約提案サービスの導入により 2 割弱の乗客増加が見込まれたことがわかった。また，運行時刻の正確さがサービスの評価に対して最も強い影響を及ぼしていること，さらには通勤・通学といった時間的制約の大きな状況下での利用時には，より高い価値を提供できることが検証されている。

（丹羽由佳理）

〔参考文献〕
1) 東京大学オンデマンド交通プロジェクト http://www.nakl.t.u-tokyo.ac.jp/odt/index.html
2) 坪内孝太・大和裕幸・稗方和夫「過疎地における時間指定の出来るオンデマンドバスシステムの効果」日本ロボット学会誌，Vol.27, No.2, 2008

図 1　東京大学オンデマンドバス

図 2　鉄道駅に設置したタッチパネル式予約専用端末

【コラム5】ケミレスタウン・プロジェクト（千葉大学）

千葉大学では，化学物質を可能な限り低減した住宅づくり，という主旨に賛同する企業と連携して「ケミレスタウン・プロジェクト」という社会実験を行っている。

新築住宅やリフォームした部屋に住むことで頭痛やめまいなどさまざまな症状を引き起こす"シックハウス症候群"。シックハウスの要因となる化学物質は，制度上では13種類しか指定されていないが，実際には数多くの物質が原因になっているのではないかといわれており，千葉大学はキャンパス内に化学物質を低減した建物を実際に建設し，次世代のモデルタウンづくりを検証している。「ケミレス」とは，「ケミカル(chemical)」がなるべく少ない「レス(less)」という意味を込めた造語である。

実験の大きな流れは3つに分かれており，1つ目は住空間や公共施設のモデルの建設，2つ目はそのモデルを評価するための室内揮発性有機化合物（volatile organic compounds：VOC）濃度の測定・分析である。そして3つ目は，体感評価などの健康影響調査となっている。これらの研究成果を踏まえて，指針値策定やケミレスの考え方を広く一般化するための認証制度の確立を目指している。

ケミレスタウンには，戸建住宅棟「住居ラボ」や展示室，クリニック，教室などの機能をもつRC造2階建「テーマ棟」のほか，居室単位のプレハブ実験棟「ユニラボ」と，延床面積1,500 m^2 を超えるさまざまなモデルが建設されている。季節ごとに最大116物質に及ぶVOC濃度測定および体感評価を実施し，十分な濃度低下を確認した室については，健康なボランティアによる短時間の体感評価および宿泊評価を実施してきた。

また，ケミレスタウン内の環境医学診療科において，シックハウスが疑われる家族の診察と症状改善を目指した宿泊評価も行っている。2009年には，学校の教室のモデルである「ケミレス教室」と住居ラボの1棟の居間と寝室を「ケミレスリビング」「ケミレス寝室」としてプロトタイプ認証した。プロトタイプ認証とは，改善の余地はありながらも，対象空間に採用されている構造形式，内装材，家具を用いれば，SHSを起こしにくいものとしてNPOケミレス推進協会が認証するものである。

このほか，シックハウスや化学物質を低減した建材を紹介する展示室「ケミレスギャラリー」をつくり，室内環境と健康に関する情報を発信している。また「ケミレス必要度テスト」という化学物質への感受性チェックテストをウェブ上に公開するなど，ケミレスの考え方を広く一般化するための仕掛けが工夫されている。

（丹羽由佳理）

〔参考文献〕
1) ケミレスタウン・プロジェクト　http://www.chemiless.org/
2) 花里真道，「健康住宅の実践－ケミレスタウン・プロジェクト」建築技術 2010年1月号

図1　ケミレスタウン

[II] 分析の方法

2.0 分析の方法について

　改訂版では，旧版の第3部（モデル分析）を廃止して，その一部を第2部に組み込んだり，統計解析ではない分析手法を取りあげている。しかし，第2部の分析方法で取りあげた手法の多くは，統計解析の中でも多変量解析といわれている手法である。これらのいくつかは，心理学，農学などの分野で開発され，現在では経済学，社会学，医学など多方面で用いられている。多変量解析を多用する分野に共通する特徴は，因果関係が明確でなかったり，作用のメカニズムが複雑でわかりにくいことである。しかし，とにかくメカニズムの説明や現象の法則性を見つけねばならない分野でもある。

　多変量解析は計算量の多いことが障害となっていたが，パーソナル・コンピュータの普及にともなって，その障害も少なくなった。しかし，手軽に利用できるようになり，特にプログラム・パッケージの普及は，これらの手法をブラックボックス化して，安易な利用が目に付くなど批判も多くなった。しかし，パーソナル・コンピュータの普及とパソコン・ソフトウエアの利用は，分析のフィードバックを容易にして，正確で緻密な分析を可能にしたことも見逃せない事実である。出力結果は入力データの質に左右されるので，批判の多くは入力するデータを十分に吟味せずに用いていることと，問題としている現象や，その周辺に関する広く深い知識と洞察力の欠如に起因している。はじめから多くの変数を入力するのではなく，1変数ごとに十分な分析，検討を行い，2変数間の相関図などを描いて，変数間の関係から各変数の傾向や性質，特性などを理解し，変数を選択しなければならない。そのうえ，この過程は分析結果を検討したり，結論を導くのにも役立つ。

　2.1で集計する（記述統計），2.2で視覚化する，2.3で数量データの統計的推定と検定の基礎，2.4で定性データの検定，2.5は多変量解析の基礎でもある相関について，定量データと定性データを対象に述べているが，これらは統計の基本であるだけでなく，入力するデータを検討する手段の一つでもあり，多変量解析を用いる場合でもまず目を通していただきたい。

　2.6から2.8，2.10から2.15までが多変量解析である。2.12のパス解析は一般の解説書にはあまり取りあげられてはいないが，重回帰分析の応用である。ただし，2.12ではパス解析以外の手法についても解説している。2.12のタイトルが「因果関係を探る」であり，この目的に合ったその他の手法にもついても述べているからである。

　この例より明らかなように，本書では，類書にないタイトルのつけ方，すなわち，方法別ではなく，目的別にタイトルをつけてある。ただし，各章のタイトルは厳密なものではなく，調査方法・分析方法を探す手掛かりとなることを目指している。したがって，例えば，2.8の「判別する」と2.14の「類型化する」に含まれている各手法は，厳密に各タイトルの内容に適合していない。また分類の方法には，他にも数量化Ⅲ類，Ⅳ類，多次元尺度法，因子分析，主成分分析などで得られる数量や因子得点をユークリッド空間内にプロットして，視察によって分類する方法もあり，2.3と2.4の検定を応用しても分類は可能であるように，各手法を十分に理解すれば応用範囲はより広くなる。

　一般的には，研究目的が明確になった段階で調査計画を立て，データを収集後に分析方法を決定するのであるが，得られたデータに適合する分析方法が必ずしもあるとは限らないので，利用できる分析方法とそれに用い得るデータから調査方法を決定することも多い。しかし，いずれにしても調査方法と分析方法は密接に関係しており，特に，分析方法の選択・決

安原治機

定に際しては，各調査方法のもつ特徴と制約から得られるデータの性質，限界などを十分に知っておく必要がある。

　分析の方法，特に多変量解析を用いるとき，手法を選択する手掛かりは，外的基準が"ある"か"ない"かと，データの尺度水準であることが多い。

　既知の建築費と延床面積，階高，仕上げのグレードなどから，建築費の概算を予測する場合，建築費を外的基準変数，延床面積，階高，仕上げのグレードなどを説明変数という。一般的に2組の変数があって，一方の組の値を他方の組の値から予測したり，判別するとき，前者を目的変数（外的基準変数，従属変数，外部変数），後者を説明変数（内的基準変数，独立変数，指定変数，予測変数）という。

　データの尺度水準には，名義(分類)尺度，順位(順序)尺度，間隔(距離)尺度，比率(比例)尺度の4つがある。名義尺度，順位尺度のデータを質的データ，定性的データと，間隔尺度，比率尺度のデータを量的データ，定量的データと分類することもある。尺度水準の詳細については，2.1を参照していただきたい。

　外的基準の有無と変数の尺度水準による主要な多変量解析の分類を，以下にまとめておく。ただし，〔　〕内は本書で扱っていない手法である。

表1　外的基準の有無と尺度水準による多変量解析の分類

		外的基準数	説明変数	分析方法
外的基準がある場合	外的基準が数量である	外的基準変数が1つ	数量	重回帰分析
			数量以外	数量化Ⅰ類
		変数が多数	数量	正準相関分析
	外的基準が数量でない	分類が2群	数量	判別分析
		分類が多群	数量	重判別分析
			数量以外	数量化Ⅱ類
外的基準がない場合	変数が数量である	間隔・比率尺度		主成分・因子分析
		類似度 非類似度 距離など		数量化Ⅳ類 クラスター分析 メトリックMDS
	変数が数量でない場合			数量化Ⅲ類 〔潜在構造分析〕 〔ノンメトリック多次元尺度法〕

表2　使用目的別多変量解析分類

目　的	使用する多変量解析
予測式の発見 量の推定	重回帰分析，正準相関分析 数量化理論Ⅰ類
分類 質の推定	判別分析，クラスター分析，重判別分析，数量化Ⅱ類
多変数の整理・統合 データの縮約 変数の分類 代表変数発見	主成分分析，数量化Ⅲ類 因子分析，数量化Ⅳ類 〔潜在構造分析〕 メトリック多次元尺度法 〔ノンメトリックMDS〕

2.1 集計する　記述統計

郷田桃代

1. 概要

　建築・都市計画のための調査・分析では，調査，観察，実験から得られたデータ，あるいは，既存の統計資料から得られたデータなど，さまざまな形のデータを用いて分析を行う。この際，データを数量的に整理し，適切な方法で集計して，全体の傾向を読み取ることがしばしば行われ，多くの場合に統計的な方法が用いられる。

　元来，統計学（statistics）は，自然や社会におけるさまざまな現象に対し，そこに見られる法則性を見つけようとする人間の実際的関心から生まれた学問である。そのため，自然科学，経済学，社会学，心理学など，多種多様な分野が関係しながら成立した。建築計画や都市計画にかかわる物事や現象を客観的に説明するうえでも欠かせない方法論である。

　統計学を大きく分けると，記述統計学と推測統計学がある。記述統計学は，現象のすべてを丹念に調べ，そこに見られる規則性から現象の法則性を捉えるものであり，推測統計学は，一部を観察して，そこから論理性のある推測で全体の法則性を捉えるものである。したがって，記述統計の目的は，観測データに含まれている情報を縮約し，表現（記述）することにある。これに対し，推測統計の目的は，観測値を一つの標本と考え，この標本からより大きな母集団の特性を推定したり，その仮説を検定することである。

　建築・都市計画にかかわる物事や事象をどのように捉えるか，その分析の第一歩として，記述統計的な方法により数量的データを集計し，縮約化することは大切なアプローチである。個々のデータがもつ個別的，具体的な情報も貴重であるが，データ全体としての特性をいくつかの数値的尺度に従って縮約し，客観的に表現することも重要である。本項では，数量的データの縮約化について，すなわち，データ全体の特性を示すための集計のしかた，代表値や散らばりの尺度の求め方について解説する。

　データの集計という点では，コンピュータの発達により，取り扱えるデータ量が増え，既存のソフトウェアも普及して，容易に計算処理できるようになった。しかし，重要なのは，データを処理するプロセスよりも，データのもっている意味を正しくつかむことである。

2. データの収集と整理

　アンケート調査や観察調査，実測調査，実験から，あるいは，既存の調査に基づく統計資料などから，研究の目的に応じたデータが収集される。調査対象となる集団全体をもれなく調査，観察することを全数調査（悉皆調査）といい，国勢調査などがこれにあたる。一方，調査対象の集団全部ではなく，その中の一部の代表的見本を調べ，全体の特性を推論するものが標本調査である。

　調査・分析で取り扱うデータの規模は対象により異なるものであるが，まずは，データの性質を踏まえたうえで整理し，集計とグラフ化によって，全体の傾向を捉えることができる。

(1) データの性質

　データが定量的な値で与えられるものを「量的データ」といい，長さ，面積，体積，重さ，温度，時間，金額などが含まれる。一方，直接，数値として観測されることはなく，そこに属していることやその状態にあることがわかるものを「質的データ」という。質的データは名目上の数値に置き換えデータ処理を行う場合もある。

　質的データには，性別や国籍のように，同一の集団にあることを示す「名義尺度」と，満足度や嗜好の程度のように，大小関係を示す「順序尺度」がある。また，量的データには，摂氏や華氏の温度のように，数値の大小関係と差に意味がある「間隔尺度」と，面積や体重のように，絶対原点があり数値の割合にも意味がある「比率尺度」がある（表1）。

　集計の際には，このようなデータの性質に適した方法をとる必要がある。名義尺度は，同じ性質をもつ個体の数を集計できるが，名目上の数値で置き換えた場合データの大小関係や和差を求めても意味をもたない。順序尺度は，順位付けや順序統計量の計算ができるが，値に絶対的な意味はない。これに対し，間隔尺度では，和や差を基にした統計量を算出でき，さらに比

表1 データの統計的分類

データの種類		例
質的データ	名義尺度 nominal scale	・性別(男,女) ・国籍 ・婚姻状態(既婚,未婚,離婚) ・住宅の所有形態(持家,借家)
	順序尺度 ordinal scale	・満足度(非常に満足,やや満足,どちらともいえない,やや不満,非常に不満) ・嗜好の程度
量的データ	間隔尺度 interval scale	・摂氏(℃),華氏(°F)の温度 ・時刻(月日時分)
	比率尺度 ratio scale	・身長(cm) ・体重(kg) ・時間の経過(時間) ・面積(m^2)

率尺度では,加減乗除を基にした統計量を算出することができる。

(2) データの次元

1つの個体に1つの観測値が与えられるものを「1次元データ」,1つの個体に2つ以上の観測値が与えられるものを「多次元データ」と呼ぶ。例えば,いくつもの項目があるアンケート調査は多次元データである。

1次元データでは,度数分布表や,平均などの代表値,分散などの散らばり尺度を求めて分析を行うことができる。多次元データでは,一つの属性に着目して同様の分析を行うほかに,属性間の相互関係を捉えるために,二属性に着目した分割表(クロス集計表)を求め,散布図(相関図)を作成し,相関・回帰分析などへと導かれる。

(3) データの形態

建築・都市計画の調査・分析では,例えば年次別の住宅着工戸数などのように,同一の対象に対して異なった時点での観測値からなる「時系列データ」を扱うことが多い。これらは,時間軸に沿って集計,グラフ化することで大まかな傾向や変動を読み取ることができ,特定の解析へと導かれる。

また,空間の位置情報を伴ったデータを扱うことも多く,特に空間をグリッド状に区切った単位ごとに集計された「メッシュデータ」は,データ間の空間的な位置関係を把握しやすく,多くの統計資料がある。これらは,集計し描画することで,空間分布を捉えることができる(2.2参照)。

3. データの集計とグラフ化

調査で得られたデータを整理し,わかりやすい形にまとめるためには,まず表を作成し,それらをグラフや図で視覚化する。

「度数分布表」は,観測値全体をいくつかの階級に分け,各階級に観測値がいくつあるかその「度数」をカウントして表にしたもので,全体の量的な分布が捉えやすくなる(図1・上)。データ数が異なる複数の度数分布表を比較する場合は,階級ごとに度数の全体数に対する割合「相対度数」を求めると分布の違いがわかる。また,度数や相対度数を下の階級から積み上げた累積和として「累積度数」や「累積相対度数」を算出すれば,ある階級値が下から何番目にあるか,あるいは,ある階級値以下は全体の何%を占めるのか,などがわかる。

データの分布の形を見るためには,度数分布表からX軸に階級値,Y軸に度数を取りグラフ化した「ヒストグラム(柱状図)」が適している(図1・下)。また,累積度数や累積相度数を基に折れ線グラフを作成することもある。

級 (cm)	度 数	相対度数	累積度数	累積相対度数
～109.9	3	0.06	3	0.06
110～114.9	11	2.22	14	0.28
115～119.9	22	0.44	36	0.72
120～124.9	9	0.18	45	0.90
125～	5	0.10	50	1.00

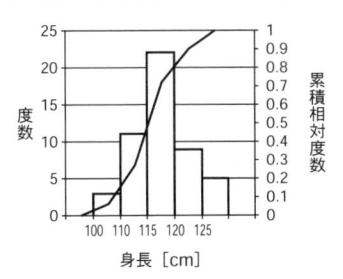

図1 度数分布表とヒストグラムの例

ヒストグラムの作成で注意すべき点は階級数と階級幅の取り方である。階級数が多すぎたり少なすぎたりすると,データの意味するところが読み取れない。スタージェスの公式など階級数の取り方の目安もあるが,実際には試行を繰り返し,分布が正しく読み取れる階級を設定する。階級幅は一般に等幅だが,上限や下限で階級幅を広げて表現することもある。

4. 代表値と散らばりの尺度

データ全体の特性をより客観的な数値で捉えるためには，中心の尺度としての「代表値」や「散らばりの尺度」などの縮約値を求める（図2）。

(1) 代表値（中心の尺度）

代表値として最も知られているのは，平均値（ミーン，mean）である。特に，算術平均（相加平均）は，データの和をデータ数で割ったもので，全体を表すのに有効かつ簡便な数値として頻繁に用いられる。ほかに幾何平均や調和平均があり，データの意味に合った方法を用いる。

算術平均：$\bar{x} = \dfrac{x_1 + x_2 + \cdots + x_n}{n}$

幾何平均：$x_G = \sqrt[n]{x_1 \cdot x_2 \cdot \cdots \cdot x_n}$

調和平均：$\dfrac{1}{x_H} = \dfrac{1}{n}\left(\dfrac{1}{x_1} + \cdots + \dfrac{1}{x_n}\right)$

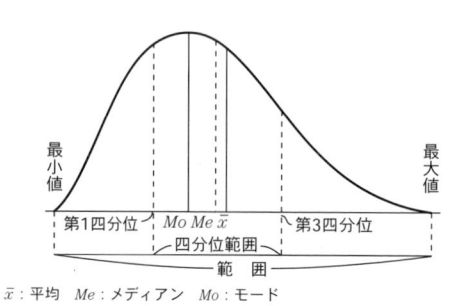

図2 データの代表値と散らばりの尺度

データによっては，平均値よりも中央値（メディアン，median）や最頻値（モード，mode）で縮約化するほうがよい場合もある。メディアンは，データを小さいものから並べたときの中央の値である。例えば，個人別所得のようなデータはごく一部の高所得層によって右に長く裾を引く分布となり，多くが平均値以下となるため，全体の真ん中にあたるデータ，すなわち中央値で代表させたほうがよい。モードは最も頻度の高い値である。分布の峰に対応する値でわかりやすい代表値であるが，分布に峰が2つあるようなデータには適当ではない。正規分布のように，峰が1つで左右対称の場合には，ミーン，メディアン，モードは一致する。このほかの代表値として，最大値と最小値の間の範囲の中間点であるミッド・レンジなどがある。

(2) 散らばりの尺度

代表値はデータの中心的位置を示すものであるが，中心の周りでどのようにデータが散らばっているかを捉えることも重要である。

最も単純な方法は，データの最小値と最大値で示される範囲（レンジ，range）である。しかし，レンジは外れ値がある場合には適当でない。小さい順に並べたデータを4分割し，区切りとなる数値（四分位点）の第3四分位点（75％分位点）と第1四分位点（25％分位点）の差で示される四分位範囲は外れ値の影響が少なく，この差の1/2をとった四分位偏差が散らばりの程度の目安となる。また，これらの値を使ってデータの中心や散らばりをグラフ化したものに箱ひげ図（箱型図）がある（図3）。

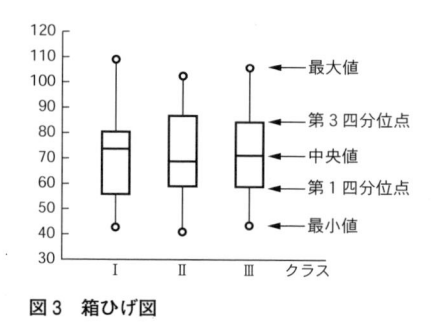

図3 箱ひげ図

より厳密な散らばりの尺度は，個々のデータと平均との隔たり（偏差）によって定義され，平均偏差，分散，標準偏差などがある。平均偏差は偏差の絶対値の平均値，分散（variance）は偏差の2乗の平均値，標準偏差（standard deviation）は分散の平方根である。特に標準偏差は，数学的に扱いやすく，単位も観測値と同じなので一般的に用いられている。

平均偏差：$d = \dfrac{1}{n}\{|x_1 - \bar{x}| + |x_2 - \bar{x}| + \cdots + |x_n - \bar{x}|\}$

分散：$S^2 = \dfrac{1}{n}\{(x_1 - \bar{x})^2 + (x_2 - \bar{x})^2 + \cdots + (x_n - \bar{x})^2\}$

標準偏差：$S = \sqrt{S^2}$

平均値が大きく異なるデータ間の散らばりの程度を比較するために，標準偏差を平均値で除した変動係数を用いることがある。変動係数は平均値を考慮し散らばりの程度を相対化した無名数である。例えば，地域の個人所得の格差を

年代別に比較する場合，年代により平均所得が異なるので，変動係数を用いるほうがよい。

このほかに，データ分布の形を捉える尺度として歪度や尖度がある。歪度は非対称性の程度を，尖度はデータが平均に密集している度合いを捉えられ，分布が正規分布よりどれだけ逸脱しているか表す指標である。

歪度：$\gamma_1 = \dfrac{1}{n}\sum_{i=1}^{n}\left(\dfrac{x_i - \bar{x}}{s}\right)^3$

尖度：$\gamma_2 = \dfrac{1}{n}\sum_{i=1}^{n}\left(\dfrac{x_i - \bar{x}}{s}\right)^4 - 3$

5. 2次元データの集計とグラフ化

2次元データの分布を捉えるためには，2変数間の相互関係を示す分割表（クロス表）や相関表，散布図（相関図）が用いられる。

2つの変数が量的データの場合は，これらをXY軸とした平面上に全データをプロットして散布図（相関図）を作成する。視覚的にも2つのデータの関連性を捉えられ，回帰直線や相関係数などの分析につながる。

分割表は，2つの変数を縦横に並べ，その交差部に対応する度数や相対度数を集計したもので，アンケート調査の集計結果でよく用いられる。変数が量的データの場合には，それぞれの変数を適当な階級に分ければ，分割表と同様に集計することができ，これを相関表という。散布図にするとデータの重なりが多い場合には，相関表のほうがわかりやすい（2.5 参照）。

6. 応用例

多くの建築・都市計画研究において，分析の過程にデータの集計および統計量の算出が関わっている。このような集計結果が含まれている研究例を紹介する。
〇門脇耕三・深尾精一「超高層住宅と中層住宅における住戸の建築特性の比較分析」日本建築学会環境系論文集，No.601, pp.73-80, 2006.3

超高層住宅の住戸の計画的特性を把握することを目的とした，超高層住宅と中高層住宅の比較分析である。計204の住戸事例を対象に，多くの変数の統計量を算出し，超高層住宅の住戸特性を示している。例えば図4は，階高，住戸内梁型の最大せい，標準天井懐のヒストグラムと統計量を示したものである。超高層住宅は中高層住宅に比べて階高が大きく，標準天井懐の分布は両者で大きく異なっている。住戸内梁型の影響で天井懐が必要となり，階高が高くなっていることが推察できる。

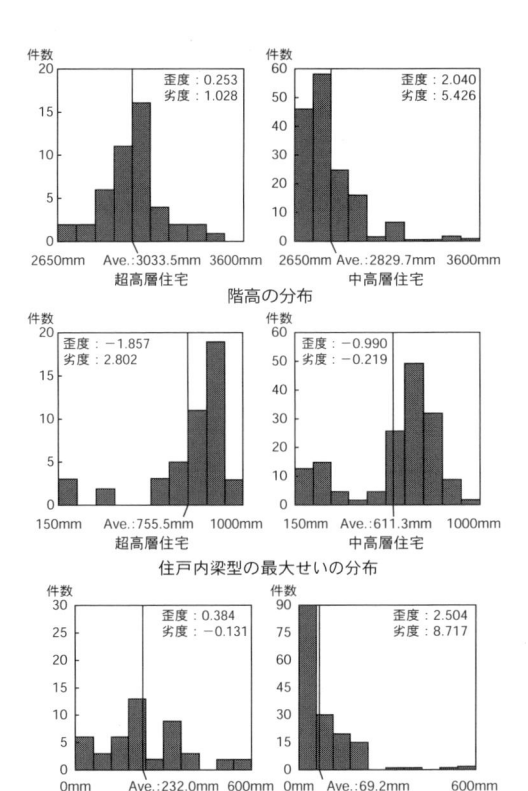

図4 超高層住宅と中高層住宅における変数の値の分布
（引用文献1）

〔引用文献〕

1) 門脇耕三・深尾精一「超高層住宅と中層住宅における住戸の建築特性の比較分析」日本建築学会計画系論文集，No.601, pp.73-80, 2006.3. p.77・図2

〔参考文献〕

1) 東京大学教養学部統計学教室編『基礎統計学Ⅰ 統計学入門』東京大学出版会，1991
2) 芝祐順・渡部洋・石塚智一編『統計用語辞典』新曜社，1984
3) 蓑谷千凰彦『数理統計ハンドブック』みみずく舎，2009

2・2 視覚化する　グラフ・地図・スペース シンタックス

1. 概要

　地図やグラフなどの図として視覚的に表現された情報は，文章や数字に比べ，人間にとって直感的でわかりやすいものである。建築・都市計画のための研究では，さまざまなデータを使って結果を導出するが，その過程で得られた情報を視覚的に表現することは，情報の意味するところを読み取り，また，伝達するうえでたいへん有効である。特に，空間上の複雑な情報を取り扱う場合には，図化することによってより一層理解しやすいものとなる。

　本項では，データ全般を図表化する方法として，1次元データや多次元データの各種グラフおよび散布図（相関図）を取り上げる。続いて，空間の位置情報を伴ったデータを視覚的に表現する方法として，主としてコンプレス図や等値線図について説明する。また，建築・都市計画のための研究では，さまざまな形で空間の性状を可視化する試みが見られるが，その中からスペース・シンタックスを取りあげて解説する。

2. 図表化（グラフ化）の方法

　得られたデータをグラフ化し，視覚的に表現することは，データのもっている情報を捉えやすくする。しかし，安易にグラフ化すると大事な情報を見落とすこともあるので注意が必要である。

(1) 1次元データの図表化

　1次元データを視覚化したグラフの形態にはさまざまなものがあり，データの性質を表すのに適した形を選択する。一般的には，棒グラフ，折れ線グラフ，円グラフ，ドーナツグラフ，帯グラフなどがある。棒グラフは，カテゴリー（項目）ごとに属性値の差異を示すのに適し，属性値の昇順，降順で項目を並べ変えることにより，情報がより明確に表現されることもある。折れ線グラフは，属性値の推移，変化を捉えるのに適している。全体に対する構成比率を表現するには，円を分割してその量で示した円グラフがわかりやすく，また，構成比率を比較するにはドーナツグラフや帯グラフを用いるとよい。

ヒストグラムは，データの分布特性を視覚化するのに簡易で有効な方法である。しかし，階級値の取り方を変えることで，いくらでも異なった図になり得るので，データのもつ情報を正しく表現するように作成する必要がある。幹葉図もデータの分布の特性を示すものであるが，数字のみで示され，個々の情報がより詳細に残されている。また，箱ひげ図は，データの中心や散らばりを示す縮約値をまとめて視覚的に表現したものである（2.1 参照）。

(2) 散布図（相関図）

　散布図（相関図）は，量的データである2つの変数の関係を視覚化するのに有効である。X軸，Y軸を各変数とした平面上に全データをプロットすることで，視覚的に2変数の相関性が捉えられる。すなわち，点の分布が右上がりの直線状であれば正の相関，右下がりの直線状であれば負の相関があると考えられる（図1）。また，異常値を発見したり，点の集積の状況から類似したデータグループが判明する場合もある。2変数間の関連性を示すには，相関係数や回帰直線を求め，相関分析や回帰分析などのより厳密な分析が必要であるが，散布図の傾向を読み取ることでその結果をある程度予測できるのである。

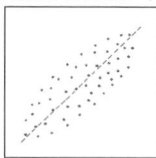

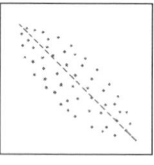

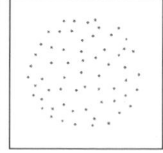

図1　散布図と相関係数

(3) 多次元データの図表化

　相関表は2つの変数を同時に考えた度数分布表であるが，各変数をX，Y軸に取り，Z軸にその度数を取って柱状表現することで，立体的なヒストグラムとなり，視覚的に分布を捉えやすくなる。

　多次元データを視覚化した図表には，バブルチャートやレーダーチャートなどがある。バブルチャートは，3変数を1つのグラフにしたもので，2変数の相関図で3つ目の変数の大小を点の大きさで示している。レーダーチャートは，

複数の項目が多角形状に配置されたグラフで，それらの量を比較することができ，中央にできる図形の形から全体のバランスを読み取ることができる。

3. 空間データの視覚化の方法

(1) 主題図と地理情報システム（GIS）

建築・都市空間に関わる調査・分析では，空間上の位置情報を伴ったデータ（空間データ）を扱うことも多い。このような場合，分析の過程において，空間上の複雑な情報をわかりやすく視覚化することは重要である。

空間上のある特定の事象を対象として，それが理解しやすいように表現された地図を「主題図」という。例えば，土地利用図のように定性的なデータの分布を表したものや，各種の統計データを指標に従って表示したもの，あるいはそれらを使用して解析した結果を表示したものがある。主題図は事象の位置情報を示すだけでなく，その空間的な関係をおおむね把握できる。

近年のコンピュータと地理情報システム（GIS）の発達は，このような空間データの解析と視覚化の効率を高めた。地理情報システムは，地図と属性の情報を一元的に管理し，空間的な情報の統合を行うもので，大量の空間的データを取り込んでデータベース化し，効率的に保管，解析，表示を行うものである。主題図も比較的簡単に作成できるが，安易に表示して本質的な情報を見落とすこともあるので注意が必要である。

(2) コロプレス図

コロプレス図は，明確な境界線をもった領域ごとに単一の値で代表させ，これをクラス分けして，異なる濃淡や色，網掛けパターンで表現した分類型の主題図である。例えば，区域によって異なった人口を表す場合などに用いられる（図2）。適切に分類すれば，主題の空間分布をわかりやすく表現できる。

データをクラス分けする方法は，等間隔分類（データレンジを等間隔に分ける方法），等量分類（各クラスのデータ数が等しくなるように分ける方法），等面積分類（各クラスの総面積が等しくなるように分ける方法），クラスタリング分類（クラス数に従い類似したデータごとに分ける方法），標準偏差分類（平均値から標準偏差の範囲で分ける方法）などがあり，データの分布特性に適したものを用いる。

また，コロプレス図では集計の単位となる領域の設定が妥当であるかも重要な課題である。

(3) 等値線図

等値線図（アイソプレス図）は，等しい値をもつ地点を結んで，その値の空間分布を表現した主題図である。等高線で表記された地形図はその典型例である。空間上に連続的に展開する数値データの表現に適している。等値線の広がり方や勾配から，主題の空間分布の特徴を読み取ることができる（図3）。

等値線図を作成するには多数の地点のデータを要するが，データが足りない場合には，適切な方法で地点間の値を推定し，補間する必要がある。

(4) メッシュデータの視覚化

地図をグリッド状に区切った単位ごとに数量データをもつ「メッシュデータ」は，都市スケールの広範囲を対象として，すでに多くの統計

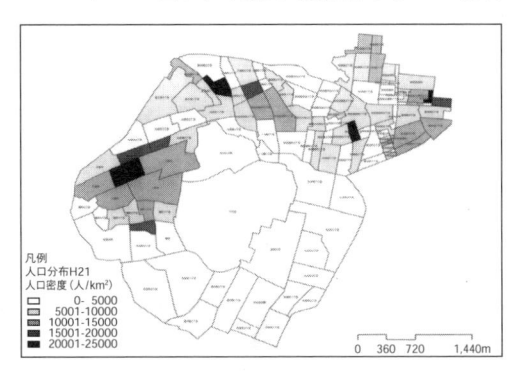

図2　コロプレス図の例（千代田区・町丁目別人口密度）

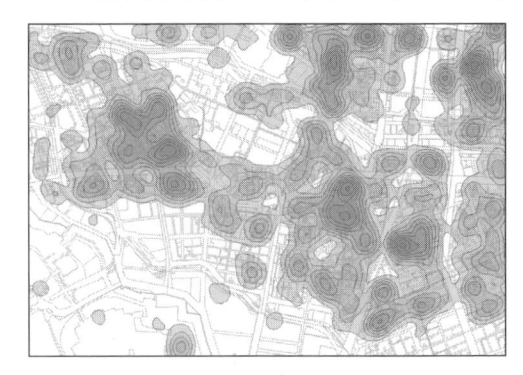

図3　等値線図の例（神田地域・低層建物密度）

資料がある。データを視覚化して，位置関係を把握するためには，コロプレス図と同様に，データをクラス分けして，異なる濃淡や色などで表現する。

4. 空間の性状を可視化する
—スペース・シンタックス—

建築・都市空間の研究では，空間の性状を可視化する試みが多く見られる。スペース・シンタックスを用いた分析はそのような事例の一つである。Bill Hillier らによって開発されたスペース・シンタックス（Space Syntax）は，空間の位相性に着目した空間構成理論である。建築や都市空間を対象として，空間相互のつながり方からその特性を解析する手法を主体とし，また，結果として目に見えない空間の性状が可視化されている点にも特徴がある。

スペース・シンタックスでは，Convex Space，Axial Line，Isovist などの基本的な概念に基づいて構成されたグラフで解析を行う。具体的には，空間全体が Convex Space（凸多角形となる空間）や Axial Line（見通し可能な範囲を貫く直線）を単位として分解され，これらを頂点とし，その隣接関係を辺としたグラフに変換される。あるいは，空間を詳細に分割してそれぞれを頂点とし，Isovist（一地点からの可視空間）に従って接続関係を辺とした Visibility Graph に変換される。

都市スケールの空間解析に用いられやすい Axial Line による分析（Axial Analysys）では，解析指標として Integration Value（インテグレーション値，統合度などと訳される）が定義されている。Integration Value は，グラフ上のある点において他点までの距離を平均した値から導出される数値指標で，この値が高い空間ほど奥行が浅く，他の空間からアクセスしやすい空間であることを示すものである（定義の詳細は応用例を参照）。解析結果は，地図上に描画された Axial Line に対し，各々の Integration Value に従って色分けして表現することができ，この図を見れば，全体の中で他からのアクセスが良く，中心性の高い空間がどこであるかを把握できる。

5. 応用例

ここでは，空間データの視覚化についての研究例，および空間の性状を可視化する方法の一つとして取り上げた，スペース・シンタックスによる研究例を紹介する。

○大佛俊泰「空間データの視覚化のための情報量損失最小化法」日本建築学会環境系論文集，No.574，pp.71-76，2003.12

数量で定義された空間データを視覚化する際には，データをクラス分けする必要が生じる。本論文では，空間データのクラス分け方法はデータの分布特性を検討しつつ決定すべきだが，これを怠るとデータの特性を見落とす危険性があると指摘する。そして，新たに情報量損失最小化法（原データの情報量の損失が小さいほどよいとしてクラスの境界値を定める方法）を提案し，いくつかの事例を通して既存のクラス分け方法と比較し有効性を検証している。

図4は，事業所数の空間分布をさまざまなクラス分けの方法を用いて表示した例である。地域メッシュ統計「昭和61年事業所統計」に従って，対象地域の4次メッシュデータを9クラスに分類し，視覚的に表現した図で，クラス分けの方法によって見え方が大きく異なる。

○太田圭一・郷田桃代「スペース・シンタックスを用いた密集住宅地における外部空間の空間構造に関する研究」日本建築学会学術講演梗概集(F-1)，pp.903-904，2008.9

都市の密集住宅地は，狭い路地空間などがあって複雑な形態をしている。現地調査に基づいて，実際に人が立ち入れる空間の平面形態を把握し，スペース・シンタックス理論によってその空間の特性を明らかにし，可視化している。

図5は，対象地域（京島と北千住）について Axial Line による分析の結果を図化したものである。Axial Line を描画し，Integration Value の値を色の違い（寒色から暖色のグラデーション，暖色ほど値が大きい）で表現している。

Integration Value は，グラフ上のある点から他点までの距離 Depth の平均値 Mead Depth（MD）より算出する。まず，MDと頂点の総数 k

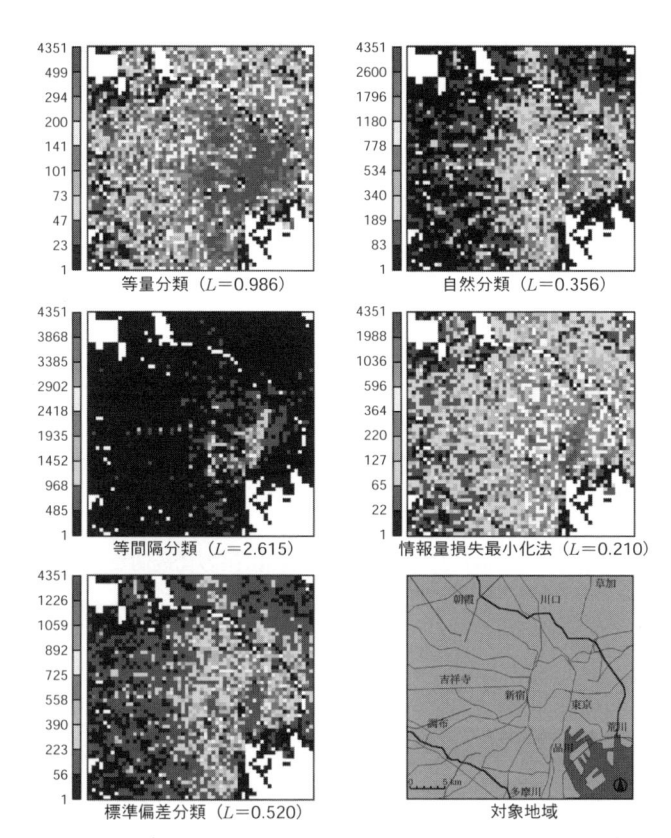

図4 空間データの視覚化（事業所の空間分布）（引用文献1）

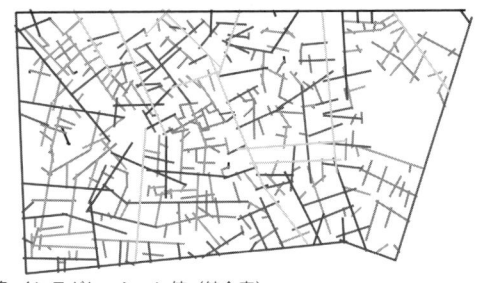

図5 スペース・シンタックスによる空間分布図
（Axial Line と Integration Value）（引用文献2）

より，Relative Asymmetry（RA）を求める。

$$RA = \frac{2(MD-1)}{k-2} \quad (1)$$

頂点数の異なるものどうしを比較することができるように，RAを標準化してReal Relative Asymmetry（RRA）を求める。

$$D_k = \frac{2\left[k\left\{\log_2\left(\frac{k+2}{3}\right)-1\right\}+1\right]}{(k-1)(k-2)}$$

$$RRA = \frac{RA}{D_k} \quad (2)$$

さらに，感覚的にわかりやすい指標するために，RRAの逆数を取りIntegration Valueとする。

$$Int.V = \frac{1}{RRA} \quad (3)$$

Integration Value は MD に反比例し，この値が高いほど他からのアクセシビリティが高い。

解析結果を可視化した図を見れば，それぞれの地域で，相対的にアクセシビリティが良く，中心性が高い空間の所在を読み取ることができる。両者の Integration Value の分布の違いは，どちらも密集住宅地特有の狭く複雑な空間をもっているものの，見通し可能な空間のつながり方という点で相違があることを示している。

〔引用文献〕
1) 大佛俊泰「空間データの視覚化のための情報量損失最小化法」日本建築学会環境系論文集, No. 574, pp.71-76, 2003. 12, p.74・図4
2) 太田圭一・郷田桃代「スペース・シンタックスを用いた密集住宅地における外部空間の空間構造に関する研究」日本建築学会学術講演梗概集(F-1), pp.903-904, 2008. 9, p.904・図3

〔参考文献〕
1) Jeffrey Star, John Estes, 岡部篤行・貞広幸雄・今井修訳『入門地理情報システム』共立出版, 1992
2) 村山裕司・柴崎亮介編『シリーズGIS 第1巻 GISの理論』朝倉書店, 2008
3) Bill Hillier, Julienne Hanson：The Social Logic of Space, Cambridge University Press, 1984
4) Bill Hillier：Space in the Machine, Cambridge University Press, 1996
5) 木川剛志・古山正雄「スペース・シンタックス理論による空間位相構成の抽出とその比較に関する研究—京都における町家と露地の解析とその比較を事例として」日本建築学会計画系論文集, No.597, pp.9-14, 2005. 11

2・3 推定・検定する　定量データ

ある集団の特性を知りたいとき，集団を構成する要素の全部を調査するのではなく，その中のいくつかを選んで調査することにより，全体に関する結論を引き出すことは，統計的方法の本質である。この際，調査対象をいかに選び出すかという方法がサンプリング調査法（標本調査法：Sampling Methods）である。また，選び出された標本から，もとの集団の特性を知ろうとする方法が「推定」であり，その結果の確かさを判定する方法が「検定」である。

1. サンプリング調査

今，赤い球と白い球のたくさん詰まった箱があるとする。箱の大きさから，全部でいくつの球が入っているかはわかっているものとする。ここで，両方の色の球の数を正確に知ろうとすれば，一つの方法しかない。すなわち，一つ一つ色別に数えることである。

しかし，赤白おおよその数を知ればよいとすれば，もっとずっと簡単な方法がある。赤と白のまざり具合が一様であるとすれば，ひとすくいの球の色を数えるだけでよい。このとき，すくい取った球（サンプル）の数が十分多くて，選び方が適切であれば，それは全体をかなりよく表しているはずだからである。しかし，サンプルに偏りがあったり，少なかったりする場合には，そこから導き出された結論よりは，経験と勘に頼った当て推量のほうがむしろはるかに正確なものとなるだろう。

統計学では，観測の対象となる集団を母集団と呼び，母集団に関する情報を得る目的で，そこからとられた観測値の集まりを標本（サンプル）という。そして上記のように，母集団から標本を抽出する方法をサンプリング調査法と呼ぶ。その際，標本の選び方の基本となるものが，無作為抽出（ランダム・サンプリング）という考え方である。これは，母集団を構成するどの個体も，それが標本として選ばれる機会が同じであるような選び方である。

実際に無作為抽出を行うためには，乱数表[*1]がよく用いられる。例えば，ある地域の住民とか，建物の利用者にあらかじめ通し番号を付けておき，その中から乱数表にあらわれた番号の人を抽出したり，乱数表の数字ずつ間隔を取って人を選んだりするのである。

このようにして観測された値は，母集団の特性を最もよく表現していると考えられるが，社会調査においては完全な無作為抽出は困難で，また費用，労力の面でも不可能なことが多い。

そこで，より経済的な方法として層化無作為抽出というものがある。これは，母集団を既知の基準に基づいていくつかのグループに分け，その中から無作為抽出を行うものである。この方法によれば，同じ大きさの層化されない無作為標本より，一般に母集団の特性をよく示す標本が得られる。層化抽出法の代表的なものとして，比例抽出法や集落抽出法などがある。

比例抽出法は，観測したい特性に対して，グループ内をなるべく均一に，グループ間の相違をなるべく大きくするように母集団を分割し，各グループの大きさにしたがって標本を抽出することで，母集団の特性を知ろうとする方法である。

例えば，ある地域内の住宅について床面積を知りたいとする。このとき，全体で何戸建っているかという情報しかなければ，その地域のすべての住宅から無作為抽出を行うことになる。しかし，その中にある住宅のうち，一戸建とアパートの比率がわかっていたならば，一戸建のほうがアパートより床面積が広いという経験的事実により，住宅を一戸建とアパートの集団に分け，それぞれの集団の中から母集団に対する構成比率にしたがって無作為抽出したほうが効率的である。

このように，母集団を分割して標本を抽出したほうが，もとのままの母集団から無作為抽出を行うより，同じ標本数でも母集団の特性を知る上でより正確なものが期待できるからである。

また，集落抽出法は，分割されたグループを構成する要素がもとの母集団の構成をよく反映するように，つまりグループ間の相違をなるべく小さくし，少数のグループを調査することで母集団の特性を知ろうとする方法である。

先の住宅床面積について考えてみよう。前の例では一戸建という集団とアパートという集団

の，グループ間特性の相違によって母集団を分けた。しかし，そのような情報がない場合には，どうすればよいのか。

地域的に広く分布している母集団から無作為標本を得るのは大変なことである。そこで，地域をなるべく同じような多くの小地域に分割して，これら小地域の無作為標本を選び，その中で調査を行う方法がよく用いられる。これが集落抽出法と呼ばれる手法である。限定された小地域をいくつか選び，その中で住宅の床面積について無作為に標本抽出を行うわけである。

さらに，この段階で抽出された小地域を細分し，もっと小さな地域の無作為標本を選んで調査を行うという方法もあり，これを多段抽出法という。広い地域を小地域に分け，いくつかの小地域において調査を行い，その結果から母集団の特性を知ろうとするのである。

これらの手法は，組み合わせて用いられることもあるが，いずれの場合にもどこかで無作為抽出が用いられ，それが基本となっている。

2. 推定

標本調査の目的は，抽出した標本を調査することからある統計量を作り，これによって母集団のある量を知ること，すなわち推定することである。まず簡単な例で説明する。

ここに5枚のトランプカード，例えば2，4，6，8，10のカードがあるとする。この中から2枚のカードを無作為に抽出して，そのカードの数字の平均を求める。このような平均を用いて，もとの5枚のトランプの平均値を推し測ろうとするのが推定である。このとき，もとの5枚のトランプの数字の平均を母平均と呼び，取り出された2枚のカードを標本，その平均を標本平均という。

ここで，標本の組合せと標本平均の値をすべての場合について表にしたものが表1である。母平均に等しい標本平均が得られる場合は，10通りの中の2つしかない。つまり，適中率は20％ということになる。そこで，得られた標本平均にある幅をもたせて推定してみる。

例えば，6と8という組合せの標本が得られ

表1 2標本抽出の標本平均

標 本	標本平均	抽出確率
(2, 4)	3	0.1
(2, 6)	4	0.1
(2, 8) (4, 6)	5	0.2
(2, 10) (4, 8)	6	0.2
(4, 10) (6, 8)	7	0.2
(6, 10)	8	0.1
(8, 10)	9	0.1

た場合でも，標本平均の7に対してプラスマイナス1の幅をもたせて，母平均は6から8の間にあるといえば，一応当たっていることになる。この幅を増せば，適中率は上がるが，範囲が広くなって曖昧さが増す。

このように推定値に幅をもたせ，6から8の間のように2つの数値で示される値を区間推定値という。この例の場合，2つ取った標本平均のプラスマイナス1.5の範囲に母平均が入る割合は6割である。また，3つの標本を取った場合は8割，4つの標本を取った場合は10割，つまりすべての場合で標本平均プラスマイナス1.5の範囲に母平均が入ることになる。

区間推定値の利点は，その区間がどの程度の確かさで母集団のある量を推定しているかを示しているところにある。この幅のことを信頼区間と呼ぶ。

また，推定値には，この他に標本値から計算によって求められる一つの数値である点推定値がある。先の例でいえば，6と8という組合せの標本から，母集団の平均値は7であると近似する場合は，標本平均が点推定値となっている。この場合でも，適中する確率は2割ということがわかっていれば，その信頼度に基づいて推定値を利用することができる。

3. 検定

統計的な問題の立て方のもう一つに，ある仮説を立てて，その確かさを知りたいということがある。先の例でいえば「標本数を3とすれば，その標本平均は母平均に十分近い」という考え方を確かめようとするような立場である。

この際，統計では帰無仮説を立て，それを棄

却するという仮説検定の方法を用いる。この方法は，ある主張（仮説）を否定した帰無仮説（無に帰する意図で設定する仮説）のもとで測定結果の確率を求め，それが事前に設定した水準を下まわれば帰無仮説を棄却し，当初の主張の客観的妥当性を認めようというものである。

すなわち，例に戻れば「標本数3のとき，標本平均プラスマイナス1.5の範囲（これが十分近い範囲として）に母平均が入らない」という帰無仮説を立てる。このとき，範囲に入らない場合は20%であるから，5回に1回もはずれるのではだめだということになれば，帰無仮説は支持されることになり，5回に1回程度のことなら入っていると認めてもよいということになれば，帰無仮説は棄却することができる。これが仮説の検定である。

このとき，仮説を支持するか否かの判断の基準となる，事前に設定した値（割合）を有意水準と呼ぶ。一般に，統計で用いられる有意水準は5%であり，20回に1回以下しか起こらないことなら目をつぶろうとしている。したがって，この例の場合，5%の有意水準では帰無仮説が支持され，当初の主張である「十分近い」は棄却されることになる。

多くの場合，統計の問題では標本はあまり大きく取れず，したがって母集団の特性を標本からの情報だけで十分な精度で知ることや，その精度を確かめることは困難である。しかし，他の情報源からの知識を加えて考えることで，その精度を十分なくらい向上することができる。

こうした情報の基本的なものとして，経験的に人の身長や体重とか，ある物を計測したときの誤差のでかたといったものは，それぞれある種の分布にきわめてよく似た分布をもつことがわかっている。

このように，経験から導かれた現実の分布を数学的モデルとして表現したものを理論度数分布と呼ぶ。例えば，サイコロをころがすときには，これを何回も繰り返すと，1から6の目のでかたは同程度であるということから，各々の目は6分の1という確率で理論度数分布が与えられる。また観測結果が，あることが起こることに帰着できることと，そうでないことに分類できる場合がある（例えば，サイコロの目の中で1が出るか，それ以外の目が出るかというように問題を立てること）。

このような場合，同じ条件でn回観測した結果，あることが起こる割合は，2項確率と呼ばれ，その確率は2項分布と呼ばれる分布に従う。2項分布は，左右対象の山型の分布である。これは，観測を限りなく続けたときの標本のヒストグラム[*2]の極限の形と考えられる。したがって，この曲線上の任意の2点間の区間面積は，そのことが起こる相対期待度数を表していることになる。

2項分布が，あることが起こるか起こらないかといった離散型変数の理論度数分布であるのに対し，連続型変数の理論度数分布に正規分布がある。正規分布も2項分布と似た対称形で，左右のすそは急速に減衰した釣鐘形のものであり，自然現象や製品の精度等に見られる多くの度数分布の典型である。

ある特性値の分布が正規分布に近似できるとすることは，その特性値が次の性質を有することを意味する（平均をμ，標準偏差をσで表す）。
① $\mu-\sigma$と$\mu+\sigma$の間に，全体の約68%が含まれる。
② $\mu-2\sigma$と$\mu+2\sigma$の間に，全体の約95%が含まれる。
③ $\mu-3\sigma$と$\mu+3\sigma$の間に，全体の約99.7%が含まれる。

正規分布の形は，μとσの値によって決められる。μはもちろん分布の中心であり，σは広がりの程度を決めるのである。すなわち，σの値が大きいほど分布の山は低くなだらかとなり，σの値が小さくなると，高くて中心に集まった形となる。

一般に，標本に関する知識として，大きさnの無作為標本に基づく標本平均は近似的に，母平均μ，標準偏差$\sigma/\sqrt{n}$の正規分布に従い，しかもこの近似はnが増すにつれてよくなることが知られている。また，標本数が少ない場合は，正規分布に似たt分布と呼ばれる分布に従うことも知られている。t分布は，母集団の標準偏差σが不明な場合にも利用できることから，統計ではよく用いられる。

4. 応用例

ある年に実施された住宅統計調査によれば，全国の一戸建専用住宅の一戸当たり住宅延床面積は 81.6 m² である。この調査は，直近に実施された国勢調査結果から，その調査区[*3]を人口規模と住宅の属性によって層化し，その比率にしたがって2段階のランダム・サンプリングを行ったものである。

ここで，人口集中地区[*4]の住宅は，全国平均に比べて小さいという考えを確かめてみよう。表2は，上記の調査の人口集中地区における住宅延床面積を参考にして作成したある地区の標本である。この調査結果から，この地区の一戸当たり住宅面積は 68.9 m² であると点推定される。すると，住宅の延床面積の分散は，全国も人口集中地区も同様であるとみなしたうえで，「この地区の住宅一戸当たり延床面積は，全国平均に比べて狭い」という仮説を検定することになる。これは，平均値の差の検定の問題としてよく現われるものである。

まず，「この地区の延床面積は，全国平均に等しい」という帰無仮説を立てる。すると標本平均 $\bar{x}=\mu$ ということになる。そして，表2からこの地区の一戸当たり延床面積の標本標準偏差を計算すると，$s=20.1$ となる。ここで，母集団である全国の標準偏差 σ が不明なことから，この標本の $\bar{x}-\mu$ は t 分布に従うものとして t 値を計算すると，$t=2.74$ となる。

ここで，標本数は20であるから，自由度[*5]19となり，そのときの t 値の5%有意水準値は t 値表より 1.73 である。したがって，ここで求めた t 値のほうが大きいことから帰無仮説は棄却され，当初の主張「人口集中地区の住宅の延床面積は全国平均より小さい」が支持されることになる。

この例の場合，簡単化のため全国の標準偏差は不明として情報を落としているが，この種の検定には多くの手法があり，参考文献としてあげたような専門書をよく参照されたい。

---

*1 乱数表：乱数とは，0から9までの数字が無秩序に出現し，かつ，全体としての各数字の出現頻度が等しい数列のことである。この乱数を並べた表を乱数表と呼ぶ。また，多くのコンピュータアプリケーションには，乱数を発生させる関数が組み込まれている。

*2 ヒストグラム：ある幅をもつ区間を一方の軸にとり，各区間に該当するサンプルの相対度数をもう一方の軸の高さとする長方形を描いたグラフ。度数分布を表すグラフの一つ。

*3 国勢調査の調査区：国勢調査は，わが国に住んでいるすべての人を対象とする国の最も基本的な統計調査で，国内の人口や世帯の実態を明らかにするために行われる。10年ごとに行う大規模調査とその中間年に行う簡易調査の2種類があり，大規模調査は西暦の末尾が0の年に，簡易調査は5の年に，それぞれ実施されている。調査単位である調査区は，原則として1調査区におおむね50世帯が含まれるように設定されている。

*4 人口集中地区(DID地区)：人口密度40人/ha以上の国勢調査の調査区が，連続して隣接し5,000人以上の人口規模となる地区。

*5 自由度：ある標本の平均値がわかっているとすれば，標本平均 x に標本数 n を掛けることで合計がわかるため，$n-1$ 個の観測値がわかれば，n 番目の標本の値は決まってしまう。したがって，計算に用いることのできる変数として自由に変動できるのは，$n-1$ 個となる。これが自由度の基本的な考え方であり，この例の場合も標本数 -1 が自由度となる。詳細は専門書を参照されたい。

〔参考文献〕

1) P.G.ホーエル，浅井・村上訳『初等統計学』培風館，1970
2) 森田優三『新統計概論』日本評論社，1974
3) 安田三郎『社会統計学』丸善，1969
4) 林知己夫・村山孝喜『市場調査の計画と実際』日刊工業新聞社，1964
5) D.ロウントリー，加納悟訳『新・涙なしの統計学 新版』新生社，2001
6) 上田拓治『44の例題で学ぶ統計的検定と推定の解き方』オーム社，2009
7) 木下宗七『入門統計学 新版』有斐閣ブックス，2009

表2 人口集中地区の一戸建専用住宅延床面積のサンプル

No	面積 m²	No	面積 m²
1	34	11	72
2	38	12	72
3	40	13	75
4	40	14	75
5	56	15	79
6	60	16	86
7	60	17	92
8	62	18	100
9	67	19	100
10	70	20	100

2・4 推定・検定する 定性データ

1. 概要

統計で取り扱うデータは，名義(分類)尺度，順位(順序)尺度，間隔(距離)尺度，比率(比例)尺度に分類することができる。名義尺度，順位尺度のデータを質的データ，非計量データ，定性的データ，ノンメトリックデータと，間隔尺度，比率尺度のデータを量的データ，計量データ，定量的データ，メトリックデータと分類することもある。また，計量データには，連続量データと離散量データの区別もある。

前項の推定・検定では，取り扱うデータは計量データであり，母集団の正規性を前提としている。統計的推定と検定の基礎的な概念を理解するには，これから始めるのがよく，本項を読む前に前項を理解していただきたい。

建築計画の研究で得られるデータは多様であり，特に母集団を正規分布と見なすことができる場合は少ないだけでなく，その母集団がどのような分布であるか不明な場合も多い。さらに，研究対象を建築の質的な面(例えば，屋根の型，吹抜け・床段差の有無，接道条件，周辺環境の分類など)に絞れば，得られるデータは間隔尺度，比率尺度である計量データより名義尺度，順位尺度である非計量データが多くなる。また，計量データでは，極端な値(敷地面積では塔の家の $20 m^2$ から豪邸の $10,000 m^2$ 以上まで)や非対称データが検定に悪影響を与えることが多いので，これらのデータを順位や大小関係に変換したり，カテゴリーデータにして検定すると有効な場合が多い。

以上のような場合に用いる統計的検定に，ノンパラメトリック検定法がある。

ノンパラメトリック検定法の定義と適用範囲については，種々の見解がある。共通しているのは，母集団の分布がどのような形でもよい，すなわち，データが特定の分布からのサンプルであることを前提としないということである。

対象とするデータの尺度については，順位尺度のみとするもの(適用できる方法が最も多い)から，名義尺度まで含めるもの，距離尺度に拡げるものまであるが，本項では，名義尺度と順位尺度を対象とする検定法について述べる。

2. 目的と特徴

建築計画に限らず，一般的に研究であるか実務であるかにかかわらず，分析手段からの制約は少ないほどよく，検定の場合も同様である。取り扱うデータの尺度が比率尺度，距離尺度だけでなく，順位尺度，名義尺度も可能であり，特定の母集団分布(正規分布など)を仮定せず，母集団に関しての知識が不十分でも適用可能で，標本の大きさ[*1]に制約されないならば，研究対象の範囲は拡がり，自由度が増す。

以上のような"ゆるい"条件[*2]のもとで適用できる検定法が，ノンパラメトリック検定法である。

条件が"ゆるい"ことから，ノンパラメトリック検定法の検出力[*3]は低いことが予想されるが，正規性の前提のもとでは，かなり高い検出力が確認されている。

ノンパラメトリック検定法には，多くの方法がある。表1は主要なもの，使用頻度の高いものについて，取り扱う標本の性質とデータの尺度，検定の目的によって分類したものである。

表中の標本の性質で，対応のある標本と対応のない標本の相違について簡単に説明する。

表2は，2つの新しい授業法を実施して効果を見るためにサンプリングした，生徒の学力増を測定した結果である。

表3は，2つの授業法を双生児の対に対して別々に実施した場合である。

表2のデータは対応のない標本，表3のデータは対応のある標本である。

対応のない標本では，2つの授業法の効果を平均値の差で見る。A法の測定値では1～8まで幅があり，B法では4～11まで幅があるが，これは個体差であり，授業法の効果の測定にとっては許容できる誤差と考えて検定する場合に用いられる。

対応のある標本は，個体差を許容できる誤差とは考えられない場合，授業法の効果が個体差の変動より小さい場合，新しい授業法が，平均的に効果を及ぼすのではなく，性格や家庭環境が効果に及ぼす影響が大きい場合等に用いられる。一卵性双生児では，能力が個体間ほど大き

安原治機

表1 ノンパラメトリック検定法

		1組の標本	2組の標本		3組以上の標本	
			対応のある標本	対応のない標本	対応のある標本	対応のない標本
名義尺度		連検定(ラン検定) 2項分布による検定 χ^2検定	McNemar検定	直接確率法 χ^2検定	Cochran検定 (Q検定)	χ^2検定
順位尺度	分布形の検定	Kolmogorov– Smirnov検定 連検定(ラン検定)		Kolmogorov– Smirnov検定 連検定(ラン検定) 〔位置が同じと 仮定できる場合〕		
	分布形が近似 と仮定できる 場合の位置の 検定		符号検定 (サイン検定) 符号付順位和検定 (サイン・ ランク検定)	順位和検定 (U検定 Wilcoxon検定 Mann–Whitney検定) 連検定(ラン検定) メディアン検定	Friedman検定	Kruskal– Wallis検定 メディアン検定
	分布形が近似 と仮定できる 場合の位置の 検定			Siegel–Tukey検定		

表2 対応のない標本

A授業法	1	5	6	8	4	4	6	4	1	6	4	5	3	7	8	7
B授業法	5	4	7	4	8	9	4	6	9	8	7	5	6	6	10	9	8	7	11

表3 対応のある標本

	1	2	3	4	5	6	7
A授業法	8	7	2	5	5	3	5
B授業法	9	6	4	5	10	6	9

くないと予想されるので,双生児の対を別々のクラスに分け2つの新しい授業法を実施して,各々の対の差を見る場合等に用いられる。

以上の例のように,研究目的と標本の性質を検討して,調査・実験対象間の変動が大きい場合には対応のあるデータを,変動が許容できる誤差の範囲内である場合には対応のないデータを用いる必要がある。

次に表中の分類で,検定の目的・範囲を規定した「分布形の検定」,「分布形が同じ(近似)と仮定できる場合の位置の検定」,「分布形が同じ(近似)と仮定できない場合の検定」について説明を加えておく。

ノンパラメトリック検定の多くは,2組の標本が,2つの母集団からのサンプルと仮定して,2つの母集団分布の形[4]あるいは位置[5]の少なくとも,どちらかが異なるか否かを検定している。

正規分布を仮定した,平均値の差の検定では,母分散に関する知識の違いによって手続きが異なるが,ノンパラメトリック検定でも,分布形に対する知識によって適用する検定法を変えると,間違った結論を下す可能性が少なくなる。ただし,本項での分類は厳密なものではなく,一つの目安と考えていただきたい。

表中の検定法をすべて解説するのは,紙面の関係で不可能であり,また本書の目的でもないので,より深く,また広く知りたい方のために参考文献をあげておく。

本項では,ノンパラメトリック検定法の基本的な考え方が含まれているいくつかの検定法について解説する。

3. 方法の解説と応用例

建築関係の研究では,検定をおもな手段とした研究例はほとんどない。なぜならば,検定は研究の初期(予備調査やデータが集まった段階)で用いられたり,他の分析法と併用されることが多く,論文中で検定の細かな手続きに触れている例は少ない。どの検定法を用いて,いくらの有意水準で,どうであったかだけを述べ

たものが多い。

以上のことから，本項では，応用例は架空のものを用いることにする。

(1) χ^2(カイ自乗)検定

χ^2検定は，対応のない分類データ(名義尺度)の検定に用いられることが多い。しかし，対応のある分類データに対するMcNemer検定や，順位尺度のデータに対してのメディアン検定，Friedman検定，Kruskal–Wallis検定等でも，χ^2値を計算して，χ^2の値を用いて検定するなど，応用範囲は広い。

ここでは，χ^2検定の応用例として，分割表*6による検定と，分布の適合度の検定について述べることにする。

1) 分割表による検定

$s \times t$分割表において，2変数に関連がない，すなわち独立であるということは，各セルの期待度数と実測値の差の合計が小さいことであり，偶然による"ばらつき"の範囲内に納まることである。

各セルの期待度数は，AとBが独立であるという帰無仮説のもとで，$p_{ij} = p_{Ai} \times p_{Bj}$から

$$E_{ij} = n \cdot p_{ij} = n \times \frac{n_{Ai}}{n} \times \frac{n_{Bj}}{n} = \frac{n_{Ai} \cdot n_{Bj}}{n}$$

χ^2は実測値と期待値の差の自乗を期待値で割り，全セルについて加えたものであるから，χ^2の値は，

$$\chi^2 = \sum_{i=1}^{s}\sum_{j=1}^{t} \frac{(f_{ij} - n \cdot p_{ij})^2}{n \cdot p_{ij}} \quad (1)$$

$$= \sum_{i=1}^{s}\sum_{j=1}^{t} \frac{(f_{ij} - n_{Ai} \cdot n_{Bj}/n)^2}{n_{Ai} \cdot n_{Bj}/n} \quad (2)$$

$$= n\left[\sum_{i=1}^{s}\sum_{j=1}^{t} \frac{(f_{ij})^2}{n_{Ai} \cdot n_{Bj}} - 1\right] \quad (3)$$

より計算する。自由度は行，列中の1つのセルは，他のセルの値で決まると必然的に決まるので，行，列のセルの数から1を引いた値を掛けた$(s-1) \times (t-1)$となる。

χ^2検定では，上記の自由度をもつχ^2分布の上側確率pとなる限界値と比較して判定する。

職種と建物形式の好みとの関係を200人のランダムサンプルについて調べたところ，表5*7のようになった。職種によって，建物の好みに差はあるか。

検定する帰無仮説は「職種によって建物の好みに差はない」である。すなわち，各組の標本度数比が等しいということである。

一般的に帰無仮説をH_0，有意水準をα，自由度をdfと表すので，本例では，

$H_0 : p_{ij} = p_{Ai} \times p_{Bj}$

$\alpha = 0.1$

$$\chi^2 = 200 \times \left[\frac{15^2}{70 \times 65} + \frac{20^2}{70 \times 60} + \frac{34^2}{70 \times 75}\right.$$
$$+ \frac{10^2}{40 \times 65} + \frac{15^2}{40 \times 60} + \frac{15^2}{40 \times 75}$$
$$\left.+ \frac{40^2}{90 \times 65} + \frac{25^2}{90 \times 60} + \frac{25^2}{90 \times 75} - 1\right]$$

$= 13.414$

$df = (3-1) \times (3-1) = 4$

有意水準0.1で自由度4のχ^2値は，$\chi^2_{.01}(4) = 7.779$であり，$\chi^2 > \chi^2_{.01}(4)$より有意であり，帰無仮説は棄却できる。すなわち，職種によって建物の好みに差があるといえる。χ^2が約13.4であることは，帰無仮説が正しいと仮定したとき，期待度数との"ずれ"がこの程度起こる確率は，$\chi^2_{.01}(4) = 13.277$に近いので，約1％であるともいえる。

2) 適合度の検定

理論度数あるいは期待度数と，収集したデータから得られた度数分布との違いの大きさを検定する。データから得られた度数分布が特定の分布，例えば正規分布と見なしてよいかを検定するには，正規分布を適当な区間に分割して，

表4 多分法的関連表（クロス集計表）

B \ A	B1	B2	……	Bj	……	Bt	計
A1	f_{11}	f_{12}		f_{1j}		f_{1t}	n_{A1}
A2	f_{21}	f_{22}		f_{2j}		f_{2t}	n_{A2}
⋮							⋮
Ai	f_{i1}	f_{i2}		f_{ij}		f_{it}	n_{Ai}
⋮							⋮
As	f_{s1}	f_{s2}		f_{sj}		f_{st}	n_{As}
計	n_{B1}	n_{B2}		n_{Bj}		n_{Bt}	n

表5 多分法的関連表の実例

	ホワイトカラー	グレーカラー	ブルーカラー	小計
和風	15	20	35	70
折衷	10	15	15	40
洋風	40	25	25	90
小計	65	60	75	200

その区間に入る理論度数を計算して用いる。

また，新しい方法が従来の方法と比較して，効果に差があるか等を検定する場合には，従来の方法で求めた期待度数と新しい方法による度数との差を検定する。計算には(1)式を用いることが多い。

ノンパラメトリック検定は，母集団分布が特定の分布（正規分布等）と仮定できない場合に用いられることが多い。しかし，この検定法を適用する前段階では，収集したデータに関して種々の分析を行って，データに関する知識を蓄積しておくことが大切である。

例えば，度数分布表を作成し，視察によって分布の特徴を把握して，特定の分布に近似している場合には，前述の適合度の検定を実施して，検定法を選択する等である。

(2) 順位和検定

2つの標本が同じ母集団からのサンプルであるか否かを，順位を手掛かりに検定する。順位和検定は，母集団分布の位置（正規性を前提とした数量データの平均値に相当）の違いを見るのであって，分布の形（正規性を前提とした数量データの分散に相当）の違いは検出できない。詳細はSiegel-Tukey検定のところで述べる。

2標本の大きさをm, nとし，これらをひとまとめとした$(m+n)$個について，小さいほうから順に1, 2……$m+n$と番号をつける[*8]。

2標本が同一の母集団からのサンプルであれば，2標本の分布に偏りはないと考え得るので，標本1の順位をS_1, S_2………S_n, 標本2の順位をR_1, R_2, ………R_mとして，それぞれの標本の順位和$W_S = \sum^n S$, $W_R = \sum^m R$ は$W_S : W_R = n : m$ に近い値となる。

一方，2標本が同一の母集団からのサンプルでない，すなわち，2つの母集団の位置がずれている場合には，$W_S > W_R$ あるいは $W_S < W_R$ となる。

では，この差がどれくらいであれば，母集団分布が異なると考えるのか。

高層マンションの高層階に住む子供と低層階に住む子供では，友達とのコミュニケーションの程度が異なるかを，友達の人数を手掛かりに検定する。

高層階と低層階から3人ずつ[*9]をサンプルとして，友達の数を調べて，数の多いほうから順位をつける[*10]。帰無仮説を「高層階に住む子供と低層階に住む子供では，友達の数に差はない」とする。

1位から6位までの順位を，3人ずつの2組に分けるすべての組合せは，式(4)より20個である。

$$_nC_r = \frac{n(n-1)(n-2)\cdots\cdots(n-r+1)}{r!}$$

$$= \frac{n!}{r!(n-r)!} \quad (4)$$

そのすべての組は，

(1, 2, 3) (1, 2, 4) (1, 2, 5) (1, 2, 6)
(1, 3, 4) (1, 3, 5) (1, 3, 6) (1, 4, 5)
(1, 4, 6) (1, 5, 6) (2, 3, 4) (2, 3, 5)
(2, 3, 6) (2, 4, 5) (2, 4, 6) (2, 5, 6)
(3, 4, 5) (3, 4, 6) (3, 5, 6) (4, 5, 6)

である。帰無仮説が正しければ，各組が選ばれる確率は1/20である。20組についての順位和の分布は，表6となる。

表6 順位和分布表

順位和	6	7	8	9	10	11	12	13	14	15
組合せ数 N	1	1	2	3	3	3	3	2	1	1
確率 $N/20$	.05	.05	.1	.15	.15	.15	.15	.1	.05	.05

高層階に住む子供のほうが友達の数が少ないと予想されるので，有意水準5%であれば順位和15，すなわち高層階の子供の順位が(4, 5, 6)のときだけ帰無仮説は棄却されることになる。

(3) Siegel-Tukey検定

順位和検定では，分布の位置の違いを検定していることは前述したが，Siegel-Tukey検定では，分布の形，すなわち「ちらばり」の違いを検定する。

マンションの高層階と低層階に居住する子供の友達の数についての順位和検定では，高層階に住む子供の順位が(4, 5, 6)の場合だけ，帰無仮説は棄却されたが，それは図1の(イ)のような分布の場合である。図1の(ロ)のような分布の場合は棄却されない。この順位和12以上の生じる確率は35%となる。それでは，母集

図1 マンション高層階と低層階に居住する子供の友達の数についての順位分布

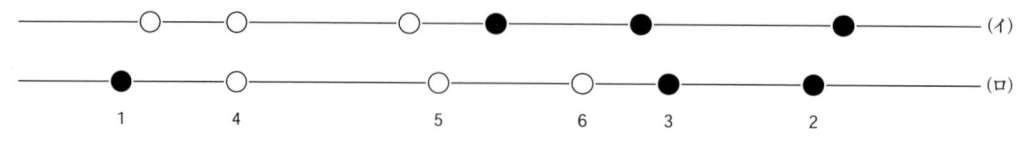

●：高層階に住む子供　○：低層階に住む子供

団分布に違いはない。すなわち高層階に住む子供と低層階に住む子供では，友達の数に差はないと結論できるであろうか。

低層階に住む子供では，性格の違いによって友達の数にあまり差はなく，全般的に友達は多いが，高層階に住む子供では，積極的な性格か，消極的な性格かによって友達の数の差が大きいとすれば，分布の拡がりについて検定する必要がある。

Siegel–Tukey検定では，順位のつけ方に特徴がある。この検定では分布の拡がりについて検定するのであるから，分布の両端の順位と中心の順位にできるだけ差が出るような順位のつけ方をする。両端の値に低い順位をつけ，中心になるほど高い順位を与える。最小値に1，最大値に2，2番目に大きい値に3，2番目に小さな値に4というように順位をつける*1。

図1の(ロ)について順位をつけて，順位和を計算すると，$W_S=6$，$W_R=15$ となる。順位の組合せの出現確率は，表6と同じであるから，$W_S=6$ は5％の確率であり，有意水準を5％とすれば，2標本は同じ分布の形をもった母集団からのサンプルとはいえないと結論される。

*1　ノンパラメトリック検定では，小標本でも検定可能であり，他の検定法では困難な小標本のとき威力を発揮する。ただし，検定に用いる値や確率が不連続であるために，有意水準を決めても，近似値で判定しなければならない場合も多い。多くのノンパラメトリック検定では，大標本のときに近似的に正規分布に従う公式が用意されている。

*2　順位尺度に関する検定では，母集団分布が連続であることが前提である。

*3　帰無仮説が真でないとき，帰無仮説を採択する確率。

*4　分布をカバーする範囲の大きさ。

*5　分布の位置（メディアン）。

*6　クロス表，関連表，2次元頻度分布，2変数同時頻度分布ともいう。

*7　χ^2 検定では，一般的に大きな標本が必要である。また，1つのセルの度数が10くらいは必要であり，自由度が大きくても5以上となるようにしたい。

*8　同順位が生じた場合，一般的にはその順位の平均をそれぞれの順位とする。

*9　実際に研究では，このサンプルでは少なすぎる。5人ずつくらいは必要と考えられる。

*10　数の少ないほうから順位をつけてもよいが，標本数が同じでない場合は，W_S と W_R の分布は異なる。しかし，$W_S-1/2n(n+1)$ と $W_R-1/2m(m+1)$ は，順位和が0から始まる同じ分布となる。

*11　順位を最大値からつけても同じ結果になることに注意。

〔参考文献〕

1) E.L.レーマン，鍋谷清治・刈屋武昭・三浦良造訳『ノンパラメトリック』森北出版，1978

2) R.S.ヘンケル，松原望・野上佳子訳『統計的検定』朝倉書店，1982

3) R.S.バーリントン，D.C.メイ，林知巳夫・脇本和昌監訳『確率・統計ハンドブック』森北出版，1975

4) 肥田野直・瀬谷正敏・大川信明『心理・教育統計学』培風館，1961

【コラム6】正準相関分析

工学部の建築学科に入学すると，共通課程（一般教養課程）で数学，物理，化学を学ぶことになる。これらの成績が高校時代の成績とどの程度関連しているかを調べると，大学での教え方の参考になる。

まず，考えられるのは，高校と大学の数学の成績の相関，物理の成績の相関，化学の成績の相関を見ることである。このように各科目の相関を見ることも分析の基礎である。

しかし，高校の三科目全体の成績と大学の三科目全体の成績の関係を調べようとすると，高校の成績の総合的指標と大学の成績の総合指標をつくらなければならない。また，高校と大学の各科目の成績の総合指標もつくらなければならない。これらを整理すると，

　高校の成績＝高校の数学＋物理＋化学
　大学の成績＝大学の数学＋物理＋化学
　数学の成績＝高校の数学＋大学の数学
　物理の成績＝高校の物理＋大学の物理
　化学の成績＝高校の化学＋大学の化学

となる。

総合指標をつくる方法には，主成分分析（2.13 参照）がある。

また，一つの目的変量と複数の説明変量との関連を分析する方法に，重回帰分析（2.6 参照）がある。重回帰式のモデルは，

$$Y = a_1 X_1 + a_2 X_2 + \cdots a_n X_n + a_0$$

で表されるが，正準相関分析では，この目的変量 Y を複数の変量（変量群）とした分析方法である。

以上を簡潔に述べるならば，正準相関分析は主成分分析と重相関分析をまとめて一般化した方法であるといえる。

(安原治機)

〔参考文献〕
1) 河口至商『多変量解析入門Ⅰ』森北出版，1978
2) 中村正一『例解 多変量解析入門』日刊工業新聞社，1979
3) 涌井良幸・涌井貞美『図解でわかる多変量解析』日本実業出版社，2003

2.5 相関を探る 相関分析・回帰分析・クロス分析

1. 概要

世の中には，2つの事柄が相互に関連していると考えられていることが多い。例えば，身長と体重，親の身長と子供の身長，数学の成績と物理学の成績，親の学歴と子供の学歴，支持政党と収入などである。前例のうち，前の三つは対象となるデータが量的・定量的データであり，これらの関係を「相関関係」といい，後の二つが扱うデータは質的・定性的データであり，これらの関係を「関連関係」という。

本項では，量的・定量的データを対象とする相関分析と回帰分析，質的・定性的データを対象とするクロス分析について述べる。なお，相関分析と回帰分析は「2.6 予測する」の重回帰分析における基礎的部分の解説となっている。また，クロス分析は「2.4 推定・検定する」と関連するので，これらの項をあわせて読むと理解がより深まる。

2. 目的と特徴

(1) 相関分析

相関は，2つの変数(変量)間の関係を，どちらが原因でどちらが結果であるとは考えず，対等な相互関係と考えたときの概念である。この点が回帰と異なっている。しかし，形式的あるいは計算過程においては多くの共通点があり，重相関分析と重回帰分析を同一に扱っている文献も多い。

相関分析には，単相関分析，重相関(重回帰)分析，主成分分析，正準相関分析などがある。単相関分析は，上記の2変数間の相関係数を用いて変数間の関連について分析する方法である。変数の数が多いとその組合せは膨大となるが，問題としている現象や，その周辺に関する広く深い知識と洞察力によって，有用な変数の対を絞り込んで分析を行わねばならない。

しかし，この方法にも限界がある。そのとき用いる方法の一つに主成分分析がある。主成分分析は，互いに相関のある多変数(多変量)の情報を，情報の損失を最小限にして相互に無相関なより少ない合成値(主成分)を求めることによって，データの縮約，多変数の整理・統合を目的として用いられることの多い手法である(2.13 参照)。

(2) 回帰分析

変数(変量)間の因果関係や相互関係を明らかにするための統計(解析)手法のなかで，(重)回帰分析は最も広く用いられている。

回帰分析は19世紀末，イギリスの研究者が優生学に数学的手法を導入したところから始まり，この研究者は親子の身長関係を調べた。おおよそ，背の高い親たちの子供は背が高い。しかし，背の高い親たちの子供の平均身長は親たちより低く，背の低い親たちの子供の平均身長は親たちより高くなる傾向があり，子供の平均身長は全体の子供の身長に近づく(回帰する)ことが明らかとなり，親子の身長関係を表す直線を「回帰直線」と呼ぶようになった。

親の身長から子供の身長を予測できるのは，親の身長がおもな原因，子供の身長が結果であることを自明の事実としているからである。このように，回帰分析では予測が主要な目的の一つである。ただし，原因と結果，すなわち，因果関係は経験則であることが多く，客観的に因果関係を明らかにするには，種々の因果推論法(2.12 参照)を用いなければならない。

(3) クロス分析

クロス集計は分類データを対象としているので，質的・定性的データは，基本的にはそのまま計数可能である。量的・定量的データは，階級と呼ばれる区分を設定し，各区分の上限値と下限値の間に含まれる数を計数する。

この方法には別の利点がある。数量データでは極端な値(極大値，極小値)が含まれることがあり，これらを丸める(最上位の区分に極大値を，最下位の区分に極小値を含める)ことで分析の信頼度が上がる。

クロス集計の分析でまず用いられるのは，グラフである。度数を対応する点の数や面積に置き換えた点グラフ(図1)，面積グラフ(図2)などを視察によって検討する。

クロス集計に関する計算で最も多く用いられるのは χ^2(カイ自乗)値である。χ^2 を用いて行う主要な分析方法は二つある。

安原治機

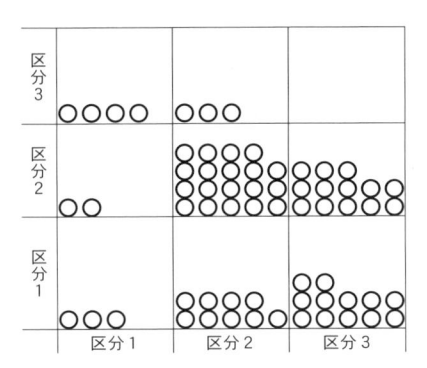

図1 点グラフ

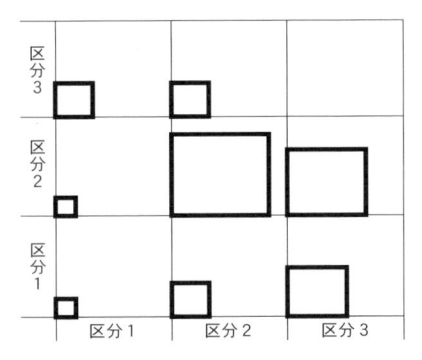

図2 面積グラフ

第一は、比率（度数分布）の差の検定である。S組の標本あるいはS個の区分と、T組の標本あるいはT個の区分の度数分布に差があるかを検定する。

第二は、2変数間の関連を調べることである。原理は比率の差の検定と同じである。ただし、関連係数（数量データの相関係数に相当）を求めるところが前者と異なっている。データの量と区分数の影響を取り除いた関連係数に、クラマーのコンティンジェンシィ係数(Cr)がある。

3. 方法の解説

(1) 相関分析

N個の対になった実数値（観測値、実測値、測定値、計測値など）の組 $x_i, y_i (i=1, 2\cdots, N)$ を2変数データという。このデータ (x_i, y_i) を2次元平面上にN個の点としてプロットした図を散布図（2.2 参照）という。

1変数における特性値の一つである分散 $\sigma x^2 = \Sigma(X-\overline{X})^2$ のように、2変数の分散を共分散 $\sigma_{xy} = (X-\overline{X})(Y-\overline{Y})$ という。

X, Y の標準偏差を σ_x, σ_y とすると、X と Y の相関係数は $r_{xy} = \sigma_{xy}/\sigma_x\sigma_y$ と定義され、これをピアソンの積率相関係数という。値は $-1 \leq r_{xy} \leq 1$ であり、絶対値が1に近いほど X と Y は直線的な関係にあり、相関関係が強く、0に近いほど相関関係のない無相関である。また、負符号の場合を逆相関という。

相関係数の信頼限界はデータ数によって変わるので、2変数の相関係数について論ずる場合、有意性の検定を行う必要がある。

(2) 回帰分析

子供の身長を目的変数(Y)、親の身長を説明変数(X)と呼ぶ。

回帰分析では、まず X と Y についての分布をグラフ（散布図）に描いて、視察によって X と Y の関係（直線関係か曲線関係かなど）を調べなければならない。

図からおおよそ直線関係であると認められた場合には近似直線の式、

$$Y = AX + B$$

を求めることになる。A は直線の傾き（勾配）、B は Y 切片である。

説明変数が2つ以上の場合、重回帰分析となり、説明変数を $X_1, X_2, \cdots X_n$ として、重回帰式は、

$$Y = A_1X_1 + A_2X_2 + \cdots A_nX_n + B$$

となる。詳細は 2.6 参照。

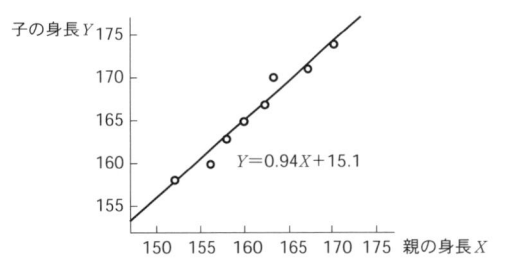

図3 身長の回帰直線

(3) クロス分析

目的と特徴で述べたように、クロス分析では比率（度数分布）の差の検定と2変数間の関連を調べる。

クロス表の基本形に四分表がある。2つの分類（アイテム）A, B があり、それぞれが2つのカテゴリー A_1, A_2 と B_1, B_2 に分類されているとき、度数分布は表1のような四分表になる。

表1 四分表

		A		計
		A_1	A_2	
B	B_1	f_{11}	f_{12}	$n_{1\cdot}$
	B_2	f_{21}	f_{22}	$n_{2\cdot}$
計		$n_{\cdot 1}$	$n_{\cdot 2}$	N

分類AとBが関連関係にあるとすれば，f_{11}とf_{22}の度数が多くなり，両者に関連関係がなければ度数はすべてのセルに均等に配分され，以下のような関係式が成り立つ．

$$f_{11}/n_{1\cdot} \fallingdotseq f_{21}/n_{2\cdot} \fallingdotseq n_{\cdot 2}/N$$
$$f_{12}/n_{1\cdot} \fallingdotseq f_{22}/n_{2\cdot} \fallingdotseq n_{\cdot 2}/N$$
$$f_{11}/n_{\cdot 1} \fallingdotseq f_{12}/n_{\cdot 2} \fallingdotseq n_{1\cdot}/N$$
$$f_{21}/n_{\cdot 1} \fallingdotseq f_{22}/n_{\cdot 2} \fallingdotseq n_{2\cdot}/N$$

あるいは

$$f_{11} \fallingdotseq n_{1\cdot} \cdot n_{\cdot 1}/N$$
$$f_{12} \fallingdotseq n_{1\cdot} \cdot n_{\cdot 2}/N$$
$$f_{21} \fallingdotseq n_{2\cdot} \cdot n_{\cdot 1}/N$$
$$f_{22} \fallingdotseq n_{2\cdot} \cdot n_{\cdot 2}/N$$

このような関係式が近似的に成り立つ場合，分類AとBは相互に独立であると定義される．また，

$$f_{11} > n_{1\cdot} \cdot n_{\cdot 1}/N \quad \text{または}$$
$$f_{22} > n_{2\cdot} \cdot n_{\cdot 2}/N$$

が成り立つ場合，正の関連があると定義され，

$$f_{11} < n_{1\cdot} \cdot n_{\cdot 1}/N \quad \text{または}$$
$$f_{22} < n_{2\cdot} \cdot n_{\cdot 2}/N$$

が成り立つ場合，負の関連があると定義される．

関連は量的(定量的)変数の相関に相当するが，相関より複雑な概念となっている．ピアソンの積率相関係数では，値は$-1 \leq \gamma_{xy} \leq 1$であり，絶対値が1に近いほど相関関係が強く，0に近いほど相関関係のない無相関である．また，負符号の場合を逆相関という．

一方，関連関係では関連係数が最大値となった場合でも，完全関連と最大関連の2種類がある．完全関連ではカテゴリーA_1に属する度数がすべてカテゴリーB_1に，カテゴリーA_2に属する度数がすべてカテゴリーB_2に属する場合で，他のセルの度数は0となる．すなわち，

$$n_{1\cdot} = n_{\cdot 1}, \quad n_{2\cdot} = n_{\cdot 2}, \quad f_{12} = f_{21} = 0$$

である．

最大関連は，完全関連と比較して定義がやや ゆるくなっている．カテゴリーA_1に属する度数がすべてカテゴリーB_1に属するだけでよく，その他の制約はない．すなわち，

$$n_{1\cdot} \neq n_{\cdot 1}, \quad n_{2\cdot} \neq n_{\cdot 2}, \quad f_{12} = 0, \quad f_{21} \neq 0$$

である．また，$f_{12} \neq 0$, $f_{21} = 0$ でもよい．

以上は正の完全関連と正の最大関連の定義であるが，対角に入る度数が左下がりとなれば，負の完全関連と負の最大関連が定義できる．

関連の程度を測るのに，独立の状態からどれくらい偏っているかを調べればよく，これを関連係数という．関連係数には種々のものがある．これらの最大の相違は，完全関連，最大関連の値がいくつかということである．望ましいのは相関係数のように，±1の範囲に収まることである．

四分表を対象とした関連係数にユールの関連係数Qがある．

$$Q = \frac{f_{11} \cdot f_{22} - f_{12} \cdot f_{21}}{f_{11} \cdot f_{22} + f_{12} \cdot f_{21}}$$

ユールの関連係数は，完全関連，最大関連の場合±1，無関連の場合0となる．

次にクロス表をs行，t列まで拡張した場合について考える．ここでも完全関連，最大関連の場合に±1となることが望ましい．これを満たすのがクラマーのコンティンジェンシィ係数Crである．

$$\phi^2 = \chi^2/n = \Sigma \Sigma f_{ij}^2/n_{i\cdot}n_{\cdot j} - 1$$
$$Cr = \phi^2/(t-1) \quad s > t$$

この係数は，完全関連時の値は1となり，無関連のときは0となる．

表2 クロス集計表

	A_1	A_2	……	A_j	……	A_t	計
B_1	f_{11}	f_{12}	……	f_{1j}	……	f_{1t}	$n_{1\cdot}$
B_2	f_{21}	f_{22}	……	f_{2j}	……	f_{2t}	$n_{2\cdot}$
⋮	⋮	⋮	⋮	⋮	⋮	⋮	⋮
B_i	f_{i1}	f_{i2}	……	f_{ij}	……	f_{it}	$n_{i\cdot}$
⋮	⋮	⋮	⋮	⋮	⋮	⋮	⋮
B_s	f_{s1}	f_{s2}	……	f_{sj}	……	f_{st}	$n_{s\cdot}$
計	$n_{\cdot 1}$	$n_{\cdot 2}$	……	$n_{\cdot j}$	……	$n_{\cdot t}$	N

〔**参考文献**〕
1) A. L. エドワード，岩淵千明訳『相関と回帰』現代数学社，1993
2) アルフレッド・H-S. アン，ウィルソン・H. タン，伊藤學・亀田弘行監訳，能島暢呂・阿部雅人訳『改訂 土木・建築のための確率・統計の基礎』丸善，2007
3) ウォナコット，田畑吉雄・太田拓男訳『回帰分析とその応用』現代数学社，1998

2.6 予測する　重回帰分析・数量化理論Ⅰ類

積田　洋

1. 概要

　事象を予測することは、これから起こり得るさまざまな事態に対して、有効な示唆・教示をわれわれに与えてくれる。また、それに対応する適切な判断を可能にさせる。建築の計画においても、得られたさまざまなデータを基に将来の予測を行うことは、より客観的な計画に対する判断材料を与えてくれることになる。

　これらの予測を行う統計的手法として、重回帰分析および数量化理論Ⅰ類分析がある。

　われわれは調査や研究を通じて、さまざまなデータを得ている。これらのデータは、研究目的に対して、これを説明し得るある関係をもった要因であるということができる。いま一つの要因が、その数量が増えることにより、目的となる数量もまた増すとき、正の相関があるといい、逆に減少するとき、負の相関があるという。この場合、一つの要因のみにより、目的となる変数について、説明・予測することができるならば、これは1対1の関係により、相関図や単回帰分析などによって目視でも理解することができる。

　しかしながら、実際のさまざまな事象が、1対1の関係により成り立っているということはまれである。さまざまな要因が複合し関係しているといえよう。こうした一つの目的に対していくつかの要因によりその関係を説明し、予測しようとするとき、これらの方法が有効である。

2. 目的と特徴

　重回帰分析・数量化理論Ⅰ類分析とも定量的データを予測する変数とした、線型(1次)の関係式として得られ、いくつかの特性・要因についてそれぞれの係数(ウエイト)を得ることにより、予測式として用いられるものである。重回帰分析では、予測する変数を一般に目的変数と呼び、数量化理論Ⅰ類分析では外的基準と呼ぶ。また、特性・要因を重回帰分析では説明変数、数量化理論Ⅰ類分析では要因と呼ぶ。重回帰分析と数量化理論Ⅰ類との大きな違いは、予測するための特性・要因が定量的データ、例えば身長や体重などの数量で得られる場合と、男・女といった性別などの定性的データを扱う場合で、定量的データを扱う場合、重回帰分析を用い、定性的データを扱う場合、名の示す通り、データをダミー変数に置き換えて扱う数量化理論Ⅰ類を用いる。

　なお、予測式の精度(信頼性)は、重相関係数を求めることにより得ることができる。

3. 方法の解説

　某大学の1年生の設計カリキュラムの課題で、その学年のメインテーマとなる課題〈小住宅の設計〉が、それ以外の3つの課題〈住宅コピー〉〈グラフィック・デザイン〉〈造形演習〉とどのような関係があり、これらの成績から〈小住宅の課題〉の成績を予測することを例題として考えてみよう。

　表1に、1年生20名の4つの課題の100点満点の成績と、それぞれA・B・Cとした3段階によるランク評価をまとめて示す。ここで、Aは80点以上のいわゆる"優"であり、Bは75、70点の"良"、Cは65、60点の"可"とした。

　このように成績に関して、100点満点の点数評価とA・B・C、あるいは優・良・可というようなランク評価が一般に用いられていよう。ここで100点満点の点数評価に注目すると、これらは量的データとみなすことができ、予測したい〈小住宅の設計〉の点数を目的変数Yとした重回帰分析を用いることができる。目的変数Yを予測するための〈住宅コピー〉〈グラフィック・デザイン〉〈造形演習〉の点数評価が説明変数X_1〜X_3となり、それぞれのYに対する重み、重回帰係数が得られる。

　一方、A・B・Cのランク評価などの名義尺度や序数尺度のような定性的データに注目した場合、数量化Ⅰ類を用いることとなる。100点満点評価の〈小住宅の設計〉が外的基準Yとなり、これを予測するための3つの課題を要因:アイテム(X_1〜X_3)、それぞれのA・B・Cを各アイテムのカテゴリーと呼び、いずれかに該当するところに1を与えるダミー変数として扱うものである。

表1　重回帰分析，数量化理論Ⅰ類，推定値比較表

	X_1 住宅コピー		X_2 グラフィック・デザイン		X_3 造形演習		Y 小住宅の設計	推定値	
								重回帰分析	数量化Ⅰ類
1	80	A	75	B	85	A	80	79.1	81.0
2	60	C	90	A	75	B	65	68.3	66.3
3	85	A	90	A	80	A	80	78.5	79.8
4	75	B	80	B	85	A	75	77.8	77.1
5	60	C	80	B	70	B	60	64.9	66.3
6	60	C	65	C	65	C	60	61.3	60.0
7	65	C	70	B	75	B	70	68.7	67.5
8	80	A	80	B	85	A	80	79.3	79.8
9	60	C	75	B	80	B	70	64.7	67.5
10	65	C	75	B	75	B	70	69.0	67.5
11	60	C	70	B	75	B	65	64.4	67.5
12	70	B	70	B	75	B	70	70.2	73.3
13	75	B	85	A	90	A	80	80.9	77.1
14	70	B	85	A	90	A	85	79.4	77.1
15	85	A	100	A	75	B	80	76.3	74.7
16	60	C	75	B	75	B	70	67.5	67.5
17	80	A	65	C	70	B	70	70.1	70.0
18	80	A	90	A	85	A	75	79.9	79.8
19	75	B	80	B	75	B	70	72.2	72.0
20	75	B	75	B	85	A	75	77.6	78.3
平均	71.00		78.75		77.75		72.50	重相関係数	
SD	9.12		9.16		7.34		6.98	0.905	0.870
住宅コピー	1.000				〈相関係数〉				
グラフィック・デザイン	0.441		1.000					** 有意水準 1% 有意 * 有意水準 5% 有意	
造形演習	0.547*		0.445*		1.000				
小住宅の設計	0.761**		0.505**		0.835**		1.000		

まず，重回帰分析について解説すると，重回帰式は一般に，

$$Y = a + bX_1 + cX_2 + dX_3 + \cdots\cdots + nX_m$$

で示され，例題では，Y が〈小住宅の設計〉，X_1 が〈住宅コピー〉，X_2 が〈グラフィック・デザイン〉，X_3 が〈造形演習〉の100点満点の成績となり，a は定数，b，c，d はそれぞれの説明変数にかかる重回帰係数である。

ここで説明変数が1つの場合を考えてみると，これは $Y = a + bX$ の単回帰式となり，例えば，Y を〈小住宅の設計〉，X を〈住宅コピー〉の100点満点の成績として，$X \cdot Y$ 座標上にプロットしてみると，図1になり，目視でもほぼ直線関係があることがわかるが，近似的であっても一番妥当な直線式を求めることにより，Y を X により推定・予測することが可能となってくる。

これを求めるための計算としては，最小2乗法により，誤差 $\varepsilon_i (\varepsilon_i = Y_i - Y_i' = Y_i - aX_i - b$，ここで $X_i = x_i - \bar{x}$，$Y_i = y_i - \bar{y}$：図2）の平方和を最小にするように a と b を求めればよく，求め方の手順としては，x，y の平均・x の分散 $S_{xx} \cdot x$，y の共分散 S_{xy} を求め，

$$y - \bar{y} = \frac{S_{xy}}{S_{xx}}(x - \bar{x})$$

を計算すればよいことになる。

ちなみにこの例では，$\sum X_i^2 = 1580$，$\sum X_i Y_i = 920$ であり，$\bar{x} = 71.00$，$\bar{y} = 72.50$ であるから，

$$a = \frac{\sum X_i Y_i}{\sum X_i^2} = \frac{S_{xy}}{S_{xx}} = \frac{920}{1580} = 0.58$$

となり，$Y - 72.50 = 0.58(X - 71.00)$ を解くと，$Y = 31.32 + 0.58X$ と求まる。

なお，この式がどのくらいよく説明されているかを確かめるためには，相関係数 (r) を求めればよく，

$$r = \frac{S_{xy}}{\sqrt{S_{xx} S_{yy}}} = \frac{920}{\sqrt{1580 \times 925}} = 0.761$$

となり，この回帰式は比較的信頼性は高いといえよう。信頼性の検定には，有意水準5%もしくは1%で t 検定*を行う。

説明変数が複数の場合も同様に考えればよく，x_i の分散 S_{ii}，x_i と x_{ij} の共分散 S_{ij}，x_i と y の共分散 S_{iy} を求め，

$$S_{11}a_1 + S_{12}a_2 + S_{13}a_3 = S_{1y}$$
$$S_{21}a_1 + S_{22}a_2 + S_{23}a_3 = S_{2y}$$
$$S_{31}a_1 + S_{32}a_2 + S_{33}a_3 = S_{3y}$$

の連立方程式を解けばよいことになる。

これらの方程式を解くには，ガウス—ジョルダンの方法（掃き出し法），ガウス—ザイデル法，行列計算法が用いられる。説明変数やデータ数が多くなれば計算は膨大となるが，重回帰分析のプログラム・パッケージは整っている。

以上により，この例題の重回帰式は，$Y = 3.470 + 0.300X_1 + 0.053X_2 + 0.561X_3$ となり，重相関係数は0.905で，かなり信頼性は高い。

この式を用いて Y を推定したものを，表1の右欄に示した。

なお，重回帰分析において基本的で最も重要な問題は，説明変数の選定である。

説明変数の選定は，重回帰式の信頼性を上げるばかりでなく，得られる研究成果にも大きな

図1 単相関図

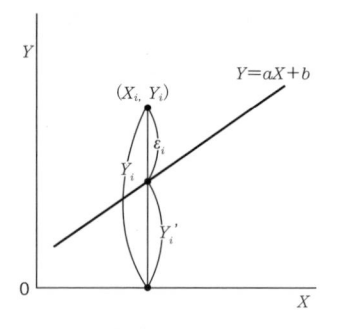

図2 単回帰式の求め方

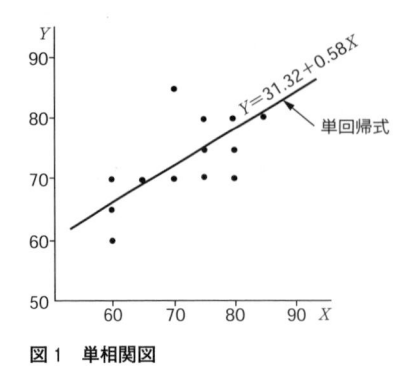

影響を及ぼすものといえよう。

重回帰式は，あくまでも主観的に選定された説明変数を用いて計算されるものであり，当然のことながら研究目的により，最も適当と考えられるものを選ぶことになる。そのためには，過去の経験や，予測の先験性が重要となろう。

しかし，まったくの主観だけではやはりうまくいくとは限らない。そこで，以下については事前に検討しておく必要がある。

まず，目的変数と関係が深いこと。これは相関係数が高いということであり，単相関図等を作成して，データ間の関係性を理解しておくことが重要である。

次に，説明変数どうしが独立であること。これは後述の多重共線性とも関係し，やっかいな問題であるが，説明変数間の相関係数を算出し，相関が低いことを確かめる。

さらに，重要と考えられる説明変数から順次選択していくことなどである。プログラム・パッケージには変数増減法など説明変数を取捨選択するものもあるが，あくまで目的に合った説明変数を選ぶことが重要で，計算のみに頼らないことが肝要である。

重回帰分析で最も起こりやすい多重共線性の問題であるが，これは簡単にいうと，説明変数間の独立性がくずれ，変量間に線形関係が生じて，係数は不定となるということである。つまり，説明変数間の相関係数が高い場合に起こりやすく，推定量の分散・共分散が著しく高くなり，得られた推定値の信頼度は著しく低下する。これは，一方の説明変数を過大評価し，他方を過小評価することになる。

この多重共線関係を処理する完全な方法はなく，説明変数のいずれか一方を除去するか，2変量間に新たな変数を設定するなどの工夫が必用である。

一方，数量化理論Ⅰ類は重回帰式同様，予測式は一般に，

$$Y = \underbrace{(a_{11}X_{11} + a_{12}X_{12} + a_{13}X_{13})}_{X_1}$$
$$+ \underbrace{(a_{21}X_{21} + a_{22}X_{22} + a_{23}X_{23})}_{X_2} + \cdots\cdots$$
$$+ \underbrace{(a_{p1}X_{p1} + a_{p2}X_{p2} + a_{p3}X_{p3})}_{X_p}$$

で示される。

数量化理論Ⅰ類分析では，P個のアイテムをいくつかのカテゴリーに分けて，各アイテムで1つだけのカテゴリーに反応するので，各アイテムに対する反応数はサンプル数に等しくなる。つまり，重回帰分析での説明変数Xをいくつかのカテゴリーに分けて，Yes，Noという0，1のダミー変数とするわけである。

解法の例として，表1のX_1とX_2のアイテムについて，それぞれA・B・Cの3カテゴリーに分けたものについて考えてみると，重回帰分析同様，外的基準Yの誤差を最小にするように求めればよく，まず，X_1のA；X_{11}に反応した数6に対してX_2のA；X_{21}に反応した数が4つ，さらに，X_2のB；X_{22}が1つで，X_2のC；X_{23}が1つとなり，Yの総和は465であるから，

$6X_{11} + 4X_{21} + X_{22} + X_{23} = 465$

同様に，XのB；X_{12}に反応した数6に対して，X_{21}が4，X_{22}が2，X_{23}は0で，Yの総和は455から，

$6X_{12} + 4X_{21} + 2X_{22} = 455$

以下，同様に求めると

$$8X_{13} + 2X_{21} + 5X_{22} + X_{23} = 530$$
$$4X_{11} + 4X_{12} + 2X_{13} + 10X_{21} = 750$$
$$X_{11} + 2X_{12} + 5X_{13} + 8X_{22} = 570$$
$$X_{11} + X_{13} + 2X_{23} = 130$$

となり，この方程式を解くこととなるが，このままでは，線形従属で一意的には求めることができないので，$X_{21}=0$ として，掃き出し法などで解けばよい。

予測式は，$Y = 78.60X_{12} + 75.45X_{12} + 66.90X_{13} + 1.15X_{22} - 7.75X_{23}$ となる。

以上の方法により，表1の予測式を求めると

$$Y = \underbrace{68.41X_{11} + 65.77X_{12} + 60.00X_{13}}_{X_1} + \underbrace{4.70X_{21} + 5.90X_{22}}_{X_2} + \underbrace{6.66X_{31} + 1.58X_{32}}_{X_3}$$

となる。この予測式を用いた推定値を表1の右端に示す。

なお，推定値は同じとなるが，通常，予測式としては規準化カテゴリーウエイトを用いたものを用いる。この場合は，

$$Y = 72.5 - 4.26X_{11} + 1.51X_{12} + 4.16X_{13}$$
$$- 4.71X_{21} + 1.19X_{22} - 0.01X_{23} - 3.53X_{31}$$
$$- 1.95X_{32} + 3.12X_{33}$$

であり，規準化されているので各カテゴリーのウエイト（重みづけ）がわかる。

また，外的基準 Y に対する各アイテムの寄与は，レンジにより評価できる。さらに，予測式の信頼性は，重回帰分析同様，重相関係数を求めることにより評価できる。

以上，例題を用いて解説したが，表1の推定値に示したように，わずかながら重回帰分析のほうが重相関係数が高くなったが，両方ともかなり高い精度の予測式が得られたといえよう。

実際の建築計画の研究においては，定量的データと定性的データの双方が得られることはむしろ少なく，この2方法は，研究目的に応じて使い分けられることとなる。

4. 応用例

a. 重回帰分析
○積田洋・細谷俊子・鶴崎有「保育園の室内遊びにおける異年齢交流と室内構成との相関分析」日本建築学会計画系論文集，No.639，pp. 1029-1035，2009.5

〔要約〕 異年齢保育を実施している保育園において，自由遊び時間内の室内遊びにおける園児の交流状況を具体的に観察し，抽出された行為に係わる物理的な要因（物理的な空間のあり方や，係わりのある什器，家具，備品）と，その空間から誘発される，さまざまな遊びの現状，異年齢交流の状況を踏まえ，おもに室内遊びにおける異年齢間の交流状況の実態と物理的な要因との関係を相関分析，重回帰分析等の多変量解析を用いて，定性的，定量的に関係性を明らかにして，異年齢保育の保育園計画の基礎的な知見を示すものである。

〔解説〕 5園において終日行動観察を行い，特に異年齢で構成された集団で行われた行為を抽出し，それらを交流人数に置き換え換算した。

一方，物理的な要因として遊びの行為の種類，部屋の場所，あらかじめ保育士によって設定されたコーナーの形状，什器家具等の4つのカテゴリーを抽出した。

そこで，まず交流量と構成遊び（図3），また遊具（図4）との関係を単相関図で傾向を分析した後，交流量を目的変数とし，遊び，場所，コーナー，什器・家具等の各カテゴリーを説明変数として，それぞれの交流量の影響の度合いも含めて，数量的な関係として明らかとするため，重回帰分析を行った。

ここで，自由時間内に保育室で行われる行為は，行為の種類によってデータ数にかなりのばらつきが生じる。そのため，重回帰分析を適用するにあたっては変数増減法を採用している。

その結果，例えば，表2に示すように，遊びの行為は，説明変数の重要性を示す標準偏回帰係数の大きい順番に，構成（4.595），ふれあい（3.383），模倣（3.699），造形（2.598），知的作業（2.365），情報収集（1.989），絵本（3.006），飼育観察（4.081）となった。

なお，（ ）内は説明変数の重回帰係数を示している。園児が，構成，ふれあい，模倣，造形遊びを行える環境を整えることが異年齢交流の増加につながるプラスの構成要素であること，それらの遊びが，交流量にどのくらい影響を与

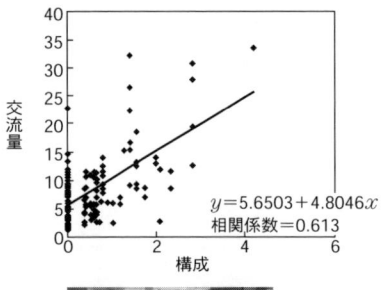

図3 単相関図
（交流量×構成）
(引用文献1)

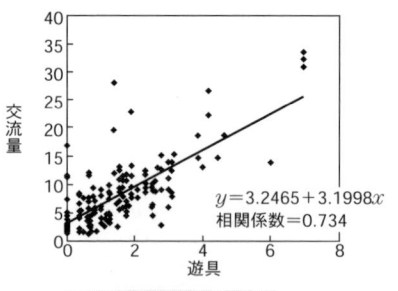

$y = 5.6503 + 4.8046x$
相関係数＝0.613

図4 単相関図
（交流量×遊具）
(引用文献1)

$y = 3.2465 + 3.1998x$
相関係数＝0.734

表2 重回帰方程式（予測式）／遊び （引用文献1）

Y	定数項	X_1 造形	X_2 模倣	X_3 構成	X_4 ふれあい	X_5 知的作業	X_6 情報収集	X_7 飼育観察	X_8 絵本	重相関係数
全園	0.601	2.598	3.699	4.595	3.383	2.365	1.989	4.081	3.006	0.790
	標準偏回帰係数	0.267	0.309	0.586	0.394	0.225	0.199	0.143	0.150	
YM	4.043	2.635	4.035	3.378	3.745	3.772	—	2.596	—	0.898
	標準偏回帰係数	0.216	0.615	0.471	0.350	0.226	—	0.156	—	
WK	4.916	2.611	3.463	—	2.609	—	10.209	—	—	0.853
	標準偏回帰係数	0.435	0.166	—	0.479	—	0.233	—	—	
SE	0.885	—	3.246	5.104	3.730	—	—	—	—	0.950
	標準偏回帰係数	—	0.265	0.494	1.002	—	—	—	—	
OR	2.599	3.589	3.106	3.021	3.041	2.951	—	—	3.028	0.816
	標準偏回帰係数	0.483	0.452	0.538	0.281	0.424	—	—	0.217	
MD	3.770	2.610	—	—	—	2.315	5.621	4.290	4.517	0.821
	標準偏回帰係数	0.526	—	—	—	0.446	0.421	0.269	0.339	

＊上段：重回帰係数
[各説明変数（遊び）の説明]
造　　形：折り紙やお絵かき等の工作
模　　倣：ままごと遊び等
構　　成：積み木やブロック等
ふれあい：おしゃべり，じゃれる
知的作業：パズル，字の練習等
情報収集：ふらふらする，遊びを探す等
飼育観察：動植物の飼育・観察
絵　　本：絵本を読む

えるかなどを定量的に示している．重回帰方程式は表2に示すとおり，

$Y = 0.601 + 2.598 X_1 (造形)$
$\quad + 3.699 X_2 (模倣)$
$\quad + 4.595 X_3 (構成)$
$\quad + 3.383 X_4 (ふれあい)$
$\quad + 2.365 X_5 (知的作業)$
$\quad + 1.989 X_6 (情報収集)$
$\quad + 4.081 X_7 (飼育観察)$
$\quad + 3.006 X_8 (絵本)$

で，重相関係数は0.790である．

b．数量化理論Ⅰ類分析

○積田洋・関根智則・伊藤奈津子「ランドスケープ-アーキテクチュアにおける軸線の構成の研究」日本建築学会計画系論文集，No.602，pp.59-64，2006.4

〔要約〕　周辺環境を強く意識した建築空間をランドスケープ-アーキテクチュアと定義し，これらの空間で見られる「軸線」に着目し，実際の空間の中で見られる軸線の有り様と，その軸線の強弱も含めて，実際の空間での指摘実験を通じて，軸線とこれを構成する要因や影響を明らかにしている．

〔解説〕　ランドスケープ-アーキテクチュアの軸線の構成について，軸線の指摘の強弱がどのような要因により構成されているかを，その影響の度合いも含めて数量的に把握するため，指

アイテム		カテゴリー	サンプル数	基準化カテゴリーウエイト	偏相関係数	要因レンジ	要因レンジウエイト	規準化カテゴリーウェイト分布図 −20　0　20　40　60
地形	地形_短辺断面形状	パターン1	2	2.716	0.080	3.273	2.97%	X_{11} X_{12} X_{13}
		パターン2	20	0.815				
		パターン3	39	−0.557				
	地形_長辺断面形状	パターン1	36	−0.203	0.173	5.786	6.45%	X_{21} X_{22} X_{23}
		パターン2	17	−1.559				
		パターン3	8	4.227				
構成	構成形状	パターン1	30	6.526	0.546	17.593	20.30%	X_{31} X_{32} X_{33} X_{34}
		パターン2	10	−2.931				
		パターン3	7	−11.068				
		パターン4	14	−8.357				
	壁	あり	40	3.555	0.433	10.327	16.13%	X_{41} X_{42}
		なし	21	−6.772				
アプローチ	通路形状	直線・平坦	27	0.259	0.259	5.443	9.65%	X_{51} X_{52} X_{53}
		直線・起伏	15	2.092				
		直線orなし	19	2.513				
	緑	垂直	16	0.655	0.323	10.986	12.03%	X_{71} X_{72} X_{73} X_{74}
		水平	9	7.046				
		両方	12	−3.940				
		なし	24	−1.109				
軸線の対象		山	4	53.980	0.870	67.814	32.41%	X_{81} X_{82} X_{83} X_{84}
		空・海	15	9.880				
		建築	14	1.659				
		なし	28	−13.834				

図5　数量化理論Ⅰ類分析結果（引用文献2）

摘された61の軸線について，それぞれの軸指摘度を外的基準とし，形状のように数量的に表記できない構成要因を検討のうえ，7アイテム，23カテゴリーに整理し，その該当の有無を説明変数として，数量化理論Ⅰ類分析を適用している。

その結果，各要因レンジウエイトから，軸線の対象，構成形状，壁の有無が順に軸線に強い影響を与えており，全体の7割近くのウエイトを占めている。また，軸線の対象が山である場合は最も強くプラスの要因として働き，構成形状がパターン3，軸線の対象がない場合，それは強くマイナスの要因として働いていることなどを示している。

それぞれのアイテムカテゴリーごとの分析結果として，例えば，〔構成_構成形状〕は，軸線の両側に建物に付随する壁，並木などの緑等のエレメントがあるパターン1，軸線の両側・上方にエレメントがあるパターン2，軸線の片側にエレメントがあるパターン3，エレメントがないパターン4の4カテゴリーに分けられたアイテム，構成形状について，要因レンジウエイトが20.30%であることから，その軸線の強さに与える影響は大きいものであることがわかる。パターン1の両側にエレメントがある軸線は視線を強く誘導し，軸線を強め，逆にパターン2～4は軸線を弱める傾向が見られる(図5)。

＊2変量間の相関関数を検定する方法として，正規分布検定とt分布検定がある。相関係数の有意性判定では，後者のt検定がサンプル数の大小にかかわらず適用できる（2.3参照）。

相関係数rは，自由度n（サンプル数）-2のt分布で，有意水準αでのt値（t分布表参照）をtaとすると次式で求められる。

$$r = \frac{ta}{\sqrt{ta^2 + (n-2)}}$$

なお，有意水準αは0.05，5%もしくは0.01，1%で検定する場合が多い。

〔引用文献〕

1) 積田洋・細谷俊子・鶴崎有「保育園の室内遊びにおける異年齢交流と室内構成との相関分析」日本建築学会計画系論文集，No.639，pp.1029-1035，2009.5，1032頁・図7，1034頁・表2

2) 積田洋・関根智則・伊藤奈津子「ランドスケープ-アーキテクチュアにおける軸線の構成の研究」日本建築学会計画系論文集，No.602，pp.59-64，2006.4，63頁・図7

〔参考文献〕

1) 宇谷栄一・井口晴弘『多変量解析とコンピュータプログラム』日刊工業新聞社，1972
2) 中村正一『例解 多変量解析入門』日刊工業新聞社，1980
3) 奥野忠一他『多変量解析法』日科技連出版社，1971
4) 早川毅『回帰分析の基礎』朝倉書店，1992
5) 河口至商『多変量解析入門Ⅱ』森北出版，1978

2・7 予測する　時間的予測・空間的予測

1. 概要

建築計画や都市計画に限らず，何らかの意思決定を行う際には，ほとんどの場合「予測する」という行為を伴っている。そのため，古くから多くの研究分野でさまざまな予測手法の提案や応用が試みられてきた。限られた紙面で，それらすべてについて網羅的に言及することは困難であるので，ここでは，代表的な予測モデルについて解説する。

予測モデル（predictive model）は，「時間モデル」と「空間モデル」に大別することができる。前者は，特性量の時間的変化を予測するモデルであり，後者は特性量の空間的変化を予測するモデルである。ただし，この区別は厳密ではなく，時間と空間のどちらにも応用可能なモデルもある。さらに，両者の特徴を兼ね備えた「時空間モデル」も存在する。

一方，予測する時間範囲，空間範囲の視点から大別すると，「内挿モデル」と「外挿モデル」に分けることができる。前者は，観測データの時間や空間の範囲内で予測するモデルであり，「補間モデル」とも呼ばれる。一方，後者は，観測データの時間や空間の範囲外で予測するモデルであり，「補外モデル」とも呼ばれる。

2. 時間的予測モデル

時間的予測モデルには，時間的変化に関する情報を利用して予測するモデルと，現象に潜在する因果関係を組み込んで予測するモデルがある。前者には，トレンド法，累積分布曲線，傾向線のあてはめ，移動平均法，時系列モデル，マルコフモデル，コーホート法などがある。一方，後者には，計量経済モデルやシステムダイナミクスなどがある。以下では，これらの中のいくつかについて解説する。

(1) トレンド法

トレンド法の中でも，最も多用される方法にロジスティック曲線（Logistic Curve）があり，次式で表される。ただし，$y(t)$ は予測対象，t は時刻，α, β, K は定数である。

$$y(t) = \frac{K}{1 + \alpha e^{-\beta t}} \qquad (1)$$

ロジスティック曲線は，生物個体数の変化を特徴づける微分方程式から，以下のように導出されたモデル式である。

まず，生物の個体数の増加率 dy/dt は，そのときの親の数（個体数）$y(t)$ に比例すると考えられる。しかし，食料や生存場所など，生存のために必要な資源は有限であるので，無限に増殖することはできない。そこで，個体数の上限値を K とすると，増加率 dy/dt は残りの利用可能な資源量にも比例すると考えられる。すなわち，

$$\frac{dy(t)}{dt} = ky(t)(K - y(t)) \qquad (2)$$

と表現できる。ただし，k は正の定数である。この微分方程式を解くことで式(1)が得られる。

ロジスティック曲線と類似するトレンド型のモデル式にゴンペルツ曲線（Gompertz Curve）があり，次式で表される。

$$y(t) = K\alpha^{\exp[-\beta t]} \qquad (3)$$

上式は，$y(t)$ の増加率 dy/dt は，$y(t)$ に比例して増加し，時間 t の増加にともない指数的に減少するという仮定から，以下の微分方程式を解くことで得られる。ただし，A, B は正の定数である。

$$\frac{dy(t)}{dt} = Ay(t) \exp[-Bt] \qquad (4)$$

ロジスティック曲線もゴンペルツ曲線も S 字型の曲線であり，時間 t の経過とともに増加率 dy/dt は逓減し，やがて限界値 K に漸近するという点で酷似している。ただし，ロジスティック曲線は変曲点を中心に左右対称になるが，ゴンペルツ曲線には対称性がない。

両者ともに，非常にシンプルなモデルであるが，さまざまな自然界の現象について高い記述力をもつ。ただし，過去のトレンドをもとに予測する現象記述型のモデルであるため，内部構造の変化には追随しにくいという弱点がある。

(2) 移動平均法

時系列データを平滑化（smoothing）する方法の一つである移動平均法には，単純移動平均，

大佛俊泰

加重移動平均,指数平滑化などがある(後述するように空間データにも適用できる)。

単純移動平均(Simple Moving Average)とは,直近の m 個のデータの単純平均から新たな時系列データを求める方法である。例えば,過去 m 回の観測データによる時刻 t における単純移動平均 $Y(t)$ は,次式で求められる。

$$Y(t) = \frac{1}{m}\sum_{k=1}^{m} y(t-m+k) \qquad (5)$$

期間 m の値のとり方は,注目している変量のどのような動きに注目するのかに依存する。m を大きくとれば,強い平滑化がなされ,逆に,m を小さくとると,直近の影響が大きくなり平滑化の程度は小さくなる。

過去のデータが及ぼす影響の程度をコントロールして平滑化する方法として,加重移動平均(Weighted Moving Average)がある。過去の観測値に異なるウエイト w_k を付けて平均値を計算する方法であり,次式で定義される。

$$Y(t) = \sum_{k=1}^{m} w_k y(t-m+k) \Big/ \sum_{k=1}^{m} w_k \qquad (6)$$

ウエイト w_k を線形的に変化させて,例えば,$w_k = k$ として,時間的に近いデータを重視して平均をとる線形加重移動平均法が一般的である。これに対して,ウエイト w_k を指数関数的に変化させる指数平滑化(exponential smoothing)もある。線形加重移動平均の場合よりも,直近のデータを重視することになるが,古いデータを完全には切り捨てない方法である。すなわち,

$$Y(t) = \sum_{k=0}^{\infty} \alpha (1-\alpha)^k y(t-k) \qquad (7)$$

と定義され,重みの減少度合を表す係数 α は「平滑化係数」と呼ばれ,0〜1の間の値をとる。過去にさかのぼるほどウエイトは小さくなり,無視できるようになる。実際の計算では,次の漸化式を用いることが多い。

$$Y(t) = \alpha y(t-1) + (1-\alpha) Y(t-1) \qquad (8)$$

このとき,$Y(1)$ の値は $y(1)$ の値で代用することが多い。また,初期の数個の観測データの平均値で代用する場合もある。平滑化係数 α が小さい場合には,$Y(1)$ の設定方法の影響は大きいが,α が大きい場合には影響は小さい。

(3) マルコフモデル

時系列に沿って生ずる事象の状態が,直前の m 個の事象の状態だけに依存している確率過程をマルコフ過程(Markov Process)という。マルコフ性を仮定した確率モデルをマルコフモデル(Markov Model)と呼ぶ。特に,$m = 1$ の場合は単純マルコフモデルと呼ばれ,ある時刻における事象の状態は,直前の事象の状態のみに依存するというモデルである。例えば,時刻 t における状態を $x_i(t)$ $(i=1,2,\cdots,n)$,状態遷移確率(状態 i から状態 j へ遷移する確率)を p_{ij} とすると,

$$x_j(t+1) = \sum_{i=1}^{n} p_{ij} x_i(t) \qquad (9)$$

ただし,$\sum_{i=1}^{n} p_{ij} = 1$

と書くことができる。構造がシンプルで活用しやすいことから,さまざまな分野で応用されている。建築計画の分野では,大規模集合住宅団地における家族型別世帯数の変化を予測するモデルとして活用された。家族型別世帯数に関する情報は,地域施設の需要量と密接に関係するため,特に,戦後初期のニュータウン計画において重要な役割を果たした。また,都市計画の分野では,土地利用変化を予測するモデルとして活用している研究事例がある。

(4) コーホート法

コーホート(cohot)とは,同年または同期間に出生した社会的集団のことである。コーホート法とは,地域の将来人口を予測する際に,特定のコーホート(通常,年齢階層別男女別人口)ごとに人口予測を行う方法の総称である。代表的なものとして,コーホート要因法とコーホート変化率法がある。

コーホート要因法(Cohot-Component Method)とは,各コーホートの人口を,対象地域の人口の自然増減要因(出生・死亡)と社会増減要因(転入・転出)に分けて予測する方法である。将来における出生率や死亡率,転入・転出の要因について詳細なデータがある場合や,将来的に自然増減要因や社会増減要因に大きな変化があると予想される場合には,コーホート要因法のほうが望ましい。

一方，コーホート変化率法（Cohort-Change Rate Method）とは，自然増減要因と社会増減要因を区別せず，過去における各コーホートの人口動態から「変化率」を求め，これを基に将来人口を推計する方法である。過去の人口変化要因が，そのまま将来にわたって大きく変化しないと予想される場合には，コーホート要因法よりも簡便に将来人口を予測することができる。

3. 空間的予測モデル

空間的予測モデルには，対象領域全域のデータを利用する全域的補間法と，局所的なデータを利用する局所的補間法がある。前者には，傾向面分析やフーリエ級数による方法があり，後者には，空間フィルターによるスムージング，スプライン補間，クリギング，シミュレーションによる予測法などがある。ただし，これらの中には，次元を下げて1次元とすれば，時間モデルとして利用可能な方法もある。また，空間的に離れた地点間の関係性を用いて分析する方法として，重力モデル，空間相互作用モデル，ロジットモデルなどがある。以下では，これらの中で代表的なものについて解説する。

(1) 傾向面分析

傾向面分析（Trend Surface Analysis）とは，空間的に分布している変量を，位置座標値の多項式で構成される曲面（傾向面）で近似する方法である。数学的には，以下のように表現される。

$$Z = a_0 + a_1 x + a_2 y + a_3 x_2 \\ + a_4 xy + a_5 y_2 + \cdots + \varepsilon \qquad (10)$$

ここで，x，yは2次元空間の位置座標，a_0，a_1，…は未知パラメータ，εは誤差項である。多項式部分は全領域に関する規則的な空間的変動を表す成分であると解釈され，誤差項は全体的傾向から逸脱している局所的で偶発的な変動成分と解釈される。そのため，傾向面分析は，全体的成分と局所的成分を分離して抽出する方法としても活用される。

空間的に激しく変動する変量を，複雑な曲面を構成して正確に近似しようとすれば，高次の多項式で曲面を構成する必要がある。しかし，多項式の次数が高くなると，パラメータの推定や解釈が困難となり，些細な観測誤差の影響が推定値に大きく影響するという欠点がある。

(2) スプライン補間

傾向面分析が全領域のデータからモデルを推定する全域的補間法であるのに対し，スプライン（spline）補間は，推定地点周辺のデータのみを使った局所的な補間法である。補間に用いるスプライン関数は，区間ごとに異なる多項式をつないだものであり，節点（区間のつなぎ目となる点）で関数値と微分値の連続性が保たれている。曲面が多い自動車ボディの設計をはじめ，CADの分野で多用されている。

(3) 空間フィルター

空間フィルター（spatial filter）とは，時間的予測モデルにおける加重移動平均を2次元に拡張したものに相当する。ラスターデータの場合，加重平均を行う空間範囲をウインドウと呼び，各セルにウエイトを設定する（これを空間フィルターと呼んでいる）。このウインドウを対象地域内で移動させながら，もとの空間変量から新たな変量を推定する。具体的には，基になる空間変量を$x(i,j)$，ウインドウの大きさを$(2a+1) \times (2a+1)$とすると，新たに作成される空間変量（出力値）$y(i,j)$は次式から求められる。

$$y(i,j) = \sum_{k_1=-a}^{a} \sum_{k_2=-a}^{a} w(k_1, k_2) x(i+k_1, j+k_2)$$

ただし，$\sum_{k_1=-a}^{a} \sum_{k_2=-a}^{a} w(k_1, k_2) = 1 \qquad (11)$

ここで，空間フィルターのウエイト値$w(k_1, k_2)$によって出力値$y(i,j)$のパターンが大きく異なる。例えば，すべてのウエイト値を等しい値にすると，ウインドウ内での単純平均を求めることになり，強い平滑化が行われる。また，$(k_1, k_2) = (0, 0)$のウエイト値のみ幾分大きくすると，それよりは弱い平滑化となる。一方，$(k_1, k_2) = (0, 0)$に大きな値を，また，その周囲に負の値を設定すると，周囲との差が強調されることになる。空間データの全体的な傾向を抽出したい場合は前者の空間フィルターを，局所的な特徴を抽出したい場合は後者の空間フィルターを用いる。

(4) クリギング法

クリギング（Kriging）とは，元来，鉱床の空間分布の予測を行うために開発された方法であり，採鉱技師 D.G.Krige の名に由来する。空間現象を連続空間確率場でモデル化することで，観測データからデータの得られていない任意の位置における確率場の値を予測（補間）する方法である。クリギングにもさまざまなバリエーションがあるが，ここでは「通常クリギング」と呼ばれる方法について解説する。

通常クリギング法とは，n 個の地点 $x_i(i=1, 2, \cdots, n)$ で変量 Z の観測値 $Z(x_i)$ が得られているとき，観測値が得られていない地点 x_0 における推定値 $Z^*(x_0)$ を求める方法である。具体的には，$Z^*(x_0)$ を求める際，その周囲の n 個の観測値のウエイト w_i による加重移動平均を利用する。すなわち，$Z^*(x_0)$ は次式で推定される。

$$Z^*(x_0) = \sum_{i=1}^{n} w_i Z(x_i) \qquad (12)$$

ただし，$\sum_{i=1}^{n} w_i = 1$

ここで，最良のウエイト w_i は，推定誤差の分散が最小となるように推定される。クリギング法が通常の加重移動平均法と異なるのは，重みに観測値から推定されるセミバリオグラム（semi-variogram）を利用する点にある。セミバリオグラムとは，観測データを基に空間距離 h と観測値の分散 $g(h)$ との関係を求めた統計量である。クリギング法の特徴は，推定誤差の分散が観測値それ自身にではなく，セミバリオグラムと観測地点の空間的分布とに基づいている点にある。セミバリオグラムの定義やパラメータの推定方法については，参考文献[8, 9]を参照されたい。

(5) 重力モデル

重力モデル（Gravity Model）は，自然現象の解明に大きく貢献したアイザック・ニュートンの万有引力の法則を，社会現象の解明にも導入しようとした試みに端を発する。理論的な根拠に乏しいアナロジーであるものの，説明力が高く，シンプルで利用しやすいことから，社会科学における多くの分野で活用されている。

一般化された重力モデルは，以下のように書くことができる。すなわち，地域 i から地域 j への物資や人，情報や財の空間的な移動量を I_{ij}，地域 i を出発地とする移動総量を P_i，地域 j を到着地とする移動総量を P_j，両地域間の距離を d_{ij} とするとき，I_{ij} と P_i，P_j の間には，次式が成立すると仮定するモデルである。

$$I_{ij} = k \frac{P_i P_j}{d_{ij}^b} \qquad (13)$$

ただし，b，k はパラメータである。パラメータの値は，上式の両辺の自然対数をとり，観測データを用いて最小自乗法（重回帰分析）により推定することができる。

(6) 空間相互作用モデル

重力モデルでは，地域間の移動量 I_{ij} を出発地 i で集計しても P_j とはならず，また，到着地 j で集計しても P_i とはならない。つまり，既知である移動総量の再現性がない。この問題を克服するために，以下の空間相互作用モデル（Spatial Interaction Model）が提案された。

$$T_{ij} = A_i O_i B_j D_j \exp[-\beta C_{ij}] \qquad (14)$$

ただし，$A_i = \dfrac{1}{\sum_{j=1}^{n} B_j D_j \exp[-\beta C_{ij}]}$

$B_j = \dfrac{1}{\sum_{i=1}^{n} = A_i O_i \exp[-\beta C_{ij}]}$

ここで，T_{ij} は i から j への移動量，O_i は地域 i の発生量，D_j は地域 j の吸収量，C_{ij} は地域間の移動コストであり，β はパラメータである。また，A_i，B_j は均衡因子（balancing factor）と呼ばれる係数である。

このモデルは，発生量と吸収量に制約を設けていることから二重制約型モデル（または，移動・吸収制約モデル）と呼ばれる。このモデル式は，次式の総移動コスト C が既知であることを条件として，最も実現しやすいトリップ分布として導出することができる。

$$\sum_{i=1}^{n} \sum_{j=1}^{n} T_{ij} C_{ij} = C \qquad (15)$$

このことは，統計力学的エントロピーの最大化を図ることと等価であるので，エントロピー最

大化型空間相互作用モデルとも呼ばれる。

以上のように，エントロピーの概念を持ち込むことで，それまで理論的根拠に乏しかった重力モデルに一定の根拠を与えることができた意義は大きい。しかし，空間相互作用モデルは，基本的には集計レベルのモデルであることから，個人レベルの行動を記述することができないという限界がある。

（7）ロジットモデル

ロジットモデル(Logit Model)は，人々の相互作用の根底には「効用を最大化する」という基本原理が働いていると考え，導出されるモデルである。このモデルは，移動者数などの集計量ではなく，個人単位で異なる行動を記述することを想定していることから，非集計行動モデルとも呼ばれている。具体的には，個人 i が対象 j を選択する確率 P_{ij} は，次式で表される。

$$P_{ij} = \frac{\exp[u_{ij}]}{\sum_{k=1}^{n} \exp[u_{ik}]} \quad (16)$$

ここで，u_{ij} は個人 i が対象 j を選択することで得られる効用である。このモデルは，個人の効用が確定的な量ではなく，ガンベル分布と呼ばれる確率分布に従う誤差を伴っていると仮定することで導出される。

このモデルは，交通計画の分野において脚光を浴び，その後，さまざまな分野で応用されている。また，ロジットモデルの欠点を補うために，多くの改良も加えられている。詳細な導出過程や応用事例については，参考文献[1〜5, 10, 12]を参照されたい。

（8）コンピュータシミュレーション

コンピュータシミュレーション（computer simulation）は，現実世界（システム）をコンピュータ上で抽象化（モデル化）し，その挙動を調べることで，各種要因の影響分析や結果の予測を行う方法である。数学的に解析することが困難で，対象事象の状態数が膨大であり，すべてを列挙して吟味することが不可能，または，非現実的な場合に，いくつかのシナリオ（条件設定）のもとでのシステムの挙動を調べる方法である。確率的に変動する要因を乱数によって表現するモンテカルロ法によって，シミュレーション内部を構成することが多い。建築・都市計画における予測手法だけでも，歩行流シミュレーション，交通流シミュレーション，火災シミュレーション，避難シミュレーション，土地利用シミュレーションなど，活用例は枚挙にいとまがない。

4. 応用例

○大佛俊泰・井上猛「既成市街地における敷地の分割・統合シミュレーションと最低敷地規模規制の検証」日本建築学会計画系論文集，No. 614，pp.199-204，2007.4

敷地の過度の細分化は，住環境を悪化させ，土地の高度利用を阻害するだけでなく，防災性能の脆弱化を招く危険性もある。ここでは，ロジットモデルに基づく敷地分割確率モデル[13]と敷地統合確率モデル[11]を組み合わせて，敷地の分割・統合の将来予測シミュレーションを実行した事例について解説する。1996年を基準年（0期），5年間を1期として，6期先（30年後）までの総敷地数や平均敷地面積の推移を予測した。

東京都世田谷区における総敷地数と平均敷地面積の推移を用途地域別に予測した（図1）。敷地数は低層住居系（第一種・第二種低層住居専用地域）で増加率が最も高く，敷地の細分化は早い速度で進行していくと予想される。商業系（商業地域・近隣商業地域）では，敷地は統合される傾向にあり敷地数は減少している。平均敷地面積は，0期から6期の間に低層住居系では 14.1 m^2（5.5％）程度小さくなっており，最も狭小化が激しい。一方，商業系では 14.0 m^2（12.7％），平均敷地面積は大きくなっている。

2002年の都市計画法・建築基準法の改正により，すべての用途地域で最低敷地規模規制（面積規制）の導入が可能となった。東京都世田谷区では低層住居系において，建ぺい率が 40％，50％，60％ の地域の最低敷地規模を，それぞれ 100 m^2，80 m^2，70 m^2 と定めている。また，接道長さが 4 m 未満の敷地分割を制限する規制を，ここでは「接道規定」と呼ぶ。

図2には，分割発生率と統合発生率（「接道規定」のみの状態に対する比率）の推移を示し

てある．図中の「規制なし」とは，「接道規定」のない場合である．「接道規定」だけでも分割発生率を約5％抑制することがわかる．さらに，「面積規制」を行うと，6期先で分割は約22％抑制される．一方，統合発生率は「面積規制」を行うと6期先で約5％程度上昇する．これは，「面積規制」により分割されずに残った敷地が統合されるためと考えられる．

低層住居系において「面積規制」を行った場合と，「接道規定」のみの場合，「規制なし」の場合について，平均敷地面積の推移と，「接道規定」のみに対する比率の推移を求めた（図3）．「接道規定」のみでは，平均敷地面積は14.2 m²（5.5％）小さくなる．これに対して，「面積規制」を行うと，3期先で平均敷地面積は最小となり，4期以降では微増となる．6期先には0期とほぼ同程度の敷地規模を維持することができる．すなわち，世田谷区で実際に導入されている最低敷地規模規制は，低層住居系の地域における敷地の細分化をこれ以上進行させない規制として機能すると評価することができる．

〔参考文献〕
1) 野上道夫・杉浦芳夫『パソコンによる数理地理学演習』古今書院，1986
2) 谷村秀彦ほか『都市計画数理』朝倉書店，1986
3) 杉浦芳夫『立地と空間的行動』古今書院，1986
4) 石川義孝『空間的相互作用モデル―その系譜と体系―』地人書房，1988
5) 交通工学研究会『やさしい非集計分析』丸善，1993
6) 石川義孝『人口移動の計量地理学』古今書院，1994
7) 金谷健一『空間データの数理』朝倉書店，1995
8) 間瀬茂・武田純『空間データモデリング―空間統計学の応用』共立出版，2001
9) 張長平『空間データ分析』古今書院，2001
10) 杉浦芳夫編『地理空間分析』朝倉書店，2003
11) 大佛俊泰・井上猛「既成市街地における敷地統合のモデル化と要因分析」日本建築学会計画系論文集，No.592，pp.147-153，2005.6
12) 青木義次『建築計画・都市計画の数学』数理工学社，2006
13) 大佛俊泰・井上猛「敷地の分割ポテンシャルと分割パターンのモデル分析」日本建築学会計画系論文集，No.605，pp.151-157，2006.7

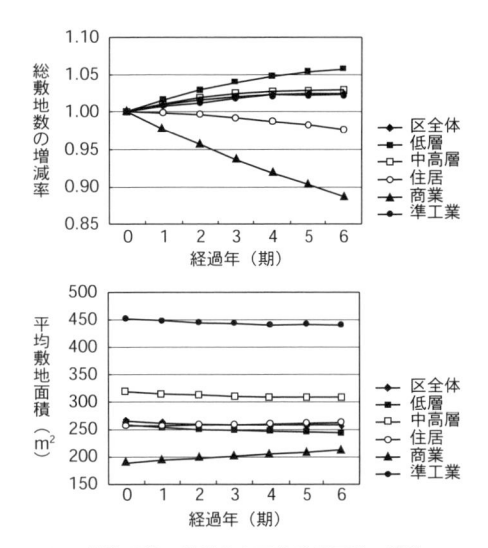

図1 総敷地数の増減率と平均敷地面積の推移

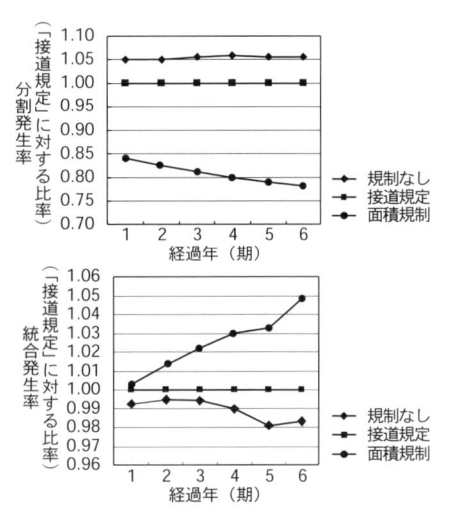

図2 分割発生率と統合発生率

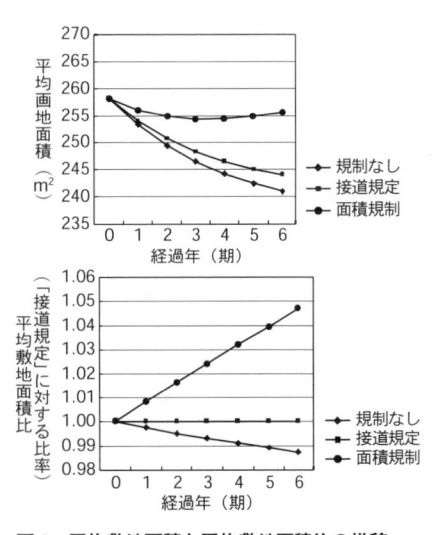

図3 平均敷地面積と平均敷地面積比の推移
（第一種・第二種低層住居専用地域）

2·8 判別する
判別関数・数量化理論Ⅱ類

松本直司・瀬田惠之

1. 概要

すでに得られている複数のグループに関する情報から、新たな対象がどのグループに属するかを予測・判別できるとすると、諸科学においてはたいへん有用なことである。考古学における化石の骨が何の骨なのか、性別はどちらかといった分析などはきわめてわかりやすい例である。

建築計画学においても、このような予測・判別は広い応用範囲がある。例えば、ある住宅に対してどんな人が満足し、どんな人が不満をもつのかを予測する、といった場合である。この判別が十分に信頼できるものであれば、住宅を供給する側や住む側にとってたいへん都合が良い。そこで計画住宅地などでアンケート調査を行い、どのような人が満足していて、どのような人が不満をいだいているかを把握する。次に属性などの調査資料をもとにさまざまな検討を行い、新たな入居者が満足するかどうかの予測・判別を行うということになる。

この予測・判別を、より客観的な数式を求めて行う方法が、判別関数や数量化理論Ⅱ類である。この方法によると満足、不満足の予測・判別が可能になると同時に、どのような要因が住民意識に影響を与えているかといった要因分析も行うことができる。どこまで正確に予測できるかは、判別内容や扱い方によってさまざまであるが、まったく根拠のない場合よりはるかによい結果を得ることが期待できる。

実際の応用例として、施設要求の有無、建設開発計画の有無、環境評価の良否、保存問題への賛否、都市問題発生の有無等の事例がある。

2. 目的と特徴

判別分析（discriminant analysis）は、上記のようにあらかじめ設定されたグループ（外的基準）のどれに属するのかを、すでに得られている情報より判別式を作成し、対象の特質を数量化したもの（説明変数）を式に代入して予測・判別する方法である。対象を必ずどれかのグループに割り当て、どれにも属さないといった中途半端な判定はしない。判別の過程で、どのような説明変数がグループの判別に寄与しているのかといった要因の分析も可能である。

判別分析には大きく分けて、説明変数として間隔尺度や比例尺度などの定量的データを用いる判別関数と、説明変数として序数尺度や名義尺度などの定性的データを加えて用いることのできる数量化理論Ⅱ類（quantification theory typeⅡ）の2通りの方法がある。

多変量解析には、他にクラスター分析や因子分析などの分類手法があるが、これらは外的基準のない場合の方法で、多変量のデータを類型化してより把握しやすくしたり、データの内部構造を解明したりしてより少ない変数に集約する場合に用いられる。したがって、ここに取りあげている判別分析とは基本的に異なるものである。

3. 方法の解説

(1) 判別関数

1) 1変量による判別

ある会社に勤める人々の通勤距離を、持家と借家の人の2グループに分けて調べたところ、図1のような集計結果が得られたという仮想の場合を考える。横軸に距離、縦軸に人数を確率に変換したものを用いて、全体が正規分布しているものとして確率分布曲線で示している。

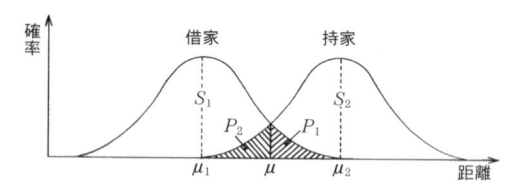

図1 1変量による分布

この図より、持家と借家の分布に対して、距離の影響がきわめて大きいことがわかる。すなわち、通勤距離が近いと借家が多く、遠くなると持家が多くなり、通勤距離を調べることが持家と借家の判別に有効なことを示している。

ここで、確率分布が持家と借家で重なっている部分は、通勤距離だけの情報では誤判断があることを示している。ちなみに両グループの数と分散が等しい場合には、曲線が交差した部分

$\mu=(\mu_1+\mu_2)/2$（ただし，μ_1：借家群の平均距離，μ_2：持家群の平均距離）より距離が小さいか大きいかにより持家と借家を判別すると，P_2/S_1とP_1/S_2がそれぞれ借家の人を持家に，持家の人を借家に誤判別する確率が最も低くなる。

2) 多変量による判別

同じ持家と借家の判別について少し見方をかえて，労働時間数x_1と収入x_2の2変量が得られたとして，人々の分布を平面にプロットし，それぞれのグループを楕円形の等確率長円でモデル的に示したものが図2である。

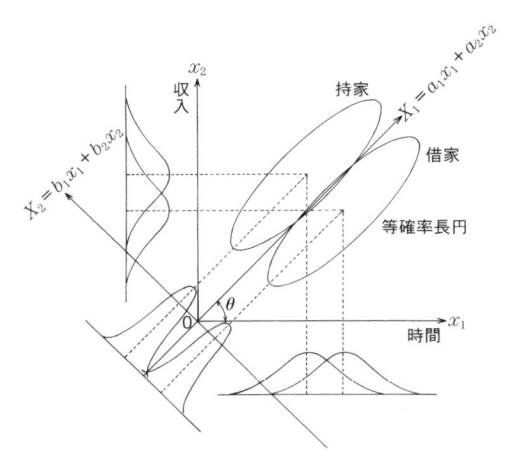

図2 2変量による分布

労働時間について，通勤距離と同じように持家と借家の確率分布を見ると，曲線が重なっていて判別が難しいことがわかる。同様に，収入についての分布もはっきりと分かれていない。ところが，この2変量を同時に用いて平面的に検討すると，持家と借家の分布がはっきりと分離されてくることがわかる。

この2変量のx_1-x_2軸を，角度θだけ回転して，新たなX_1-X_2平面に座標変換してみると，X_2の値に対してはっきりと持家と借家のグループが分離されていることがわかる。すなわち，x_1, x_2の線形式

$$X_2 = b_1 \cdot x_1 + b_2 \cdot x_2 + b_3$$
$$(b_1 = \sin\theta,\ b_2 = \cos\theta,\ b_3 = 0)$$

の値の大小で判別が容易になることがわかる。このときX_2は，x_1とx_2の合成変数になっている。

X_1についても，この例では必ずしも判別のために有効な値を示していないが，

$$X_1 = a_1 \cdot x_1 + a_2 \cdot x_2 + a_3$$
$$(a_1 = \cos\theta,\ a_2 = -\sin\theta,\ a_3 = 0)$$

の式が得られる。

このような考え方をもとに，グループを判別するための最も有効な合成関数を数値処理により作成する手法が判別関数である。求めた数式が，「線形判別関数」といわれる。

確率分布曲線は，等確率地点を曲線で示しており，実際にはこれを分布の重心からの距離が等しい地点を示すと考えるマハラノビス距離（Mahalanobis' generalized distance）を用いて，新たな対象がそれぞれのグループの重心からの距離の差を示す線形式の正負により，グループ所属の判別を行う。この判別関数の線形式は，重回帰分析における目的変数がグループ所属を示す名義尺度になった場合に相当している。なお，判別関数に用いられる変数の確率分布は，正規分布であることが仮定されていることに注意する必要がある。

グループが複雑になって，変量が少数では判別が難しい場合には，変量を増してより精度の高い判別を試みる。また，グループ数を2以上に拡張して分析することも可能である。

これまでの議論は，判別すべきそれぞれのグループが，各変量について分散が等しいものとして進めてきた。図3は，1変量による判別で分散が等しくない場合についての確率分布の例を示している。グループの平均と標準偏差をμ_1, μ_2, σ_1, σ_2とすると，誤判別をする確率を最も低くする判別点Cは，

$$C = (\mu_1 \cdot \sigma_2 + \mu_2 \cdot \sigma_1)/(\sigma_1 + \sigma_2)$$

で与えられる。

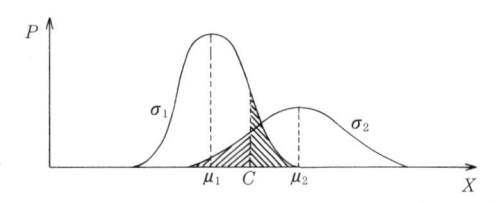

図3 分散の異なる分布

さらに変量が複雑化したときに，各グループの変量に対する分散が等しくない場合には，判別関数が非線形になる。これを「非線形判別関数」という。

3) 判別要因の選択

いずれにしても，変量はわれわれが容易に入手することができること，信頼性の高い値であることが必要である。判別の見かけ上の精度をあげるために，むやみに変量を多くすることは，判別式の応用面から適当でない。各変量が判別のために有効なものであるか否か，与えられた係数を検定する必要がある。

すなわち，変量をM個に拡張したとき，必ずしもM個すべての変量が判別のために有効であるわけではない。できるかぎり少数の変量で，しかも判別の精度が最大限になるような変量を選んで，効率的な判別関数を作成しなければならない。

最適な変量による関数を求めていく方法に，総当たり法，前進選択法，後退消去法，逐次法がある。

①総当たり法：M個の変量の$1 \sim M$個の可能な組合せすべてについて判別式を求める方法で，求めた式のうち最も適当なものを判別関数として利用する。ただし，Mが大きくなると計算量が急速に多くなる。

②前進選択法：変量の最も有効なものから1つずつ採用していき，最終的には全変量による判別式を作成する方法である。変量の中には，必ずしも判別に有効でないものがあるために，変量に対する係数の有意性をステップごとに検定していく。変量に有意性がある段階で，あるいは十分判別が可能な段階で判別式を決定する。

③後退消去法：前進選択法とは逆のステップによる方法で，M個すべての変量より求めた式から，最も判別に有効でない変量を1つずつステップごとに減らしていく方法である。

④逐次法：前進選択法の改良型で，1つずつ変量を増加させていくが，ある変量を採用した段階で，今まですでに取り入れている変量が有意でなくなれば，その変量を落としていく方法である。

(2) 数量化理論Ⅱ類

1) 考え方

数量化理論Ⅱ類は，説明変数として距離尺度や比例尺度を用いる判別関数とは異なり，より幅広く序数尺度や名義尺度などの定性的データをも加え判別に用いることのできる方法である。

例えば，ある地区に開発計画あるいは保存計画などが持ち上がり，それに対して反対する人と賛成する人がいる場合を考える。計画をできる限り問題なく進めるためには，どのような人が計画に賛成し，どのような人が反対するのかを知り，事前に計画を調整したり，人々を説得したりできるなら都合が良い。この場合，賛成・反対の両グループの判別とともに，その背景となっている要因が何かを知る必要がある。

そこで，アンケート等により住民の意向調査を行い，その地区の住民の賛成・反対意見を判別すべき外的基準とし，性別，家族数，職業，家の広さ，家の所有関係などの特性を説明変数として，数量化理論Ⅱ類による分析を行う。

この分析により，賛成者と反対者のそれぞれがどんな特性をもった人々であるか，判別および要因の抽出ができ，計画を煮詰めていく段階で個別の説得が可能となり，計画改善の大きな手掛かりを与えてくれる(図4)。

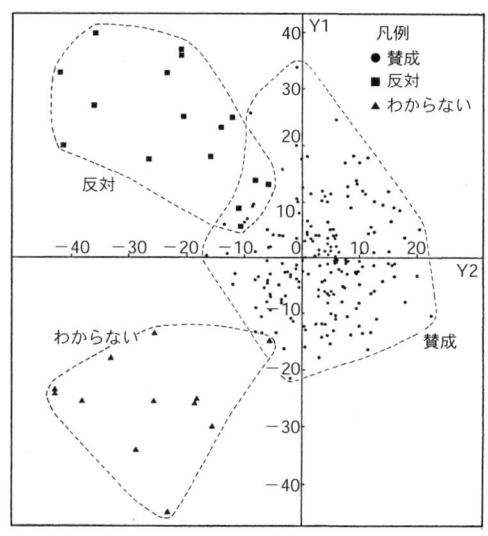

図4 保存意識についての2つの合成得点による判別例

具体的事例について応用したときには，このようなモデル例とは異なり，よい結果を得られないことがある。その原因としては，賛成・反対がわれわれの把握できる情報以外の要因に寄っていたり，入手した変量が適切に選定されていなかったり，正確さを欠いたものであったり，といったことがあげられる。

2) 数値処理の手順

まず，判別すべきグループのそれぞれに属する個体の特性の数量化を行う。例えば，一つの特性が性別であれば，性別がアイテムとなり，男女の別がカテゴリーになる。該当するカテゴリーに数値の1を与える。

表1は，変量をアイテムとし，それぞれの特性をカテゴリーの反応状況で示して，数量化の手順をわかりやすく表現したものである。アイテムの中の必ず1カテゴリーに数値1が与えられている。これを数学的に表現すると，

$$\delta_{ij} = \begin{cases} 1 : \text{アイテム } i \text{ のカテゴリー } j \text{ に反応} \\ 0 : \text{その他の場合} \end{cases}$$

と，ダミー変数で置き換える。この変数を用いて，合成変数 Y を次のように設定する。

$$Y = \sum_{i=1}^{m} \sum_{j=1}^{k_i} a_{ij} \cdot \delta_{ij}$$

(m：変量の数，k_i：変数 i のカテゴリー数)

表1 数量化理論第Ⅱ類のデータ

説明変数		アイテム1				・・・	アイテム M			
外的基準		1	・	・	k_1		1	・	・	k_m
グループ1	サンプルNo. 1									
	2									
	・									
	・									
	n_1									
・	・									
・	・									
グループG	サンプルNo. 1									
	2									
	・									
	・									
	n_g									

この Y の値の大小により，グループ判別が最も有効になされるように a_{ij} を決定していく。

最適な Y を与える係数 a_{ij} は，全変動(ST) = 群間変動(SB) + 群内変動(SW) が成立することを利用する。すなわち，$\eta^2 = SB/ST$ が最大になるように a_{ij} を決定していく。ST は，全対象に与えられる Y の変動を，SB はグループ平均の変動，SW はグループ内の変動を示している。このとき η は相関比（correlation ratio）といわれているものであり，固有値問題の解として求められるが，そのうち最大のものに対応する a_{ij} を求める。

3) 要因分析

各変量の判別に対する寄与（貢献度）の大きさは，Y に対して個々の変量がどれだけ大きな影響を与え得るのかで決定されるため，各変量のそれぞれのカテゴリーに与えられた数値 a_{ij} の大きさの範囲（レンジ）や，外的基準と変量との偏相関係数（partial correlation coefficient）の大小で判断される。

しかし，レンジや偏相関係数の大小が必ずしも的確に寄与の大きさを表しているわけではない。変量の中に同様な変動をするものが複数存在すれば，その相互作用により見かけ上の寄与が小さくなっている変量が存在する。また，係数 a_{ij} が大きな値であっても，各カテゴリーにすべて均一に反応している理想的な変量は少なく，反応数の偏りが見かけの寄与を高めていることがある。これを防ぐために，分析結果の解釈を行う場合には，必ず単純集計やクロス集計の結果と照らし合わせて，正しい結論を導いていかなくてはならない。

4) 判別基準

判別式が求まると次には，所属が不明な固体が与えられたとき，どのくらいの精度でグループを判別できるのかを示す基準が必要になる。「判別的中率」と呼ばれるものが，これに相当する。

これは，合成変数 Y が決定されたとき，新たな個体が Y の値によりどのグループに属するか判別されるが，この Y による判別が，実際に個体が所属しているグループと違っているということがある。いかに正確に判別できるかを示す基準として，誤判別の逆の概念である判別的中率が用いられる。

また，相関比 η が大きい場合も判別がよくなされていることを示すため，これを判別基準とすることもある。あまりにも的中率が小さく，判別が不正確であれば，もう一度変量の選択やデータの作成段階まで戻らなければならない。

5) 3以上のグループの判別

判別すべきグループが，3以上の場合も同様な考え方で処理がなされる。このとき，グループの分布がより複雑になるため，Y を1個求め

てその値だけで判別することが難しくなってくることがある。その場合には，固有値問題の解として，数値処理の段階で求められている複数の λ を，大きさの順に採用して係数 a_{ij} を計算し，2次元あるいは3次元以上での分布状況を捉えて判別の精度をあげていく。

4. 応用例

判別関数を用いた研究事例は，建築計画分野では数が少ない。ここでは数量化理論II類のわかりやすい事例として，2事例を紹介する。

a. 事例1

○山岸明浩・山下恭弘・松本直司「長野県における野外舞台建築物の保存・活用に関する住民意識—野外舞台建築に関する計画的研究 その3—」日本建築学会計画系論文集，No.489，1996.11

〔要約〕 現存する野外舞台建築物の保存・活用に関する地域住民の意識について明らかにすることを目的とした研究である。アンケート調査（520部配布，回収率88.7%）を基に，地域住

表2　数量化II類分析結果（引用文献2）

アイテム	カテゴリー	反応数	I 軸 ノーマライズドスコア	I 軸 レンジ（寄与率）	I 軸 偏相関係数	II 軸 ノーマライズドスコア	II 軸 レンジ（寄与率）	II 軸 偏相関係数
場所の認知	1. よく知っている 2. だいたいわかる	225 12	0.92 -17.30	18.2 (18.74%)	0.251	2.76 -51.89	54.7 (23.61%)	0.247
自宅から舞台までの距離感覚	1. 近い 2. やや近い 3. やや遠い	178 46 13	-0.28 2.34 -4.42	6.8 (7.00%)	0.097	0.55 2.79 -17.49	20.3 (8.76%)	0.093
自宅から舞台までに要する時間	1. 0〜3分以下 2. 3〜6分以下 3. 6〜9分以下 4. 9分を超える	75 85 24 53	-1.11 0.75 -3.07 1.75	4.8 (4.94%)	0.100	5.35 -7.04 -9.38 7.96	17.4 (7.51%)	0.149
舞台の利用経験	1. ある 2. ない	55 182	-0.28 0.08	0.4 (0.41%)	0.010	3.72 -1.12	4.9 (2.11%)	0.044
芸能等見物の有無	1. ある 2. ない	190 47	0.72 -2.94	3.7 (3.81%)	0.095	-6.33 25.59	31.9 (13.78%)	0.263
歌舞伎に関する興味の度合	1. かなりある 2. 少しある 3. あまりない 4. ほとんどない	39 87 77 34	5.34 4.10 -1.78 -12.60	17.9 (18.43%)	0.347	4.06 0.03 -11.99 22.40	34.4 (14.85%)	0.232
神社を利用する頻度	1. ある 2. 時々ある 3. まったくない	90 112 35	1.40 1.06 -6.99	8.4 (8.65%)	0.184	-7.47 6.15 -0.48	13.6 (5.87%)	0.133
日常生活での神社の意味合い	1. 無意味 2. どちらでもない 3. 意味がある	18 55 164	-8.37 -1.31 1.35	9.7 (9.99%)	0.169	-2.20 -3.62 1.45	5.1 (2.20%)	0.046
日常生活に対する満足度	1. 不満足 2. どちらでもない 3. 満足	32 49 156	-5.28 2.85 0.18	8.1 (8.34%)	0.156	-0.00 -1.16 0.36	1.5 (0.65%)	0.013
性別	1. 男性 2. 女性	139 98	0.90 -1.27	2.2 (2.27%)	0.068	-3.55 5.03	8.6 (3.71%)	0.088
年齢	1. 13〜29歳 2. 30〜59歳 3. 60歳以上	24 87 126	7.70 -1.67 -0.31	9.4 (9.68%)	0.173	-11.32 -0.33 2.38	13.7 (5.91%)	0.080
在住年数	1. 9年以下 2. 10〜19年 3. 20〜29年 4. 30〜39年 5. 40〜49年 6. 50〜59年 7. 60〜69年 8. 70年以上	43 28 20 33 35 25 33 20	0.91 1.16 1.21 -0.98 1.49 3.33 -4.21 -3.01	7.5 (7.72%)	0.149	-9.93 10.00 -10.22 -6.42 -3.28 15.36 14.94 -9.93	25.6 (11.05%)	0.215
相関比				0.345			0.196	

また，各サンプルの判別得点の分布図として図5が示され，野外舞台の保存・活用に「賛成」であるグループ（●印）と「反対」であるグループ（□印），「どちらでもない」グループ（△印）の3グループに分類されている。

アンケート調査では，人の判断に多くの要因が関係するため，分布図でグループが重なっている部分が多く見られるが，集団としての傾向はかなり判断できていると考えられる。

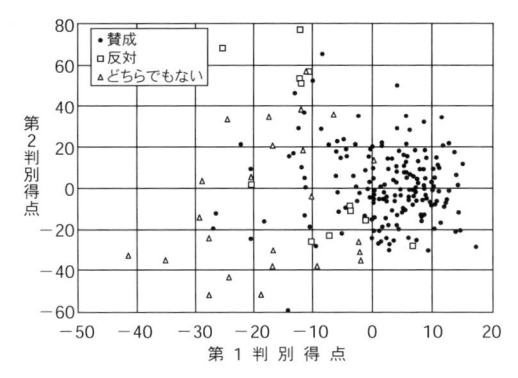

図5 各サンプルの判別得点の分布
引用文献1の図3を基に作成した。

民の野外舞台の保存・活用に対する賛否に影響を及ぼす要因を分析している。

〔解説〕 外的基準を野外舞台の保存・活用に対する賛否とした。説明変数は，12アイテムである。表2は，数量化理論Ⅱ類の分析結果である。相関比は，Ⅰ軸では0.35，Ⅱ軸では0.20であり，寄与率は，Ⅰ軸で「場所の認知」，「歌舞伎に関する興味の度合い」が高く，Ⅱ軸で「場所の認知」，「歌舞伎に関する興味の度合い」，「芸能等見物の有無」が高いという結果になっている。

b. 事例2

○内田茂「閉空間に対する感覚量に関する実験的研究・2」日本建築学会論文報告集，No.285，1979.11

〔要約〕 閉空間の実物大モデルの床面積，天井高，家具の配置パターンを図6のように変化させ，5対の形容詞対を用いて評定実験を行い，因子分析で得られた評価因子と空間の諸特性との関係性を解明することを研究目的としている。

〔解説〕 表3は，239サンプルの評定値を基に因子分析した結果である。第Ⅰ因子は，「きゅうくつな―伸々した」，「広い―狭い」，「小さい

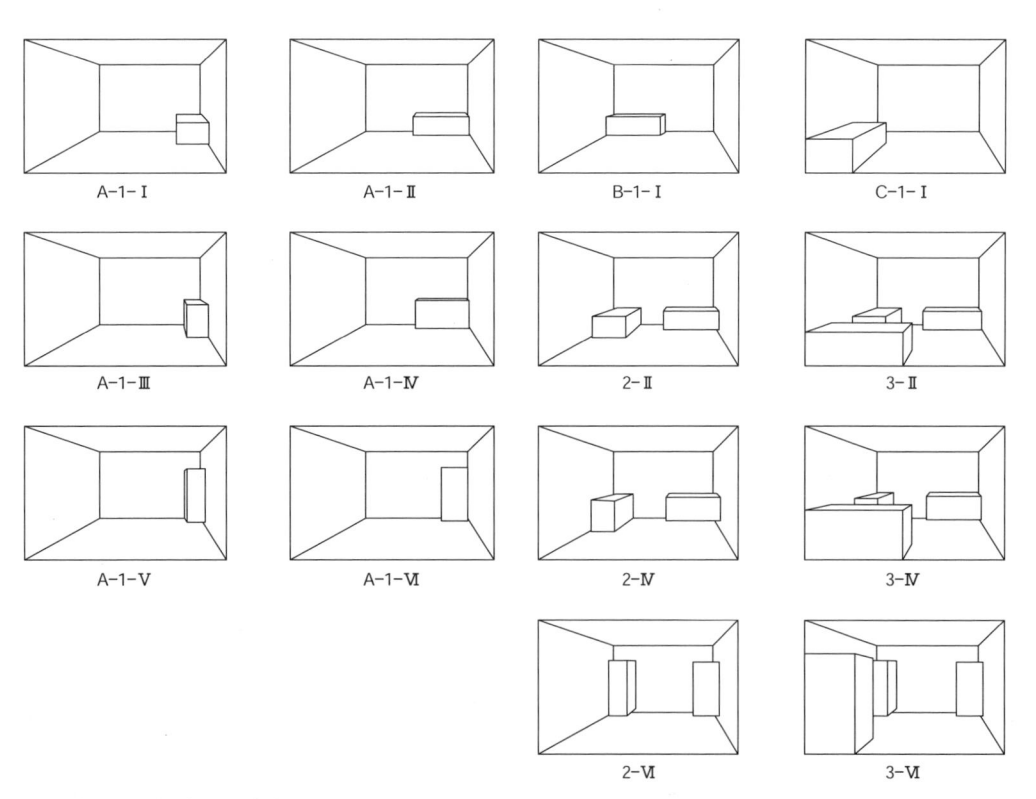

図6 家具の配置パターン（例） （引用文献3）

表3 形容詞対尺度と因子負荷量 (引用文献3)

形容詞対 \ 因子	I	II	III	共通性 h^2
単　調　な―変化のある	−0.170	0.234	0.283	0.164
まとまりのある―まとまりのない	−0.002	0.958	0.016	0.918
きゅうくつな―伸々した	0.931	−0.050	−0.066	0.874
広　　い―狭　　い	−0.965	0.033	0.142	0.952
小　さ　い―大　き　い	−0.987	0.011	0.108	0.986
寄　与　率 $(\sum A_i^2)$	2.808	0.976	0.117	

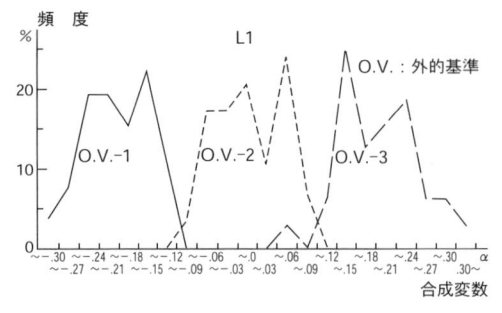

図7 第1根による合成変数と外的基準の頻度分布
(引用文献3)

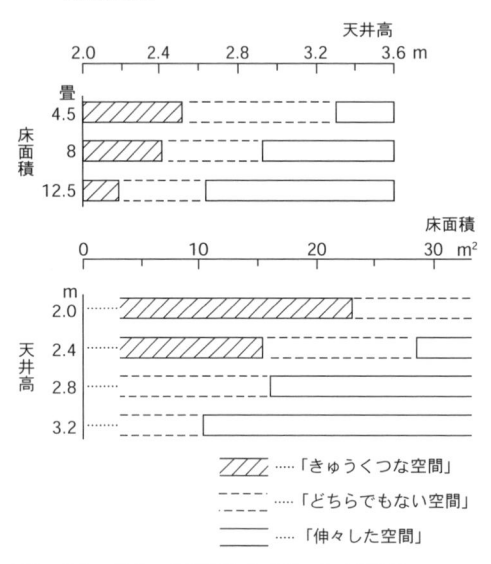

図8 「きゅうくつな空間」と「伸々した空間」
(引用文献3)

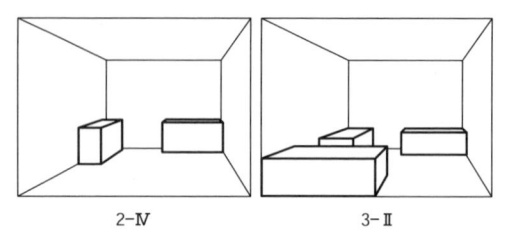

図9 「まとまりのある空間」の例 (引用文献3)

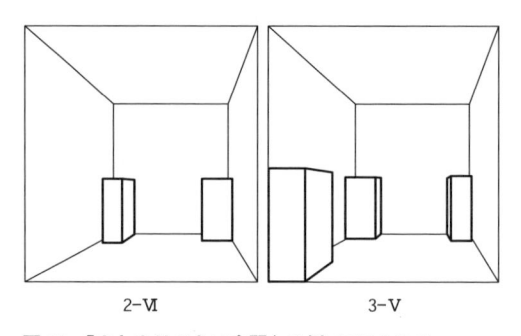

図10 「まとまりのない空間」の例 (引用文献3)

―大きい」の3つの尺度で代表される因子，第II因子は，「まとまりのある―まとまりのない」に代表される因子である。

次にサンプルごとに，上記の第I因子の3つの尺度について，評定値の平均値（以下，合成得点とする）を算出している。合成得点が3未満，3以上5未満，5以上の3つのカテゴリーに分けて，それぞれ「きゅうくつな空間」，「どちらでもない空間」，「伸々した空間」とし，これを外的基準とし，説明変数は床面積，天井高，家具の配置パターンの3アイテムとして，数量化理論II類を適用している。結果，第一根の相関比（相関比が最大のもの）は，0.94で高い値である。

サンプルごとに，各アイテムの各カテゴリーに該当するスコアの合計値（以下，合成変数 α とする）を算出後，図7のように，その合成変数 α と外的基準の関係を頻度分布図で作成している。α が小さくなる場合は「きゅうくつな空間」（図中のO.V.-1）に，α が大きい場合は「伸々した空間」（図中のO.V.-3），α が中間の値では「どちらでもない空間」（図中のO.V.-2）にはっきり判別できる。

また図8は，第一根のスコアを基に，床面積ごと，天井高ごとに，外的基準の3つのカテゴリー範囲を示している。このようにカテゴリーがはっきり分類されるのは，要因が制御された実験で，被験者が空間の広さを判断しやすいためと考えられる。

同様に第II因子についても「まとまりのある

「—まとまりのない」の評定を，3未満，3以上5未満，5以上の3カテゴリーに分け，それぞれ「まとまりのある空間」，「どちらでもない空間」，「まとまりのない空間」とし，これを外的基準として，説明変数は第Ⅰ因子の場合と同じとして数量化Ⅱ類を適用している。結果，第一根，第二根の相関比は，それぞれ0.76，0.70と比較的高い値が得られている。

これら第一根と第二根のスコアによる合成変数と外的基準の累積度数分布を作成し，第一根で「まとまりのある空間」（図9）とそれ以外を分類し，第二根で「まとまりのない空間」（図10）とそれ以外を分類できたものの，第Ⅰ因子の場合のように，3つのカテゴリーにはっきり分類できない理由は，複数の要因が複雑に絡んでいるためと考えられる。

〔引用文献〕
1) 松本直司・天野克也・西村正「伝統環境における住民の保存意識と居住者属性について—伝統環境における住民意識に関する研究・その1—」日本建築学会大会学術講演梗概集（東海），1985.10，367頁・図3
2) 山岸明浩・山下恭弘・松本直司「長野県における野外舞台建築物の保存・活用に関する住民意識—野外舞台建築に関する計画的研究　その3—」日本建築学会計画系論文集，No.489，1996.11，118頁・表-2，図-22
3) 内田茂「閉空間に対する感覚量に関する実験的研究・2」日本建築学会論文報告集，No.285，1979.11，121頁・図-7，122頁・表-6，123頁・図-9，図-10，図-11，図-12

〔参考文献〕
1) 菅民郎『アンケートデータの分析』現代数学社，1998
2) 新村秀一『パソコン楽々統計学　グラフで見るデータ解析』ブルーバックス，講談社，1997
3) 小林道正・小林厚子『Mathematicaによる多変量解析』現代数学社，1996
4) 菅民郎『ホントにやさしい多変量統計分析』現代数学社，1996
5) 高木広文・柳井晴夫『HALBAUによる多変量解析の実践』現代数学社，1995
6) 菅民郎『〜初心者がらくらく読める〜多変量解析の実践（上，下）』現代数学社，1993
7) 柳井晴夫・岩坪秀一『複雑さに挑む科学　多変量解析入門』ブルーバックス，講談社，1976

2.9 判別する　パーセプトロン・決定木・ロジスティック回帰

瀧澤重志

1. 概要

先の2.8で説明した判別分析法や数量化II類は統計学の枠組で発展したが，データマイニング[1,2]などの機械学習の分野でも判別（分類）を行うモデルが研究されてきた。これらの手法は総じて「分類モデル」と呼ばれ，近年では建築計画や都市計画の研究でも使われ始めている。

分類問題は「教師あり学習」と呼ばれる機械学習手法の一種である。これは，説明変数と目的変数をペアとして持つ教師データを用意し，その説明変数を問題として与えたときに，答えの目的変数を正しく分類するようなモデルへと学習させる方法である。判別分析法は，与えられたデータをクラスに分類するための分離境界面を決定する方法だが，同様の戦略を用いる機械学習法として，「ニューラルネットワーク」や「サポートベクターマシン」と呼ばれる方法が有名である。

それ以外の方法では，事例との距離に基づく方法(k-近傍法)，階層的な分岐ルールによって分類を行う方法(決定木)，確率モデルに基づく方法(ロジスティック回帰，ナイーブベイズ，ベイジアンネットワーク)，複数の分類モデルを組合せより高精度の分類を目指した方法(Boostingなどのメタ学習法)など，多くの手法がある。

分類の目的は大きく分けて二つある。一つは，分類精度の高さが必要な場合であり，迷惑メールフィルタなど完全にツールとしての利用である。もう一つは，精度以上に分類に用いたルールの解釈が求められる場合であり，研究活動での利用は後者に属するといえる。ルールの解釈のしやすさでは，判別分析法，ロジスティック回帰，決定木，ベイズ推定などが有用であり，ニューラルネットワークやサポートベクターマシンは前者の目的で使われることが多い。

ここでは，分類モデルの中で基本的なものから研究への実用性が高いと思われる手法について説明する。また，分類モデルに共通する精度評価方法についても触れる。なお，ここで示した手法の多くが，RやWekaといったフリーの統計・データマイニングソフトで利用可能である。

2. ニューラルネットワーク

動物の脳の中には，多数のニューロンが存在している。各ニューロンは，多数の他のニューロンから電気信号を受け取り，他の多数のニューロンへ信号を送っている。この仕組みを数学的にモデル化したものが，ニューラルネットワーク(NN)である。NNには，階層型，相互結合型，競合学習型などの種類があるが，分類問題で使用されるのはおもに階層型なので，以下では階層型NNについて説明する。

NNの構成単位はニューロンである。これは，図1のような複数の入力ベクトル(説明変数)の重み付きの線形結合の値を，伝達関数 $f(x)$ を経由してあるスカラー値(目的変数)として出力する。$w_1 \sim w_n$ は「重み」，θ は「閾値」と呼ばれる。説明変数は定量的データでも定性的データでもよいが，定性的データの場合は，ダミー変数として $\{0,1\}$ の定量的データに変換する。

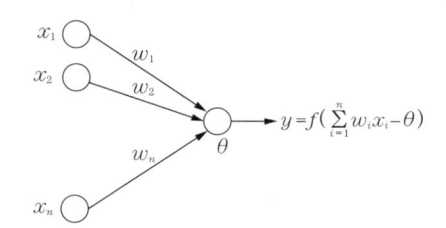

$$y = f\left(\sum_{i=1}^{n} w_i x_i - \theta\right)$$

図1 基本的なニューロンの構成

$f(x)$ には，以下のような関数が一般に用いられる。

$$f(x) = \frac{1}{1+e^{-x}} \qquad f(x) = \begin{cases} 1 & \text{for } x \geq 0 \\ 0 & \text{for } x < 0 \end{cases}$$

1番目の関数は「シグモイド関数」と呼ばれ，x の増加にともない，値が $(0,1)$ の範囲で連続的に変化するロジスティック関数の一種である。

2番目の階段関数を用いた図1のモデルを「単純パーセプトロン」と呼ぶ。単純パーセプトロンは古典的なNNのモデルであり，2クラス分類問題に適用できる。単純パーセプトロンの学習方法はいくつか提案されているが，簡単な方法として，データの実際のクラスを $z \in \{0,1\}$，その予測クラスを $y \in \{0,1\}$，c をパラメータとして，$w_i \leftarrow w_i + c(y-z)x_i$ として，教

師データを入れ替えながら重みを逐次的に修正する方法がある。

単純パーセプトロンは，図2(a)のようにデータが線形分離可能な分布をしている場合は，{0,1}のクラスを完全に分類できるが，(b)のように線形分離できないデータに対しては，完全な分類は不可能である。

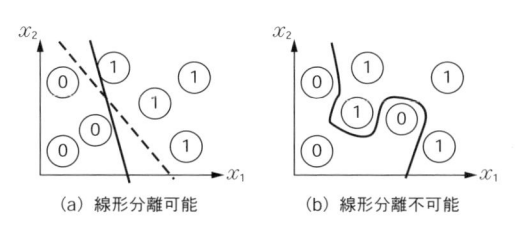

図2　二つの説明変数平面上のデータ分布
(a) 線形分離可能　　(b) 線形分離不可能

そこで「多層パーセプトロン」と呼ばれるモデルが提案された。これは，図3に示すように，入力層と出力層の間に中間層を設けて，非線形の分類を可能としたNNである。なお，出力層のユニット数は複数でもよい。

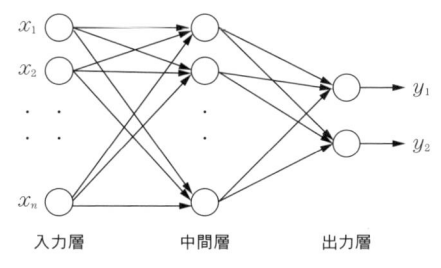

図3　階層型NNの例

階層型NNの重みと閾値は，「誤差逆伝播法」と呼ばれる方法で決定する。これは，出力値と教師データの誤差を求め，誤差に対する各ノードの重みと閾値の偏微分と掛け合わせて，出力側から入力側に向かって重みと閾値を修正し，誤差が一定値以下になるまでこの操作を繰り返すものである。この方法を使用するために，階層型NNの伝達関数にはシグモイド関数などの微分可能な関数が使われる。これは，数学的には「最急降下法」と呼ばれる方法の一種で，局所最適解を与えるだけなので，重みと閾値の初期値を乱数で何回か変え，それらの中で誤差が最小になるパラメータを選ぶ。

階層型NNは，分類だけではなく非線形回帰にも使える汎用性の高い手法であるが，最適な中間層やニューロンの数を決定することが難しい場合が多く，さらに，構造が複雑で分類ルールの解釈は一般に困難である。

近年では，単純パーセプトロンを拡張し，分離境界面から各クラスの最近隣データまでの距離の余裕（マージン）を最大化することで未知データに対する分類精度（汎化性能）を高めた，「サポートベクターマシン(SVM)」と呼ばれるモデルが注目されている。例えば，図2(a)において，点線の分離直線のほうが実線のそれよりもマージンの余裕が高いと評価できる。単純パーセプトロンと同様に，線形分離不可能な問題に対しては完全な分類ができないが，「カーネルトリック」と呼ばれる手法で与えられたデータを組み合わせて高次元化し，線形分離できる問題を変換することで，SVMは非線形の分類問題にも対応できる。

3. ロジスティック回帰

一般的な回帰分析が数値データの予測で用いられるのに対して，ロジスティック回帰(logistic regression)は，離散的な事象の発生の有無を目的変数として，その発生確率を予測する。分類問題に用いるときは，クラスを事象とみなし，その発生確率が例えば50%以上であればそのクラスに該当するなどと判定する。

ロジスティック回帰では，ある事象が複数の条件 $x=(x_1, x_2, \cdots, x_n)$ の影響下で起こると考え，発生に関する条件付き確率を以下のロジスティック関数（シグモイド関数）として表す。

$$p(x) = \frac{1}{1+e^{-(b_0+\sum_{i=1}^{n} b_i x_i)}}$$

$Z = b_0 + \sum_{i=1}^{n} b_i x_i$ として上式を変形すると，以下の式が得られる。

$$\frac{p(x)}{1-p(x)} = e^Z$$

上式の左辺をオッズといい，事象が起こる確率と起こらない確率の比を表す。

上式の両辺の自然対数をとると，

$$\ln\left(\frac{p(x)}{1-p(x)}\right) = \ln(e^Z) = Z = b_0 + \sum_{i=1}^{n} b_i x_i$$

となる。この式の左辺の対数を，発生確率の「ロジット」と呼ぶ。この式からわかるように，ロジスティック回帰は発生確率のロジットを目的変数とし，発生条件を説明変数とした重回帰モデルとみなすことができる。ただし，ロジットが明示的に与えられるのではなく，その元となる事象の発生／非発生の定性的データが与えられるだけなので，最適なパラメータを求めるには，最小二乗法ではなく最尤法を用いなければならない。その手順については割愛する。

ロジスティック回帰が有用なのは，クラスへの帰属確率がわかることと，オッズ比として各説明変数の寄与度を分析することができる点である。オッズ比(odds ratio)とは，一つの群ともう一つの群のオッズの比である。ロジスティック回帰における群とは，ある一つの説明変数を1単位もしくは変数の範囲で変えた異なる説明変数の組合せを示す。1群の説明変数を$x^{(1)}$，2群の説明変数を$x^{(2)}$，ロジスティック回帰で推定された事象の発生確率を$p(\cdot)$とすると，1群に対する2群のオッズ比は以下で表される。

$$\frac{p(x^{(2)})/(1-p(x^{(2)}))}{p(x^{(1)})/(1-p(x^{(1)}))}$$

オッズ比が1であれば，事象の起こりやすさが二つの群で同じであり，1より大きい（小さい）ならば，事象が1群（2群）で起こりやすいことを意味する。なぜオッズ比を用いるのかを表1に示した事例で説明する。この表は，異なる説明変数を1単位増やした際に，事象の発生確率が，それぞれの1群から2群のように上昇したことを示している。

表1 二つのケースにおける各群の発生確率

Case 1		Case 2	
1群	2群	1群	2群
0.50	0.55	0.90	0.99

発生確率の比だけを考えると，表1のそれぞれのケースの発生確率の変化率（リスク比）は，いずれも

$$\frac{p(x^{(2)})}{p(x^{(1)})} = \frac{0.55}{0.50} = \frac{0.99}{0.90} = 1.1$$

と同じになるが，Case 2の2群の発生確率はほぼ100%に上昇しており，Case 2の増加分をより高く評価したいと考えるのは自然である。

このような場合オッズ比を用いると，Case 1では，

$$\frac{0.55/(1-0.55)}{0.50/(1-0.50)} \approx 1.22$$

なのに対して，Case 2では，

$$\frac{0.99/(1-0.99)}{0.90/(1-0.90)} = 11$$

と後者のほうがより大きな値となり，オッズ比を用いることで，確率が極端な値になるほど，評価に明確な差をつけられる。

なお，ロジスティック回帰には，3クラス以上の事象を扱う多項ロジスティック回帰や，目的変数が順序型変数を扱う順序ロジスティック回帰などの拡張がある。

4. 決定木

決定木(decision tree)は図4に示すように，あるデータが楕円で示された節点の分割ルールを満たすかどうかを判断しながら，長方形の葉節点に示されたクラスにそのデータを分類する。なお，判断の方向は木を逆向きにした根から出発する。決定木は，階層的な意思決定になぞらえてルールを生成するので，複数の変数の組合せとして理解しやすいルールが得られることが多い。

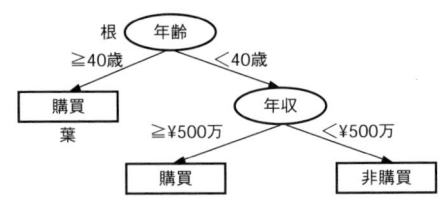

図4 決定木の例（マンション購買層の分類）

データの分割ルールの組合せ数は膨大で，最適な決定木を探索する問題はNP困難（現実的な時間で計算が終わらない）なので，決定木の構築には「分割統治法」と呼ばれる近似解法が用いられる。これは，全体のデータから出発して，分割基準を最大化する分割ルールでデータを分割し，分割されたデータに対して同じ操作を再帰的に繰り返して木を成長させていくものである。分割基準は，二つの分割ルールが与えられたとき，どちらのルールが良い分割かを評

価する。いま，節点 t において，クラス $y = 1, 2, \cdots, J$ の件数の割合 $p(y|t)$ を引数にもつ不純度関数 Φ を用いて，分割されたデータの不純度 $i(t)$ を以下で表す。

$$i(t) = \Phi(p(1|t), p(2|t), \cdots, p(J|t))$$

節点 t を複数の子節点に分割する際には，以下の不純度減少量 $\Delta i(r, t)$ を最も大きくする分割ルール r を採用する。ここで，重み w_v は分割後の子接点 v のデータ件数の割合を表す。

$$\Delta i(r, t) = i(t) - \sum_{v \in child\_node} w_v \cdot i(t_v)$$

不純度関数 Φ には，ジニ分散指標やエントロピーが一般に用いられる。

ジニ分散指標は，各クラスの分散の総和として次式で定義される。ここで，$p(y)$ はクラス y の件数割合を表す。

$$\mathrm{gini}(y) = 1 - \sum_{y=1}^{J} p(y)^2$$

クラスによる件数のばらつきが大きいと，この値は小さくなる。

エントロピーは，無秩序さや不確実性を表す指標として，物理学や情報理論の分野で用いられている。クラス y のエントロピーは次式で表される。

$$\mathrm{Ent}(y) = -\sum_{y=1}^{J} p(y) \log_2 p(y)$$

エントロピーは，クラスによる件数のばらつきが大きいほど大きくなる。

誤分類を下げるのが目的であれば，5. で示す誤答率を不純度の指標にするのが素直だと考えるかもしれない。しかし，誤答率は誤分類数に比例した尺度なのに対して，ジニ分散指標とエントロピーは，誤分類数が増えると非線形的に急速に評価が下がるので，後者のほうがデータの不純度をより感度良く評価できる。

また，木のサイズが大きくなりすぎると，葉節点に分類されるデータ数が少なくなり，「過剰適合」と呼ばれる問題が生じ，汎化性能が低下する。この問題に対処するために，枝刈りが用いられる。大きく分けると，枝刈りには，木がある程度生長したらそれ以上の分割を止める事前枝刈りと，一旦できる限り大きな木を構築したのち，不要な枝を剪定していく事後枝刈りの 2 種類がある。事前枝刈りは，分割を途中で打ち切るため速度は速いが，分類精度は事後枝刈りのほうが有利である。事後枝狩りには，さらにいくつかの方法がある。例えば，悲観的枝刈りは，すべての葉節点の誤分類数にペナルティ値（通常 0.5）を加えて木全体の誤分類率を算出し，その値が最も低くなるような木を選択する。誤分類削減枝刈りは，統計的推定の考え方を取り入れ，観測された誤分類率の信頼限界の上限値を推定誤分類率として，その値が最も低くなるような木を選択する。決定木構築手法として有名な C 4.5 で用いられている。コスト複雑性枝刈りは，訓練データをあらかじめランダムに二分割しておき，一方を決定木構築のために，他方を枝刈りにおける誤分類率推定のために用い，後者の検証データで最も誤分類率を低めるような木を選択する。これは，CART で採用されている枝刈り手法である。

5. 分類精度の評価

分類モデルの精度を評価する一般的な方法は，分類表（confusion matrix）を用いることである。説明のため，2 クラスの分類問題の分類表の例を表 2 に示すが，原理的には 3 クラス以上の分類でも可能である。この表では，二つのクラス {Positive：P, Negative：N} がそれぞれ 50 件ずつあるデータを分類した場合，クラス P，N それぞれ 48 件，42 件を正しく分類できたことを示している。

表 2　分類表の例

		予想されたクラス	
		P	N
実際のクラス	P	48 (TP)	2 (FN)
	N	8 (FP)	42 (TN)

表中の件数の横の記号はそれぞれ，True Positive(TP), False Negative(FN), False Positive(FP), True Negative(TN) の意味である。これらの記号の件数により，次のような精度評価指標が定義できる。

まず，正答率と誤答率は，以下のように計算できる。

$$正答率 = \frac{TP+TN}{TP+FN+FP+TN}$$

$$誤答率 = \frac{FP+FN}{TP+FN+FP+TN}$$

正答率と誤答率は基本的な精度評価指標だが，各クラスに含まれるデータ数に偏りがある場合，あまり参考にはならない。例えばPとNのデータ数の比が1:9の場合，常にNと分類するモデルでも0.9の正答率を達成してしまう。

そこで，クラス間のデータ数に偏りがあってもモデルを正しく評価する尺度として，次式で定義される真陽性率，および偽陽性率が利用される。

$$真陽性率 = \frac{TP}{TP+FN}$$

$$偽陽性率 = \frac{FP}{FP+TN}$$

真陽性率は高いほど良く，偽陽性率は低いほど良い。先ほどのケースのようにすべてをNと分類したとすると，偽陽性率は1.0となるが真陽性率は0.0となり，クラスの分布に偏りのあるデータでも正しく評価できるようになる。

一般に分類モデルの学習は，正答率を上げる学習を行うが，そのときにデータ数が少ないマイナーなクラスに対しては，正しく分類が行われないケースが生じやすい。特に研究活動では，希少性の高いグループと，それ以外のグループを分類したいニーズが高いと思われる。このような場合には，コスト考慮型学習といって，マイナーなクラスのデータを誤分類した際のペナルティを，それ以外のクラスのものよりも上げて学習を行う方法が提案されている。

6. 事例

○若野洋平・瀧澤重志・加藤直樹「民間分譲マンションのモデルルーム来場者アンケートからの購買者の予測と分析」日本建築学会環境系論文集，No.606, pp.81-88, 2006.8

マンションのモデルルームをわざわざ見学する人のほとんどが，潜在的な購買層と考えられる。そのため，モデルルームでは来場者アンケートが実施され，その結果はマンションの企画や広告戦略に利用されている。この研究では，アンケートデータを用いてどのような人がマンションを購買しやすいのかを，決定木とロジスティック回帰で明らかにしている。

分析に用いたアンケートデータは，大阪市内の大手不動産会社が保有している，9物件のモデルルームで得られた6,427名のデータである。これらのマンションは，2000年と2001年に建設された家族向けのマンションである。これらのマンションの立地は，大きく郊外型と都市型に分類される。全データのうち約13%（855人）が購買者となっている。用いた変数の一覧を表3に示す。このアンケートは無記入項目が非常に多いことから，分析の精度をできるだけ確保できるよう，無記入データも含めてマンションの購買確率に変換する特別な欠損処理を行った。

表3 変数の一覧

説明変数 （すべて購買確率に変換）	年齢，距離，家族数，職業，年収，自己資金，予算，現住形態，現住間取，希望間取，希望面積，購入動機，認知媒体，重視ポイント，購読新聞，無記入数
目的変数	購買の有無

まず，決定木を用いて分類ルールを導出し，大まかな購買者像を浮き彫りにした。ここでは郊外型，都心型を分けて分類を行った。表4にそれぞれのモデルの分類精度を示す。

表4 分類精度（正答率）の比較

	決定木		ロジスティック回帰	
	郊外型	都心型	郊外型	都心型
購買者	0.674	0.637	0.767	0.784
非購買者	0.844	0.882	0.717	0.805
全体	0.821	0.848	0.742	0.795

図5は，得られた郊外型の決定木の一部である。最上段の非購買ルール：

年齢＜=0.0181： 非購買 (607/0)

は，年齢の購買確率が0.0181以下ならば非購買層と分類されるが，このルールの該当者数は607人で，うち0人がマンションを購買していることを示している。この非購買ルールを満たさない場合は，「年齢の購買確率が0.0181より大きい」かつ「家族数の購買確率が0.1295以下」かつ…と続く。

```
        属性      購買確率    該当者数  誤分類数
        ↓         ↓          ↓        ↓
   年齢<= 0.0181 :非購買    (607 / 0)
   年齢> 0.0181                    ↑
   |  家族数<= 0.1295              クラス
   |  |  年収<= 0.0515
   |  |  |  自己資金<= 0.1471 :非購買 (664 / 7)
   |  |  |  自己資金> 0.1471
   |  |  |  |  現住形態<= 0.0831
   |  |  |  |  |  重視ポイント<= 0.1032 :非購買 (7 / 0)
   |  |  |  |  |  重視ポイント> 0.1032
   |  |  |  |  |  |  新聞<= 0.1151 :購買 (6 / 1)
   |  |  |  |  |  |  新聞> 0.1151
   |  |  |  |  |  |  |  予算<= 0.1475 :非購買 (6 / 0)
   |  |  |  |  |  |  |  予算> 0.1475 :購買 (4 / 1)
```

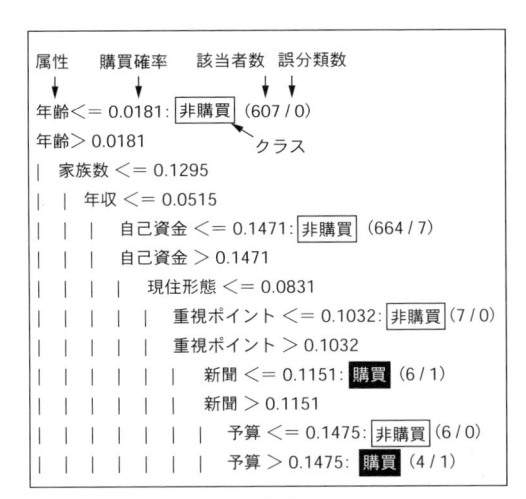

図5 得られた決定木の一部（郊外型）（引用文献1）

図6に購買確率から元のデータに変換した決定木の購買ルールの例とその解釈を示す。

```
   年齢(¬無記入)∧
   家族数(無記入∨1人)∧
   現住形態(¬無記入∧¬持家マンション)∧
   距離(5km未満∨10km以上)∧
   記入数(4個以内∨10個以上)
   新聞(読売∨日経∨産経∨その他)∧
   重視ポイント(¬無記入)⇒購買

年齢層は幅広く，家族数は1人もしくは無記入で少なめ。
持家マンション以外からの住み替えで，現住所との距離
は近所もしくは10km以上離れている。無記入数は少
ないか多いかのいずれか。何らかの重視ポイントを有す
るような人。
```

図6 決定木による購買ルールの例（郊外型）（引用文献1）

次に，ロジスティック回帰により購買確率の予測を行った。精度が決定木よりも低いのは，ロジスティック回帰は，単純パーセプトロンと同様，線形分離できないデータに弱いからだと考えられる。

ロジスティック回帰では，先に説明したオッズ比で各説明変数の寄与度を把握するのが一般的だが，この研究では別の方法で各変数の分析を行っている。推定された購買確率の高い順にアンケート記入者をソートし，予測と実際の購買／非購買が一致する人数を購買確率の高い順から累積し，累積予測精度を算出した（図7）。

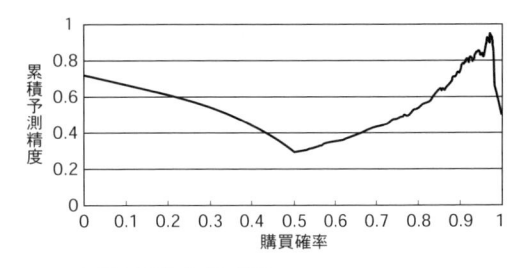

図7 累積予測精度（郊外型）（引用文献1）

購買確率が低下するにしたがい累積予測精度は低下し，購買確率が0.5付近で最低となり，再び累積予測精度が上昇している。購買確率の高い記入者のグループは，実際にマンションを購買する人数も相対的に多いといえるので，0.9以上の購買確率を示す者を，高い購買確率を有する回答者とみなし，それらの属性をそれ以外のものと比較した。例えば，図8は年齢の例だが，高確率購買層は郊外型，都市型ともに40代の割合が高いといったことがわかる。

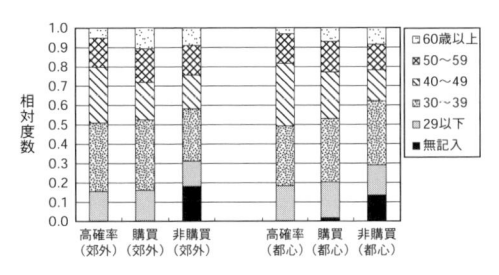

図8 年齢の相対度数（引用文献1）

〔引用文献〕
1) 若野洋平・瀧澤重志・加藤直樹「民間分譲マンションのモデルルーム来場者アンケートからの購買者の予測と分析」日本建築学会環境系論文集, No.606, pp.81-88, 2006.8, 85頁・図2, 86頁・表10中段, 87頁・図4, 図6

〔参考文献〕
1) 金明哲『Rによるデータサイエンス-データ解析の基礎から最新手法まで』森北出版, 2007
2) 加藤直樹・羽室行信・矢田勝俊『シリーズ〈オペレーションズ・リサーチ〉2 データマイニングとその応用』朝倉書店, 2008

2.10 構造を探る　因子分析・数量化理論III類

積田 洋

1. 概要

建築計画や空間の研究において，得られるデータは，ある事象を説明したり，解析したりすることを目的に収集されるものであり，これらのデータは，これを基に分類や整理するとき，何らかの関係や類似性を含んでいるものである。

こうした類似性や相互関係，データに潜んでいる共通性を客観的に明らかにすることは，研究の上できわめて重要な部分といえる。

少数個のデータにより，ある事象について適確に説明・解析ができれば，あるいはデータそのものが，事象の全般を説明しているような要因・因子であれば最善であるが，実際の研究上ではこのような例はごくまれであり，多くのデータを操作して集約していくことのほうが一般的である。

これらに有効な方法が多変量解析の中の因子分析法であり，数量化理論III類分析である。

因子分析法は，心理学研究(主としてSD法)のための方法として発達してきたが，現在では広く統計手法として用いられている。

一方，数量化理論III類分析は，林知己夫らが中心となって開発した数量化理論の一つで，他にI・II・IV類がある。

2. 目的と特徴

因子分析法の目的は，多数のデータ(現象)が得られたときに，それらのデータの中に含まれている潜在的な共通因子(特性)を抽出し，これらの共通因子を解釈することにより，データのもつ構造を明らかにしようとするものである。

例えば，SD法のように多数の言語尺度の評定値を変数として，いくつかの潜在的な共通因子を抽出することにより，目的・概念の構造を明らかにする因子軸を決めるうえで用いられる。

類似した方法である主成分分析法との違いは，主成分分析法が，データを総合(要約)して，特性である主成分を大きいものから順に求めるのに対して，因子分析法では，データを分解することにより，共通な因子の負荷を求めることであり，共通因子はあくまで仮説的な変量であるところである。

一方，数量化理論III類分析は，いくつかのカテゴリー(特性項目)に対して，サンプルがどのカテゴリーに反応したかにより，類似した反応パターンを集め，分類しようとするのが目的であり，データを最小次元の空間にプロットすることにより，散布図として表現することが可能であることから，データのもつ構造を視覚的に明らかにすることができるので，別名「パターン分類」とも呼ばれる。

なお，数量化理論III類分析は，数量化理論I類やII類分析のように外的基準をもたないところが異なる点である。

以上，データの構造を探る方法として，因子分析法と数量化III類の目的は似ているが，因子分析法は定量的データを扱うのに対して，数量化理論III類分析は定性的データを数量化して扱うものである。

3. 方法の解説

大学での建築学科の専門科目には，設計・製図や計画，歴史，構造，設備等々の分野の科目が多岐にわたって配当されている。これらの科目は，それぞれの分野で体系づけられていることはいうまでもないが，ここではいくつかの科目に注目して，学生の成績をもとに因子分析法を適用してその構造を探ってみたい。

例題として，某大学・建築学科4年の学生20名の〈設計・製図〉〈住宅論〉〈日本建築史〉〈構造解析〉〈材料力学〉の5科目の100点満点による評価点のデータを変量として説明する。

まず，因子分析を行うには，変量間の相関係数を計算して相関行列を求める。表1に5科目間の相関行列を示す。これを見ると，〈構造解析〉と〈材料力学〉の相関係数が0.727と最も高く，〈住宅論〉と〈日本建築史〉では，0.490である。これらから科目間の関係をある程度類推することはできるが，より具体的に明らかにしたい。

そこで，n番目の学生の〈設計・製図〉の成績をx_1とし，x_1はある共通因子と科目の独自因子の和と考えると，共通因子数をmとすれば，

$$x_1 = a_1 f_1 + a_2 f_2 + \cdots\cdots + a_m f_m + e_1$$

と表せる。これが因子分析法の考え方であり、$f_1 \cdots f_m$ を共通因子、$a_1 \cdots a_m$ は共通因子に対する影響を示す係数で、因子負荷量（共通因子に対する影響を示す係数）という。e_1 は独自因子である。通常 x_i, f_i は分散を1に基準化し、各共通因子、各独自因子はそれぞれ互いに無関係（独立）であると仮定する。なお、個々の変数のうち共通因子によって決定される変動の割合を共通性と呼び、共通性で表せない部分がその変数固有の独自性である。

ここで、独自因子を推定せずに、誤差等を一緒にして変量のもっている分散をできるだけ多く説明し得る成分を抽出すれば、主成分分析と同じになる。まさに、因子分析法の特徴はここにあって、この独自因子の存在を仮定することにより、分析方法を著しく難しくしているといえる。

なお、解を求める方法には、主因子法、セントロイド法（重心法：現在ではあまり用いられない）、最小二乗法、最尤法、後述の直交バリマックス回転法などがある。ここでは例として主因子法の解法の概略を示す。

主因子法とは、多変量の間に共通に見られる変動のうち、いずれの変量に対しても近い変動を表すものを因子として取り出す方法で、因子負荷量行列を用いて表現すると、

$$A = \begin{bmatrix} a_{11} & a_{12} & \cdots & a_{1m} \\ a_{21} & a_{22} & \cdots & a_{2m} \\ \vdots & \vdots & & \vdots \\ a_{n1} & a_{n2} & \cdots & a_{nm} \end{bmatrix}$$

において、第Ⅰ因子の因子負荷量の平方和

$$V_i = a_{11}^2 + a_{21}^2 + \cdots a_{n1}^2$$

を最大にする解を求めることで、全変量の分散のうち第Ⅰ因子によって説明される分を最大にするような因子を定めることである。

主因子法による解は直交解で、第2以下の因子による変動は第Ⅰ因子の変動に直交し、相関は0（無相関）となる。以下、順次直交する因子を求めていけばよい。

さて、ここで例題にもどると、得られた因子負荷量が表2である。前述の通り、因子負荷量はある因子、ここでは第Ⅰ因子、第Ⅱ因子に各変量がどのくらい影響しているかを表す係数であるから、この因子負荷量を基に、因子を解釈することになる。

表1 相関行列表

	設計製図	住宅論	日本建築史	構造解析	材料力学
設計製図	1.000	0.162	0.338	0.175	0.060
住宅論	0.162	1.000	0.490	0.032	0.035
日本建築史	0.338	0.490	1.000	0.134	0.065
構造解析	0.175	0.032	0.134	1.000	0.727
材料力学	0.060	0.035	0.065	0.727	1.000

表2 因子負荷量表

	第Ⅰ因子	第Ⅱ因子	共通性	Ⅰ軸	Ⅱ軸
設計製図	−0.500	0.347	0.370	−0.147	0.590
住宅論	−0.466	0.619	0.600	0.058	0.772
日本建築史	−0.600	0.609	0.730	−0.049	0.853
構造解析	−0.765	−0.531	0.867	−0.925	0.105
材料力学	−0.706	−0.596	0.853	−0.923	0.018
固有値	1.910	1.511		回転後	
寄与率	38.2%	30.2%			

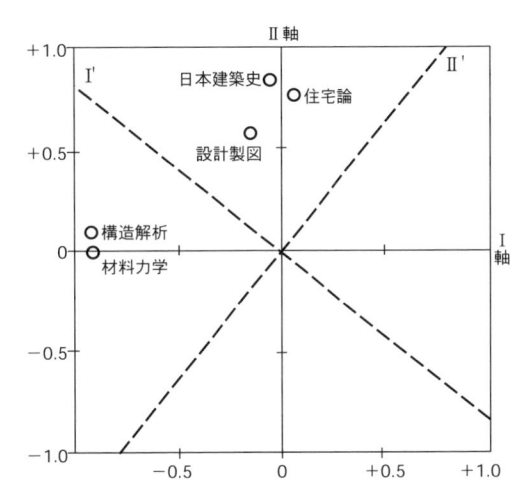

図1 因子負荷プロット図（回転後）

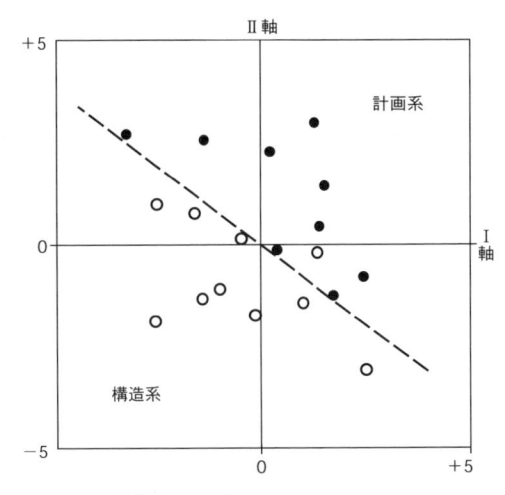

図2 因子得点プロット図

そこで因子負荷量の大きいものを選び，該当する変量の内容から解釈を行うのであるが，解釈をしやすくするために，座標軸を回転する。よく用いられるものが規準化（一般に「バリマックス法」と呼ばれる）バリマックス法で，図1のI′・II′が回転前で，I・IIが回転後の因子負荷量（表2・右）をプロットしたもので，各因子について因子負荷量の2乗値の分散を最大にするという基準で直交回転を行う方法である。

以上，図表から第I因子は構造系の因子，第II因子は計画系の因子と解釈することができる。累積寄与率（寄与率の合計）は，第I・II因子で68.4%である。

また，因子得点（各々の因子から得た負荷量を基に換算した合計）を算出して，学生20名の得点をプロットしたものが図2であるが，ちなみに●印は計画系の研究室の卒論生，○印は構造系の研究室に所属している卒論生である。

次に，数量化理論III類分析について解説する。

建築学は，工学的側面と文科・芸術的側面の両面があるとはよくいわれることである。そこで，ある大学の建築学科・某研究室の卒論生10名に〈人文・社会科学系科目〉〈自然科学系科目〉〈外国語科目〉，それに建築学の専門科目で〈計画系〉に属する科目，〈構造系〉に属する科目の5分野について，どの分野を得意としているかをたずね，該当するものをすべてあげてもらった。

この結果，表3に示すデータが得られた。これらのデータを数量化理論III類により集約して，上記5分野の分類とその関係を明らかにしてみよう。

いま，表3の行と列を並びかえる操作を行うことにより，表4のような対角線付近に集中した傾向を明らかにすることができる。これから目視によってもある程度の分類や傾向を読み取ることは可能である。しかし，サンプル数やカテゴリー数（ここでは5分野を指し，一般に数量化理論III類では，特性項目あるいはカテゴリーと呼ぶ）が増すと，このような手作業ではとうてい困難となる。

数量化理論III類では，表3に示すような分割表を基に，各サンプルがあるカテゴリーに反応したとき"1"を，そうでないときには"0"という

表3 得意科目該当表

サンプルNo	人文・社会	自然科学	外国語	専門 計画系	専門 構造系	計
1		○		○	○	3
2		○	○		○	3
3	○		○	○		3
4		○			○	2
5	○			○		2
6	○		○			2
7	○		○		○	3
8		○		○	○	3
9	○		○	○		3
10	○	○		○		3
計	6	5	5	6	5	27

表4 サンプルの並べ替え

サンプルNo	外国語	人文・社会	専門 計画系	自然科学	専門 構造系
6	○	○			
7	○	○			○
9	○	○	○		
3	○	○	○		
5		○	○		
10		○	○	○	
8			○	○	○
1			○	○	○
2	○			○	○
4				○	○

ダミー変数を導入する。そこで反応の似ているパターンには互いに近い数値を与え，同時にカテゴリーにも似ている反応のとき互いに近い数値を与えようとするものである。つまり，サンプル数量とカテゴリー数量を基準として，相関係数が最大となる両者の数量を求め，これでも解釈が不明瞭なときは，順次第2・第3の相関係数に対する数量を求めればよい。

実際の解法としては，0・1の行列表現したデータ行列，例題では，

$$D = \begin{bmatrix} 0 & 1 & 0 & 1 & 1 \\ 0 & 1 & 1 & 0 & 1 \\ 1 & 0 & 1 & 1 & 0 \\ 0 & 1 & 0 & 0 & 1 \\ 1 & 0 & 0 & 1 & 0 \\ 1 & 0 & 1 & 0 & 0 \\ 1 & 0 & 1 & 0 & 0 \\ 0 & 1 & 0 & 1 & 1 \\ 1 & 0 & 1 & 1 & 0 \\ 1 & 1 & 0 & 1 & 0 \end{bmatrix}$$

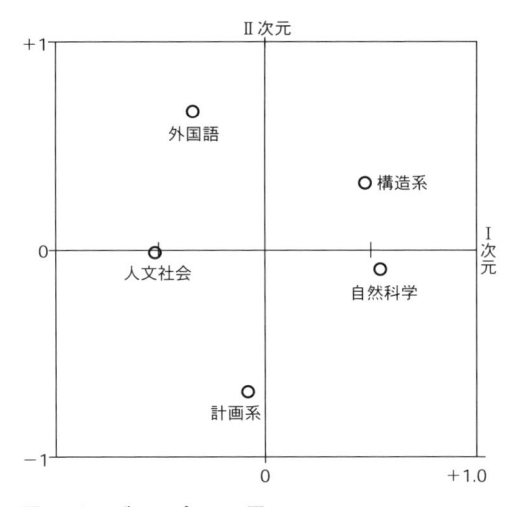

図3 カテゴリープロット図

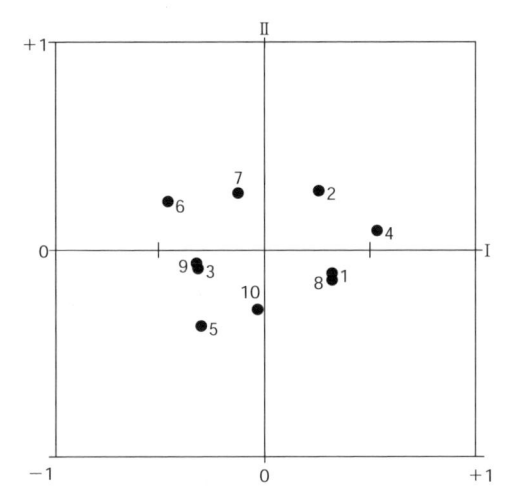

図4 サンプル得点プロット図

サンプル数量　$X = \{x_i\} = (3, 3, 3, 2, 2, 2, 3, 3, 3, 3)$

カテゴリー数量　$Y = \{y_i\} = (6, 5, 5, 6, 5)$

となり，相関係数を計算する。これをx_iとy_iについて偏微分した固有方程式を解いて，1以外の最大の固有値に対応する固有ベクトルを求める。この固有ベクトルが，カテゴリーに与える数量となる。

なお，カテゴリー数がサンプル数より大きい場合は，データ行列の行と列を入れ換えて計算すればよい。さらに，カテゴリーの数量からサンプルに与える数量を求めることができる。

図3は，得られたカテゴリー数量をⅠ，Ⅱ次元にプロットしたものである。図4はサンプル得点を同様にプロットしたものである。Ⅰ次元の寄与率は59.7%，次に大きい固有値から相関係数を求めたⅡ次元の寄与率は29.7%であり，この例ではサンプルをかなりよく説明しているといえる。

ちなみに，Ⅰ次元では〈構造系〉と〈自然科学系科目〉が正の値，〈外国語〉と〈人文社会科学系科目〉が負の値となり，〈計画系〉がほぼ0付近となり，3つにグルーピングされた。これよりⅠ次元は，工学系と文科系を分かつ次元と解釈できよう。

なお，入力データの形式としては，例題のようにカテゴリーへの反応が任意の数として得られる場合と，応用例のようにアイテムカテゴリーとなっていて，それぞれのアイテムの中のカテゴリーの一つに必ず該当する場合とがあるが，前者のデータ形式はカテゴリーを該当，非該当に分ければ，後者のデータ形式に変換できる。

4. 応用例

a. 因子分析法

○積田洋・本橋裕子「CGシミュレーションによる集合住宅地の外部空間構成の評価分析」日本建築学会計画系論文集，No.599，pp.73-78，2006.1

〔要約〕　実際に設計された集合住宅地の外部空間を対象とし，ランドスケープを構成する要素のさまざまな有り様が，心理的にどのように評価に影響を与えるかを，SD法による評価尺度を用いてその変化を具体的に捉えることを目的としている。

〔解説〕　実際の空間において物理的な構成要素を変化させることは不可能に近いため，典型的な囲み配置の外部空間を有する集合住宅地を選び，これをモデルとして，外部空間の構成要素を画像として変化させることの可能なCGシミュレーション手法を用いて7パターンの画像を提示し，心理実験を行い，外部空間を構成する要素の変化と心理評定の関係を定量的に明らかにした。

まず，31の評定尺度を用いたSD法で，7段階評定を行った。それぞれの対象地区の外部空間の写真に基づいて，実際のランドスケープと

表5 因子負荷量表 (引用文献1)

変　数　名	因子No.1	因子No.2	因子No.3	因子No.4	因子No.5
落ち着く感じ — 落ち着かない感じ	0.830	−0.112	−0.144	0.067	−0.052
癒される感じ — ストレスを受ける感じ	0.814	0.180	0.020	0.032	0.094
居心地の良い感じ — 居心地の悪い感じ	0.786	0.115	0.138	0.153	0.046
安心感のある感じ — 安心感のない感じ	0.774	0.085	−0.119	0.029	0.002
親しみのある感じ — 親しみのない感じ	0.640	0.408	0.044	−0.075	0.336
雰囲気のある感じ — 雰囲気のない感じ	0.640	0.407	0.136	0.032	0.093
さわやかな感じ — うっとうしい感じ	0.619	−0.271	0.395	0.100	0.013
違和感のある感じ — 違和感のない感じ	−0.586	0.266	−0.092	−0.292	−0.189
緑の多い感じ — 緑の少ない感じ	0.457	0.301	−0.103	−0.069	0.119
特徴のある感じ — ありふれている感じ	−0.043	0.827	0.006	−0.152	0.042
豪華な感じ — 質素な感じ	0.080	0.743	0.024	0.066	0.070
動的な感じ — 静的な感じ	−0.036	0.684	0.155	−0.165	0.072
画一的な感じ — 多様な感じ	−0.112	−0.671	−0.146	0.420	−0.184
暖かな感じ — 冷たい感じ	0.157	0.547	0.229	0.005	0.205
やわらかい感じ — かたい感じ	0.207	0.545	0.231	−0.185	0.242
平面的な感じ — 立体的な感じ	−0.215	−0.473	0.256	0.051	−0.131
パブリックな感じ — プライベートな感じ	−0.053	0.117	−0.064	0.036	0.061
ヴォリューム感のある感じ — ヴォリューム感のない感じ	0.060	0.114	−0.125	−0.008	0.029
広い感じ — 狭い感じ	0.007	−0.062	0.865	0.142	−0.014
開放感のある感じ — 圧迫感のある感じ	0.074	0.266	0.729	0.011	0.096
連続的 — 断続的	0.119	−0.078	0.060	0.734	0.060
一体感のある感じ — ばらばらな感じ	0.190	−0.287	0.177	0.683	−0.062
和風的な感じ — 洋風な感じ	0.101	−0.055	−0.220	−0.257	0.078
田園的な感じ — 都市的な感じ	0.207	0.446	0.184	−0.062	0.633
洗練された感じ — 野暮ったい感じ	0.488	−0.043	−0.012	0.446	−0.447
潤いがある感じ — 殺風景な感じ	0.448	0.591	0.044	−0.132	0.204
期待感のある感じ — 期待感のない感じ	0.447	0.490	0.168	−0.263	0.082
軽快な感じ — 重厚な感じ	0.081	0.431	0.480	0.059	0.165
明るい感じ — 暗い感じ	−0.032	0.400	0.407	0.068	0.007
生活感のある感じ — 生活感のない感じ	0.408	0.248	0.007	0.184	0.498
自然な感じ — 人工的な感じ	0.385	0.396	0.094	0.036	0.416
固有値	8.930	4.461	2.759	1.494	1.002
寄与率	0.288	0.144	0.089	0.048	0.032
累積寄与率	0.288	0.432	0.521	0.569	0.601

表6 心理因子軸表 (引用文献1)

	No.	因子名	代　表　因　子
主要因子	I	アメニティ因子	居心地の良い感じ — 居心地の悪い感じ
	II	デザイン因子	特徴のある感じ — ありふれている感じ
	III	開放性因子	広い感じ — 狭い感じ
必要因子	IV	統一性因子	一体感のある感じ — ばらばらな感じ
	V	都市性因子	田園的な感じ — 都市的な感じ
複合因子	VI	洗練性因子	洗練された感じ — 野暮ったい感じ
	VII	潤い因子	潤いがある感じ — 殺風景な感じ
	VIII	期待感因子	期待感のある感じ — 期待感のない感じ
	IX	軽快感因子	軽快な感じ — 重厚な感じ
	X	生活感因子	生活感のある感じ — 生活感のない感じ
	XI	自然性因子	自然的な感じ — 人工的な感じ

○パターン1 ― ●パターン2

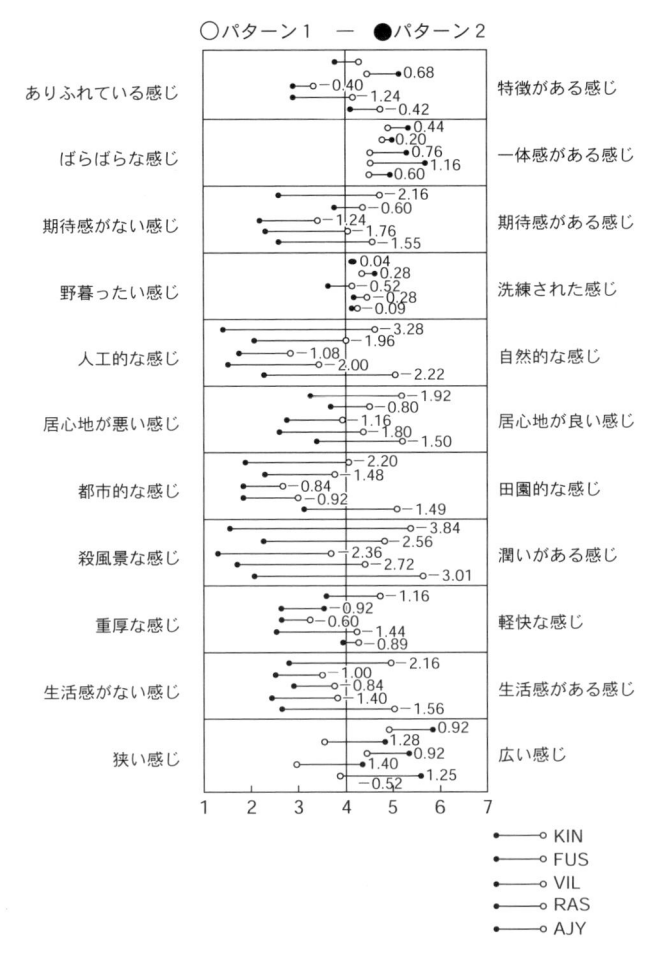

左	数値	右
ありふれている感じ	-0.40 / 0.68 / 1.24 / -0.42	特徴がある感じ
ばらばらな感じ	0.44 / 0.20 / 0.76 / 1.16 / 0.60	一体感がある感じ
期待感がない感じ	-2.16 / -0.60 / -1.24 / -1.76 / -1.55	期待感がある感じ
野暮ったい感じ	0.04 / 0.28 / -0.52 / -0.28 / -0.09	洗練された感じ
人工的な感じ	-3.28 / -1.96 / -1.08 / -2.00 / -2.22	自然的な感じ
居心地が悪い感じ	-1.92 / -0.80 / 1.16 / -1.80 / -1.50	居心地が良い感じ
都市的な感じ	-2.20 / 1.48 / -0.84 / -0.92 / -1.49	田園的な感じ
殺風景な感じ	-3.84 / 2.56 / -2.36 / -2.72 / -3.01	潤いがある感じ
重厚な感じ	-1.16 / -0.92 / -0.60 / -1.44 / -0.89	軽快な感じ
生活感がない感じ	-2.16 / -1.00 / -0.84 / -1.40 / -1.56	生活感がある感じ
狭い感じ	0.92 / 1.28 / 0.92 / 1.40 / -0.52 / 1.25	広い感じ

1 2 3 4 5 6 7

●—○ KIN
●—○ FUS
●—○ VIL
●—○ RAS
●—○ AJY

図5　パターン1, パターン2の心理量比較図（引用文献1）

して計画され得る可能性のパターンを検討し，(パターン1：現状，パターン2：樹木をなくしペーブメントをドライのテクスチャーにしたもの，パターン3：現状に芝や樹木などの緑を加えたもの，パターン4：壁の色を変更したもの，パターン5：樹木をなくし平面的な緑のみにしたもの，パターン6：現状に池を配置したもの，パターン7：樹木の位置を変えずに大きさを変更したもの）を，5地区について計35サンプル作成した。実験は150インチのスクリーンに画像を映し，各地区7パターンをランダムに1分間見せていった。被験者は建築学科学生15名である。

心理実験で得られた7パターンごとの31評定尺度それぞれの平均値を基に，因子分析（直交バリマックス回転）を行った。これにより，固有値1以上のアメニティ性，デザイン性，開放性，統一性，都市性の5軸を集合住宅地の外部空間の評価構造上重要な心理因子軸として，さらに2つ以上の軸をまたがる複合因子の洗練性，潤い，期待感，軽快性，生活感，自然性の6軸を加え，計11心理因子軸を集合住宅地の外部空間の評価軸として抽出した（表5）。

それぞれの評定軸を代表する11評価尺度（表6）によって心理実験を行い，パターンの違いによる心理評定の違いを数値として示した（図5）。

b. 数量化Ⅲ類

○船越徹・積田洋・清水美佐子・宮内和子「参道空間の研究（その8）―神社参道の空間構造の分析―」日本建築学会大会学術講演梗概集（E），pp.699-700，1986.7

〔要約〕　神社のアプローチ空間である参道空間のシークエンシャルな作られ方に着目した一連の研究の一つで，参道空間の成り立ちや歴史的変遷を明らかにし，空間の作られ方を立地や空間のシークエンス，物理的構成などを特性項目（アイテムカテゴリー）として，各参道空間の反応パターンを数量化Ⅲ類を適用し，参道の空間構造における神社のグルーピングを試みている。

〔解説〕　全国の神社の資料から参道の形態・本殿の配置などを検討し，さまざまなバリエーションが含まれるように分類・整理して，皇大神宮，宗像大社，厳島神社，春日大社，鵜戸神宮など34神社を調査対象として，参道の折れ曲がり，勾配，分節点の数や参道の変遷，神社の由緒の聞き込みなどの現地調査を行っている。

これらの調査資料ならびに地図・図面などの文献調査から，参道の長さ，レベル変化，立地条件，平面型，断面型，本殿の向き，分節点数，シークエンスのタイプなど各3タイプに分類・整理して，15アイテム・38カテゴリーに分け，各参道空間の反応パターンについてマトリックス図を作成している（図6）。

さらに，参道の長さ，参道の平面型，レベル変化，シークエンスのタイプの4アイテムについて15カテゴリーに分類し，数量化Ⅲ類を適用してサンプル得点を得て，図7に示すような，1・2・3次元によるⅠとⅡ軸およびⅠとⅢ軸のプロット図を作成している。

図6 マトリックス図 (引用文献2)

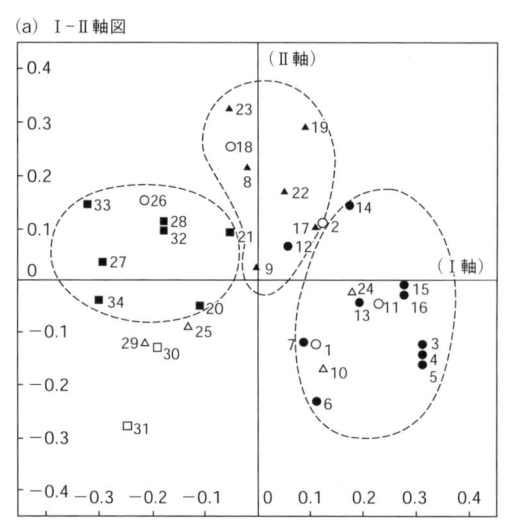

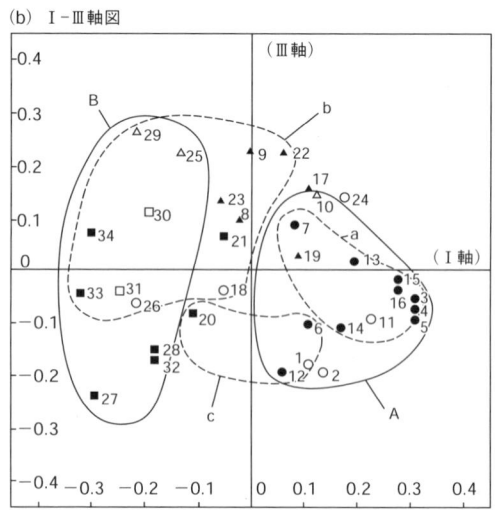

図7 サンプル得点プロット図 (引用文献2)

ⅠとⅡ軸のプロット図から,〈平坦〉なタイプはⅠ軸のプラス方向に,〈傾斜〉をもつタイプはマイナス方向に,その中間のタイプは0付近に集まり,大きく3つにグルーピングされ,軸の解釈について論じている。またⅠとⅢ軸のプロット図からは,参道の長さとシークエンスのタイプとの構造について論じている。

〔引用文献〕
1) 積田洋・本橋裕子「CGシミュレーションによる集合住宅地の外部空間構成の評価分析」日本建築学会計画系論文集, No.599, pp.73-78, 2006.1, 74頁・表-2, 74頁・表-3, 76頁・図-5
2) 船越徹・積田洋・清水美佐子・宮内和子「参道空間の研究(その8)―神社参道の空間構造の分析―」日本建築学会大会学術講演梗概集(E), pp. 699-700, 1986.7, 700頁・図-2, 図-3

〔参考文献〕
1) 宇谷栄一・井口晴弘『多変量解析とコンピュータプログラム』日刊工業新聞社, 1972
2) 中村正一『例解 多変量解析入門』日刊工業新聞社, 1980
3) 奥野忠一ほか『多変量解析法』日科技連出版社, 1971
4) 奥野忠一ほか『続 多変量解析法』日科技連出版社, 1981
5) Paul Horst, 柏木繁男他訳『コンピュータによる因子分析法』科学技術出版社, 1978
6) 芝祐順『因子分析法』東大出版会, 1972
7) 林知己夫・駒沢勉『数量化理論とデータ処理』朝倉書店, 1982
8) 藤沢偉作『多変量解析法』現代数学社, 1989

2・11 構造を探る 共分散構造分析

1. 概要

　建築計画で観測されるデータには，さまざまな要因が複雑に絡み現象として現れる。観測されるデータは，直接的に観測されるデータを使用して分析することが多く，そのデータを整理・分類し，類似関係や相関関係を分析する。

　しかし，直接的に観測されるデータには，その背後に潜む潜在的要因があり，直接的に観測されるデータに影響を及ぼす。その潜在的要因をあぶり出し，直接観測されるデータとの相関関係や因果関係を仮説し，分析により明らかにし，その相互関係を図によって表現し，検証する方法として共分散構造分析がある。

　なお，共分散構造分析は，心理統計学の分野で生まれ発展した。心理学で扱う曖昧な構造を定量化し，解明するために用いられ，その後，一般統計学にも領域を広げ，教育学，医学，経営学，社会学，建築学などで用いられている。

　共分散構造分析は，多変量解析の一つと解釈されるが，今までの多変量解析などを下位モデルとして含み，優れた性質をもっていることから，次世代の多変量解析といわれている。

2. 目的と特徴

　共分散構造分析の目的は，直接的に観測されるデータとそこに潜む潜在的要因を用いて，その因果関係を，仮説を設定することによって，その現象を構築する構造を解明しようとすることを目的としている。

　その手法は，従来の多変量解析の多くが，探索的な手法に主眼がおかれ，多数の変数の関係を可能な限り情報を失わないように次元を縮小することを目的にしているのに対し，共分散構造分析は検証的であり，変数の分散と共分散の理論値と実際の値が合致するようにモデルを決定する統計的アプローチの分析方法である。

　また，従来の多変量解析が帰納的手法であるのに対して，共分散構造分析は演繹的手法といわれるが，分析としてはどちらも意義があり優劣がつけるものではなく，従来の手法は共分散構造分析の下位モデルと位置づけられている。

　また，共分散構造分析の最大の特徴は，分析結果を変数間の相関や因果関係性をパス図によって表し，だれにでもわかりやすく表現するところにある。

　変数の種類には，観測変数，潜在変数，誤差変数，攪乱変数，外生変数，内生変数の呼び方があり，それらを決められた記号で囲んだり，矢印と係数によって相関や因果の関係性表現する。

　分析の理論や計算は非常に複雑で難解なものであるが，分析された結果は図によって表現されるため非常にわかりやすく，曖昧な要因間の関係を明確に表現することができる特徴をもつ。

3. 方法の解説

　共分散構造分析には，数多くのデータの中から背景にある内容を仮説として設定し，相関関係や因果関係を探ることができ，因子と変数の関係を自由にモデル化することが可能である。また，探索的因子分析（因子分析，確証的因子分析が共分散構造分析として区別されている），パス解析，重回帰分析などを扱える分析方法であるため，次世代の多変量解析といわれている。共分散構造分析の特徴としては，おもに4つあげることができる。

1) 観測データの背後に潜む抽象的な要因について検討することができ，定量化できる。
2) 観測データの因果モデルを，分析者が自由にモデル化することができる。
3) 分析した共分散構造分析モデルを，分析者が再度改良することができ，さらに高度なモデルを構築することができる。
4) パス図を使い分析結果を視覚化することができ，また，双方向の因果関係など従来の多変量解析で表現ができなかった表現が可能となった。

　なお，共分散構造分析では，因果関係に仮説を立てて説明するモデルで，因子分析とは区別され，また共分散構造分析と似通った分析にパス分析があるが，観測変数間のみの因果関係を扱う分析であり異なるものである。

　なお参考までに，共分散構造分析では分散と

鈴木弘樹

共分散を利用して変数間の関係を分析するのに平均について取り扱っていないため，共分散構造分析を拡張した手法に平均・共分散構造分析がある。

本項では，分析の一般的手順を解説し，理論に関して詳しく知りたい人は，参考文献1）～7）を参照されたい。共分散構造分析の手順としては，因子分析や回帰分析によりデータの内容を把握し，以下の手順で行うのが一般的である。
1．仮説を設定する。
2．モデル（パス図）を検討する。
3．パス係数や分散，共分散を求める。
4．モデルの適性を評価する。
5．その結果を考察する。

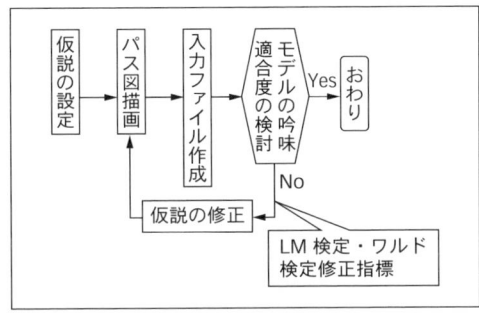

図1　検証的因子分析チャート（引用文献1）

以降，共分散構造分析の手順の内容を詳しく説明する前に，共分散構造分析で取り扱う変数は下記の通りである。
・観測変数：事象から観測される変数
・潜在変数：直接観測されない変数
・誤差変数：誤差の変数
・外生変数：一方の矢印で他の変数を指すが，指されることのない変数
・内生変数：一方の矢印で他の変数から指されるが，指すことはない変数

観測変数と潜在変数をまとめて「構造変数」と呼び，誤差変数と区別する。また，攪乱変数は特に潜在変数に付けられた誤差変数を指す。さらに，外生変数と内生変数があり，パス図で単方向の矢印が一回も向かっていない変数を外生変数，それ以外の変数を内生変数としている。

前述したとおり，共分散構造分析は検証的で，変数の分散と共分散の理論値と実際の値が合致するようにモデルを決定する統計的アプローチの分析方法である。そのため共分散構造分析は，直感的に因子と変数の関係を自由にモデル化するパス図としてよいが，共分散構造分析の重要な点は，適切な潜在変数の設定をし，潜在変数の妥当性と潜在変数間の因果関係を検証することにある。それゆえ，潜在変数を決めることは分析を進めるうえで非常に重要な作業となる。

仮説ができないときの因果モデルの探索方法は，潜在変数を仮定するために探索的因子分析（因子分析）を用いる。探索的因子分析は，確認的因子分析の母体のモデルで共分散構造モデルより古く，確認的因子分析が後のため探索的因子分析は単に「因子分析」と呼ばれる場合が多い。また，複数の変数より一つの変数を説明する分析方法に重回帰分析があるが，複数の因果関係を扱うには新たな変数を用意する必要がある。

変数の間に相関関係があり，観測変数に共通の原因が認められる場合，潜在変数を用いると有効である。仮説を立てた因子に名前を付けると効果的である。そのことにより，似通った観測変数を一つにまとめることが可能となり，多数の変数の因果関係を検討しやすくなる利点がある。

ゆえに，共分散構造分析は，共分散構造モデルにより類似した傾向の観測変数をまとめ，多くの変数を直接扱うことが可能となる統計的手法である。なお，単回帰モデルや重回帰モデルは，共分散構造モデルの一種といえる。

（1）パス図の書き方

さて，パス図の基本ルールが決まっており，観測変数，潜在変数，誤差変数を囲む枠と単方向，双方向の矢印により因果関係を示す（図2）。
1．観測変数は四角で囲む。
2．潜在変数は円または楕円で囲む。
3．誤差変数は囲まない。
4．影響を与える側から与えられる側の変数に単方向に矢印を書き，影響力を数値（パス係数）で示す。
5．共変動を示す変数に因果関係を仮定しない場合，双方向の矢印を書き，共分散（または相関）を示す数値を示す。

これらルールを基本とするが，必要に応じて細部を省略するなど，パス図を見やすく工夫し

て作成する。

因果関係の基本モデルとしては,「多重指標モデル」「MIMICモデル」「PLS」のモデルなどがある(図3,図4)。

共分散構造分析では,方程式とパス図は同じ情報を数式と図によって示し,構造方程式と測定方程式を用いモデルを記述している。入力されるデータは,「共分散行列」「相関行列」があるが,共分散行列は相関行列注より解釈がしにくいといわれている。理由として,共分散行列には分散が含まれているため,相関行列を計算することができるが,その逆はできない。共分散行列を入力すれば,相関行列の結果がすべて得られることなどによる。

また共分散構造モデルは,前述したように,多変量解析のさまざまな手法を統合化したモデルといえる。この共分散構造モデルを利用し,多変量データのいろいろな分析が可能となる。

(2) モデルの評価

共分散構造分析は,分析者が変数のモデルを自由に構築することができ,その内容を繰り返して最適解を探索する。データに対しておおかたの仮説が予測できる複数のモデルを分析比較し,データを最も説明できるモデルを探索する。

モデルの探索では,モデルを評価して行うが,モデルを評価する方法は,大きく2段階で評価する。第一段階は全体の評価,第2段階は部分の評価である。モデルの探索は,全体の評価と部分的評価を相互に繰り返しながら行う。モデルの修正は,第一段階は全体の評価を行い,結果が良くない場合は,母数,変数,方程式などの第2段階の部分の評価を行い,適切でない部

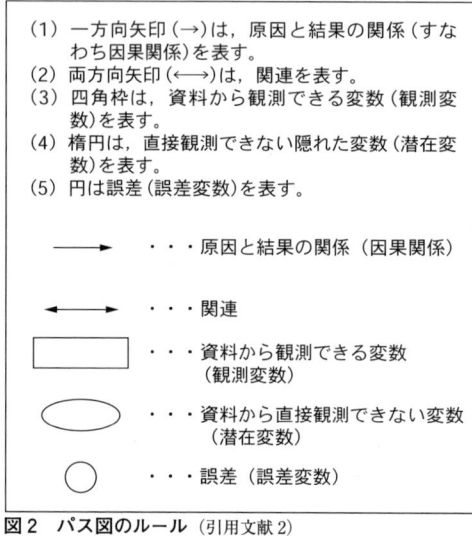

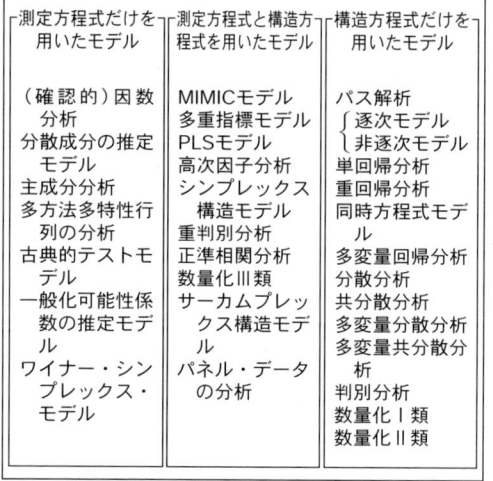

```
(1) 一方向矢印(→)は,原因と結果の関係(すなわち因果関係)を表す。
(2) 両方向矢印(←→)は,関連を表す。
(3) 四角枠は,資料から観測できる変数(観測変数)を表す。
(4) 楕円は,直接観測できない隠れた変数(潜在変数)を表す。
(5) 円は誤差(誤差変数)を表す。

  ──→   ・・・原因と結果の関係(因果関係)
  ←──   ・・・関連
  □       ・・・資料から観測できる変数(観測変数)
  ○       ・・・資料から直接観測できない変数(潜在変数)
  ○       ・・・誤差(誤差変数)
```

図2 パス図のルール (引用文献2)

測定方程式だけを用いたモデル	測定方程式と構造方程式を用いたモデル	構造方程式だけを用いたモデル
(確認的)因子分析	MIMICモデル	パス解析
分散成分の推定モデル	多重指標モデル	⎰逐次モデル
主成分分析	PLSモデル	⎱非逐次モデル
多方法多特性行列の分析	高次因子分析	単回帰分析
古典的テストモデル	シンプレックス構造モデル	重回帰分析
一般化可能性係数の推定モデル	重判別分析	同時方程式モデル
ワイナー・シンプレックス・モデル	正準相関分析	多変量回帰分析
	数量化III類	分散分析
	サーカムプレックス構造モデル	共分散分析
	パネル・データの分析	多変量分散分析
		多変量共分散分析
		判別分析
		数量化I類
		数量化II類

図3 共分散構造モデル (引用文献3)

回帰分析モデル

パス解析モデル

探索的因子分析モデル

確認的因子分析モデル

MIMICモデル

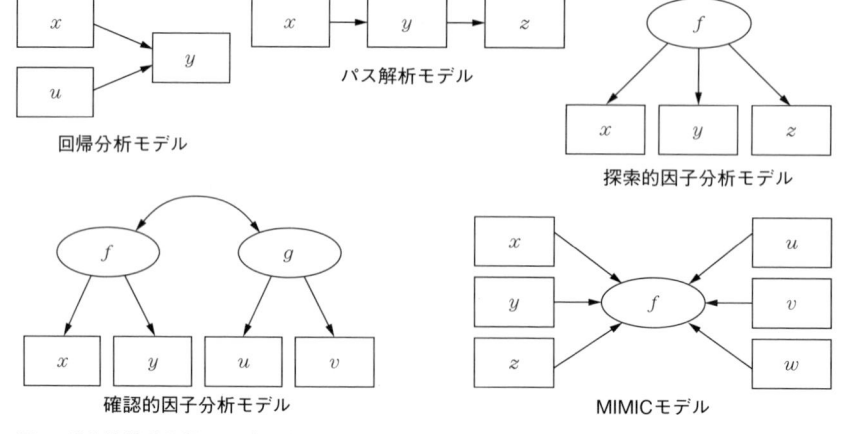

図4 共分散構造分析のモデル例 (引用文献2)

分を見つけ再分析を行う。

全体の評価としては，χ^2検定，GFI，AGFI，AIC，RMRなどがある。GFI，AGFIはモデルがデータを説明する度合いを示し，0.9あるいは，0.95以上の場合は，説明度合いが高く良いモデルと判断されている。AICは，複数あるモデルを比較する際のモデルの総合的な評価を示す指標である。

個々の因果係数の解釈は，t検定などによって評価することができるが，データ数が非常に多くなった場合，母数の標準偏差は小さくなり，t値が大きくならず推定値が0に近い値でも帰無仮説は棄却されてしまう。データ数が多い場合は注意が必要である。

共分散構造分析ではいくつかの検定をし，総合的に判断する必要があり，パス図から算出される分散や共分散が最も良く表されているモデルを決定する。

GFI（goodness of fit index）適合度指標，値は0から1の間で，データを何%説明するかを表す指標である。1に近いほど説明されていることになる。重回帰分析における重相関係数にあたる。しかし，注意しなければならないのは，GFIのみでそのモデルを評価してはならず，母数が多いデータで複雑なデータは，見かけ上数値が上がる一般的な傾向がある。複雑なモデルは，単純モデルと比較して推定の安定が悪く，そのため母数の推定が良くても実際の予測精度が低いことがある。

AGFI（adjusted goodness of fit index）説明力と母数の安定性を確認するために，AGFIを合わせて評価し判断すると良いモデルの評価ができる。重回帰分析における自由度調整済み重相関係数にあたる。

GFI≧AGFIの関係があり，0から1の間の値をとる。GFIに比べAGFIが大きく違う場合は，モデルとして適切ではない。

AIC（akaike's information criterion）統計モデルの評価は，「説明力」「安定性」の2面から評価する必要がある。それらを総合的に評価する指標としてAICがある。最尤推定法によって母数を推定し，モデルの良さを表す指標で，AIC値の最小値を選択すればよい。

(3) 結果の考察

結果の考察おいて全般的に留意しなければならない事項は，以下の通りといわれている。

1) 分析するに当たり，採用すべき要因をすべてモデルに組み込むことはできないため，分析結果が良い場合は，採用されなかった要因も含め考察することが望ましい。
2) 採用したモデル以外にもっと適合性の良いモデルが存在する可能性があることを理解すること。
3) 分析結果で示されたモデルは，現象を説明できるモデルであり，存在を保証するもではないことを理解すること。よって，分析結果は「発見された」「確認された」「見出された」という表現は望ましくないとされている。
4) 原因となる要因が，原因となる可能性のある要因を統制できない場合は，その他に真の原因が存在する可能性があることを理解し考察すること。

以上を踏まえ考察を進めてほしい。

4. 応用例

共分散構造分析は，近年，建築分野の論文の分析に用いられるようになった。発表された論文数は多くなく，応用例において，その中の2例を紹介することとする。

○横田隆司・柏原士郎・吉村英祐・飯田匡・劉彤彤「公的賃貸集合住宅団地の住環境に対する住民評価の構造分析」日本建築学会計画系論文集，No.587，pp.17-23，2005.1

〔要約〕この研究は，アンケート調査で得られた居住者による住環境評価データを用いて，共分散構造分析により住環境評価の構造化を図り，さまざまな住環境要素が直接，団地の魅力に直結するのではなく，その背後にある心理的評価構造を通して，住民が住環境の魅力をどのように評価しているかを，モデルを作成して考察している。また，他分野では，共分散構造分析を用いた既往研究はあるものの建築計画分野での適用性は未知数と指摘し，その手法の適用性の知見を得ることも目的とした論文である。

〔解説〕大阪府住宅供給公社が管理する12団

地の居住者を対象としたアンケートを実施し，回答から得られた住環境評価の回答を基に各種多変量解析を行い，合わせて共分散構造分析を行っている。

アンケートは，団地の住環境を示すと考えられる「立地の総合評価」「緑の豊かさ」「生活環境」「駐車場」など14項目を［1〜5］の間隔尺度で評価してもらっている。

統計モデルを採用する場合，サンプリング法の妥当性と高い回収率を必要とすることを指摘し，本報のアンケートの回収率が2割程度であるため「アンケートに回答されなかった約8割の方の評価が，約2割の回答者のそれと変わらない」というかなり厳しい仮定を必要としているため，"当該モデルが棄却されないでいる"という弱い主張のみしかいえないと前置きし論を展開している。

本論文の共分散構造分析の分析は，一般的な手順のまず因子分析を用いて潜在変数を抽出し，潜在変数と観測変数を用いて潜在因子を想定するモデルを作成している。次に適合度を示す指標値により，モデルの適合性を検証している。因子分析を用いて抽出した潜在変数は，〈安全〉〈景観〉〈機能〉〈環境〉の4因子で，そこに総合因子という潜在因子を仮説で設けた構造モデルを設定し，改良修正を加えながら共分散構造分析を行い，合わせてRMSEA，GFI，CFIの適合度の評価を行っている。

適合度の評価は，いずれも仮説のモデルを棄却できない結果となっている。その結果，〈安全〉が総合因子に最も寄与し，以下，〈機能〉〈環境〉〈景観〉の順となり，その結果を高齢者が多いことに起因するのではないかと考察している。

〇樋野公宏・柴田建「監視性を確保するデザインによる住民の犯罪不安低減の構造：2つの戸建住宅地でのアンケート調査から」日本建築学会計画系論文集，No.626, pp.737-742, 2008.4
〔要約〕この研究は，体感治安の悪化により，日本においても防犯性の高い居住環境が求められる背景の中，戸建住宅地を調査対象とし，犯罪不安を評価の視点に，これまで防犯の視点で評価されることのなかったコモンや，評価の俎上にのることのなかったタウンセキュリティを評価するためアンケート調査を実施し，犯罪不安とタウンセキュリティへの信頼および住宅地の安全性評価との関係を明らかにするために共分散構造分析を用いている。

〔解説〕戸建住宅地の調査対象地は，十王地区の地区内での比較，青葉台東地区と比較するため隣接する青葉台西一丁目において調査を行い，その回収率は50〜60％程度となっている。得られたデータを基に，7つの質問項目を1から4の得点を与えて数量化し，観測変数としている。

また，「タウンセキュリティへの信頼」「犯罪不安」の2つを潜在変数として仮定している。それを用いモデルを仮定し，共分散構造分析を行っている。分析の結果，5％水準ですべて有意である推定値（標準化推定値）が得られ，適合度指数のCFI，RMSEAも適合を示している。

表1 因子分析による各項目の因子負荷量 （引用文献4）

	安全	景観	機能	環境
寄与率（％）	19.5	12.2	9.2	8.9
プライバシー	0.641	0.226	0.098	0.159
防犯	0.630	0.166	0.250	0.174
団地内交通安全	0.585	0.074	0.301	0.206
総合評価	0.563	0.319	0.321	0.336
付き合い	0.534	0.045	0.129	0.137
生活環境	0.506	0.233	0.037	0.373
住棟外観	0.221	0.782	0.232	0.223
団地全体景観	0.196	0.765	0.245	0.259
集会室広さ	0.161	0.281	0.478	0.133
駐車場	0.210	0.178	0.444	0.262
公園の広さ	0.234	0.195	1.412	0.532
立地の総合評価	0.383	0.084	0.392	−0.050
高齢者への配慮	0.478	0.237	0.36	0.060
緑の豊かさ	0.200	0.245	0.075	0.617

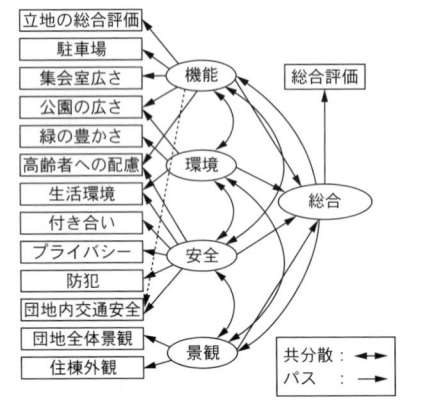

（〇内の変数：潜在因子，□内の変数：アンケート評価項目）

図5 混在因子を含む住環境評価の構造モデル
（引用文献4）

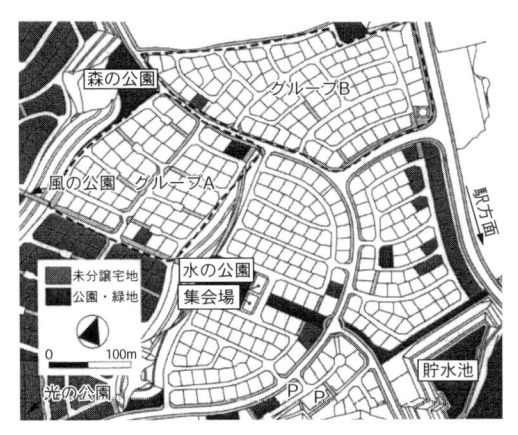

図6 十王地区全体図 (積水ハウス提供のものを加工)
(引用文献5)

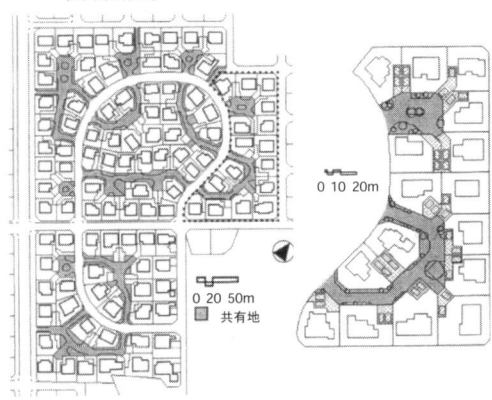

図7 青葉台東地区全体図　図8 コモンの例
(引用文献5)　　　　　　(引用文献5)

その結果から「タウンセキュリティへの信頼」の高さは，犯罪不安の低減につながることを確認できたとしている。また，「タウンセキュリティへの信頼」から「防犯カメラ」への係数が高いことから，住民のタウンセキュリティに対する信頼は，防犯カメラに対する信頼が強いことが伺えると考察している。

表2　アンケート調査結果

		十王地区	青葉台東地区	青葉台西地区
調査対象		全世帯（在宅時間が最も多い成人が回答）		
調査時期		2007年2月21～25日	2007年2月24日～28日	
配布／回収		ポスティング／訪問回収か現地販売センターへの持込	ポスティング／訪問回収	
回収枚（率）		191 (58%)	61 (61%)	102 (58%)
回答者属性	世帯主年齢	20代 6% 30代 56% 40代 28% 50代 5% 60代以上 1% 無回答 4%	30代 7% 40代 56% 50代 28% 60代以上 10%	30代 4% 40代 46% 50代 29% 60代以上 17% 無回答 4%
	世帯人数	1人 2% 2人 10% 3人 29% 4人 40% 5人以上 15% 無回答 4%	1人 3% 2人 11% 3人 8% 4人 43% 5人以上 34%	1人 7% 2人 14% 3人 24% 4人 31% 5人以上 22% 無回答 3%

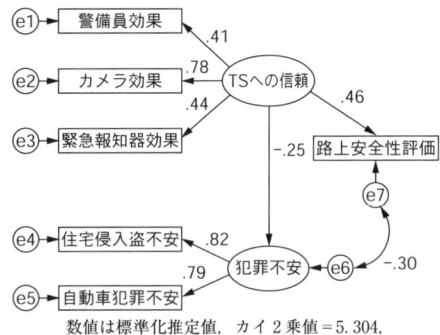

図9　パス図と分析結果 (引用文献5)

による住民の犯罪不安低減の構造：2つの戸建住宅地でのアンケート調査から」日本建築学会計画系論文集，No.626, pp.737-742, 2008.4, 738頁・図1, 図2, 図3, 739頁・表2, 740頁・図9

〔引用文献〕
1) 狩野裕「因子分析と共分散構造分析」日本行動計量学会春の合宿セミナー，33頁・図
2) 涌井良幸・涌井貞美『図解でわかる共分散構造分析』日本実業出版社，2003, 33頁・囲み，106頁・図
3) 豊田秀樹・前田忠彦・柳井晴夫『原因をさぐる統計学』講談社，1992, 104頁・図表3-2
4) 横田隆司・柏原士郎・吉村英祐・飯田匡・劉彤彤「公的賃貸集合住宅団地の住環境に対する住民評価の構造分析」日本建築学会計画系論文集，No.587, pp.17-23, 2005.1, 20頁・表-3, 図-5
5) 樋野公宏・柴田建「監視性を確保するデザイン

〔参考文献〕
1) 豊田秀樹・前田忠彦・柳井晴夫『原因をさぐる統計学』講談社，1992
2) 狩野裕・三浦麻子『グラフィカル多変量解析』現代数学社，1997
3) 涌井良幸・涌井貞美『図解でわかる共分散構造分析』日本実業出版社，2003
4) 朝野彦・鈴木督久・小島隆矢『入門共分散構造分析の実際』講談社サイエンティフィク，2005
5) 竹内啓監修・豊田秀樹『SASによる共分散構造分析』東京大学出版会，1992
6) 小島隆矢『Excelで学ぶ共分散構造分析とグラフィカルモデリング』オーム社，2003
7) 山本嘉一郎・小野寺孝義『Amosによる共分散構造分析と解析実例』ナカニシヤ出版，1999

2・12 因果関係を探る　パス解析

1. 概要

建築計画の研究では，厳密に諸要因を統制しつつ観察・測定が可能である心理・生理実験等を除いて，因果関係を正確に知ることは難しい。しかし，多くの研究では，暗黙の前提として因果関係を想定している。

例えば，外的基準を用いる多変量解析では，経験的に変数相互の影響関係を想定し，一応，影響するものとされるものに分け，各変数に分析上の相対的役割をもたせて，従属変数（外的基準変数）と独立変数（説明変数）として分析を行っている。しかし，種々の調査によって明らかになるのは，要因(変数)間の相関と関連である。

この要因間の相関と関連から因果関係を推論したり，因果的結合の強さを推定するのがSimon-Blalockの因果推論法，Goodmanの分析法，パス解析等である。また，媒介変数，先行変数等の第3変数を導入して要因間の関連を明確にするのがエラボレーションである。

因果推論を行う場合，他の統計解析でも同様であるが，データを単に統計的手法を用いて解析するだけでは良い結果は得られない。対象としている現象や，その周辺の事柄に関する広く深い知識と洞察力が必要である。特に因果推論では，的確なモデルの構築や選択，第3変数の発見，思考実験による変数の選択と因果の方向の仮定等をまず行わねばならないので，その重要性は大きい。

2. 目的と特徴

非実験的データから因果関係を推論する統計解析には，いくつかの方法がある。その中の主なものを，因果推論の一般的分析段階に対応させて並べると，表1のようになる。

エラボレイションは，2変数同時分布（クロス集計表）における変数間の関連に検討を加えるために，先行変数，媒介変数等の第3変数を導入して擬似関連，偏関連等を明らかにして，2変数間の関連を明確にするための方法である。2変数間に関連関係[*1]が認められた場合，想定し得る因果モデルは，

① $X \to Y$　② $X \leftarrow Y$　③ $X \rightleftarrows Y$
④ $X \to t \to Y$　⑤ $X \leftarrow t \leftarrow Y$　⑥ $X \rightleftarrows t \rightleftarrows Y$
⑦ $X \leftarrow t \to Y$

である。①②③では，思考実験等によりどのモデルが妥当であるかを決定し得る場合もある。④⑤⑥の変数 t は媒介変数であり，この関連を擬似関連という。⑦の変数 t は，先行変数である。

これらの分析を通して因果関係が明らかになる場合も多いが，エラボレイションの本来の目的は，擬似関連，偏関連等を明らかにして，2変数間の関連について，より深く分析を進めることにある。

Goodman分析法は，因果推論の多くの段階で用いることができる方法である。この分析法は，エラボレイションを多変数に拡張したものとも考え得る。また，後述するパス解析が，定量データに対して因果的結合の強さの推定を行うのと同様のことを，定性データに対して行う方法でもある。

この分析法では，多変数間の因果関係について分析できるだけでなく，従属変数と説明変数の組合せを変えて変数間の因果的結合の強さを計算することによって，期待度数と実測度数との差を検定して，因果モデルの想定と妥当性の検証も行うことができる。

一部の因果モデルでは，いくつかの前提条件の仮定[*2]のもとで，そのモデルに特有の相関関係が特定されるので，想定した因果モデルの変数間の相関係数を手掛かりにして，因果モデ

表1　使用目的別因果推論の分類

		分析の深化	モデルの想定（発見）	モデルの妥当性の検証	因果的結合の強さの推定
定性データ	多変数			GOODMAN 分析法	
	2変数	エラボレイション		SIMON-BLALOCK法	
定量データ		（偏相関分析）			パス解析

安原治機

ルの妥当性を検証するのがSimon–Blalock法である。以下は，3変数因果モデルの一部である。

① $r_{XY} = r_{Xt} \cdot r_{tY}$　　$X \leftarrow t \rightarrow Y,\ X \rightarrow t \rightarrow Y,$
　　　　　　　　　　　　$X \leftarrow t \leftarrow Y$

② $r_{XY} = 0$　　　　　　$X \rightarrow t \leftarrow Y$

③ $r_{Xt} = r_{XY} \cdot r_{Yt}$　　$X \leftarrow Y \rightarrow t,\ t \rightarrow X \rightarrow Y,$
　　　　　　　　　　　　$X \rightarrow Y \rightarrow t$

④ $r_{Xt} = 0$　　　　　　$X \rightarrow Y \leftarrow t$

⑤ $r_{iY} = r_{XY} \cdot r_{Xt}$　　$t \leftarrow X \rightarrow Y,\ t \rightarrow X \rightarrow Y,$
　　　　　　　　　　　　$t \leftarrow X \leftarrow Y$

⑥ $r_{tY} = 0$　　　　　　$t \rightarrow X \leftarrow Y$

これ以外にも，3変数因果モデルには，

$$\begin{array}{cccc} t & t & t & t \\ \nearrow \searrow & \nearrow \swarrow & \swarrow \searrow & \swarrow \nwarrow \\ X \rightarrow Y & X \rightarrow Y & X \rightarrow Y & X \leftarrow Y \end{array}$$

$$\begin{array}{cc} t & t \\ \nearrow \nwarrow & \swarrow \searrow \\ X \leftarrow Y & X \leftarrow Y \end{array}$$

等がある。これらについては，特定の変数間に特徴のある相関関係はない。

以上を見ても明らかなように，Simon–Blalockの因果推論法では，すべてのモデルについて検証することはできない。因果モデルに関連する知識をもとに，思考実験等で考え得るモデルの範囲を絞り，また可能であるならば，第4変数[3]を導入して，4変数因果モデルで検討して，3変数因果モデルについての判断をする。

パス解析は，前もって想定した因果モデルに対して，逐次的連立回帰方程式を立ててこれを解き，回帰係数を計算して変数間の因果関係の強さを求めることをおもな目的とした方法である。詳細については次節で述べる。

3. 方法の解説と応用例

パス解析は，因果推論の基本的な考え方の多くを含んでいるとともに，他の解析法をその特殊な場合としている部分もあり，また応用範囲も広いので，架空の事例を用いて解説する。

パス解析では，前提条件に以下のような仮定をおく。
① 非対称（因果関係が一方向で相互因果のない）因果モデルであること。
② 循環的因果関係がないこと。

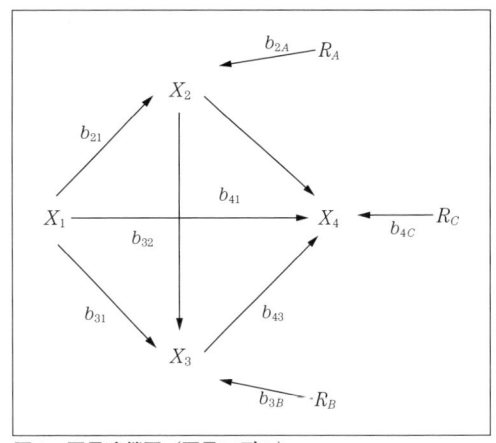

図1 因果連鎖図（因果モデル）

③ 変数間の関係は加法，1次結合であること。
④ 残差変数（誤差項）と内生変数は無相関であること。
⑤ 残差変数は互いに無相関であること。
⑥ すべての変数は標準化（平均0，分散1に1次変換）されていること。

以上の仮定のもとで，想定した因果モデルの変数の集合がシステムを構成していると考えて，図1のようなパスダイアグラムを設定する。

X_1は外生変数，X_2, X_3, X_4は内生変数，R_A, R_B, R_Cは残差変数[4]，b_{21}, b_{31}, b_{32}, b_{41}, b_{42}, b_{43}はパス係数（標準化回帰係数），b_{2A}, b_{3B}, b_{4C}は残差パス係数[5]である。因果関係の方向を，仮定①の条件に従って直線の矢印で表したパスで連結する。このシステムを逐次的システムという。

各内生変数に対する回帰方程式は，以下のようになる。

$$X_2 = b_{21}X_1 + b_{2A}R_A \qquad (1)$$
$$X_3 = b_{31}X_1 + b_{32}X_2 + b_{3B}R_B \qquad (2)$$
$$X_4 = b_{41}X_1 + b_{42}X_2 + b_{43}X_3 + b_{4C}R_C \qquad (3)$$

変数X_2では，外生変数X_1と残差変数R_Aから，変数X_3では外生変数X_1，内生変数X_2，残差変数R_Bから，変数X_4では外生変数X_1，内生変数X_2, X_3，残差変数R_Cから影響を受けていることを表している。また，影響の大きさは，b_{21}, b_{31}, b_{32}, b_{41}, b_{42}, b_{43}のパス係数とb_{2A}, b_{3B}, b_{4C}の残差パス係数である。

式(1)の両辺にX_1を掛けて期待値をとると，

$$E(X_1 X_2) = b_{21} E(X_1^2) + b_{2A} E(X_1 R_A) \qquad (1')$$

となる。仮定⑥より標準化された2変数 X, Y では，

$$E(X^2)=1, \quad E(XY)=r_{XY}$$

であるから，式(1')は，

$$r_{12}=b_{21}+b_{2A}r_{1A} \tag{1''}$$

となる。仮定④より $r_{1A}=0$ であるから，式(1'') は，

$$r_{12}=b_{21} \tag{1-1}$$

となる。同様にして式(2)より，

$$r_{13}=b_{31}+b_{32}r_{12} \tag{2-1}$$
$$r_{23}=b_{31}r_{21}+b_{32} \tag{2-2}$$

式(3)より，

$$r_{14}=b_{41}+b_{42}r_{12}+b_{43}r_{13} \tag{3-1}$$
$$r_{24}=b_{41}r_{21}+b_{42}+b_{43}r_{23} \tag{3-2}$$
$$r_{34}=b_{41}r_{31}+b_{32}r_{32}+b_{43} \tag{3-3}$$

となる。

b_{31}, b_{32} は式(2-1)(2-2)より，b_{41}, b_{42}, b_{43} は式(3-1)(3-2)(3-3)より計算することができる。

残差パス係数は，式(1)に X_2，式(2)に X_3，式(3)に X_4 を掛けて期待値をとると，

$$1=b_{21}r_{21}+b_{2A}r_{2A}$$
$$1=b_{31}r_{31}+b_{32}r_{32}+b_{3B}r_{3B}$$
$$1=b_{41}r_{41}+b_{42}r_{42}+b_{43}r_{43}+b_{4C}r_{4C}$$

となり，これと式(1)に R_A，式(2)に R_B，式(3)に R_C を掛けて期待値をとると，$r_{2A}=b_{2A}$, $r_{3B}=b_{3B}$, $r_{4C}=b_{4C}$ となることから，

$$b_{2A}^2=1-b_{21}r_{21}$$
$$b_{3B}^2=1-b_{31}r_{31}+b_{32}r_{32}$$
$$b_{4C}^2=1-b_{41}r_{41}+b_{42}r_{42}+b_{43}r_{43}$$

となる。

以上でパス係数，残差パス係数は求められるが，これらは因果関係のうちの直接効果である。パス解析では，2変数間の相関を単純パスと複合パスの和に分解して，直接効果だけでなく，間接効果についても検討することができる。変数 X_2 と X_4 の相関係数は r_{42}，パス係数は b_{42} であるが，この場合は以下のようになる。

式(3-2) の $r_{24}=b_{41}r_{21}+b_{42}+b_{43}r_{23}$ に式(1-1)(2-2) の $r_{12}=b_{21}$, $r_{23}=b_{31}r_{21}+b_{32}$ を代入すると，

$$r_{24}=b_{42}+b_{43}b_{32}+b_{41}b_{21}+b_{43}b_{31}b_{21}$$

となり，相関係数は単純パス b_{42} と複合パスに分解される。b_{42} を直接効果，b_{43}, b_{32} は Y_3 を経由する間接効果，他は擬似効果である。

建築学科に入学した学生は，建築に興味や関心をもっていても，どのような建物が良い建築であるかを知らないのが普通である。教師から学び，先輩の手伝いをしながら学んで，良い建物の規範を作り上げてゆく。では，教師，先輩からの影響はどのような因果関係になっていて，影響力はどれくらいかを検討してみよう。

図2が因果モデルであり，表2は3者間の相関係数である。

$$b_{21}=r_{12}$$
$$b_{31}=(r_{13}-r_{12}r_{23})/(1-r_{12}^2)$$
$$b_{32}=(r_{23}-r_{12}r_{13})/(1-r_{12}^2)$$
$$b_{2A}^2=1-b_{21}r_{12}$$
$$b_{3B}^2=1-b_{31}r_{13}+b_{32}r_{23}$$

より，パス係数と残差パス係数を計算して，パスダイアグラムに記入したものが図3である。この結果から，先輩が学生に及ぼす直接効果が，

表2 相関係数

	先輩 X_2	学生 X_3
教師 X_1	.60	.60
先輩 X_2		.65

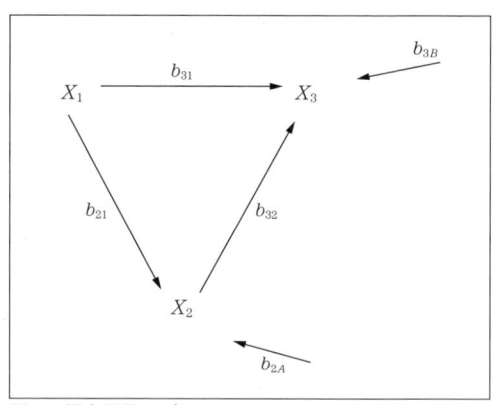

図2 想定因果モデル

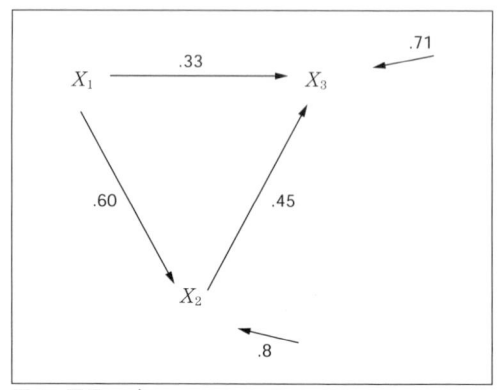

図3 因果モデル

教師より多いことが明らかとなる。残差パス係数は2変数とも，その変数に影響を及ぼす教師や先輩からの影響力より大きい。これにより，教師や先輩以外の多くの範囲から学んでいることが推測される。特に先輩では，この傾向が著しいことは常識と一致する。

教師と学生間の間接効果は，$r_{13} - b_{31} = b_{32} b_{21}$ より 0.27 である。

*1 定量的変数における相関係数に相当する。
*2 パス解析と共通の仮定については後述する。
　　仮定1. 因果モデルを構成する変数以外にこれらの変数に影響を及ぼすのは，誤差項(残差)だけであり，その誤差項は相互に無相関であること。
　　仮定2. すべての変数は平均が0。
*3 独立変数(原因となる要因)と第3変数の一方だけに影響を及ぼし，他方と因果関係のない変数。
*4 システムから除外された影響力の小さな多数の変数からの影響力を総合したもの。
*5 残差パス係数は，結果の解釈にとってパス係数以上に重要な場合もある。

〔参考文献〕
1) H.B.アッシャー，広瀬弘忠訳『因果分析法』朝倉書店，1980
2) 安田三郎・海野道郎『社会統計学』丸善，1977
3) 西田春彦・新睦人編『社会調査の理論と技法1, 2』川島書店・1976
4) 山際勇一郎・田中敏『ユーザーのための心理データの多変量解析法』教育出版，1997

2·13 簡潔にする　主成分分析

1. 概要

　建築計画の研究において，ある対象に関連するデータを収集した場合，関連するデータには集団の内容の類似性や相異性を含んでいる。膨大なデータの中に隠れている類似性や相異性をある要素によって代表させ，全体の特徴として抽出することは容易ではない。その場合，集団の特性を含む情報を集め，情報を統合化し要約することが一般的に行われる手法である。情報を統合化し簡潔にする有効な手段として用いられる分析の一つとして，主成分分析がある。

　主成分分析を用いて分析する対象例としては，企業の評価，商品のブランド評価，経済・人口・社会系のデータを用いた都市評価などがある。

2. 目的と特徴

　主成分分析は，多くのデータから相関性のある情報を統合化して，1ないしは数の少ない無相関な評価内容にできるだけ情報の損失がない形に集約し，結果で示され合成された変数によって，多くの情報の変数を含み説明できる総合的指標（主成分）の情報を抽出することを目的としたものである。すなわち，p次元（p変量）の情報をm次元（m個）に集約し，次元を減少させる分析方法である。

　得られた結果は，多くの変数を説明できるとともに，総合特性値を用いて相対的位置づけを行い，総合的指標の内容を把握することにより多くの情報の全体像が説明可能となる。

　主成分分析と因子分析の違いは，主成分分析は数多くのデータを少数の無相関の総合的指標に集約する手法であり，因子分析は，情報データの内容を説明するために，少数の共通した潜在的因子に集約する手法である。

　主成分分析は，内容を合成して主成分得点を作成し，因子分析は，ある評価をいくつかの内容に分解していくため，主成分分析を合成の分析，因子分析を分解の分析と呼ぶ人もいる。よって，分析方法は対照的である。

　また，因子分析は独自因子を設けているところにも違いがある。データを類型化するため，因子分析の因子得点を用いて類型化する場合があるが，内容が異質なデータが混在する場合は注意が必要であり，独自因子と因子得点の関係性が曖昧になるおそれがある。その一方，主成分分析の主成分得点は，総合特性値であるためモデル上明解である。主成分分析のデータは，因子分析同様，定量的データを用いて分析が行われる。

3. 方法の解説

　主成分分析は，p個のサンプル（変数）X_1, X_2……X_pをm個の要素，すなわち主成分Z_1, Z_2…Z_mに統合，集約するもので，以下の式で表される。

$$Z_1 = a_{11}X_1 + a_{12}X_2 + \cdots + a_{1p}X_p$$
$$Z_2 = a_{21}X_1 + a_{22}X_2 + \cdots + a_{2p}X_p$$
$$\vdots$$
$$Z_m = a_{m1}X_1 + a_{m2}X_2 + \cdots + a_{mp}X_p$$

Z_m：第m主成分得点
a_{m1}：主成分ベクトル（固有ベクトル）
X_1：測定値

　上記の式において，Z_1は第1主成分，Z_2を第2主成分，…Z_mを第m主成分という。また，pとmの関係は，$p \geq m$の関係となる。

　主成分分析では，主成分を抽出・算出するが，それが何を示しているかは示しておらず判断ができない。よってその内容を解釈しネーミングすることが必要であり，主成分分析では最も重要なことである。

　主成分分析の考え方は，分散を最大にする軸を見つけ，その内容を分析することにある。データの分散が大きければ，平均値を中心に広く

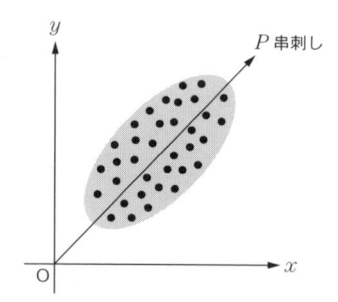

図1　主成分分析の考え方（串刺し方向からデータを調べる）（引用文献1）

鈴木弘樹

散らばり，分散が小さければデータは狭く密集した状態にある。その値の大小は，データの情報が見やすいかどうかの指標といえる。

そのことを理解するために，p個のサンプルについて変数X_1，X_2のデータが得られ，それを図に表した結果，長円の分布になると仮定しよう（図1）。X_1，X_2の重心（平均）を通る直線は，何本も引けるが，各データからその直線に垂直におろした垂線の長さの2乗和の値が，最も小さい線を探すことが主成分分析である（図2）。

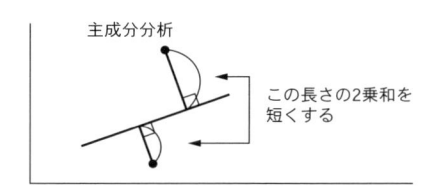

図2 主成分分析の仕組み （引用文献2）

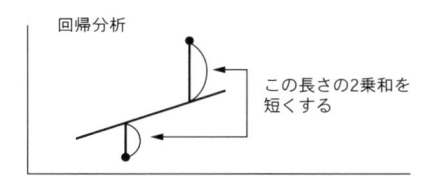

図3 回帰分析の仕組み （引用文献2）

同じような分析に回帰分析があるが，距離の測定する部分が異なる。主成分分析では，この直線式のことを主成分，直線上の重心からの距離を主成分得点という。図1の長円の長軸をZ_1とし，それに直交する軸をZ_2とすると，

$$Z_1 = a_{11}X_1 + a_{12}X_2, \quad Z_2 = a_{21}X_1 + a_{22}X_2$$

という座標変換式が成り立つ。Z_1では分散が最大に，Z_2では分散が最小になり，Z_1-Z_2の相関は0になり，そのことを「主成分得点は，お互いに独立である」という。よって，2つの変数X_1，X_2は2つの直線（主成分）によってまとめられたこととなる。

なお，楕円状ではなく円形に近いデータの散布図は，どのように直線を引いても同じ状態になり，特徴がつかめないデータである。数学的にいえば，変数間の相関が小さい場合に見られ主成分分析に適さないデータである。

散布図を説明するのに，より重要な主成分はどちらかを判断するために用いるのが固有値で，一般的にλ（ラムダ）で表される。どちらか重要かは，λの値が大きいほうを採用する。

主成分の係数を主成分ベクトル（固有ベクトル）というが，扱うデータの単位が異なるか否かによって求め方が違う。データの単位が同じ場合は，分散・共分散行列を用いて主成分分析を行い，データ単位が異なる場合は，相関行列を用いて主成分分析を行う。

また，データの情報をどの程度説明できているかを知る目安として，寄与率が用いられる。累積寄与率は，1番目の主成分からj番目の内容がどの程度説明しているかの指標となる。

主成分分析は通常，多くの変数を用いて分析を行う。m次元空間内にプロットされた値の分散が最も大きい軸を見つけ，それを第1主成分とする。その次に，その軸と直交する空間内で最大の分散となる方向を探り，無相関な軸を第2主成分とする。以下同様の作業を繰り返し，第j主成分を求めていく。

主成分を得るためには，相関行列か分散・共分散行列によって，固有値と主成分ベクトル（固有ベクトル）を求める。分散・共分散行列を用いる場合は，データの単位が重要な影響を及ぼす。データの単位が異なる場合は，データから平均を引き，これを標準偏差で割った値で，平均が0で標準偏差は1となる基準値の公式を用い，基準化したデータを用いる。

通常は多くの変数を用いて主成分分析を行う。その結果は複数の主成分が算出されるが，主成分の数をどこまで採用するかが問題となる。主成分分析の特徴は，少数の次元によって説明できる点であるため，可能な限り少数の次元でデータの内容を説明したい。

主成分の数を決める決定的な方法はないが，通常，下記の内容を目安に選択する。

① 採用する主成分の寄与率の累積がある程度（例：多くの場合80％程度が採用される）以上に大きくなること。

→第2主成分で累積寄与率が80％以上であれば，第3主成分は採用しないこととなる。

② 相関行列で主成分分析を行った場合は，その固有値が1.0以上であること。

また，第1主成分で寄与率が90％を超える場合は，通常それ以降の寄与率は低い場合が多い。また一方，多くの主成分を採用しても，累

積寄与率が一向に値が高くならないなどの問題が発生する場合がある．その場合は，変数の見直しや整理，複合化した変数を新たにつくるなどの工夫が必要である．

4. 応用例

○積田洋・関戸洋子・濱本紳平「心理量分布図による街路空間の雰囲気と指摘エレメントの相関分析：街路空間における「気配」の研究(その2)」日本建築学会計画系論文集，No.607，pp.41-48，2006.9

〔要約〕 この研究は，街路空間のある種の気配や雰囲気を，街路空間を構成している建築，街路樹，看板などさまざまなエレメントから受ける人間の心理的構造を明らかにするため主成分分析を用いている．

〔解説〕 街路空間の調査対象は，銀座，国立，六本木，渋谷など11街路で，調査対象距離は0.8～2.0 kmを選定し，その範囲をおおむね200 mの調査地点間距離に区切り，現地調査で17心理評価尺度による心理評価実験を行い，その心理量の平均値を用いて主成分分析を行っている．

その結果として，街路空間を代表する特徴的な心理評定尺度を選定し，代表心理評定尺度に基づき，心理量を横軸にシークエンス変化を表現した心理量分布図を調査対象ごとに作成し，分析を行っている．その結果より，第1から第4主成分の固有値1以上の評価が得られた心理評定尺度から，街路の気配を構成するおもなエレメントを明らかにしている．

○谷口汎邦・松本直司・石井立樹・鈴木良延・羽根義・沢田英一「超高層オフィスビルの建築計画的特性とその類型化：超々高層ビルの空間計画に関する基礎的研究 その1」日本建築学会計画系論文集，No.516，pp.137-143，1999.2

〔要約〕 この研究は，過去30年余の超高層オフィスビルの居住空間を，将来の超々高層建築の構想のために居住空間の特性を分析し，将来のための計画課題を抽出することを目的とした研究である．主成分分析は，超高層オフィスビルを分類，自社ビルとテナントビルの違いを分析するために用いている．

〔解説〕 超高層のオフィスビルを分析するために，データとして敷地面積，建築面積，延床面積，基準階面積，軒高，地上階数，天井高，階高のデータを収集し，欠損値のない62棟について主成分分析を行っている．

その結果，〈第Ⅰ軸〉は，延床面積，軒高，地上階数，建築面積，基準階面積が正に相関が高く「建築の規模」を示す軸，〈第Ⅱ軸〉は，階高，天井高が正に相関が高い「室内高」を示す軸，〈第Ⅲ軸〉は，軒高，地上階数が正に，建築面積，敷地面積が負に相関が高い建物の形態で，軒高が高く，基壇が小さい「縦長タイプ」の軸であることが明らかとなり，主成分得点をもとに超高層オフィスビルをⅠ～Ⅲ軸空間に付置し，わかりやすく表現をしている．合わせてⅠ～Ⅲ軸空間の超高層オフィスビルのユークリッド距離を求め，クラスター分析（群平均

法）によって7つに分類しその特徴を分析している。

次に，自社ビルとテナントビルの違いを分析するために敷地面積，建築面積，延床面積，基準階面積，軒高，地上階数，天井高，階高に，テナント使用状況を示す総会社数，事務所のある階数，各階の事務所の合計，複数階テナントに関与する階数，店舗数のデータを加え42棟ついて主成分分析を行い，3軸の内容を分析し，第Ⅰ軸を「多様性」，第Ⅱ軸を「建物容積」，第Ⅲ軸を「垂直移動性」と命名し，超高層のオフィスビルの分析同様，3軸において付置し各オフィスビルのユークリッド距離を求め，クラスター分析（群平均法）によって6つに分類しその特徴を分析している。

表3 主成分負荷量 （引用文献4）

	Ⅰ軸 規模	Ⅱ軸 室内高さ	Ⅲ軸 縦長タイプ
延床面積	0.959	0.050	－0.097
軒高	0.761	－0.046	0.629
地上階数	0.740	－0.226	0.613
建築面積	0.733	0.211	－0.536
敷地面積	0.687	0.260	－0.405
基準階面積	0.585	－0.056	－0.248
階高	－0.155	0.895	0.132
天井高	－0.010	0.877	0.295
固有値	3.422	1.739	1.398
寄与率 %	42.78	21.74	17.47

表4 テナントオフィスビルの主成分負荷量 （引用文献4）

	Ⅰ軸 多様性	Ⅱ軸 建物容積	Ⅲ軸 垂直移動性
各階事務所数	0.814	－0.225	－0.325
事務所のある階数	0.813	－0.199	0.264
地上階数	0.778	0.145	0.515
軒高	0.746	0.243	0.504
総会社数	0.704	－0.211	－0.517
店舗数	0.661	－0.360	－0.058
基準階面積	0.571	0.259	－0.404
敷地面積	0.221	0.840	－0.021
建築面積	0.267	0.800	－0.323
延床面積	0.624	0.709	－0.059
階高	0.496	0.562	0.122
天井高	0.331	0.491	0.365
地下階数	0.095	－0.714	0.131
移動に関与する階	0.337	－0.128	0.668
固有値	4.733	3.342	1.866
寄与率 %	33.81	23.87	13.33

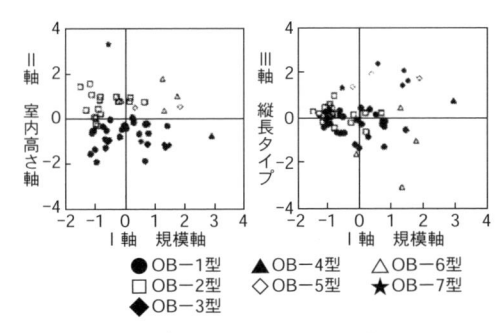

図4 オフィスビルの主成分得点による布置
（引用文献4）

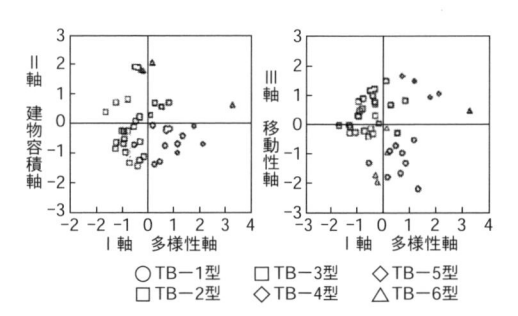

図6 テナントオフィスビルの主成分得点による布置
（引用文献4）

図5 オフィスビル主成分得点とクラスター図
（引用文献4）

図7 テナントオフィスビル主成分得点とクラスター図
（引用文献4）

〇田中奈美・土肥博至「レジャー環境の空間特性とレジャーの意味構造，行為特性の関連について」日本建築学会計画系論文集，No.507，pp.179-184，1998.5

〔要約〕この研究は，現代のレジャーで，人々のレジャーに関する意味や行為の特性と，それが行われる場としての空間的環境の条件との関係を明らかにすることを目的とした研究である。

その考察のために，意味構造，行為特性，空間特性に着目し，行為特性，空間特性との関連に関して具体的なレジャー種目を用い，一定の空間特性を有するレジャー環境の可能性を，可能性行為特性を定義し，その構造を主成分分析によって分析を行い，またレジャー空間の物理的空間特性と心理的空間特性，可能行為特性を分析するために主成分分析を用いている。

〔解説〕可能性行為特性の構造を分析するために，「平常型」「開放的休養型」「包容的休養型」「点在的遊楽型」「線状遊楽型」「稠密遊楽型」の調査地に，どれにも属さない3地区を加えた24箇所のスライド写真を提示し，22種目のレジャー行為が行われるかどうかを，被験者30人に「行われると思う」「行われる可能性が少しはあると思う」「行われないと思う」の3回答を用意し実験を行った。

次に，「行われると思う」「行われる可能性が少しはあると思う」「行われないと思う」の3回答を2点から0点の順に得点を与え，間隔尺度として集計を行い，平均値をデータに主成分分析を行った。

第Ⅰ軸は「自然享受型」のレジャーと「地域活動型」の負荷量が高く，第Ⅱ軸は「都市文化型」「親近型」「自然享受型」が，第Ⅲ軸は「親近型」「都市文化型」が，第Ⅳ軸は「地域活動型」の負荷量が高い結果が得られた。その結果をもとに主成分の内容を考察している。

次に，レジャー空間の行為特性と空間特性の関連構造を詳細に分析するために，24箇所のレジャー空間の現地調査から得られた物理的空間特性を示す「垂直方向の開放感」「喧噪性」「水平方向の開放性」の3主成分得点，心理的空間特性を示す「休養性」「遊楽性」「明快性」の3因子得点，可能行為特性を示す「自然享受

表6 固有値表（空間・心理・行為関連主成分分析）
（引用文献5）

	固有値	寄与率(%)	累和寄与率(%)
第1主成分	2.803	28.0	28.0
第2主成分	2.051	20.5	48.5
第3主成分	1.605	16.0	64.6
第4主成分	1.443	14.4	79.0

表7 負荷量（空間・心理・行為関連主成分分析）
（引用文献5）

		第1主成分	第2主成分	第3主成分	第4主成分
行為	（自然享受性）	0.899	0.027	0.013	0.009
心理	（休養性）	0.848	-0.407	-0.101	-0.130
物理	（喧噪性）	-0.547	0.291	-0.438	-0.142
行為	（都市文化性）	-0.080	0.935	-0.061	-0.021
物理	（垂直開放性）	-0.348	0.734	0.138	-0.044
物理	（水平開放性）	0.462	0.463	0.345	0.392
行為	（親近活動性）	-0.033	0.072	0.893	0.182
心理	（明快性）	0.069	0.015	0.834	-0.312
行為	（地域活動性）	0.023	0.041	-0.160	0.927
心理	（遊楽性）	-0.097	-0.518	0.362	0.623

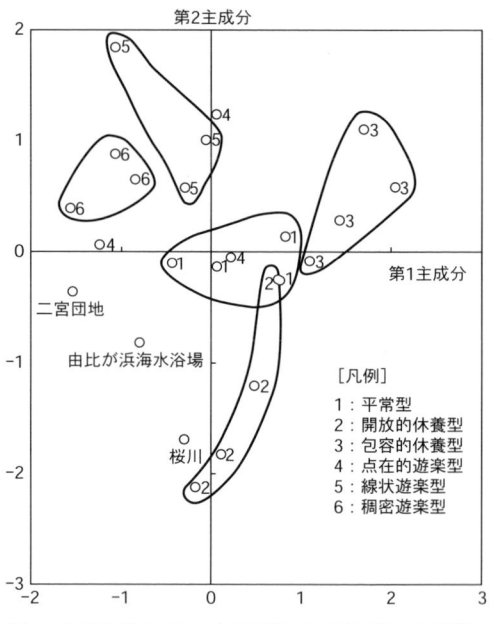

図8 主成分得点プロット図（第1主成分-第2主成分）
（引用文献5）

性」「都市文化性」「親近活動性」「地域活動性」の4主成分得点の10指標により主成分分析を行い，第4主成分の固有値1以上で累積寄与率79.0%を得ることができている。

それぞれの主成分の内容をプロット図により考察し，第1主成分得点が高い空間は，森林浴，サイクリングなどのレジャーが行われる可能性が高く，休まる，美しいなどのイメージを人々

に抱かせ，人の数や人工的な環境整備の度合いが低い。第2主成分得点が高い空間は，美術鑑賞，ショッピング等が可能で，建物などに囲まれているなどの構造を明らかにしている。

〔引用文献〕
1) 涌井良幸・涌井貞美『図解でわかる多変量解析』日本実業出版社，2001，78頁・下図
2) 菅民郎『多変量解析の実際 上』現代数学社，1993，131頁・図4-3，図4-4
3) 積田洋・関戸洋子・濱本紳平「心理量分布図による街路空間の雰囲気と指摘エレメントの相関分析：街路空間における「気配」の研究（その2）」日本建築学会計画系論文集，No.607，pp.41-48，2006.9，42頁・表1，表2
4) 谷口汎邦・松本直司・石井立樹・鈴木良延・羽根義・沢田英一「超高層オフィスビルの建築計画的特性とその類型化：超々高層ビルの空間計画に関する基礎的研究 その1」日本建築学会計画系論文集，No.516，pp.137-143，1999.2，140頁・表3-1，図3-1，141頁・図3-2，表3-2，142頁・図3-4，図3-5
5) 田中奈美・土肥博至「レジャー環境の空間特性とレジャーの意味構造，行為特性の関連について」日本建築学会計画系論文集，No.507，pp.179-184，1998.5，182頁・表6，表7，図1

〔参考文献〕
1) 菅民郎『多変量解析の実際 上』現代数学社，1993
2) 涌井良幸・涌井貞美『図解でわかる多変量解析』日本実業出版社，2001
3) 木下栄蔵『わかりやすい数学モデルによる多変量解析入門』啓学出版，1987

2·14 類型化する　クラスター分析

松本直司・青木一郎

1. 概要

ひとつの対象をさまざまな局面から調査し，その特質を数量化することは，対象の理解にたいへん役立つことである。しかし，多局面のデータは，対象数が増加すると急激に複雑化し，対象間に存在する関連性やその全体像を把握することが難しくなる。そこで，理解を容易にするために，これらの特質に基づいて対象をいくつかのグループに分類し，類型化して考えていくことが必要になってくる。

ものごとを分類，類型化して考えていくことは，なにも科学的事象だけに限ったことでなく，日常生活でもごく普通に行われている。ここに取りあげたクラスター分析は，このような分類作業を数値により客観的に行っていく方法である。異なったものの集まりの間に，何らかの類似あるいは相違の程度が定義できるとき，その大きさに基づき，似たものの集合（クラスター）に分ける方法である。対象の分類や類型化は，諸科学分野においても基本であり，クラスター分析の応用範囲はきわめて大きい。

建築計画においては，住宅諸室の機能，施設利用内容，地区の環境特性，グループ活動，建築群の構成等々の分類に幅広くクラスター分析が応用され，多変量の複雑な対象をより理解可能なものにしている。

2. 目的と特徴

クラスター分析は，対象間になんらかの関係が存在し，その大きさが数値として与えられているときに，この数値で対象を分類し理解しやすいものとするとともに，諸科学に有用な情報を提供する方法である。

多変量解析には，その他に判別関数や数量化II類などの分類手法があるが，これらはあらかじめ設定されたグループ（外的基準）のどれに対象が属するかを判別する方法であり，まったく分類基準がないものを対象とするクラスター分析とは異なる。また，クラスター分析は変量の正規性や線形関数などの仮定が必ずしも必要ではなく，個体間の関係が距離や類似性で与えられるだけで分類が可能なたいへん便利で扱いやすい分析法である。

しかし，対象間の距離や類似性の与え方やクラスター作成には幾多の方法があり，得られる結果に重大な影響を与えるために，どの方法が最も適切であるか手法の選択には十分考慮する必要がある。分類することにより対象の理解が深められ，諸科学に有用な情報や資料を得ることができることが重要である。

3. 方法の解説

クラスター分析には，クラスター化の仮定が樹形図で示される階層的方法と，あらかじめ分類の妥当性を判断する基準が設定されていて，対象を並列的にいくつかのクラスターに分類する非階層的方法がある。ここでは，ごく一般的方法として階層的方法を取りあげる。

(1) クラスター分析の手順

① 対象間の関連を距離または類似度により定義し数量化する。
② 類似度として求められた数値は，逆数にしたり変換式により距離に変換する。
③ 距離行列により対象が空間上に布置できる場合は，その分布形状を検討して視覚的な分類を試みる。
④ 最も接近した対象をグルーピングする。
⑤ 作成したクラスターと他の対象および他のクラスターとの距離を定義する。
⑥ 新たな距離行列を用いて，最も接近した対象あるいはクラスターをグルーピングする。
⑦ 最終的に全体がひとつのグループになるまで，⑤～⑥操作を繰り返す。
⑧ クラスター化の最も適当な段階でグループ数を決定する。
⑨ 最終的に得られた分類から取り出すことのできる情報が少ない場合には，もう一度最初に戻って距離の定義の再検討を行う。

(2) 視覚的な対象の把握

対象がその距離行列によって平面や3次元空間内に布置されるような場合には，できる限り視覚的にその分布の特性を把握することがクラスター分析の第一歩である。布置することによ

って対象群が明確に分類され，かつ有用な情報が得られるなら，それ以上の手順は必ずしも必要ではない。

しかし，多次元データや距離行列の性質上，対象が視覚的に捉えることのできない場合や，布置されたにせよ対象が大きく損なわれる危険性がある場合には，数値処理に基づくクラスター分析が行われる。

(3) 対象間の距離の定義

クラスター分析では，対象がもっている諸特性によって，互いの数値の大きさ(距離)や類似の程度(類似度)行列が数値で示され，全対象の距離(類似度)行列が与えられれば，どのようなものであっても分類が可能である。このことは，逆に分類のよしあしがこの距離行列の定義に大きく左右されることを意味している。したがって，距離または類似度は，対象間の特質を損なわない最も適切なものを用いる必要がある。

表1は，クラスター分析に用いられる距離および類似度の一例を示している。

今，N個の対象のうち，IとJの特性(M個)を次のような行列で示す。

$$X_i' = (X_{i1}, X_{i2}, \cdots\cdots, X_{im})$$
$$X_j' = (X_{j1}, X_{j2}, \cdots\cdots, X_{jm})$$

このとき，それぞれの特性を示す変量が連続量であるならば，M次元のユークリッド空間内に存在するものとして，対象Iと対象Jの距離d_{ij}は，

$$d_{ij}^2 = \sum_{\chi=1}^{m} = (X_{i\chi} - X_{j\chi})^2$$

表1 距離と類似度

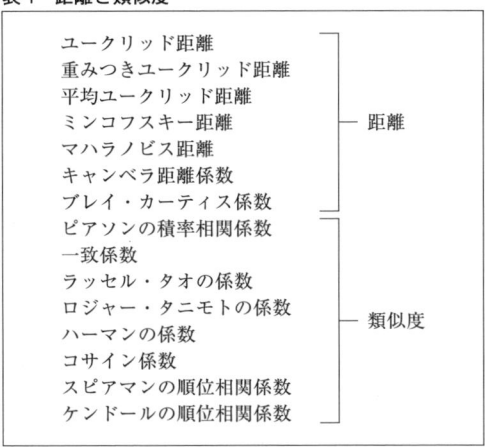

ユークリッド距離 ⎫
重みつきユークリッド距離 ｜
平均ユークリッド距離 ｜
ミンコフスキー距離 ⎬ 距離
マハラノビス距離 ｜
キャンベラ距離係数 ｜
ブレイ・カーティス係数 ⎭
ピアソンの積率相関係数 ⎫
一致係数 ｜
ラッセル・タオの係数 ｜
ロジャー・タニモトの係数 ⎬ 類似度
ハーマンの係数 ｜
コサイン係数 ｜
スピアマンの順位相関係数 ｜
ケンドールの順位相関係数 ⎭

と置くことができる。

ところが，それぞれの変量が必ずしも測定単位が同じでないため標準化して，

$$d_{ij}^2 = \sum_{\chi=1}^{m} = \{(X_{i\chi} - X_{j\chi})^2 / S_\chi^2\}$$

$$\left(\begin{array}{l} S_\chi^2 = \sum_{l=1}^{n} = (X_{l\chi} - \bar{X}_\chi)^2/(n-1) \\ \bar{X}_\chi = \sum_{l=1}^{n} = (X_{l\chi}/n) \end{array} \right)$$

とするほうが適切である場合もある。

さらに，それぞれの変量の分散を考慮した，マハラノビス距離も用いられる。

また，M個の変量を用いて対象間のピアソンの積率相関係数を求め，類似度として分析することも可能である。

いずれの場合も，それぞれの変量が互いに独立である場合に有効である。

一般的には，距離を求めるための基礎となる特性が多変量で与えられる場合には，その変量間に必ずなんらかの相関が存在するものであり，この相関関係の影響を少なくするような変量を選択しなければならない。あるいは，因子分析，主成分分析などによる合成変数(因子得点，主成分得点など)を利用して，変量間の相関関係による影響を取り去ることが必要である。

一般には，変量がM個あるとM次元のデータとなるが，変量間の相関関係を考慮した直交する合成変数を用いると，より少ない時限に縮小が可能になる。この次元を利用してユークリッド距離を求めクラスター分析を行うと，類型化されるグループの特性が合成変数によりきわめて理解しやすいものとなる。

次に，特性がカテゴリー変数として与えられるような場合，すなわち数値が1または0の場合では，特性の一致数と相違数により算出する類似度が用いられる。また，特性が順位データの場合には，Spearmanの順位相関係数やXendallの順位相関係数などが用いられる。

(4) クラスター間の距離の決め方とその特徴

クラスター分析は他の手法と異なり，分析方法が多種多様で，手法によってはまったく異なる結果を導くことすらあり得る。ここでは，距離の定義やクラスター間の距離の決め方など，分析にあたって各手法の考え方と特徴を概観す

る。広く応用されている代表的な手法に最短距離法，最長距離法，メジアン法，重心法，群平均法，ウォード法の6種の方法があるが，距離の性格や対象の分布特性により，最も適当なものを選択する。

また，これらの手法については，コンピュータプログラミングにきわめて有効な，クラスター間距離を組み合わせた統一的な表現がLance, Williamsによって示されている。すなわち，

$$d = \alpha_b d_f^x + \alpha_c d_n^x + \beta d_b^x + \gamma |d_f - d_n| \quad (1)$$

の式で新たなクラスター間の距離が決定される。

1) 最短距離法（Nearest Neighbour）

新たに融合したクラスターと他のクラスターとの距離を，融合前のそれぞれのクラスターと他のクラスターとの距離のうち，近いほうの距離で代表する。すなわち，図1において，B, Cを含むクラスターとAとの距離はd_nを採用する。

(1)の式では，$\alpha_b = \alpha_c = 0.5$，$\beta = 0$，$\gamma = -0.5$，$\chi = 1$ となる。

対象が近いもの順に連鎖的に融合するために，ひとつのグループが極端に大きくなったり，ある対象がグループを形成せずに単独で残ってしまうことがある。対象を鎖状に分類する場合に有効な方法である。

2) 最長距離法（Furthest Neighbour）

最短距離法とは逆に，新たに融合したクラスターと別のクラスターとの距離を，それぞれの融合前のクラスターとの距離のうち，遠いほうの距離d_fで代表する(図2)。

(1)の式では，$\alpha_b = \alpha_c = 0.5$，$\beta = 0$，$\gamma = 0.5$，$\chi = 1$ となる。

最長距離法では，グループの広がりの最大値が融合距離になるために，グループの広がりの直径の長さの差が最も少なくなるようにグループを形成していく。したがって，対象が単独で残ってしまうことは少なく，グループの空間的広がりの大きさが極端に相違することがないように分類される。

3) メジアン法（Median）

最短距離法と最長距離法の中間的な方法で，新たに融合したクラスターと他のクラスターとの距離を，それぞれの融合前のクラスターとの距離の中間の距離d_mで代表する(図3)。

中点との距離を新たな距離とする場合，(1)の式では，$\alpha_b = \alpha_c = 0.5$，$\beta = -0.25$，$\gamma = 0$，$\chi = 2$ となる。

4) 重心法（Centroid）

新たに融合したクラスターと他のクラスターとの距離を，各々のクラスターの重心間距離d_gで代表する(図4)。

(1)の式では，$\alpha_b = n_b/n_g$，$\alpha_c = n_c/n_g$，$\beta = n_b \cdot n_c / n_g^2$，$\gamma = 0$，$\chi = 2$ となる。ただし，$n_g = n_b + n_c$，n_b, n_cはクラスターB, Cの個体数。

各グループの重心間距離が小さいものから融合するために，グループひとつひとつの空間的広がりの大きさはまちまちであるが，各々のグループの重心が空間的に均等に分布するように融合される。

5) 群平均法（Group Average）

新たに融合したクラスターと他のクラスターとの距離を，各々のクラスターを構成する対象間の距離の2乗の平均で代表する(図5)。

(1)の式では，$\alpha_b = n_b/n_g$，$\alpha_c = n_c/n_g$，$\beta = \gamma = 0$，$\chi = 2$ となる（距離の単純平均の場合には，$\alpha_b = n_b/n_g$，$\alpha_c = n_c/n_g$，$\beta = \gamma = 0$，$\chi = 1$）。

グループの距離の平均の変化が最小になるように融合するために，空間的な分布がまるく球形にまとまるように分類される。

6) ウォード法（Minimum Variance）

クラスターの重心まわりの偏差平方和を最小にするような他のクラスターと融合する。

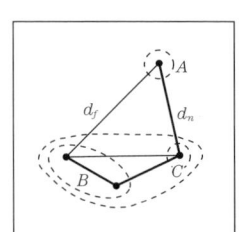

図1 最短距離法の距離 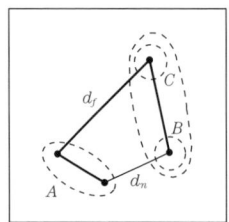　　図2 最長距離法の距離 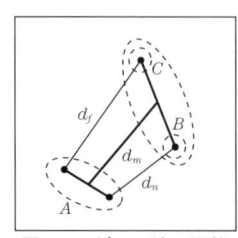　　図3 メジアン法の距離 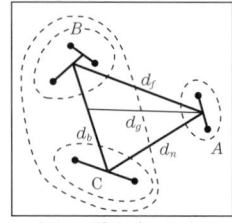　　図4 重心法の距離 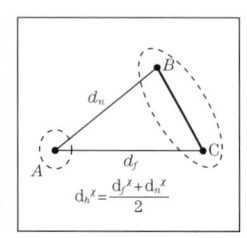　　図5 群平均法の距離

(1)の式では，$\alpha_b = (n_a+n_b)/(n_a+n_g)$，$\alpha_c = (n_a+n_c)/(n_a+n_g)$，$\beta = -n_a/(n_a+n_g)$，$\gamma = 0$，$\chi = 2$ となる。ただし，n_a はクラスター A の固体数。

対象の分布密度の高いところからグループが形成される。必ずしも空間的広がりの大きさは等しくない。

なお，研究論文では距離は何を用いて，どの手法によったのかを必ず明記する必要がある。また，メジアン法，重心法，ウォード法については，処理内容から距離行列はユークリッド距離であることが望ましい。

(5) クラスター数の決定

階層的クラスター分析では，クラスター化を続けると最終的に全対象がひとつのグループになってしまう。そこでクラスタリングの途中の段階に戻り，種々の要因でもってグループ数を決定する必要がある。

いくつかのグループのところまででクラスター化を打ち切るかの吟味が必要になる。分類により情報が最も得られること，われわれが全体を把握するのに適当な数のところでグルーピングを終了する。

このときのグルーピングの操作を，ステップをおって段階的に樹形図として示すことができ，それぞれの枝分かれ部分の分類基準について，個々の対象の特質と照らし合わせた検討が可能になる。また，樹形図はクラスタリングの過程を示しているために，分類過程でもさまざまな有用な情報が得られ，各クラスターどうしの関連性も把握することができる。このような意味でクラスター分析は，対象の分類と類型化を行うものであるといえる。

ある段階でクラスター数を決めることにより，有用な情報がより理解可能になることが重要である。グループ数が多すぎもせず少なすぎもしない数，一目でわかるくらいの数（10以下）になるなら，対象の把握は一層容易である。

より数値的な処理でグループ数を決定するために，融合時の距離変化を見ることがある。グループ間距離の変化が急激な場合は，距離の定義がさまざまで必ずしも厳密ではないが，グル

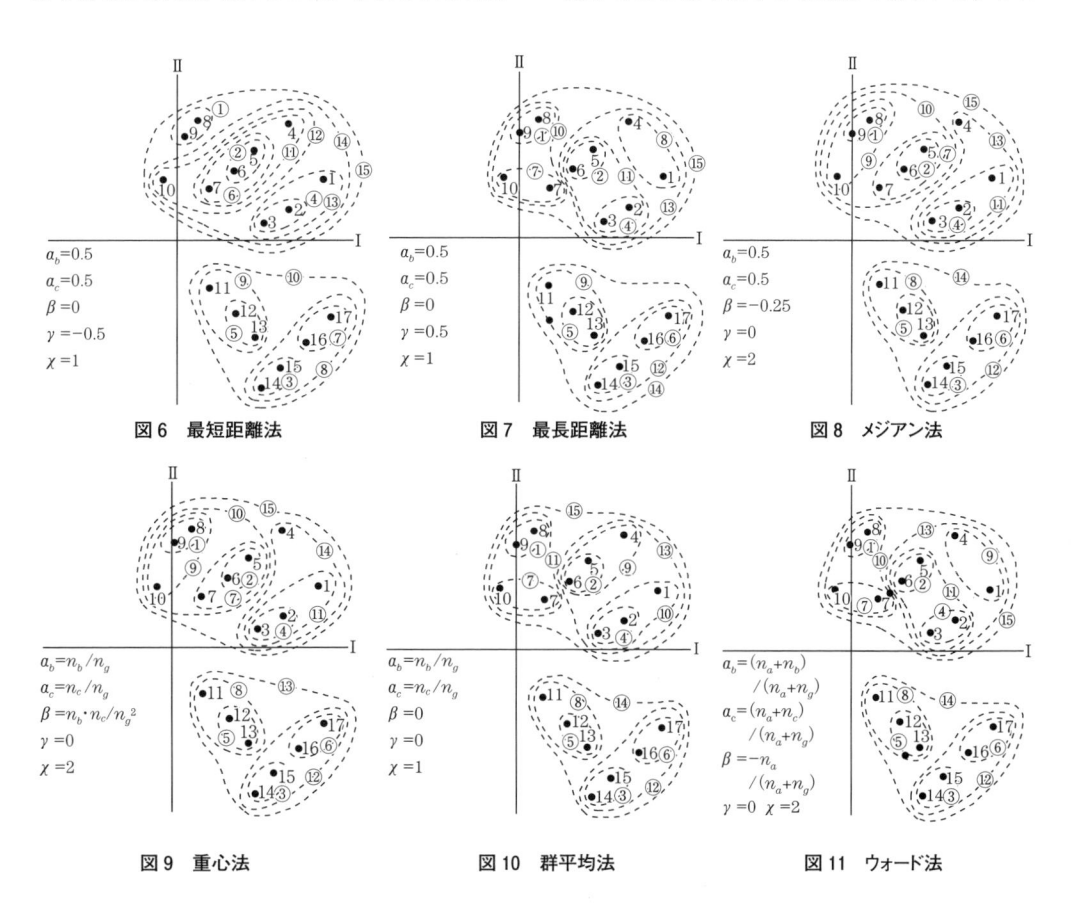

図6　最短距離法

図7　最長距離法

図8　メジアン法

図9　重心法

図10　群平均法

図11　ウォード法

ープ数を決めるための一応の判断基準となる。

　距離行列が相関係数で与えられている場合には，B係数をグループ数決定の判断基準にする場合がある。全体がn個の変量よりなり，そのうちのχ個がひとつのクラスターを形成しているとき，χ個の変量相互の相関係数の平均値$\gamma(\chi)$とそのχ個の変量と，そのほかの変量$(n-\chi)$個との間の相関係数の平均$\gamma(n-\chi)$との比

$$B = \gamma(\chi)/\gamma(n-\chi)$$

χ個の変量で構成されるクラスターのまとまりが強いと相関係数は大きいから，B係数は大きくなるはずである。

　クラスター内の変動Wとクラスター間の変動B，全変動Tをクラスターの妥当性の判断基準にする場合もある。

$$T = B + W$$

の関係が成り立つことを利用する考え方である。

4. 応用例

○松本直司・谷口汎邦「住宅地における建築群の空間構成の類型化とその視覚的効果—建築群の空間構成計画に関する研究・その3」日本建築学会論文報告集，No.316, pp.99-106, 1982.6

〔要約〕　建築外部空間は，建築群の構成や視点位置の違いにより，その視覚的効果はさまざまである。そこで，視覚的効果の相違の大きさをもとにクラスター分析を行い，各視点位置を視覚的効果により類型化している。

〔解説〕　まず，縮尺模型で構成された73種の外部空間について合計423視点において，そこでの視覚的効果を8個のSD法尺度により評価する。

　次に，評価尺度を変量とした因子分析を行い，その結果より8個の尺度で表されていた視覚的効果の変動を3つの新たな次元に集約する。因子得点により，この3次元空間に各視点を布置し，地点間のユークリッド距離を計算し，距離行列を作成する。重心法によるクラスター分析を行う。グループ数は，クラスターの融合距離の変化が大きいこと，およびグルーピングすることにより最も情報が得られることを基準に決定する。

　以上の手順により，建築群の構成をその視覚的効果の類似性で類型化し，物的状況と視覚的効果との関連性の明確化を試みている。

○松本直司・瀬田惠之「折れ曲がり街路空間の期待感と物的要因の関係」日本建築学会計画系

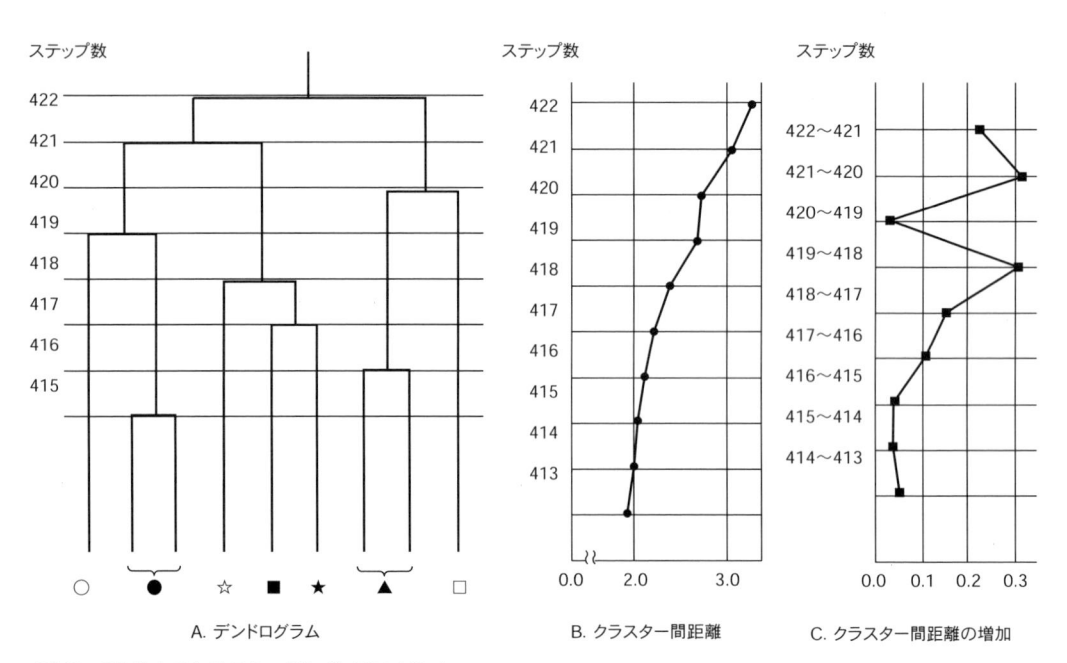

図12　423地点のクラスタリング（引用文献1）

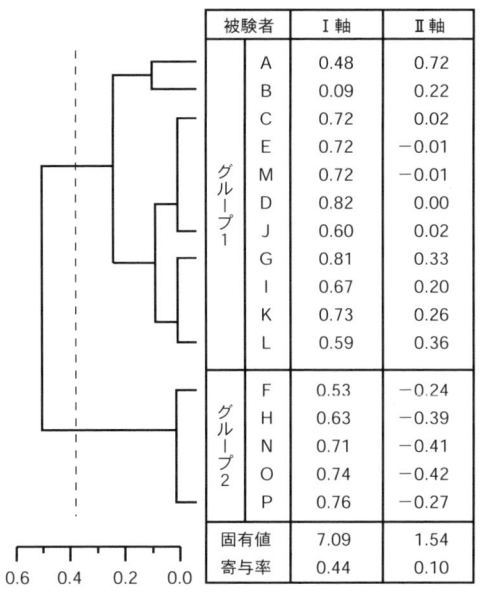

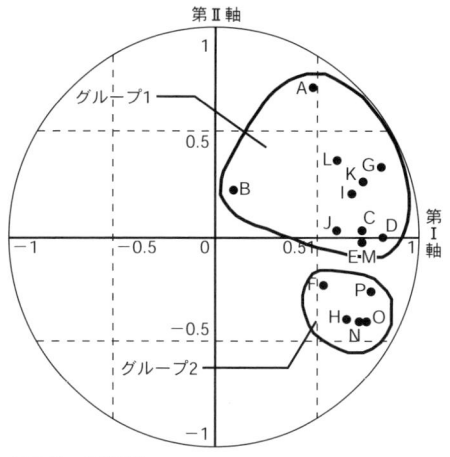

被験者		Ⅰ軸	Ⅱ軸
グループ1	A	0.48	0.72
	B	0.09	0.22
	C	0.72	0.02
	E	0.72	-0.01
	M	0.72	-0.01
	D	0.82	0.00
	J	0.60	0.02
	G	0.81	0.33
	I	0.67	0.20
	K	0.73	0.26
	L	0.59	0.36
グループ2	F	0.53	-0.24
	H	0.63	-0.39
	N	0.71	-0.41
	O	0.74	-0.42
	P	0.76	-0.27
固有値		7.09	1.54
寄与率		0.44	0.10

第Ⅰ軸：角度変化
第Ⅱ軸：壁面高さ・幅員
グループ1→hの期待感へ与える影響度が強い
グループ2→hの期待感へ与える影響度が弱い
クラスター分析（ユークリッド距離，ウォード法）

図13　被験者別主成分負荷量および被験者の布置図（引用文献2）

論文集，No.526，pp.153-158，1999.7

〔要約〕　この研究でクラスター分析は，折れ曲がり街路空間に対する期待感の判断傾向を明らかにするために，「角度変化」と「幅員・壁面高さ」から被験者を分類するための一手法として用いられている。

〔解説〕　クラスター分析を検討する前に，被験者16名を変量，実験対象空間135パターンをサンプルとし，マグネチュード推定法によるME値を用いた主成分分析を行っている。結果，第Ⅰ軸を「角度変化」，第Ⅱ軸を「幅員・壁面高さ」と解釈している。

　主成分分析より得られた2軸の主成分負荷量をもとに，被験者間の距離についてユークリッド距離を用いて，クラスター分析（ウォード法）を行っている。

　結果，被験者は大きく2グループに分類されている。グループ1では，どの幅員においても，h/dの増加とともに期待感が上昇しているが，グループ2では横ばいか不規則な変化と分析している。

　したがって，グループ1は期待感に対して街路の立体要素である壁面高さの影響を受けており，グループ2はその影響が小さいと結論づけている。

〔引用文献〕
1) 松本直司・谷口汎邦「住宅地における建築群の構成空間の類型化とその視覚的効果—建築群の空間構成計画に関する研究—その3—」日本建築学会論文報告集，No.316，1982.6，102頁・図3-2
2) 松本直司・瀬田惠之「折れ曲がり街路空間の期待感と物的要因の関係」日本建築学会計画系論文集，No.526，1999.7，155頁・図6，図7

〔参考文献〕
1) 奥野忠一・芳賀敏郎・久米均・吉沢正『多変量解析法』日科技連出版社，1971
2) 奥野忠一・芳賀敏郎・矢島敬二・奥野千恵子・橋本茂司・古河陽子『続多変量解析法』日科技連出版社，1983
3) 河口至商『多変量解析入門Ⅱ』森北出版，1978
4) 田中豊・脇本和昌『多変量統計解析法』現代数学社，1984
5) 中村正一『例解　多変量解析入門』日刊工業新聞社，1979
6) 安田三郎『社会統計学』丸善，1969
7) 脇本和昌・後藤昌司・松原義弘『多変量グラフ解析法』朝倉書店，1979
8) 「数理科学　距離」ダイヤモンド社，1973.6
9) 「数理科学　クラスター分析」サイエンス社，1979.4
10) Sir Maurice Kendall, A. Stuart, J. K. Ord : THE ADVANCED THEORY OF STATISTICS Volume 3 DESIGN AND ANALYSIS, AND TIME-SERIES, CHARLES GRIFFIN & COMPANY LIMITED London & High Wycomble, 1983

2·15 親疎を位置づける
多次元尺度法・自己組織化マップ
宮本文人・藤井晴行

1. 概要

"構造"とは，全体を形づくるさまざまな要素の依存・対立関係を総称する言葉であり，建築計画の分野でもよく使われる。

構造を捉える目的は，物事を整理して，理解を深めることにある。構造を科学的に捉える分析手法がいくつか考案されているが，ここでは，対象間の"親疎を位置づける"方法として，多次元尺度法と自己組織化マップを紹介したい。

(1) 多次元尺度法

多次元尺度法は多変量解析の一種であり，対象間の(非)類似性がわかっているとき，これらをもとに対象を多次元空間内の点として位置づけ，しかも，その点間の距離が(非)類似性に最もよく一致するように点の座標を決定する方法である。

この手法の長所は，対象間の背後に潜む構造を，少ない次元の空間に表すことである。したがって，解釈がうまくできたとき，得られた構造は，目で見えるので，非常にわかりやすい。

多次元尺度法の進歩は，電子計算機の発展とともに，1970年代において理論面・応用面で発達し，1980年代初頭にはほぼ完成した。多次元尺度法はアルゴリズムが複雑であるため，多種多様なプログラムが開発されている。

多次元尺度法は，心理学の分野において，心の中にある概念のような地図を再現するために考案された。応用は，心理データだけではなく，物的データの例も多く，応用分野は心理学をはじめとして，社会学，政治学，経営学，教育学，地理学など多岐にわたっている。

(2) 自己組織化マップ

自己組織化マップ（Self-Organizing Maps, SOM）は，Ko-honenが提案したニューラルネットワークモデルの一種である。SOMは，彼によれば，「高次元で非線形の関係あるデータ項目をしばしば説明しやすい2次元の表示で表わし，教師なしのクラス(組)分けやクラスター(集団)化を仕上げるために主として使われる非パラメータの再帰的処理工程の結果」をいう。

ここで，非パラメータの再帰的処理工程は，データ項目の説明変数の数や独立性などの特徴をあまり気にせずにデータをモデル化しようとするものである。ニューラルネットワークはこのようなデータ処理の一分野である。また，「教師なし」とは，モデル化の手本となるデータ（教師データ）を用いないことを示す。

代表的なSOMは，高次元のデータ項目を2次元空間（地図）に配置することによって，データ項目の相互関係やデータ全体の構造を直観的に捉えるために用いられる。

2. 多次元尺度法

(1) 目的と特徴

多次元尺度法を使用する目的について，斎藤（1980年）は次のように要約している。

①データ縮約の目的で多次元尺度法を利用する。つまり，データに含まれる情報を取り出すために，多次元尺度法を探索手段として使う。

②多次元尺度法の結果を，データを生み出した現象や過程に固有の構造として意味づける。

しかし，現実には，使用目的はこのように決して明確に区分できるものではない。これは，因子分析などの多変量解析に一般的に共通する。

多次元尺度法は，因子分析とどのように異なるのであろうか。特徴をより明確にするために比較すると，相違点は以下のとおりである。

第一に，因子分析がベクトル間の角度に基づくのに対し，多次元尺度法は点間の距離に基づいている。したがって，因子分析が因子の解釈，すなわち軸の解釈を重要視するのに対し，多次元尺度法では軸の解釈ではなく，空間の中に生じる幾何学的関係やまとまりを重要視する。

第二に，因子分析は線形関係に基づくため，次元数が多くなるが，非計量多元尺度法は線形関係がなく，少ない次元で解釈が可能となる。

第三に，因子分析では因子の抽出方法，抽出される因子数，因子の回転方法などが異なれば，一般的に分析結果が一致しない。これに対して，多次元尺度法では異なるアルゴリズムのプログラムで分析しても，ほぼ同じ結果が得られる。また，多次元尺度法のモデルは非常に強靭であり，かなり大きなランダム誤差が含まれていても，正確な布置の再現が可能である。

第四に，因子分析ではおもに相関係数が入力データになるのに対し，多次元尺度法では相関係数はもちろん，多種多様な(非)類似性データが入力データとなる。(非)類似性データには，1) 非類似性の直接評定，2) 分類データから求めた類似性，3) 混同率，4) 反応時間，5) プロフィール類似性，6) 相関係数などがある。

(2) 方法の解説

「東京駅と渋谷駅は直線距離でどのくらい離れているか？」とたずねられたとき，答えるのは難しい。しかし，地図とものさしさえあれば，駅間の直線距離はすぐわかる。

逆に，駅間の直線距離だけわかっているとき，駅の位置を示す地図が作成できると思われる。Kruskal, J.B. と Wish, M. (1978年) は，「多次元尺度法は，地図で地点間の直線距離を測り，表を作成するのと逆に，地点間距離から地図を作成する方法である」と説明している。

そこで，Kruskal 等の主張が正しいか確かめることにした。図1は，山の手線や中央線などの主要な30の駅を示した地図である。これから駅間の直線距離を測り，表1を作成した。距離は値が大きいほど遠く，小さいほど近いので，表中の数値は非類似性データである。

さて，多次元尺度法はどのような計算プロセスで表1から地図を再現するのだろうか。図2は基本的なアルゴリズムの概略のフローである。

多次元尺度法のプログラムは複数あるが，共通点は最適解を求めるために反復計算を行うことであり，相違点は入力データの尺度水準，初期座標の計算方法，反復過程の計算方法，収束の判定基準などにある。これらの知識は，実際にプログラムを使うときに必要となる。

入力データ((非)類似性データ)の尺度水準には，1) 距離に対応する尺度とみなす方法(計量的多次元尺度法)，2) 距離の順序関係に一致させる方法(非計量的多次元尺度法)，3) 1)の計量と2)の非計量を混合して使う方法，である。

初期座標の導出は，1) 内部計算，2) 乱数の発生，の2つに大きく分けることができる。

反復過程の計算では，(非)類似性データを順位づけする際に，タイデータ(同じ値をもつデータ)が存在する場合の処理が問題となる。タイデータの処理には，1) 第1次法(タイデータ

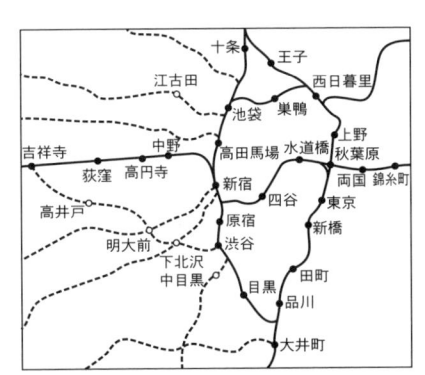

図1 東京都における30の主要な駅の地図

表1 東京都における30の主要な駅間の距離(非類似性行列) (単位：km)

	東京	新橋	田町	品川	目黒	渋谷	- -	荻窪	吉祥寺
2 新 橋	1.8								
3 田 町	4.4	2.5							
4 品 川	6.5	4.6	2.1						
5 目 黒	7.2	5.4	3.2	2.1					
6 渋 谷	6.6	5.2	4.5	4.7	3.2				
- -	- -	- -	- -	- -	- -	- -			
28 荻 窪	14.1	13.7	13.7	14.0	12.1	9.4	- -		
29 吉祥寺	17.6	17.1	16.9	17.0	14.9	12.5	- -	3.6	
30 江古田	11.1	11.4	12.5	13.8	12.8	9.4	- -	6.0	9.2

図2 非計量的多次元尺度法のアルゴリズムのフロー

表2 適合度の指標の例

指標名	式	プログラム名
1) ストレス (クラスカルの ストレス1)	$S_1 = \left[\dfrac{\sum_i \sum_j (d_{ij} - \hat{d}_{ij})^2}{\sum_i \sum_j d_{ij}^2} \right]^{\frac{1}{2}}$	KYST 2A MDSCAL 5M
2) S-ストレス (S-ストレス1)	$SS_1 = \left[\dfrac{\sum_i \sum_j (d_{ij}^2 - \hat{d}_{ij}^2)^2}{\sum_i \sum_j (d_{ij}^2)^2} \right]^{\frac{1}{2}}$	ALSCAL 4
3) 単調性係数 逸脱係数	$\mu = \dfrac{\sum_i \sum_j d_{ij} \hat{d}_{ij}}{[(\sum_i \sum_j d_{ij}^2)(\sum_i \sum_j \hat{d}_{ij}^2)]^{\frac{1}{2}}}$ $K = (1 - \mu^2)^{\frac{1}{2}}$	MINISSA 1

注) d_{ij}：点 i と j の間の距離
　　$\hat{d}_{ij}$：ディスパリティまたはランクイメージ(あてはめられた距離)

を保持しない），2）第2次法（タイデータを保持する）がある。ここでは反復過程の計算方法の相違には言及しない。

収束の判定基準について，代表的な多次元尺度法の例を示すと，表2のとおりである。

多次元尺度法では，計算のアルゴリズム，尺度水準やタイデータの扱い方などが異なる場合でも，ほぼ同じ結果が得られるといわれている。確認するために，表1に示すデータを，4つのプログラムを用いて12通りの方法で分析した（表3参照）。

分析では，それぞれ5次元から1次元まで解を求め，図1の地図が2次元平面上に再現できるか検討した。図3は，分析A2，K1，M3について最適解である2次元解の座標を布置したもので，図1の地図が定全に復元されている様子がよくわかる。

今までは，表1のように三角行列で表せる（非）類似性データを多元尺度法で分析する場合について言及した。この（非）類似性データの各成分は，例えば，東京駅と新宿駅間の距離のように，駅名というただ1つの要素を2つ指定することで定められる。このようなデータの形態は，単相二元データといわれる（図4参照）。

これに対し，心理実験では，被験者ごとに刺激物間の（非）類似性を判断させることがある。

この場合，（非）類似性のデータ行列が被験者の人数分得られる。このデータの各成分は，刺激物と被験者の2種類の要素を，刺激物は2つ，被験者は1人，計3つ指定することで定まる。そこで，このようなデータの形態は，二相三元データと呼ばれる（図4参照）。

多次元尺度法の中には，二相三元データを分折できるプログラムも存在する。これらは，個人差を捉える多次元尺度法ともいわれている。

単相二元データと二相三元データをそれぞれ多次元尺度法で分析した場合，得られる解は次のような特色をもつ。

単相二元データを分析して得られる解においては，座標軸の方向および原点は意味をもたない。意味があるのは，空間上に布置される点間の相対的位置関係である。ただし，重回帰分析を用いて，意味のある軸の方向を探すことは可能である。

一方，二相三元データを分析して得られる解の特色は，以下の通りである。
①名個人がもつ情報からその差異を考慮しながら，共通する情報が座標軸として抽出される。
②抽出される座標軸は，回転することができない。すなわち，各個人がもつ情報の差異を利用して，軸の方向を一意的に決定することができる。

表3 分析に使用した4つのプログラム

プログラム名	年度	著者	出所
ALSCAL 4	1980年	F. W. YOUNG Y. TAKANE R. LEWYCKYJ	THURSTONE PSYCHO-METRIC LABORATORY UNIVERSITY OF NORTH CAROLINA
KYST 2A	1977年	J. B. KRUSKAL F. W. YOUNG J. B. SEERY	BELL LABORATORIES
MDSCAL 5M	1971年	J. B. KRUSKAL	BELL LABORATORIES
MINISSA 1	1973年	J. C. LINGOES	THE UNIVERSITY OF MICHIGAN

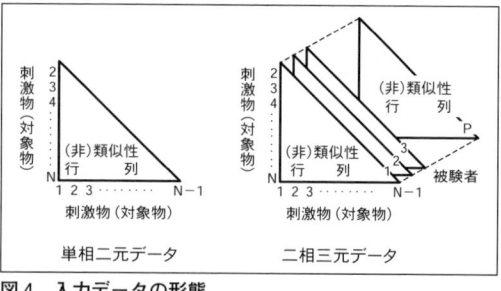

図4 入力データの形態

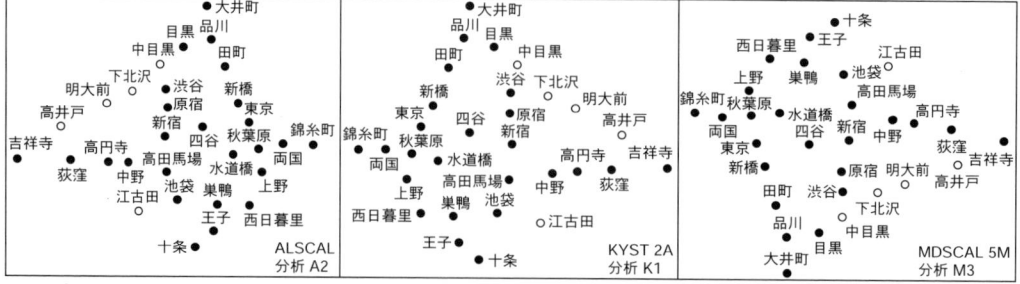

図3 多次元尺度法による2次元解の布置の例

このように，二相三元データの分析から抽出される軸が一意的に定まることについて，Carroll と Wish（1973年）は次のように述べている。「抽出される次元は基本的な心理学的，知覚的あるいは概念的作用に符合すると仮定されている。しかし，その作用の強さ，すなわち，重要性は個人ごとに異なる。」

この他にも，二相二元データ，三相三元データを分析するための多次元展開法と呼ばれるプログラムもある。また，林の数量化Ⅳ類や KL型教量化理論は，斎藤（1980年）によると準計量的多次元尺度法として位置づけることができる。

3. 自己組織化マップ

(1) 目的と特徴

高次元で非線形の関係あるデータ項目を教師なし学習によってクラス（組）分け，クラスター（集団）化し，2次元空間に表現することを目的とする。

自己組織化マップの例を図5に示す。90色を各色の RGB 値に基づいて平面上に配置したものである。□は各色が配置される位置を示す。同系色どうしが近くに配置されていることが確認できる。また，バックグラウンドのグラデーションは同系色のおおまかなクラスターを示す。同系色のまとまりが地図上のある領域を占めている。

SOM を構成する空間は多数の小領域（$m_i (i \in N_m)$）からなる。ここで，N_m は小領域の識別番号の集合を示す。単純な SOM では，小領域は四角形や六角形の格子などの平面形状に並べられる。各小領域は，それぞれ，固有の状態をもっている。小領域の状態は，データ項目を特徴づける変数のベクトルと同次元のベクトルによって示されることが多い。図5の例では，データ項目（色）が RGB の3次元によって特徴づけられており，地図空間を構成する各小領域の状態は3次元のベクトルによって示されている。

自己組織化プロセス（後述）からわかるように，自己組織化マップは，データ項目を一方のデータ項目と小領域の距離および小領域近傍における側方相互作用を介して配置するものであり，データ項目間の距離を直接的，大域的に扱うものではない。また，SOM が形成される空間は必ずしも線形空間ではない。さらに，自己組織化マップは，空間を構成する小領域の格子の形状と総数，各小領域の初期状態，近傍 N_c の大きさ，忘却定数の値に依存する。

SOM の形成や解釈は，これらの特徴を踏まえて行う必要がある。例えば，図5において，柿色と朱色は近いとか類似するとかいうことは可能だが，各色間の距離を地図上の距離を用いて議論することは避けることが無難である。

SOM は，初期値と操作パラメータに敏感である。以下に留意して利用することが望ましい。
① 単一の SOM のみによってモデル化するのではなく，同一データから形成される複数の SOM に共通するパターンを読み取る。
② 適切な近傍の範囲と忘却定数を設定する。

初期状態の違いによる SOM の違いを示す。図6は，図5とまったく同じデータ，地図空間を用い，小領域の状態の初期値のみを図5とは

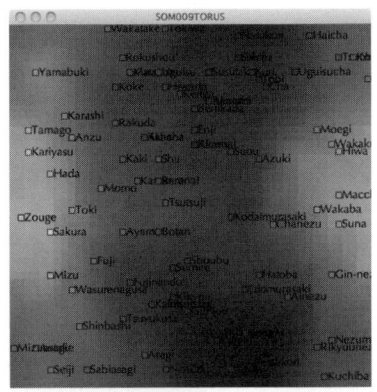

図5 色名の自己組織化マップ（例1）

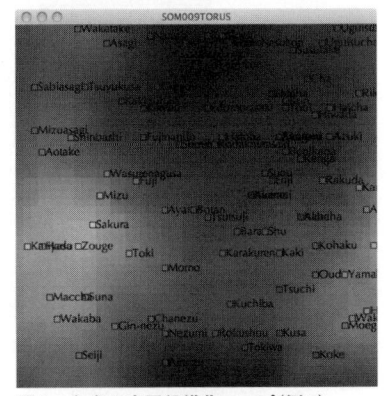

図6 色名の自己組織化マップ（例2）
例1と同一条件で組織化したもの

異なるものにして形成したSOMである。図6と図5はまったく同一の（地理的な）地図であるとは言い難いことが一目瞭然である。

しかし，両者にはいくつかの共通するパターン（例えば，赤系のクラスターと紫系のクラスターが近接している，紫系のクラスターと深緑系のクラスターが近接しているなど）が観察される。このように，小領域の初期値の違いによって異なるSOMが形成される。

次に，計算パラメータの違いによるSOMの違いを示す。図7は，図5，6と同一のデータ，地図空間を用い，側方相互作用を及ぼす近傍の範囲（H_cのサイズ）と強さ（αの大きさ）を小さくして形成した自己組織化マップである。同系色のクラスターが図5，6と比較して小さく，また，色が1つしかないクラスターがいくつもあることがわかる。

また，図7のSOMでは，図5，6では近接しているし，直観的にも近いと思われる色の中に近接してないもの（例えば，浅葱と若竹，常磐と緑青など）があることが観察される。これは，地図のサイズとデータの大きさに比較して側方相互作用を小さくしすぎたために，たまたま近傍を外れて配置されたデータ項目との間の相互関係が，類似する項目であっても扱えなくなったからであると考えられる。

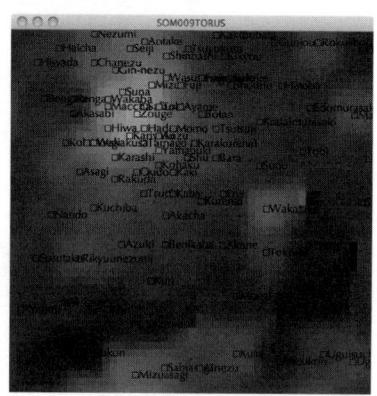

図7 色名の自己組織化マップ（例3）
例1，2よりも近傍の範囲と強さを小さくしたもの

(2) 方法の解説—自己組織化プロセス

SOMの自己組織化プロセスは単純明快である。あるデータ項目が入力されると，そのデータ項目に最も反応する小領域（m_c）が活性化し，小領域m_cの状態は当該データ項目に一層反応しやすくなるように更新される。さらに，小領域m_cの近傍（N_c）にある小領域（m_i（$i \in N_c$））の状態も，同じデータ項目に反応しやすくないように更新される。このような近傍小領域の状態更新は「側方相互作用」と呼ばれる。この操作をすべてのデータ項目について行うことを何回も繰り返すうちに，次第に，類似するデータ項目どうしが近傍に配置されるようになり，自己組織化マップが形成される。

下式は，具体的な自己組織化プロセスの一例を示す。

式(1)は，時刻tにおいてあるデータ項目$x(t)$に最も反応する小領域$m_c(t)$を選出する計算操作である。データ項目を説明するベクトルと小領域の状態を示すベクトルのユークリッド距離が最も小さい小領域が選出される。

式(2)は，$m_c(t)$の位相的近傍N_cにある小領域への側方相互作用を表す計算操作である。ここで，t'は離散時間におけるtの次の時刻を示す。$\alpha(t)$（$0 < \alpha(t) < 1$）は，「忘却定数」と呼ばれる定数である。自己組織化プロセスの収束のためには，時間に関する減少関数でなければならない。

式(3)は，$m_c(t)$の近傍にない小領域の状態が，データ項目$x(t)$に対しては変化しないことを示す。

$$\|x(t) - m_c(t)\| = \min_i \{\|x(t) - m_i(t)\|\} \quad (1)$$
$$m_i(t') = m_i(t) + \alpha(t)[x(t) - m_i(t)] \ldots i \in N_c \quad (2)$$
$$m_i(t') = m_i(t) \ldots i \notin N_c \quad (3)$$

4．応用例（多次元尺度法）

○宮本文人・谷口汎邦「大学キャンパスの建築外部空間における意味次元とその安定性について―大学キャンパスにおける建築外部空間の構成計画に関する研究　その1」日本建築学会論文報告集，No.348，pp.27-37，1985.2

○宮本文人・谷口汎邦「大学キャンパスの建築外部空間における意味構造について―大学キャンパスにおける建築外部空間の構成計画に関する研究　その2」日本建築学会論文報告集，No.358，pp.54-64，1985.12

〔要約〕 建築群が構成する外部空間を対象に，形容詞尺度を用いて評定する実験を行い，データを集約している。さらに，因子分析と多次元尺度法を併用して分析し，意味構造を明らかにしている。この意味構造は，実験条件の相違にもかかわらず，安定していることがわかる。

〔解説〕 大学キャンパスにおいて，建築群が構成する外部空間を対象に撮影したカラービデオテープの映像と実際の空間を被験者に見せ，両極の形容詞尺度を用いて7段階の判断を求める実験を行い，データを収集している。実験は，比較分析のために表4の実験計画により行った。

5つの実験から得られたデータに，それぞれ因子分析（主成分分析法・直接オブリミン回転）を適用し，分析結果を比較しながら形容詞尺度の分類を行っている。

次に，形容詞尺度の分類間の相互関係を探るために，相関係数を類似性測度として多次元尺度法で分析を行った。分析データは，両極の形容詞尺度ではなく，対をなす形容詞間の類似性測度を−1として分解した100の形容詞である。

分析は，アメリカのベル研究所で開発され，1980年代初頭広く使用されていた単相二元の多次元尺度法 KYST 2A を用いた。

多次元尺度法による100形容詞の布置図を見ると，因子分析による8つの形容詞尺度の分類が大きく3つにまとまることがわかる。

さらに，この3つの形容詞尺度の分類に，それぞれ多次元尺度法を再び適用している。表5を見ると，実験条件の相違にかかわらず，3つの形容詞尺度の分類ごとに，形容詞の円状構造（サーカンプレックス構造）が明確に確認できる。

〔参考文献〕

多次元尺度法：
1) 高根芳雄『多次元尺度法』東京大学出版会，1980
2) 斎藤堯幸『多次元尺度構成法』朝倉書店，1980
3) J.B.クラスカル，M.ウィッシュ，高根芳雄訳『多次元尺度法』朝倉書店，1980
4) S.S.Schiffman, M.L.Reynolds, and F.W.Young：Introduction to Multidimensional Scaling, Academic Press, 1981
5) M.L.Davison：Multidimensional Scaling, John Wiley & Sons, 1983

自己組織化マップ：
1) Kohonen, T.：Self-Organization and Associative Memory, Springer-Verlag, 1989
2) 中谷和夫監訳『自己組織化と連想記憶』シュプリンガー・フェアラーク東京，1993

表4 実験計画の概要

シミュレーションメディア▷ (2.評価対象24の内16は0.1と同じ)	現地実験	VTR実験	
	0.評価対象16	1.評価対象16	2.評価対象24
被実験群 A 16名（女性2名）	実験A0	実験A1	実験A2
被実験群 B 16名（女性1名）	—	実験B1	実験B2

表5 情緒形容詞，構成形容詞，密度・スケール形容詞の円状構造

a) 情緒形容詞				b) 構成形容詞		c) 密度・スケール形容詞	
A01 −8 静かな	A05 +39 明るい	B01 +8 うるさい	B05 −39 暗い	C01 +12 一様な	D01 −12 多様な	S01 −30 狭い	T01 +30 広い
+14 落着きのある	A06 +11 洗練された	+14 落着きのない	B06 −11 素朴な	C02 +36 単純な	D02 −36 複雑な	S02 +15 小さい	T02 −15 大きい
+34 はっきりした	−34 ぼんやりした			+43 単調な	−43 変化のある	S03 −31 弱々しい	T03 +31 力強い
A02 −28 快よい	A07 +10 新しい	B02 +28 不快な	B07 −10 古い	C03 −33 平面的な	D03 +33 凹凸のある	+18 量感のない	−18 量感のある
−3 すき	A08 −4 近代的な	+3 きらい	B08 +4 伝統的な	C04 −17 平凡な	D04 +17 特色のある	+9 もの足りない	−9 迫力のある
−7 すがすがしい	A09 +21 緊張した	+7 うっとうしい	B09 −21 のんびりした	C05 −27 不安定な	D05 +27 安定した	+45 高い	−45 低い
−25 よい	−20 かたい	+25 わるい	+20 やわらかい	−40 不調和な	+40 調和した	S04 −49 圧迫感のない	T04 +49 圧迫感のある
A03 +46 美しい	+13 かわいい	B03 −46 みにくい	−13 しめった	−42 無計画な	+42 計画的な	−5 威圧感のない	+5 威圧感のある
−38 美しい	−47 人工的な		+38 つよい	+19 雑然とした	+2 まとまりのある	S05 −15 密度の低い	T05 +15 密度の高い
−29 豊かな	A10 −32 緑の少ない		+29 貧しい	−2 まとまりのない	−19 雑然とした	S06 −6 散在した	T06 +6 密集した
A04 +22 きれいな	−48 冷たい	B04 −22 きたない	+48 暖かい	C06 +26 不規則な	D06 −26 規則的な	S07 −24 開かれた	T07 +24 囲まれた
+44 陽気な			−44 陽気な	C07 −37 不連続な	D07 +37 連続した		

a) 情緒形容詞の布置（実験A0）　　b) 構成形容詞の布置（実験A0）　　c) 密度・スケール形容詞の布置（実験A0）

2.16 ゆらぎを探る
フラクタル・スペクトル解析

恒松良純

1. 概要

建築・都市空間は，さまざまな要素が組み合わさって構成されている。建築単体においてはもちろんだが，街並みなどではさらに複雑に集合することで空間がつくられている。そのように偶然つくられた街並みから，美しさや心地よさを感じることがある。これらが，どのような要因でそのような印象を受け，つくられているかを知ることは，都市空間を捉えるうえで非常に重要である。

そのような要因をすべて一度に分析することは困難を伴うが，ある特徴的な要素に着目すると可能になる。例えば，美しいといわれる都市のスカイラインや街並みの軒線の連続などである。規則的・画一的につくられた街並みと自然発生的に形成された街並みとの大きな違いは，不規則な中にある統一感と秩序によって構成されていることだと考えられる。これらは空間の快適さを決定づける要因としてあげられることが多く，心理・生理などの感覚的な心地よさといってもよい。自然発生的に形成された街並みの多くは，ある意図があってつくられたものではなく，それらを物理的に分析するのは困難を伴う。

そのような現象を観察する方法として「ゆらぎ」・「フラクタル」という考え方がある。特に「ゆらぎ」は，建築・都市空間の評価において，快適感を伴う心地よい変化を示す考え方として用いられることが多い。

これらは，得られた事象を時間的変動などのある視点により捉え，数値化することで，心地よい空間の指標を数値的に得ることで分析するものである。

2. 目的と特徴

ゆらぎは，「物理学では，ある量が平均値の近くで変動している現象。または平均値からのずれ。」といわれている。ある秩序をもった構成について示しており，街並みを構成する要素を抽出し物理量を測定することで，その集合の特徴を分析する。

フラクタルは，自然にはスケールを変えても同じ図形が現れる自己相似性をもつ図形が多く存在するという考えである。フラクタルを定量化するにあたり「次元」を用いる。一般的に整数をもって表記されるが，フラクタルでは非整数の値を取る次元（d）として表記する。

フラクタル次元を以下のように定義をしている。「ある図形を $1/a$ に縮小した同形の図形 a^d 個によって構成されている場合，図形の次元を d とする」。実際には単純な図形を分割しているのではなく，対数を用いて次元を求める。しかし，建築・都市空間において自己相似性はないと考えると，先ほどの定義で「…縮小した同形の図形 a^d 個…」を「…平均 a^d 個…」と考え

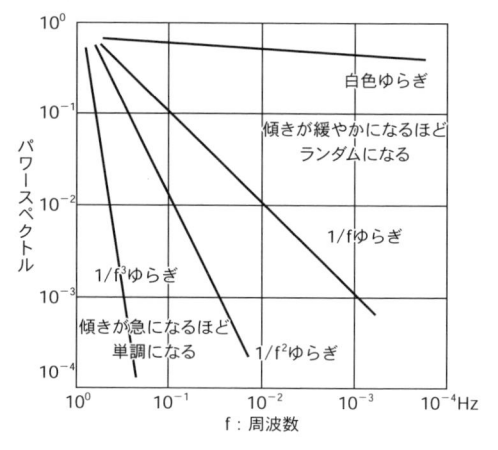

図1 要素の変化とゆらぎ

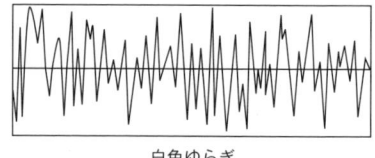

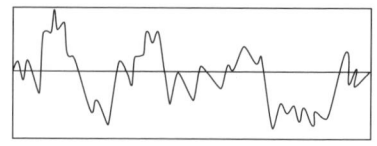

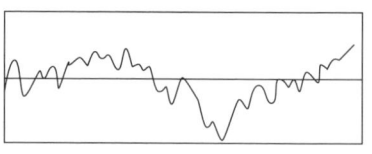

図2 時間波形とゆらぎのイメージ

ることで分析ができる。

さらにフラクタルの考え方を時間的変動に適応することで，空間的な構造についても対象とできる。これを「1/fゆらぎ」という。地震波，楽曲，脳波などさまざまな分野に応用され，時間に対する変動の中にあるノイズが，心地良い変化をもたらしているといわれている。

1/fゆらぎの理論は，時間軸を中心とした周波数の解析によるもので，パワースペクトル密度と周波数の関係から，その快適感を得られる関係性を示している。快適感を示す指標として得られた横軸に対数目盛りによる周波数，縦軸にパワースペクトル密度をとり，そこから得られる近似値により回帰した直線の傾きから解析するものである。

傾きがない水平な場合は，パワースペクトルと周波数の間に関連がなく無秩序な構成であり，「白色ゆらぎ（ホワイトノイズ）」と呼ぶ。傾きがつくにつれ，垂直に近いほど単調な変化・規則性のある変化となり，「$1/f^2$ゆらぎ」や「$1/f^3$ゆらぎ」と呼ばれている。その中間で，パワースペクトルと周波数が逆相関となる傾きが心地よい変化の構成とされ，これが1/fゆらぎである。

3. 方法と解説

街並みの要素の物理量をとると，その数値の集合は正規分布に近い集合であり，平均値に近い数値により構成されている。まずは変動係数（C.V.）を用いて検討する。これは集合の標準偏差を算術平均で割ったものである。

$$C.V. = \frac{\sqrt{\sigma^2}}{\bar{x}}$$

で示され，単位のない数値となる。相対的なばらつきなどから集合の特徴を知ることができ，他の要素で平均値が異なっても比較できる。

1/fゆらぎの理論では，スカイラインで考えた場合，データを左から順に時間軸上にあると置き換える。実際には同一の空間に存在するのだが，仮に高さのデータを縦軸（変化），横軸に移動距離（時間）という図ができ，波として表現する。周期的なデータとみなして，フーリエ変換により，波がどのような単純な波（正弦波）により構成されているかを分解する。これを「スペクトル解析」という。

図3　線画による都市のスカイライン

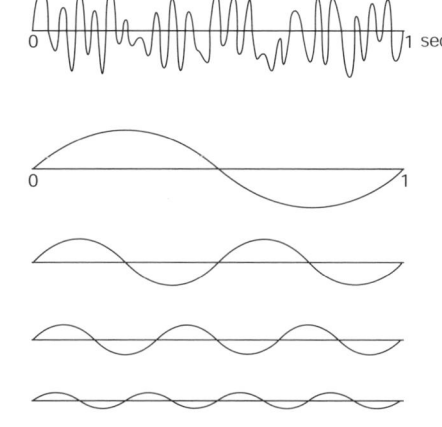

図4　正弦波による分解の例

周波数(f)，パワースペクトル(P)とすると，
　　$P = 1/f^\lambda$
となる。λは指数であり，周波数とともに減衰する割合を表す。λ=0であれば，分母は1になり，スペクトル分布が水平になる。λ=1であれば，スペクトルの強さがちょうど周波数に反比例することになり，さらにλが大きくなるほど周波数ともに急激に減衰するため，スペクトル分布は急な曲線になる。

周波数もパワースペクトルもかなり広い範囲に及ぶことから，対数をとって表記する。
　　$\log P = -\lambda \log f$
となり，近似値により得られた傾きから変化の構成を知る。

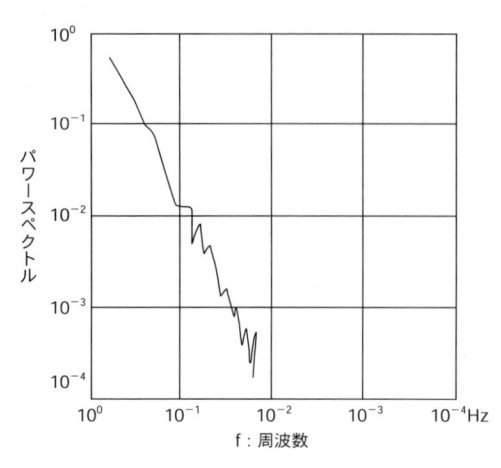

図5 パワースペクトル密度の両対数グラフ

データ処理の速度が速いFFT（高速フーリエ変換）を用いることも多いが，データ数に制約がある。また，時系列的な変化を対象にするため，横軸に対して1つの値（縦軸）を対象にするため入り組んだ複雑なスカイラインを対象にするのは困難であり，ある程度の単純化が必要である。さらに変化の量を画面のピクセルに置き換えることも可能であり，高さの変化だけではなく，RGBなど色彩の変化で求めることもできる。

4. 応用例

○恒松良純・船越徹・積田洋「街並みの「ゆらぎ」の物理量分析—街路景観の「ゆらぎ」に関する研究（その1）」日本建築学会計画系論文集，No.542, pp.137-144, 2001.4

〔要約〕 街路空間において，歴史的・伝統的街並みから計画住宅地のような現代的街並みを対象に，街路景観の心地よさを「ゆらぎ」という視点から，その要因を捉えることを目的とした研究の第一段階として，街並みの物理的な構成についてゆらぎ度を定義し，全体の構成について定量的に解析している。

〔解説〕 1/fゆらぎが心地よいという点においては，音響などの分野において快適であることの実証などに異を唱える意見もある。また，複雑な建築都市空間を時系列的に扱うことの難しさなど，空間の評価についてはそのまま適用するには根拠が乏しい。

そこで，街路景観の形態的なゆらぎを対象とし，時間軸でなく視覚的に分析をすることとし構成要素の変化を分析している。

さまざまな要素により構成されている街路景観について，クラスター分析を用いて分類し，20地区を対象に現地調査を行っている。現地実測調査より，街路を模式図化したシンボリック・エレベーションを作成し，建物の輪郭も含めて構成要素の定量化を行っている。

物理量のデータは，垂直性（丈・高さ／上・高さ／下），水平性（幅・間隔），面的（面積）に分類し，それぞれについて考察することで変化の構成を比較している。

比較には「ゆらぎ度」と定義し，変化の構成について比較している。同じような要素で構成されている街並みのゆらぎ度は，互いに近い値を示しており，構成要素の変化が似ていることがわかった。また，垂直性のゆらぎ度が比較的小さく，垂直性・面的のゆらぎ度が大きい。これより垂直性の構成により全体の統一感や連続性を，水平性・面的の構成により変化をもたせているとしている。

○瀬田惠之・松本直司・青野文晃・河野俊樹・武者利光「ゆらぎ理論に基づく街路樹と建物の変化が街路景観の乱雑・整然性及び魅力度に与える影響—中心市街地における乱雑・整然性に関する研究 その3—」日本建築学会計画系論文集，No.561, pp.181-188, 2002.11

〔要約〕 街路景観における乱雑・整然性についての一連の研究である。本編では，街路空間の要素変化の形態的特徴を表現する指標として，「ゆらぎ理論」を用いて形態変化のスペクトル分析により定量化を行っている。結果から乱雑・整然性および魅力度との関係を明らかにしている。

〔解説〕 街路景観を模型実験により評価している。模型を作成するために，街路樹・建物の配置，高さ，間隔などをゆらぎ理論に基づいて決定している。白色ゆらぎ，1/fゆらぎ，$1/f^2$ゆらぎの3種類のスペクトルの特徴により，理想乱数を用いて配列を求めている。評価はビジュアルシミュレーターを用いて撮影した映像を用

い，ME法により評価実験を行っている。

①街路景観の乱雑性，整然性はともに，配置との関係は高い。魅力度は街路樹の配置と高さおよび間隔，建物の配置と高さに関係がある。

②乱雑性は，配置の変化に白色ゆらぎと$1/f$ゆらぎを用いると高くなる傾向がある。

③整然性は，$1/f^2$ゆらぎもしくは一定としたときに高くなる。

④魅力度は，建物配置の場合は，一定または$1/f^2$ゆらぎが高い。街路樹に場合は，$1/f$ゆらぎのときに上昇する。逆に建物配置に白色ゆらぎ，$1/f$ゆらぎを用いると低下する。

⑤街路樹配置が白色ゆらぎ，$1/f$ゆらぎの場合，建物配置を一定あるいは$1/f^2$ゆらぎのときに魅力度が上昇する。

以上のような結果から，「ゆらぎ理論」を用いた空間を構成する可能性を示した。また，ゆらぎと魅力度には複雑な関係があるとしている。

〔引用文献〕

1) 恒松良純・船越徹・積田洋「街並みの「ゆらぎ」の物理量分析―街路景観の「ゆらぎ」に関する研究(その1)」日本建築学会計画系論文集，No. 542，pp.137-144，2001.4

2) 瀬田惠之・松本直司・青野文晃・河野俊樹・武者利光「ゆらぎ理論に基づく街路樹と建物の変化が街路景観の乱雑・整然性及び魅力に与える影響―中心市街地における乱雑・整然性に関する研究 その3―」日本建築学会計画系論文集，No. 561，pp.181-188，2002.11

3) 日本建築学会編『建築・都市計画のための調査・分析方法』井上書院，1987

〔参考文献〕

1) 恒松良純・船越徹・積田洋「街並みの「ゆらぎ」の心理分析―街路景観の「ゆらぎ」に関する研究（その2）」日本建築学会計画系論文集，No.597，pp.45-52，2005.11

2) 奥俊信「都市のスカイラインの視覚形態的な複雑さについて」日本建築学会計画系論文報告集，No.412，pp.61-71，1990.6

3) 亀井栄治・月尾嘉男「スカイラインのゆらぎとその快適感に関する研究」日本建築学会計画系論文報告集，No.432，pp.105-111，1992.2

4) 武者利光『ゆらぎの発想』NHK出版，1998

5) 三井秀樹『フラクタル科学入門』日本実業出版社

6) カール・ボーヴィル『建築とデザインのフラクタル幾何学』鹿島出版会，1997

7) 今野紀雄『図解雑学「複雑系」』ナツメ社，1998

2·17 空間分布を捉える 点分布・空間相関

1. 概要

コンビニエンス・ストアやファミリー・レストランなど、日常利用している各種施設がどのように空間的に分布しているのかを知るために、これらを地図上にプロットしてみることがある。そのことで、施設の空間分布特性についての情報を地図から読み取っている。地図上に描くという方法は、人間に備わる優れたパターン認識力を自然な形で利用した分析方法の一つといえる。しかし、施設の数や種類が多く、分布形状が特殊な場合には、目視だけでは合理的に判断することが難しくなる。こうした場合に、統計的な分析方法が有効な手段となる。

各施設はそれぞれ異なる面積をもっているが、小さな縮尺の地図上では点として表現されることが多い。ここでは、まず、施設が点で表象されることを前提として、点分布が凝集して分布しているのか、均等に分布しているのか、それともランダムに分布しているのかといった、点分布パターンを統計的に判断するための方法について解説する。

また、土地利用状況や人口密度など、面的な広がりをもった地域で観測される事象の空間分布パターンを分析したい場合もある。そこで、各地域が空間的にどのような関係をもって分布しているのかを分析するための方法について解説する。まず、空間的な関係性を記述するために提案されている各種統計量について述べ、次に、さまざまな事象の空間分布に潜在する空間的な相関関係を分析する方法について解説する。この方法によれば、同質の事象に備わる空間的な関係だけでなく、異種の事象間に潜在する空間的な関係までも分析することが可能である。

2. 点分布の分析

(1) 点分布パターンの基本的な測度

点分布を定量的に計測する測度(尺度)として最も基本的なものは「度数」(frequency)であろう。しかし、度数だけでは、対象とする空間範囲の大きさが異なると比較や理解が難しい場合がある。そこで、度数を空間範囲の面積で除して「密度」(density)に換算して考えることがある。人口密度などが典型例である。また、密度の逆数をとると、1つの点(人や施設)当たりの面積となり、活動主体間の平均的な近さを表すことから「接近度」と呼ばれることがある。

次に、点の空間分布を表現する基本的な測度として「中心」がある。これは次式で定義され、X座標とY座標それぞれの平均を求めることで与えられる。ここでx_i, y_iは事象iのX, Y座標値であり、nは施設の数である。

$$\bar{x} = \frac{1}{n}\sum_{i=1}^{n} x_i, \quad \bar{y} = \frac{1}{n}\sum_{i=1}^{n} y_i \qquad (1)$$

ただし、商業施設のように、床面積に大きなばらつきがあり、各施設を同等の点として扱えないような場合には、それぞれの点に重み(ウエイトw_i)を乗じた「重心」が用いられる。

$$\bar{x} = \frac{1}{n}\sum_{i=1}^{n} w_i x_i, \quad \bar{y} = \frac{1}{n}\sum_{i=1}^{n} w_i y_i \qquad (2)$$

一方、点が凝集して分布しているのか、分散しているのかを表現する測度として、「標準偏差」(standard deviation)がある。この値が大きければ分散しており、小さければ中心付近に凝集していることを示す。

$$\sigma_x = \sqrt{\frac{1}{n}\sum_{i=1}^{n}(x_i-\bar{x})^2}, \quad \sigma_y = \sqrt{\frac{1}{n}\sum_{i=1}^{n}(y_i-\bar{y})^2} \qquad (3)$$

さらに、点分布が中心の周りに方向性をもって分布しているときには、「標準偏差楕円」(standard deviational ellipse)を描いて、視覚的に把握する方法がある。具体的には、まず、各点座標から平均値を減じて平行移動する。

$$x_i' = x_i - \bar{x}, \quad y_i' = y_i - \bar{y} \qquad (4)$$

次に、平均値を中心に時計回りにθ度回転させて、点座標を新座標系へ変換する。

$$\begin{aligned}X_i &= x_i'\cos\theta - y_i'\sin\theta \\ Y_i &= x_i'\sin\theta + y_i'\cos\theta\end{aligned} \qquad (5)$$

ただし、$\tan\theta = \dfrac{A + \sqrt{A^2+4B^2}}{2B}$,

$A = \sum_{i=1}^{n}(x_i')^2 - \sum_{i=1}^{n}(y_i')^2$, $B = \sum_{i=1}^{n} x_i' y_i'$

大佛俊泰

以上のように変換された新座標値を用いて式(3)から標準偏差を求めて標準偏差楕円を描けばよい。このとき、重心を求めたときと同じように、各点にウエイトを設定することで、点の重みを考慮した標準偏差や標準偏差楕円を求めることができる。

(2) 方格法

方格法 (Quadrat Method) とは、対象地域を面積の等しいセル (区画) に分割して、各セルの中に含まれる点の数をカウントすることで、点分布パターンを分析する方法である。そのため、区画法、または、セルカウント法とも呼ばれる。

以下では、対象地域を等面積の m 個のセルに分割して行う方法を例に解説する。各セルに含まれる点の数を $x_i (i=1, \cdots, m)$ とする。ここで、x 個の点を含むセルの数を観測度数 O_x とする。このとき、n 個の点 ($n = \sum_{i=1}^{n} x_i$) が互いに独立に同確率で生起するとき、点分布はポアソン分布になることが知られているので、$x(x=1, \cdots, n)$ 個の点を含むセルの理論上の度数 E_x は次のように書ける。

$$E_x = nP(X=x) \tag{6}$$

ただし、$P(X=x) = \dfrac{(\rho s)^x e^{-\rho s}}{x!}$

ただし、s はセルの面積、ρ は点分布の平均密度 ($\rho = n/S$:S は対象地域の面積) である。

このとき、O_x は離散変数と見なせるので、χ^2 適合度検定が利用できる。すなわち、次の統計量が自由度 $(k-1)$ の χ^2 分布に従う性質を利用して検定すればよい (k は1つのセルに含まれる最大の点の数)。

$$\chi^2 = \sum_{x=0}^{k} \dfrac{(O_x - E_x)^2}{E_x} \tag{7}$$

ただし、観測度数 O_x が少ないと検定できないので、O_x が5以上の数になるように、x の値に幅をもたせることが必要となる。

一方、χ^2 検定によらない分散平均比による検定方法も知られている。具体的には、ポアソン分布の期待値と分散は等しいという性質を利用すると、観測データから計算される分散平均値 ($I = \sigma^2 / \bar{x}$) が1より大きいとき凝集型、1より小さいとき均等型であると判断する方法である。また、次の統計量は、自由度 $(n-1)$ の χ^2 分布に従うことを利用して統計的検定を行うこともできる。

$$\chi^2 = \dfrac{\sigma^2}{\bar{x}} (n-1) \tag{8}$$

(3) 最近隣距離法

点分布の基本パターンとして、凝集型、ランダム型、均等型がある。凝集型は点と点の間の距離は短く、均等型では長い。ランダム型は、両者の中間である。最近隣距離法 (Nearest-Neighbor Distance Method) とは、観測された点分布がこれらのどれに近いのかを統計的に判断する方法であり、各点 i にとって最も近い他の点までの距離 $d_i (i=1, \cdots, n)$ を基に分析する方法である。最近隣距離 r は、次のように定義される。

$$r = \dfrac{1}{n} \sum_{i=1}^{n} d_i \tag{9}$$

点分布がポアソン分布に従うとき、最近隣距離 r の期待値と標準偏差は、次式で与えられる。

$$E(r) = \dfrac{1}{2\sqrt{\rho}} \tag{10}$$

$$\sigma(r) = \dfrac{0.26136}{\sqrt{n\rho}} \tag{11}$$

ただし、ρ は点分布の平均密度 ($\rho = n/S$:S は対象地域の面積) である。また、r と $E(r)$ との比は最近隣測度 R と呼ばれ、凝集型のとき $R=0$、ランダム型のとき $R=1$、正三角形状の均等型のとき $R=2.149$ となる。

観測された点分布から求めた最近隣距離 r とポアソン分布に従う点分布の最近隣距離 $E(r)$ との間の有意性検定は以下のように行う。まず、次の統計量 Z を考える。

$$Z = \dfrac{r - E(r)}{\sqrt{Var(r)}} \tag{12}$$

ただし、$Var(r)$ は r の分散である。このとき、観測点の数 n が十分に大きいとき、有意水準 α のもとでの正規確率限界値を Z_α とすると (例えば、$Z_{0.05} = 1.960$、$Z_{0.01} = 2.576$)、$Z_\alpha \geq |Z|$ であれば帰無仮説を採択する。すなわち、観測した点分布はランダム分布と有意差がなく、ランダム分布とみなしてよいことになる。一方、

$Z_\alpha < |Z|$ の場合には，帰無仮説は棄却され，ランダム分布とはいえないことになる。ただし，最近隣距離法では「ランダム型か否か」が検定できるだけなので，$Z_\alpha < |Z|$ の場合の解釈としては，R の値が 1 よりも小さければ「凝集型に近い」，1 よりも大きければ「均等型に近い」という表現に止めなければならない。

(4) K関数法

方格法や最近隣距離法は，点分布の一部の情報を用いて分析するのに対し，K関数法（K Function Method）は，点分布の詳細な位置情報を用いて分析する。具体的には，K関数とは以下のように定義される統計量である。

$$K(d) = \mathrm{E}[\text{任意に選んだ点を中心として描いた半径}\,d\,\text{の円内に含まれる点の数}]/\rho \quad (13)$$

ここで，E[ ] は期待値演算記号であり，ρ は全対象地域から求めた点密度である。つまり，K関数は，全対象領域から求めた点密度に対する半径 d のローカルな空間範囲（円）における点密度の比を表している。

ポアソン分布の場合，完全なランダム性（CSR：Complete Spatial Randomness）のもとでは，K関数の値は $K(d) = \pi d^2$ となることから，半径 d を変化させながら，観測データから得られる $K(d)$ の値を求め，これを πd^2 と比較することで，点分布のランダム性を評価することができる。すなわち，K関数の理論値 πd^2 に近い曲線が得られれば，観測した点分布はランダムに分布しているといえる。一方，小さな d の範囲で，$K(d) > \pi d^2$ となっていれば凝集型であり，$K(d) < \pi d^2$ であれば分散型であるといえる。ただし，対象地域の境界付近では，半径 d の円が対象地域外にはみ出てしまい，カウントされる点の数が少なくなる。そのため，次式のように，ウエイト w_{ij} で補正しながら $K(d)$ の値を推定する必要がある。

$$K(d) = \frac{S}{n^2} \sum_{i,j\,(i \neq j)}^{n} \frac{\mathrm{I}[d_{ij} < d]}{w_{ij}} \quad (14)$$

ここで，n は領域内の点の総数，S は領域の面積，d_{ij} は i 番目の点と j 番目の点との距離，w_{ij} は点 i を中心にして j を通る円が領域に含まれる部分の面積割合である。$\mathrm{I}[d_{ij} \leq d]$ は指示関数で，$d_{ij} \leq d$ ならば 1，それ以外で 0 となる関数である。

(5) カーネル密度推定

方格法による分析結果は，分析者が設定したセルのサイズや基準点のとり方に影響を受けることがある。一方，カーネル密度推定（Kernel Density Estimation）は，それぞれの観測点の正確な位置座標を用いて行う方法であり，観測点の空間分布から，未知の確率密度 $p(x)$ を推定したい場合に使われる。具体的には，観測値 $x_i\,(i = 1, \cdots, m)$ のもとでの，（任意の位置）x におけるカーネル密度の推定値は，以下のように求められる。

$$p(x) = \frac{1}{nh} \sum_{i=1}^{m} K\left(\frac{x - x_i}{h}\right) \quad (15)$$

ここで，h はバンド幅，$K(z)$ はカーネル関数であり，以下の Gaussian カーネルが多用される。

$$K(z) = \frac{1}{\sqrt{2\pi}} e^{-\frac{z^2}{2}} \quad (16)$$

このほかにも，さまざまなカーネルが提案されているが，どのカーネルを使用するかよりも，どのようにバンド幅 h を決定するかのほうが結果に大きく影響するため重要である。その理由から，実際にはさまざまなバンド幅で推定を試みることが必要となる。

3. 空間相関分析

(1) ジョイン統計量

空間的自己相関（spatial autocorrelation）とは，空間的に近くに位置する事象どうしの属性が，空間的に遠くに位置する事象どうしの属性よりも，よく似ている（正の空間的自己相関），もしくは似ていない（負の空間的自己相関）ことを表現する概念である。すなわち，似たものどうしが集まっている状態なのか，回避し合っている状態なのかを表す概念である。空間的自己相関を分析するためには，対象の位置と属性を同時に考える必要がある。

ジョイン統計量（Join Count Statistics）は，空間的自己相関を記述する統計量の中でも最も単純なものであり，おもに対象地域が格子状に分割されたラスターデータを用いて，空間的に

隣接するセルの間における類似性，非類似性の程度を測る方法である。属性として「白と黒」というように2値のみをもち，空間的な隣接関係として上下左右の隣接だけを考える場合，ジョイン統計量は以下のように求められる。

すべての隣接セルのペアのうち，白と黒がペアになっている数Nをカウントする。Nが大きければ，異なる属性値が多く隣接していることになるので，負の空間的自己相関があり，Nが小さければ正の空間的自己相関があることになる。このことを統計的に判断するためには，点分布の分析と同様に，ランダムな状態と比較すればよい。すなわち，縦a行×横b列の矩形の対象地域の中に，白と黒がそれぞれm個，n個ランダムに分布している場合を想定すると，Nの期待値は以下のように表せる。

$$\mathrm{E}[N] = \frac{2mn(2ab-a-b)}{ab(ab-1)} \quad (17)$$

したがって，実際の分布から求められたNが，この値よりも小さければ正の空間的自己相関があり，大きければ負の空間的自己相関があると判断することができる。

また，Nと$\mathrm{E}[N]$の間の統計的な有意性検定も行うことができる。さらに，空間的な隣接関係として，上下左右の4方向だけでなく，斜めを加えた8方向の場合についてもほぼ同様にして議論することができる。詳細については専門書を参照してほしい。

(2) モランのI統計量

ジョイン統計量を求める際の前提を緩和して，より一般性を高めたものがモランのI統計量（Moran's I）である。すなわち，①属性として連続量が扱える，②点や線などのデータも扱える，③空間的関係の記述に距離が使える，という特色がある。具体的には，次式で定義される統計量である。

$$I = \frac{n\sum_{i=1}^{n}\sum_{j=1}^{n}w_{ij}(x_i-\bar{x})(x_j-\bar{x})}{\sum_{i=1}^{n}\sum_{j=1}^{n}w_{ij}\sum_{j=1}^{n}(x_i-\bar{x})^2} \quad (18)$$

ここで，nは事象の数，x_iは事象iの属性値，w_{ij}は事象$(i-j)$間の近接性を表すウエイトである。すなわち，事象間の近接性ウエイトw_{ij}を乗じて計算された，事象iと事象jにおける空間変量の相関係数である。つまり，この統計量が1に近いとき正の空間的自己相関があり，−1に近いとき負の空間的自己相関があると解釈される。

また，事象間の空間的な距離関係（近接性ウエイトw_{ij}）が定義できれば，ラスターデータのような面データでなくとも，点データや線データでも適用可能である。そのため，①重心間距離（または，その自乗），②最短距離，③平均距離，④ネットワーク距離，⑤時間距離，⑥隣接関係の有無，などさまざまな量が利用される。その反面，どのように近接性を記述するかが分析結果に直結することにも注意する必要がある。

モランのI統計量についても，正規性仮定とランダム化仮定に基づいて，統計的な検定を行うことができる。詳細については，参考文献[5~7]を参照されたい。

4. ネットワーク空間相関分析法

○大佛俊泰・内藤智之「空間相関分析法の道路ネットワーク空間への拡張」日本建築学会計画系論文集，No.646, pp.2605-2610, 2009.12

上述した分析法のほとんどは，事象間の距離は直線距離（ユークリッド距離）を用いて定義，計測されていた。しかし，現実の都市空間では，人や物は道路ネットワーク上を移動することから，ネットワークに沿って分布する施設等を分析する際には，ネットワーク距離を用いるほうが好ましいと考えられる。近年のデジタル空間データの高精度化を背景として，道路ネットワークに沿って分布する事象を対象とした分析方法が開発されつつある[7]。以下では，道路ネットワーク上に連続分布する空間変量を，離散分布に変換して空間相関分析を行った事例について解説する。

ネットワーク全体を等しい長さのセルに分割（離散化）することは容易ではない。そこで，ネットワーク上にランダムにポイントを発生させ，このランダムポイントを起点としたネットワーク距離帯（バッファ）を用いて空間変量を集計することで，連続分布を離散分布に変換す

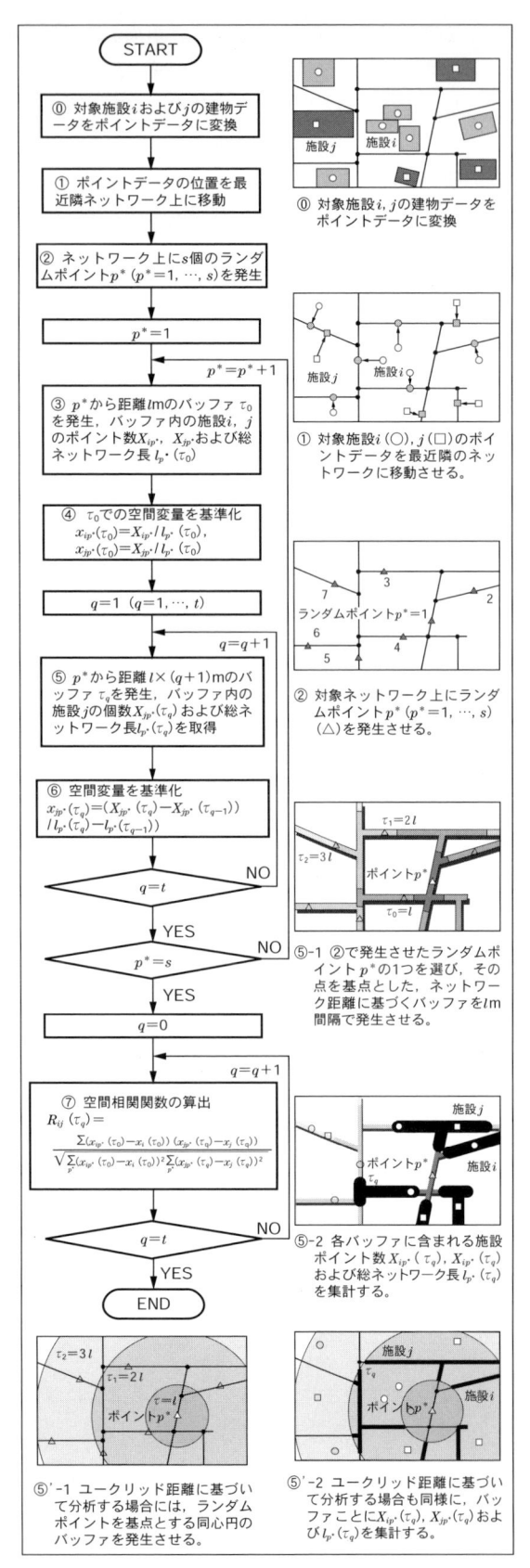

図1 ネットワーク空間相関関数の求め方

フローチャート:
- START
- ⓪ 対象施設 i および j の建物データをポイントデータに変換
- ① ポイントデータの位置を最近隣ネットワーク上に移動
- ② ネットワーク上に s 個のランダムポイント p^* ($p^*=1, \cdots, s$) を発生
- $p^*=1$
- ③ p^* から距離 lm のバッファ τ_0 を発生，バッファ内の施設 i, j のポイント数 X_{ip^*}, X_{jp^*} および総ネットワーク長 $l_{p^*}(\tau_0)$
- ④ τ_0 での空間変量を基準化
  $x_{ip^*}(\tau_0)=X_{ip^*}/l_{p^*}(\tau_0)$,
  $x_{jp^*}(\tau_0)=X_{jp^*}/l_{p^*}(\tau_0)$
- $q=1$ ($q=1, \cdots, t$)
- ⑤ p^* から距離 $l \times (q+1)m$ のバッファ τ_q を発生，バッファ内の施設 j の個数 $X_{jp^*}(\tau_q)$ および総ネットワーク長 $l_{p^*}(\tau_q)$ を取得
- ⑥ 空間変量を基準化
  $x_{jp^*}(\tau_q)=(X_{jp^*}(\tau_q)-X_{jp^*}(\tau_{q-1}))/(l_{p^*}(\tau_q)-l_{p^*}(\tau_{q-1}))$
- $q=t$? NO→$q=q+1$, YES↓
- $p^*=s$? NO, YES↓
- $q=0$
- ⑦ 空間相関関数の算出
  $$R_{ij}(\tau_q) = \frac{\sum_{p^*}(x_{ip^*}(\tau_0)-x_i(\tau_0))(x_{jp^*}(\tau_q)-x_j(\tau_q))}{\sqrt{\sum_{p^*}(x_{ip^*}(\tau_0)-x_i(\tau_0))^2 \sum_{p^*}(x_{jp^*}(\tau_q)-x_j(\tau_q))^2}}$$
- $q=t$? NO, YES→END

右側図説:
- ⓪ 対象施設 i, j の建物データをポイントデータに変換
- ① 対象施設 i (○), j (□) のポイントデータを最近隣のネットワークに移動させる。
- ② 対象ネットワーク上にランダムポイント p^* ($p^*=1, \cdots, s$)(△) を発生させる。
- ⑤-1 ②で発生させたランダムポイント p^* の1つを選び，その点を基点とした，ネットワーク距離に基づくバッファを lm 間隔で発生させる。
- ⑤-2 各バッファに含まれる施設ポイント数 $X_{ip^*}(\tau_q)$, $X_{jp^*}(\tau_q)$ および総ネットワーク長 $l_{p^*}(\tau_q)$ を集計する。
- ⑤'-1 ユークリッド距離に基づいて分析する場合には，ランダムポイントを基点とする同心円のバッファを発生させる。
- ⑤'-2 ユークリッド距離に基づいて分析する場合も同様に，バッファごとに $X_{ip^*}(\tau_q)$, $X_{jp^*}(\tau_q)$ および $l_{p^*}(\tau_q)$ を集計する。

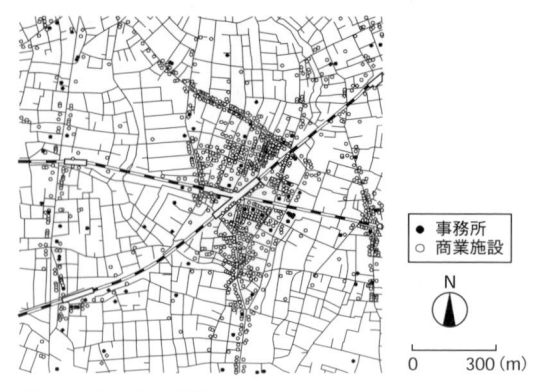

図2 下北沢周辺地域

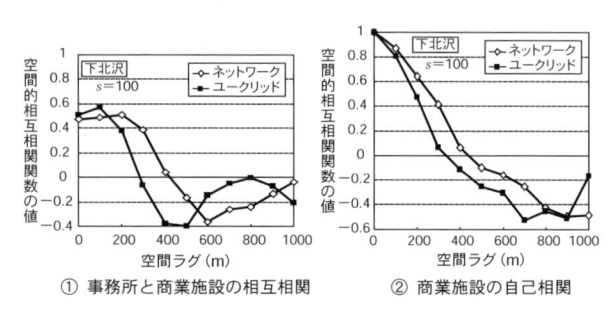

● 事務所　○ 商業施設　0 300(m)

図3 ユークリッド距離とネットワーク距離に基づく空間的相互相関関数の比較

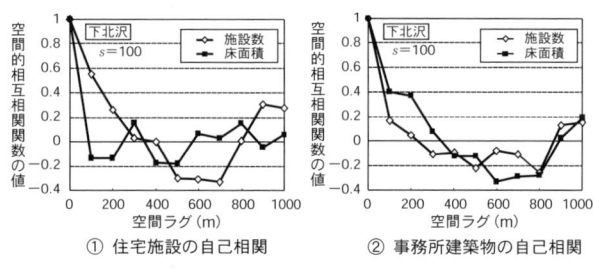

① 事務所と商業施設の相互相関（下北沢，$s=100$，ネットワーク／ユークリッド）
② 商業施設の自己相関（下北沢，$s=100$，ネットワーク／ユークリッド）

図4 住宅・事務所分布の空間的自己相関関数

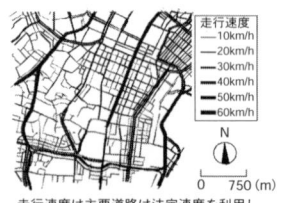

① 住宅施設の自己相関（下北沢，$s=100$，施設数／床面積）
② 事務所建築物の自己相関（下北沢，$s=100$，施設数／床面積）

図5 時間距離と空間距離に基づく空間的相互相関関数の比較

① 道路ごとの走行速度の設定
走行速度：10km/h，20km/h，30km/h，40km/h，50km/h，60km/h
走行速度は主要道路は法定速度を利用し，それ以外の道路については幅員をもとに 13m〜：30km/h，5.5〜13m：20km/h，3〜5m：10km/hと定めた。
0 750(m)

② 事務所と住宅の相互相関（新橋，$s=300$，時間距離(分)／空間距離(m)）

る。建物用途と位置情報を備えた空間変量の場合（図1参照）には，①分析対象施設iの建物をポイントデータに変換し，②そのポイントを最近隣のネットワーク上に移動させる。次に，③ネットワーク上にランダムにポイントp^* $(p^*=1,\cdots,s)$を発生させる。④各ポイントp^*から空間ラグτ_q $(q=0,\cdots,t)$をもつバッファを順次発生させる。⑤ポイントp^*を基点とする各バッファ内に含まれる集計量$X_{ip}^*(\tau_q)$とネットワークの総長$l_p^*(\tau_q)$を求める。⑥$X_{ip}^*(\tau_q)-X_{ip}^*(\tau_q-1)$の値を$l_p^*(\tau_q)-l_p^*(\tau_q-1)$の値で除して，ネットワーク長さ当たりの量$x_{ip}^*(\tau_q)$を求める。⑦ランダムポイント$p^*$ごとに得られる空間変量$X_{ip}^*(\tau_0)$と$X_{ip}^*(\tau_q)$の値から相関係数を求めれば，空間的自己相関関数の値$R_{ii}(\tau_q)$となる。また，対象施設jについても同様に変量$x_{jp}^*(\tau_q)$を構成し，$x_{ip}^*(\tau_0)$との相関係数を求めると，空間的相互相関関数の値$R_{ij}(\tau_q)$となる。

下北沢を中心とする地域（図2）を分析対象地域として，事務所建築物と商業施設の空間的相互相関関数（図3①）を求め，ユークリッド距離とネットワーク距離の結果を比較した。ユークリッド距離の場合，空間ラグの小さい範囲で相互相関関数の値は高いが，200m付近で急激に減衰する。一方，ネットワーク距離の場合，距離減衰が小さい。次に，商業施設の空間的自己相関関数（図3②）を求めた。ユークリッド距離の場合，距離減衰が大きいが，ネットワーク距離の場合，緩やかに減衰している。この対象地域は2本の鉄道路線により分断されているため，こうした差異が現れたと考えられる。すなわち，ユークリッド距離の視点からすれば，施設は相互に隣接して立地し，コンパクトな商業集積を形成しているように見えても，ネットワーク距離の視点からは，施設はある程度離れて立地し，空間的な広がりをもった商業集積を形成しているといえる。

次に，下北沢周辺における施設分布の空間的自己相関関数を求めた（図4）。住宅の場合，主要幹線道路沿いの大規模集合住宅と，細街路の戸建住宅が複雑に入り組んで立地するため，床面積で分析すると連担性は小さくなる（図4①）。一方，事務所建築物の場合，同規模の施設が連続する傾向にあるため，床面積で分析しても高い連担性が観測される（図4②）。

次に，新橋を中心とする地域（図5）を対象に，時間距離に基づいて事務所建築物と住宅施設の相互相関関数を求めた（図5②）。自動車の走行速度は図5①のように定めた。ネットワーク距離に基づく分析結果は，事務所と住宅は約2kmの空間ラグをもって立地していることを示している。一方，自動車利用による時間距離から判断すると，二つの異なる時間ラグ（約4分と約6分）をもって立地しているといえる（図5②）。

〔参考文献〕

1) 野上道夫・杉浦芳夫『パソコンによる数理地理学演習』古今書院，1986
2) 谷村秀彦ほか『都市計画数理』朝倉書店，1986
3) 金谷健一『空間データの数理』朝倉書店，1995
4) 間瀬茂・武田純『空間データモデリング―空間統計学の応用』共立出版，2001
5) 張長平『空間データ分析』古今書院，2001
6) 杉浦芳夫編『地理空間分析』朝倉書店，2003
7) 岡部篤行・村山祐司『GISで空間分析』古今書院，2006

2·18 最適化する 数理計画法・遺伝的アルゴリズム

加藤直樹・瀧澤重志

1. 概要

社会のさまざまな分野において最適化技術が用いられている。「最適化」とは、現在の状態、計画、設計を改良して最も優れたものにすることを指す。システム最適化とは、状態、計画、設計などを数式等を用いて記述し、その後、最適な状態を計算し最適化を実施することである。

建築・都市における設計や計画の決定は、さまざまな外的制約の下で"最も優れた解"を見出す行為である。その行為は多段階にわたることが多く、各段階で意思決定者の価値判断によって「最も優れた選択」を行っていく。建築や都市における最適意思決定は複雑な要素が絡み合い、定式化が困難な場合も多い。

これまでに、最適意思決定を支援する数多くの最適化手法が開発されている。そのなかでも「数理計画法」が理論的基礎を与えるもので、厳密最適解を求める一般的な方法である。

しかし、残念ながら、すべての問題に対する万能薬ではない。というのも、厳密な最適解を求めることが困難な場合が多いからである。そこで、応用の立場から、近似最適解を簡単に構成する発見的解法（ヒューリスティックス）の研究が中心になってきた。また、人工知能、エキスパートシステム、ニューラルネットワーク、ファジイシステムなどの新しい道具の利用も近年盛んに試みられている。

また最近では、遺伝的アルゴリズム、シミュレーティド・アニーリング、タブー探索法などの新しい解法が注目を集め、建築や都市の問題に対して広範囲に適用され、成功を収めている。これらの解法は、メタヒューリスティックス（metaheuristics、メタ戦略ともいう）、あるいはモダンヒューリスティックス（modern heuristics）と総称されている。

2. 数理計画法

「数理計画」は、システム最適化を計画・実施するための理論的基礎をなすものである[1,2,3]。そのための方法論は「数理計画法」と呼ばれる。数理計画法は、対象とする数学モデルの構造が同じであれば、共通の方法が適用でき、汎用性が高い。数理計画法を用いてシステム最適化を実際に行う場合、重要な点はモデルの作成である。現実を忠実に反映する精密な数学モデルを立てることは困難な場合があるし、もしそれができたとしても、そのモデルを用いて最適化を行うことが極端に難しくなることがある。そのためには、どのような数学的モデルであれば効率よく解けるのかという知識や、最適化を行うための方法についての知識が必要である。

数理計画法が対象とする問題は「数理計画問題」と呼ばれ、一般に次のように定式化される。

$$\text{minimize} \quad f(x) \quad (1)$$
$$\text{subject to} \quad x \in S \quad (2)$$

ここで x は、決定変数からなるベクトルでシステムを最適化するにあたって、意思決定者が制御可能ないくつかの種類の量を表している。$f(x)$ は決定変数ベクトル x を評価する関数で、評価関数とか目的関数と呼ばれる。S は x が取り得る範囲を形式的に表したもので、「制約領域」「実行可能領域」または「実行可能集合」と呼ばれる。上の式は、与えられた制約領域 S のなかから目的関数を最小化する x を求めよ、という問題を定式化したものである。目的関数を最小化する x を「最適解」と呼ぶ。また、$x \in S$ を満たす x を許容解や実行可能解という。

数理計画問題はその数学的構造にしたがって、いくつかのクラスに分類される。まず変数に関しては、変数が連続的な実数値をとる連続的最適化問題と離散的最適化問題に大別される。後者の問題は、組合せ的な性質を表す場合が多いので「組合せ最適化問題」とも呼ばれる。

連続的最適化問題は、目的関数が線形で制約条件が線形方程式や線形不等式系で表される線形計画問題と、目的関数や制約条件が必ずしも線形とは限らない非線形計画問題に分かれる。後者はさらに、目的関数が2次で制約条件が線形の2次計画問題、目的関数が凸関数で制約領域が凸集合の凸計画問題などに分類される。

離散的最適化問題にはさまざまな問題のクラスがあるが、それらは扱う制約条件によって具体的に特徴づけられる。いくつかの変数が整数であるという条件が課せられる整数計画問題や、

特に変数の値が0または1であるような0-1整数計画問題とか，制約条件がグラフ・ネットワークに関連して与えられるネットワーク計画問題などがある。

以下，線形計画問題，整数計画問題，非線形計画問題の3種類について，式(1)，(2)の評価関数$f(x)$や制約領域Sが具体的にどのように与えられるかについて述べる。

1. **線形計画問題**：$x = (x_1, x_2, \cdots, x_n)$とすると（各$x_j$は実数変数である），

$$f(x) = \sum_{j=1}^{n} c_j x_j$$

で，制約領域Sはl個の不等式制約条件

$$\sum_{j=1}^{n} a_{ij} x_j \leq b_i, \quad (i = 1, 2, \cdots, l)$$

と$m-l$個の等式制約条件

$$\sum_{j=1}^{n} a_{ij} x_j = b_i, \quad (i = l+1, l+2, \cdots, m)$$

を満たすようなxの集合である。ただし，a_{ij}，b_iは定数である。

2. **整数計画問題**：線形計画問題において変数のすべて，もしくは一部が整数に限定されている問題のことである。つまり，線形不等式や線形等式制約に加えて，整数制約を付加した問題である。実数変数と整数変数の両者を含む問題は「混合整数計画問題」と呼ばれる。

3. **非線形計画問題**：関数が非線形とは2次関数，3次関数，指数関数，対数関数など，線形以外の関数であることを意味する。非線形関数というときは，通常連続関数を意味することが多い。$f(x)$が一般の非線形関数で，制約領域Sは，

$$g_i(x) \leq 0, \quad (i = 1, 2, \cdots, l)$$
$$g_i(x) = 0, \quad (i = l+1, l+2, \cdots, m)$$

という条件を満たすx全体の集合である。特に，$g_i(x)$がすべて線形で，$f(x)$が2次関数であるとき（つまり$f(x) = \sum_{i=1}^{n}\sum_{j=1}^{n} c_{ij} x_i x_j + \sum_{i=1}^{n} d_i x_i$の形），2次計画問題という。

3. 施設配置問題

われわれが生活をしている町，村，地域には，小中学校，郵便局，消防署，警察，役所，銀行，スーパーマーケット，ゴミ処理場，病院，駅などさまざまなサービス施設がある。利用者にとって，利用したい施設が近くにあるのは便利である。利用者全体に対して，総合的にみて最も優れた施設の配置場所を決定するのが施設配置問題である。

施設配置問題は，モデルを構成する要素によって，次のように分類される。

1. 配置したい施設の数：施設数があらかじめ定められている場合と，そうでない場合がある。後者の場合，施設を立地したときに，固定費用がかかると仮定する場合が多い。

2. 評価尺度：min–sum基準とmin–max基準の代表的な2つの基準を説明する。min–sum基準は，最も近い施設への距離の合計を最小化するものである。min–max基準は，最も近い施設への距離の最も遠い利用者に対する距離を最小化するものである。ゴミ処理場など，近所にあると迷惑となる施設（迷惑施設という）については，max–min基準などが用いられる。

3. 施設の容量制約：倉庫のように，施設の物理的制限による規模の上限があり，一定量以上のサービスを提供できない場合がある。

4. 施設の必須性：消防署のように住民に必要不可欠な施設なのか，もしくはレストランのように不可欠ではない施設なのか。

[簡単な例題]

平面上の地域に住民が住んでおり，地域に図書館を一つ建設しようとしており（図1），住民にとって最も便利な場所に建設したいという問題を最適化問題として考えよう。そのための評価基準として，住民から図書館までの距離の総和を考えることにする。

住民の位置を$\{u_1, u_2, \cdots, u_{13}\}$とする。図書館の位置（$x$-$y$座標）を$p = (x, y)$，住民$u_i$の位置を$u_i = (v_i, w_i)$とする。簡単のために，図書館は平面上の任意の場所に配置できるものとする。この地域は碁盤目状に道路が走っており，公共施設までは東西南北に走る道路を利用する。したがって，住民u_iから図書館pまでの距離は，$|x - v_i| + |y - w_i|$となり，住民から図書館までの距離の総和は，$z(x, y) = \sum_{i=1}^{13}(|x - v_i| + |y - w_i|)$

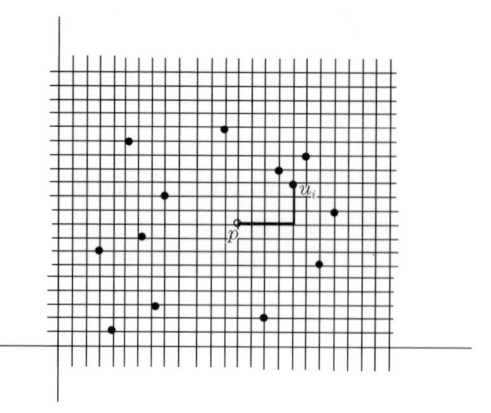

図1　平面上の施設配置

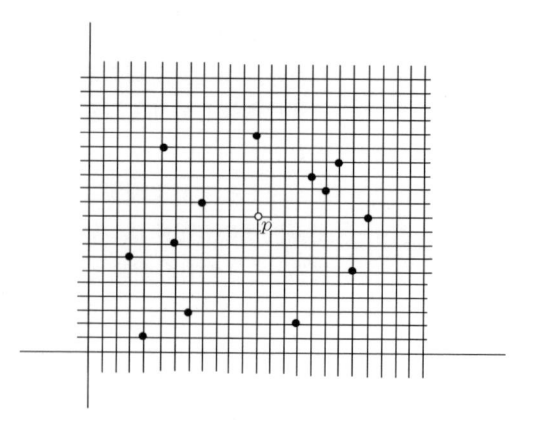

図2　平面上の施設配置問題の最適解

となる。$z(x,y)$を最小にするpの位置(x,y)を求める問題として，次のように定式化される。

$$\text{minimize} \quad z(x,y) = \sum_{i=1}^{n}(|x-v_i|+|y-w_i|)$$

$$\text{subject to} \quad (x,y)\text{は平面上の点}$$

この問題を解く方法について次に述べよう。まず最初に，適当にpの位置を決めておく。その位置からpを水平もしくは垂直に移動させて，$z(x,y)$が減少するかどうかを調べる。

いま，pを水平方向に移動させることを考えよう。pを水平に移動させても，垂直距離は変化しない。そのために，住民の位置を表すすべての点をx軸に射影する。そうすると，直線上に住民が存在する問題と同様になり，最適な位置はx軸に射影された点集合の中央値となる。同様にpの最適なy座標は，y軸に射影された点集合の中央値となる。よって，pの最適な場所は，図2に示すとおりとなる。

次に，住民u_iから図書館pまでの距離が，直線距離$\sqrt{(x-v_i)^2+(y-w_i)^2}$で表される場合を考える。住民から図書館までの距離の総和は，$z(x,y)=\sum_{i=1}^{n}\sqrt{(x-v_i)^2+(y-w_i)^2}$となる。$z(x,y)$を最小にする$p$の位置$(x,y)$を求める問題は，次のように定式化される。

$$\text{minimize} \quad z(x,y) = \sum_{i=1}^{n}\sqrt{(x-v_i)^2+(y-w_i)^2}$$

$$\text{subject to} \quad (x,y)\text{は平面上の点}$$

$f_i(x,y)=\sqrt{(x-v_i)^2+(y-w_i)^2}$とすると，$f_i(x,y)$が下に凸であるので，大域的最適解を非線形最適化手法によって容易に求めることができる。

4. 遺伝的アルゴリズム

これまで述べた数理計画法は，厳密な最適解を求めることを目的としたものであったが，最適解を効率的に求めるのが困難な問題が存在する。その代表的な問題が，組合せ最適化問題である。

組合せ最適化問題は，例えば，複数の目的地をできるだけ短い経路で巡る巡回セールスマン問題や，制約の範囲内で可能な限り多くの物を詰め込むナップザック問題など，実用的な問題と密接に関わるものが多く，最適解でなくとも満足できる解を求めたいという要請が強い。そのために，「近似アルゴリズム」や「ヒューリスティクス」と呼ばれる最適化手法の研究が盛んに行われている。

特にヒューリスティクスの中で，問題の性質に依拠しない一般的な解法をメタヒューリスティクスなどと呼ぶ。「メタヒューリスティクス」には，局所探索法，焼き鈍し法，タブーサーチ，進化的アルゴリズムなど多くの方法があり，特定の問題に対して作られた最適化手法に対して探索性能が低い傾向があるが，汎用性が高いために数理計画の非専門家にもよく利用されている。

なかでも，進化的アルゴリズムの一つである遺伝的アルゴリズム（Genetic Algorithms, GA）はいろいろな分野で用いられており，建築計画や都市計画分野においても，文献5〜8をはじめとして多くの研究事例がある。以下ではGAについて，その概要と応用事例について述べる。

図3 染色体の例：省エネルギー住宅のスペック

ダーウィンの進化論では，生物は環境に適応した種や個体ほどより多くの子孫を残し，親の遺伝情報が掛け合わさるとともに，突然変異により遺伝情報が若干変化することで，より環境に適応した個体に進化していく。GAはこの考え方を模して最適化を行う。

GAでは，決定変数のベクトルのことを「染色体」と呼び，染色体を解読した解候補を「個体」と呼ぶ。また，染色体の配列の個々の値を「遺伝子」と呼ぶ。遺伝子には一般に，図3に示すように2進数が用いられるが，問題に応じて10進数や実数が使われる場合もある。特に実数を用いたGAは「実数値GA」と呼ばれ，連続的最適化問題の近似解法として利用される。

次に，個体の適合度を評価するための目的関数を設定する。個体の適合度の評価には，目的関数値がそのまま使われる場合や，目的関数値を線形スケーリングなどの方法で変換して用いることもある。また，一般には一つの目的関数で適合度を定めるが，広さとコストのように相反する複数の目的関数で多角的に評価を行う，多目的最適化と呼ばれる問題もある。

多目的最適化の解法はいくつかあるが，その中でもGAなどの進化的最適化手法は，複数の個体で並列的に解を探索することから，多目的最適化の解法として適しており，活発な研究が行われている。

GAによる最適化は，以下の手順に従って実行される。

1．初期個体をランダムに複数生成する。
2．個体を目的関数に従って評価する。
3．適応度が高い個体を親として選択する。
4．親の染色体から，交叉と突然変異により子を作る。
5．世代交代を行う。
6．終了条件をチェックし，終了しなければ2．へ戻る。

親の選択は目的関数が一つの場合，個体の適

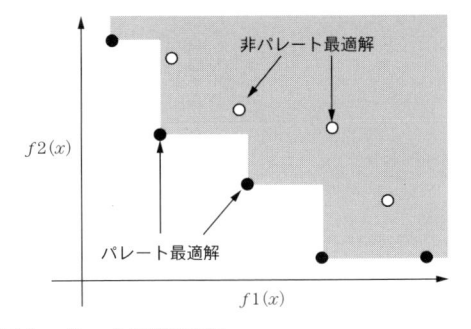

図4 パレート最適解の例

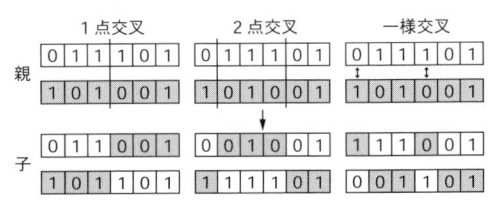

図5 染色体の交叉方法

応度に比例した確率で，ランダムに複数回個体を選ぶルーレット戦略，ランダムに複数個の個体を選び，それらの中で最も適応度が高い個体を選ぶことを所定回繰り返すトーナメント戦略，適応度によって個体をランク付けし，あらかじめ各ランクに対して定められた確率で親を選択するランク戦略など，いろいろな方法がある。

なお，これらの選択方法とともに，世代交代時に最も適応度が高い個体の染色体をそのまま次世代に残すエリート保存戦略が併用される場合もある。エリート保存戦略は，最適化の初期段階で安定して適合度を上昇させる効果がある一方，個体の多様性が失われやすく，最終的な適合度が伸び悩みやすいという短所がある。

多目的最適化の場合は，それまでに見つかったパレート最適解の集合から親を選ぶことが一般的である。パレート最適解とは，他の目的関数の値を悪化させることなく，その目的関数の値を向上させることができない解，言い換えると，あちらを立てればこちらが立たずというトレードオフ性を有している解のことである。2目的最小化問題の場合のパレート最適解を図4に示す。

交叉は，設定した交叉確率に基づき，選択した二つ（以上）の親の染色体を掛け合わせて，新しい染色体を作る操作である。離散変数のGAでは，図5のように，二つの親の染色体の任意の1点を切断して掛け合わせる1点交叉，

Ⅱ 分析の方法　251

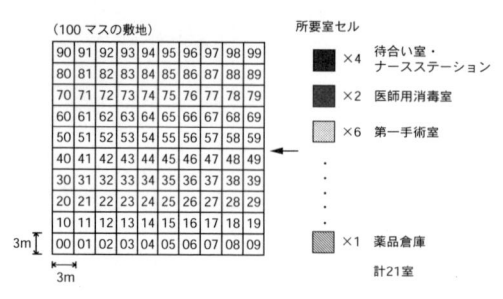

図6 室を配置する空間（引用文献1）

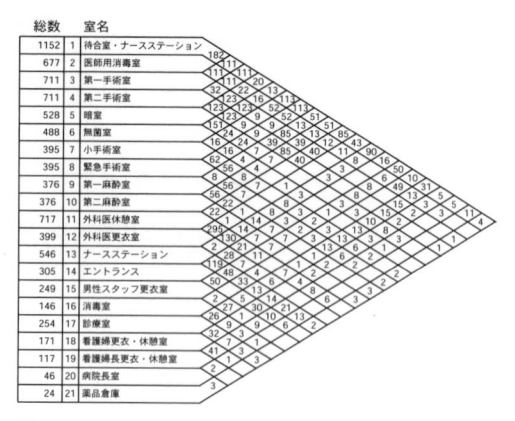

図7 アソシエーションチャート（引用文献1）

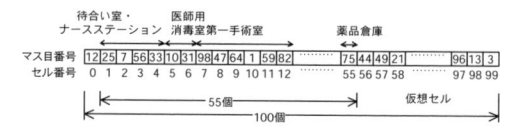

図8 染色体の定義（引用文献1）

切断点を2点とした2点交叉，すべての遺伝子をランダムに入れ替える一様交叉などが用いられる。

実数値GAでは，より探索性能の高い方法として，複数の親の染色体ベクトルにより構成される領域に，統計的に子を生成するUNDX（単峰性正規分布交叉）やSPX（シンプレックス交叉）などが提案されている。

突然変異は，設定した突然変異率に基づき任意の遺伝子の情報を変える操作である。2進数の遺伝子では値を反転させるが，その他の遺伝子では，変数の実行可能領域内で，一様乱数で値を変化させる一様突然変異や，実行可能領域の境界上の値に変化させる境界突然変異などの方法がある。

世代交代は，世代ごとにすべての個体が入れ替わる離散世代モデルが基本であるが，現世代の何割かが新しい世代と入れ替わるかをパラメータとした世代ギャップモデルも提案されている。特に世代ギャップモデルの中で，ランダムに選んだ2個体のみを世代交代の対象とするものを「最小世代ギャップモデル（MGG）」と呼ぶ。

終了判定は，適合度が指定の値を上回った場合，既定の計算時間を超えた場合，適合度の変化が見られなくなった場合など，問題に応じて設定される。

このほかにも，GAは性能向上のためにいろいろな拡張が試みられている。例えば，GAは解空間の中で大域的に解を探索する方法だが，局所最適解を厳密に求めるために，局所探索法などと組み合わせて探索を行うハイブリッドGAや，適合度の高い個体の分布を統計的な方法で予測して新たな子を生成する分布推定アルゴリズムなどが提案されている[4]。

5. 事例

〇岩田伸一郎・宗本順三・吉田哲・阪野明文「移動コストを評価関数とした室配置へのGA適用と発想支援　An approach to the optimum layoutof single–storey buildings における病院手術棟を事例として」日本建築学会計画系論文集, No.519, pp.341-347, 1999.5

本研究では，病院手術部門の動線最小化を目的とした室機能の配置を組合せ最適化問題として定式化し，ヒューリスティックな方法で配置案を求めたManningらの1964年の研究に対し，GAを用いることでより適合度の高い案を複数獲得できることを示し，建築設計の発想支援への応用可能性を示唆している。

図6に示すような30m四方の正方形を，縦横それぞれ10マスずつに区切った格子に室を配置する。ここでは21種類の室を，上記格子に適合するように3m角の単位空間セルに分解し，それらを55個配置するものとする。室にはそれぞれ手術に関する機能があり，機能に応じて室間の移動人数が決まる。室間の移動量をセルの大きさで案分した量を図7のアソシエーションチャートとして表現する。

セルを室ごとに一列に並べ，それらを $i = 0, 1, \cdots, 54$，入るべきマス目の位置を $x_i \in x = \{0,$

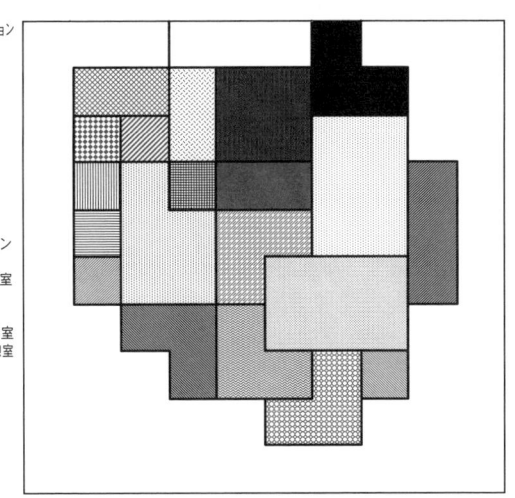

凡例（図9・図10共通）
1 待合室・ナースステーション
2 医師用消毒室
3 第一手術室
4 第二手術室
5 暗室
6 無菌室
7 小手術室
8 救急手術室
9 第一麻酔室
10 第二麻酔室
11 外科医休憩室
12 外科医更衣室
13 ナースステーション
14 エントランス
15 男性スタッフ更衣室
16 消毒室
17 診察室
18 看護婦更衣・休憩室
19 看護長更衣・休憩室
20 病院長室
21 薬品倉庫

図9 最適化結果：その1（引用文献1）

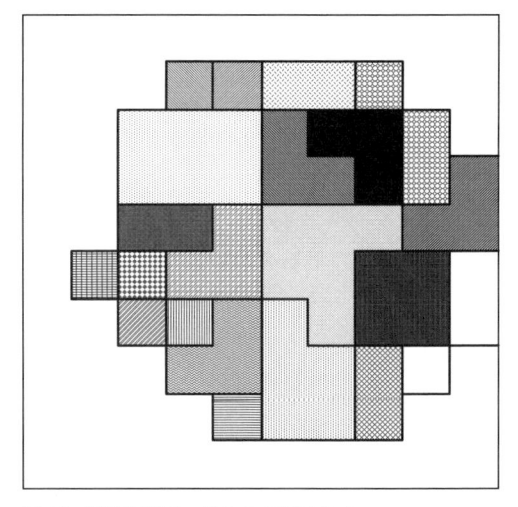

図10 最適化結果：その2（引用文献1）

$1, \cdots, 99\}$ と表す。また，二つの異なるセル ij の標準移動人数を m_{ij}, ij のユークリッド距離を $d(x_i, x_j)$ とすると，セル間の標準移動人数の総和を最小化するセル配置を求める最適化問題は，以下のように定式化される。

$$\text{minimize} \quad z(x) = \sum_{i=0}^{53} \sum_{j=i+1}^{54} m_{ij} d(x_i, x_j)$$

subject to　　x は互いに重ならない

この問題をGAを用いて解くために，セルの配置を染色体としてコード化したものが図8である。ここでは，各セルを室ごとに順番に並べるとともに，残りの空室を仮想セルとしている。なお格子の場所をそのまま遺伝子情報とすると，交叉や突然変異により，異なるセルが同じ場所を指して制約条件を満たさないケースが発生する可能性があるので，それぞれのセルが同じ場所を示さないように，順序表現という間接的な参照方法で配置場所をコード化している。

以上の準備を行い，GAにより最適化した結果の例を図9，図10に示す。これらは異なる乱数で最適化した結果であるが，いずれも既往研究の結果よりも移動量が少ない結果となっている。しかし，両者ともに異なる配置パターンとなっており，要求を満たしつつ多様な解候補を生成できるという意味で，デザイン初期段階における発想支援ツールとしての使い方ができるとまとめている。

〔引用文献〕

1) 岩田伸一郎・宗本順三・吉田哲・阪野明文「移動コストを評価関数とした室配置へのGA適用と発想支援　An approacho to the optimum layout of single-storey buildings における病院手術棟を事例として」日本建築学会計画系論文集，No.519, pp.341-347, 1999.5, 342頁・図2, 343頁・図3, 図4, 図5, 344頁・図8

〔参考文献〕

1) 加藤直樹・大崎純・谷明勲『建築システム論』共立出版，2002
2) 加藤直樹『建築最適化への招待』日本建築学会編，「3章 配置の最適化」pp.31-48, 2005.4
3) 加藤直樹『数理計画法』コロナ社，2008
4) 棟朝雅晴『遺伝的アルゴリズム―その理論と先端的手法』森北出版，2008
5) 青木義次「プラン作成と遺伝進化とのアナロジー：室配置問題の遺伝進化アルゴリズムによる解法」日本建築学会計画系論文集，No.481, pp.151-156, 1996.3
6) 瀧澤重志・河村廣・谷明勲「遺伝的アルゴリズムを用いた都市の土地利用パターンの形成」日本建築学会計画系論文集，No.495, pp.281-287, 1997.5
7) 堀彰男・吉川徹「共進化の概念を導入した遺伝的アルゴリズムによる地域施設配置手法―施設の立地と利用者割当の共進化に基づく最適施設配置―」日本建築学会計画系論文集，No.540, pp.221-227, 2001.2
8) 浅野寛治・加藤直樹・吉村茂久「Sequence Pair に基づく室・通路・出入口　配置最適化手法　数理計画法と遺伝的アルゴリズムの融合による優良解探索」日本建築学会計画系論文集，No.572, pp.209-216, 2003.10

2·19 再現する セルオートマトン・マルチエージェントシステム

瀧澤重志

1. 概要

自然現象や社会現象を計算機を用いて再現することを「シミュレーション」という。シミュレーションは，実験で行うにはコストがかかり過ぎたり，そもそも実験が難しい対象について，対象の本質と思われる部分だけを抜き出してモデル化し計算を行うことで，知見を得ようとする方法である。

シミュレーションにはいろいろな種類があるが，ここでは建築・都市計画分野と関係が深いものに限定する。これらの分野では，コンピュータ・グラフィックスやバーチャルリアリティなど，視環境のシミュレーションが広く用いられているが，これらについては 1.15 で紹介されている。

もう一つは，人の移動や土地利用の変化など，動的な現象の再現である。動線は建築計画の基本であり，避難行動や空間の使いやすさなどと関わる。土地利用の変化は，コンパクトシティや少子高齢化など，今日関心が深まっている問題と深く関わっている。こうした現象を分析する方法として，セル・オートマトン[1]やマルチ・エージェント・システム[2]が用いられることが多くなっている。

また，シミュレーションでは多数のパラメータが必要になり，単一の試行だけでは結果の信頼性が低いので，パラメータを変えて何度もシミュレーションを行うことが多い。パラメータの変化のさせ方は，乱数を用いて確率的に変化させることが一般的であり，乱数を用いて多数の試行を行う計算方法を総称して「モンテカルロ法」と呼び，建築・都市計画分野では，安全性の評価などで用いられている。

以下では，これらの手法について概説するとともに，応用事例を紹介する。

2. セル・オートマトン

セル・オートマトン（cellular automaton, CA）とは，グリッド状に配列したセルと状態遷移規則からなる離散的な計算モデルである。CA では，計算単位のセルの状態が，単位時間ごとに自己と近傍のセルの状態によって変化する。

形式的に説明すると，セル $i \in I$ は，時刻 t において有限の離散状態 $s_t^i \in S$ をとるとする。セル i の近傍セルを $j_k \in J, (k = 1, 2, \cdots, K)$，$f(\cdot)$ を状態遷移関数とすると，時刻 $t+1$ におけるセル i の状態遷移は，次式で表される。

$$s_{t+1}^i = f(s_t^i, s_t^{j_1}, s_t^{j_2}, \cdots, s_t^{j_K})$$

CA の空間の次元は，2次元までのものがよく用いられる。1次元 CA は，交通流のモデルや時空間の変動を調べる基礎的なモデルとして，2次元 CA は実世界の空間現象のモデルとして利用されている。

近傍形は，1次元 CA の場合は隣接する二つのセルが，2次元 CA の場合は図1に示す隣接する4ないし8つのセルとなることが多いが，問題に応じてより広範囲の近傍が定義されることもある。また，空間の境界は無限の場合と有限の場合があるが，無限の場合の計算は困難なので，計算範囲の上下・左右それぞれの境界部分を結んだトーラスとして境界を考慮しない計算が行われる。

ここでは，2次元 CA の例として，経済学者のトーマス・クロンビー・シェリング（T. C. Schelling）が考案した，人種によって居住地が分化することを説明する棲み分けモデルを紹介する[4]。

この棲み分けモデルでは，近隣に同じ人種の人間が，一定割合以上存在する場所を求めて

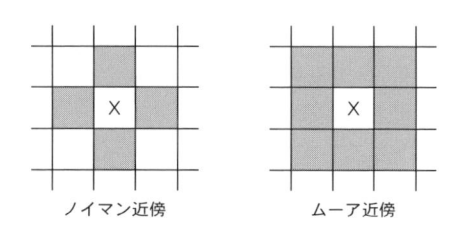

図1 2次元 CA の代表的な近傍形
（ノイマン近傍／ムーア近傍）

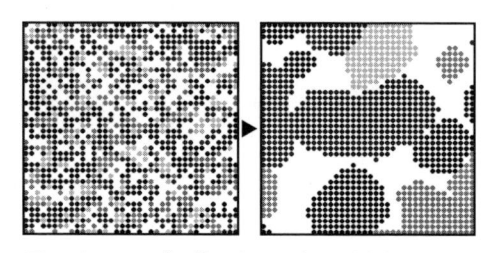

図2 シェリングの棲み分けモデルの実行例

人々が移動を繰り返す結果，その割合を大きく上回る居住地の分化が発生することを示している(図2)。

建築・都市計画分野では，人や自動車の移動[1]，火災の延焼，土地利用の変化[5,6]などで，CAの応用事例がある。

3. マルチ・エージェント・システム

マルチ・エージェント・システム (multi agent system, MAS)[3]は，多数の自律的な意思決定主体であるエージェントから構成される。基本となるエージェントという用語は，知的システムの分析・設計方法に関する抽象概念であって，定まった定義はないが，図3に示すようなイメージであり，およそ以下の特徴を備えたソフトウェアやロボットを「エージェント」と呼ぶことが多い[3]。

一つ目は，環境を認識する機能である。エージェントは，自分が存在する場としての環境の状態に適切に対応して行動する必要がある。MASでは，環境が他のエージェントの行動の結果変化するので，動的と考えることが自然である。また，エージェントが環境の情報をどの程度認識できるかも重要な変数である。環境の規模や複雑さが小さい場合は，環境全体の情報を認識しても問題ないが，それらが大きくなると，環境全体の情報を認識したり，膨大な情報を行動と対応づけることが困難になる。

二つ目は，行動を決定する機能である。環境の状態を認識したエージェントは，それと自己の状態を照らし合わせて，問題に応じて適切な行動をとる必要がある。行動決定方法は，通常，後述する学習機能とセットで考えられ，例えば，if～then～形式のプロダクションルール，ニューラルネットワーク，強化学習による確率的な決定方法など多くの方法がある。

三つ目は，学習機能である。設計者が環境の状態を十分把握できる場合には，行動ルールをシステム設計者があらかじめすべて決定しておいても問題はないが，環境が動的・複雑な場合は，システム設計者がそれを十分把握できず，エージェントが期待したとおりの性能を発揮できない。このような場合は，エージェントが自分の行動ルールを学習により改善する必要がある。

学習方法は，前述した行動アルゴリズムによって異なり，例えばニューラルネットワークなどでは，行動の結果を評価するために模範的な答を用意することが多く，これを「教師あり学習」と呼ぶ。それに対して，強化学習は教師無し学習の方法で，行動の結果に応じて適切な報酬を行動に用いたルール群に与えることで学習を行う。強化学習は，試行錯誤的に自分自身で行動を改善することができるので，高い自律性が必要なロボットなどへの応用が考えられている。

MASは，上記の性質を備えたエージェントを多数用いることで，単一のエージェントでは解くことが困難な大規模で複雑な問題を，分散的に解くための工学方法論として研究されている。また，動物や人間社会は自律的な主体が多数集まって構成されていることから，その原理を明らかにするためのシミュレーションモデルとしても利用されている。

建築や都市計画分野では，後者のシミュレーションモデルとしての使い方が多く，歩行／避難シミュレーション[7,8,9]や土地利用シミュレーション[10,11]などで応用がある。

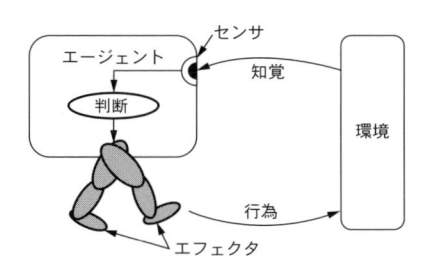

図3　エージェントの概念図

4. モンテカルロ法

モンテカルロ法(Monte Carlo method, MC)とは，乱数を用いて何度も計算を繰り返し，近似的に解を求める方法の総称である。モンテカルロ法は解析的に解を求めることが困難な対象，もしくはパラメータの組合せが多すぎてすべての場合を考慮した計算を行えないような問題に

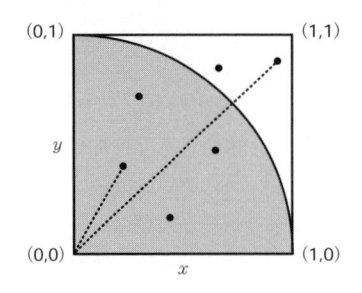

図4 モンテカルロ法による円周率の計算

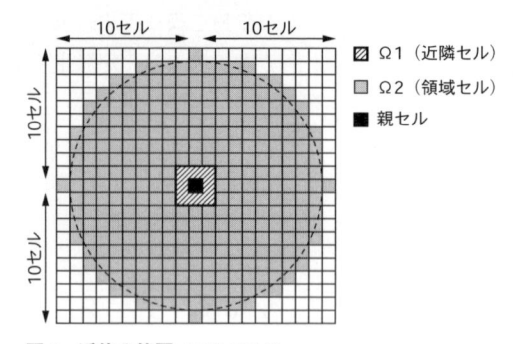

図5 近傍の範囲（引用文献1）

対して，近似的に解を求めるために用いられる。

例えば，モンテカルロ法により近似的に円周率を求めることができる。xy平面において，辺の長さが1の左下角を原点とする正方形の中から，ランダムにxy座標を選んで点をn個作り，それらのうち原点までの距離が1以下の点の個数をkとする。この距離が1以下となる確率はk/nだが，これはnを大きくすることで，近似的に図4の正方形に対する扇形の面積の比$\pi/4$に等しくなっていく。すなわち，$k/n \approx \pi/4$から$\pi \approx 4k/n$として，円周率の値を求めることができる。

モンテカルロ法により計算した値の真の値に対する誤差は，大数の法則により0に近づいていくが，これはモンテカルロ法で精度の高い計算を行おうとすれば，計算回数が多くなることを意味している。

またモンテカルロ法では，使用する乱数の品質が重要である。計算機では，純粋な乱数ではなく疑似乱数を用いて計算を行う。疑似乱数とは，計算によって決定論的に生成される数列のことで，数列が完全にランダムではなく周期性を有しているため，周期の長さなどからその性能が決まる。2008年現在では，「メルセンヌ・ツイスタ」と呼ばれる乱数生成法が非常に長い周期をもっており，広く用いられている。

5．事例

○渡辺公次郎・大貝彰・五十嵐誠「セルラーオートマタを用いた市街地形態変化のモデル開発」日本建築学会計画系論文集，No.533, pp. 105-112, 2000.7

本論文では，都市の開発政策を評価するシステムを構築することを目標として，市街地の拡大変化をシミュレートするモデルとしてCAを用いたモデルを提案し，愛知県の豊橋地域などを対象としてシミュレーションを行っている。

セルは一辺50mの正方形である。セルの状態は｛非都市，一般市街地，密集市街地｝の3状態であり，後者の2状態が都市の市街地の状態を示している。また，補助的な土地の情報として，道路，駅，河川，都市区画整理の有無，土地利用規制，標高，田畑などの土壌状態を資料から抽出して利用している。

近傍の範囲は図5で示すように，近隣（Ω1）と，より広範な領域（Ω2）の2段階となっている。Ω1は集塊性を保持しながら密集市街地が拡大していくプロセスを再現するために，Ω2は，一般市街地が拡散的あるいは集塊的に拡大することを模擬するために設定している。

状態遷移は，都市が発展する状況のみを考え，「非都市」→「一般市街地」→「密集市街地」という一方向の変化を想定している。

状態遷移を決定する因子として，本研究では既存市街地や既存集落が周辺の開発を促進する圧力因子，道路と駅へのアクセス，土地区画整理事業の3つを「開発促進因子」，市街化調整地域の線引きによる「開発抑制因子」，標高と土壌による「土地適正因子」の3因子を考慮している。

状態遷移ルールの適用は，基本的なCAがすべてのセルを同時に考慮するのと違い，本論文では開発を引き起こす親セルをランダムに選択し，その親セルの近傍セルの中から，ある選択確率で選ばれた子セルに対してのみ状態遷移ルールを適用するものとしている。

表1 Ω1で状態遷移する条件 (引用文献1)

因　子	条　　　件
開発促進因子	{(幹線道路からの距離が1km以下) or (最寄り駅までの距離が2km×wpst以下)} and {(Ω1内の都市状態セル数が2以上) or (Ω2内の市街化率が1.0)}
開発制御因子	子セルが市街化区域
土地適性因子	(標高が40m未満) and (土壌が水田, 山林以外)

wpst：乗降客数による駅の規模を表す係数

具体的には，道路が通っているセル，区画整理が進行しているセル，駅周辺のセルという開発圧力が強い地域のセルの集合の中からランダムに親セルが選択される。

次に，選ばれた親セルの近隣Ω1内で，子セルをランダムに一つ選択し，表1の条件に従って状態を「非都市」→「一般市街地」，「一般市街地」→「密集市街地」と変化させる。

また，親セルのΩ2の領域にあるセルから，親セルからの距離に反比例した確率で子セルを一つ選び，その状態が非都市のセルに限り，道路や最寄り駅に近く，標高が低く，土壌が適しており，周辺の市街化が進んでいるセルほど，高い確率で状態を一般市街地に変化させるとしている。なお，各年度で都市化するセルの総数は，過去のデータに倣って外生的に与えている。

以上の準備に基づき都市拡大のシミュレーションを行った。対象地域は愛知県豊橋市と豊川市にまたがる東西15.75km（315セル），南北18.25km（365セル）の矩形領域で，期間は1890年から1988年までの98年である。結果を図6に示す。図の左側は観測値，右側がシミュレーションによる予測値である。また，表2にセル数の変化を示している。これらの結果から，CAによるシミュレーション結果は，観測データとおおむねよく対応しているといえる。

○織田瑞夫・瀧澤重志・河村廣・谷明勲「エージェントモデルによる連続的空間における人間行動シミュレータの構築及び建築計画への応用」日本建築学会計画系論文集, No.558, pp. 315-322, 2002.8

本論文は，建築空間内での人間行動モデルとして，CAなどの離散型ではなく，連続型の空

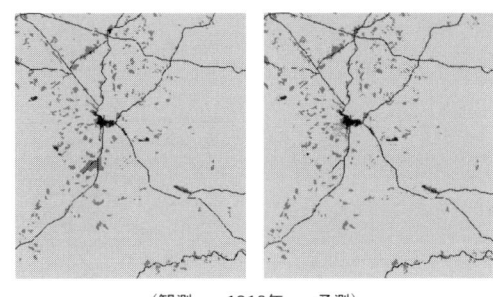

(観測　　1913年　　予測)

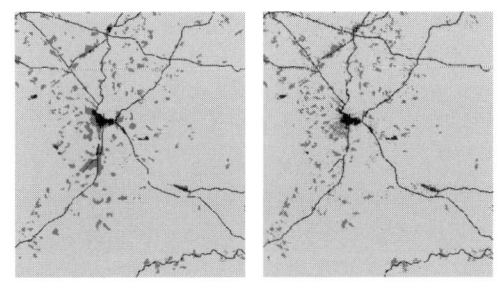

(観測　　1940年　　予測)

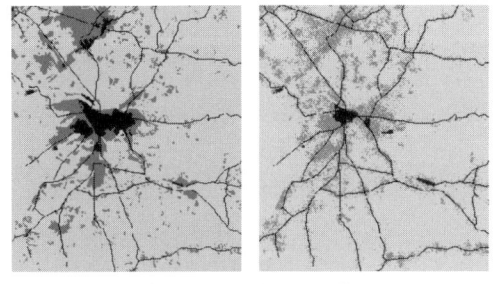

(観測　　1969年　　予測)

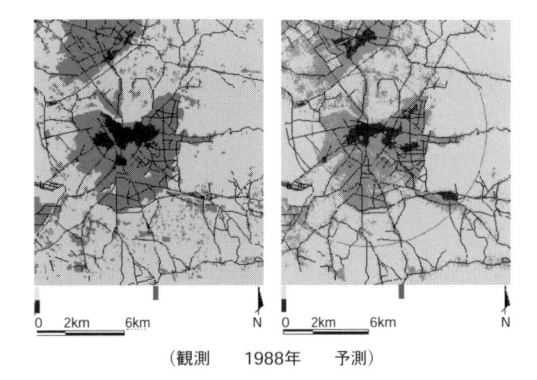

(観測　　1988年　　予測)

図6　観測データと予測結果の比較 (引用文献1)

表2　セル数の変化 (引用文献1)

年度	観　測		予　測	
	一般市街地	密集市街地	一般市街地	密集市街地
1913	4,823	491	4,868	459
1940	6,320	652	6,490	513
1969	16,571	3,057	18,879	843
1988	31,719	3,200	31,954	3,157

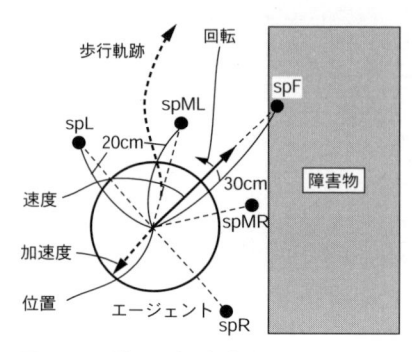

図7 エージェントの概念図 (引用文献2)

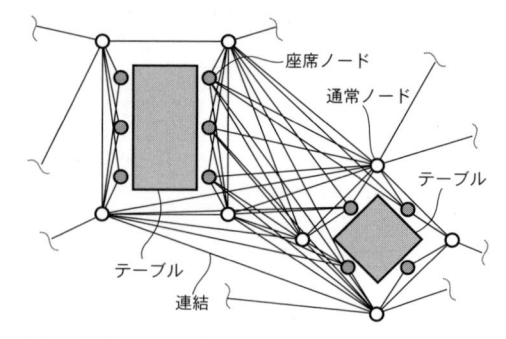

図8 目標ノードのネットワーク (引用文献2)

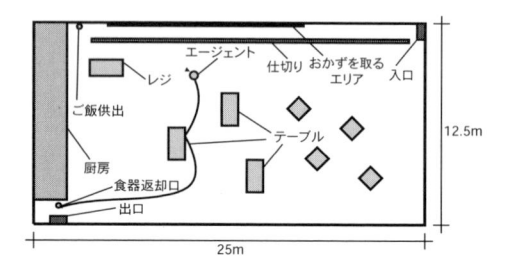

図9 食堂の配置図 (引用文献2)

間での移動行動を再現するために，エージェントとして人間をモデル化し，例として食堂での行動を再現し，机の形状や配置により混雑度や場所がどのように変化するかを調べている。

まず，図7のように，空間内で歩行する人間をエージェントとしてモデル化する。エージェントは，計算を簡単にするため円として表現され，平面上の位置，速度，加速度に関する2次元ベクトルを有している。エージェントは単位時間ごとに，必要に応じて加速，減速，回転行動を行い，他のエージェントや障害物との衝突を避けつつ，目標地点に向かって移動する。

移動に関して2段階のルールを設定している。1段階目はマクロなルールで，目標地点とその経路に関する意思決定ルール（目標選択ルール）であり，2段階目はミクロなルールで，目標地点に至るまでの，物理的な回避メカニズムに関するルール（障害物回避ルール）である。

まず，目標選択ルールについて説明すると，エージェントは複数の逐次的な目標地点を持ち，次の目標地点に到達するように移動していく。目標地点は単なる空間の通過点と，何らかの行為を行う場所に分類される。図8の例に示すように，目標地点はノードとして近接するノード同士が結ばれ，現在のノードに接続したノードが次の目標地点の候補となり，混雑状況や距離などを勘案して，どこのノードを目標地点にするかを決定する。

次に，衝突回避ルールを説明する。エージェントは前述した図7に示されているように，視界を模擬した前方および左右5つの探索ポイント（spL～spR）を備えており，これらの探索ポイントに障害物や歩行者エージェントが含ま

れると，それらに反発する方向に加速度をかけたり，回転や減速を行って衝突を回避する。

対象空間として，昼食時に非常に混雑する大学キャンパス内の学生食堂を取り上げた（図9）。障害物は，テーブル，レジカウンター，厨房，およびレジ上方の仕切りである。エージェントは入口から入場したのち，おかずとご飯を取り，レジで支払いを済ませたあと，空席を探して席に着き，食事を済ませ，食器を返却して退出する。なお，エージェントはすべて単独行動を行うこととしている。

シミュレーションの実行画面を図10に示す。本論文では，異なるテーブル配置によりシミュレーションを実行し，どのようなテーブル配置が移動に関して効率的かを比較している。図11，12は，色の濃いところほど滞留が発生しやすい場所を示している。これらを比較すると，斜めに小さいテーブルを配置するよりも，大きいテーブルを直角に配置するほうが，人の移動がスムーズだと考えられる。

このようにエージェントによる連続空間型の人間行動モデルは，CAモデルなどと比較してモデルがやや複雑になるが，CAモデルのように格子が必要ないので，空間的に詳細な分析が可能だといえる。

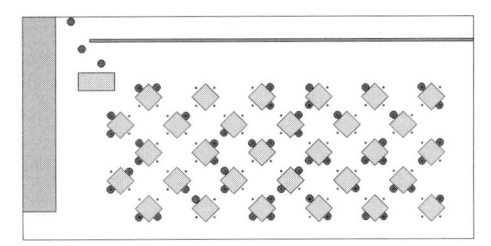

図10　実行中の画面 (引用文献2)

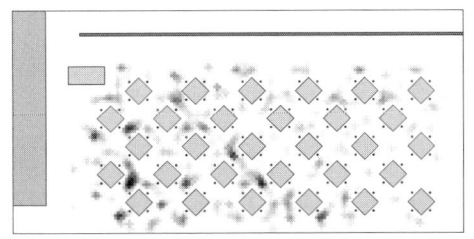

図11　滞留が生じやすい場所：机配置1 (引用文献2)

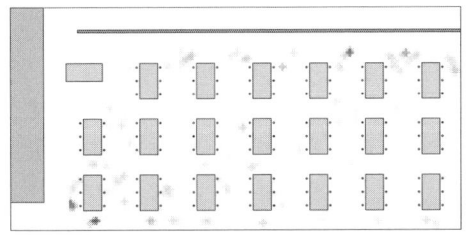

図12　滞留が生じやすい場所：机配置2 (引用文献2)

〔引用文献〕
1) 渡辺公次郎・大貝彰・五十嵐誠「セルラーオートマタを用いた市街地形態変化のモデル開発」日本建築学会計画系論文集, No.533, pp.105-112, 2000.7, 108頁・図4, 111頁・図9
2) 織田瑞夫・瀧澤重志・河村廣・谷明勲「エージェントモデルによる連続的空間における人間行動シミュレータの構築及び建築計画への応用」日本建築学会計画系論文集, No.558, pp.315-322, 2002.8, 317頁・図3, 318頁・図4, 図5, 321頁・図13, 図14, 図17

〔参考文献〕
1) 森下信・セルオートマトン『複雑系の具象化』養賢堂, 2003
2) 大内東・川村秀憲・山本雅人『マルチエージェントシステムの基礎と応用―複雑系工学の計算パラダイム』コロナ社, 2002
3) S. J. ラッセルほか『エージェントアプローチ人工知能 第2版』共立出版, 2008
4) T. C. Schelling：Micromotives and Macrobehavior, W. W. Norton and Co., 1978
5) 瀧澤重志・河村廣・谷明勲「セルオートマトンとしての都市(その1)　CAの応用性と土地利用パターンの形成」日本建築学会計画系論文集, No.506, pp.203-209, 1998.4
6) 沈振江・川上光彦・川村一平・加藤千智「CAを用いたミクロな宅地用途シミュレーションモデルの開発と適用」日本建築学会計画系論文集, No.620, pp.249-256, 2007.10
7) 藤岡正樹・石橋健一・梶秀樹・塚越功「津波避難対策のマルチエージェントモデルによる評価」日本建築学会計画系論文集, No.562, pp.231-236, 2002.12
8) 木村謙・佐野友紀・渡辺仁史・竹市尚広・吉田克之・関根宏「歩行者シミュレーションシステムSimWalk」日本建築学会大会学術講演梗概集(E-1), pp.915-916, 2003
9) 安福健祐・阿部浩和・山内一晃・吉田勝行「メッシュモデルによる避難シミュレーションシステムの開発と地下空間浸水時の避難に対する適用性」日本建築学会計画系論文集, No.589, pp.123-128, 2005.3
10) 瀧澤重志・河村廣・谷明勲「適応的マルチエージェントシステムによる都市の土地利用パターンの形成」日本建築学会計画系論文集, No.528, pp.267-275, 2000.2
11) 奥俊信「土地利用間の親和度に基づく土地分凝形態の特徴―マルチエージェントの満足度戦略による土地移転モデル―」日本建築学会環境系論文集, No.588, pp.71-77, 2005.2

2・20 発見する データマイニング

1. 概要

　情報通信技術の爆発的な発展にともなって，さまざまなデータを半自動的に収集できるようになってきた。それらはデータベースの形で蓄積されて，日常業務に広く利用されている。そのデータを分析することによって，有用なパターンや規則，新たな知識を発見するための研究が1990年代半ばから盛んになってきた。それがデータマイニング（data mining）と呼ばれる分野である。

　データマイニングは，人工知能，機械学習，数理統計学などの分野と，大量データを効率良く取り扱う情報技術であるデータベース技術との境界分野といえる。いまや，データマイニングは，マーケティング，ゲノム解析，ウェブアクセスログ解析，工場における生産性向上などさまざまな分野で広く利用されており，また，体系的にまとめられた文献や入門書も多く見られるようになってきた。本項では，データマイニングの基礎概念と基礎技術について紹介するとともに，建築への応用について触れる。

　データマイニングで扱うデータの種類で，最も一般的なものは，関係データベースなどで現れる表形式と呼ばれるものであろう。表1に賃貸マンションのデータを示している。その属性として，"駅までの距離"，"築年"，"システムキッチン"，"エアコン"，"家賃ランク"が含まれている。

　"駅までの距離"は {近，中，遠} の3つの値のいずれかを取る。このように属性の取り得る値の集合を「値域」という。"築年"の値域は {古，中，新}，"家賃ランク"の値域は {高，低}，"システムキッチン"，"エアコン"の値域はともに {有，無} である。属性とその取り得る値の組を「アイテム」と呼ぶ。例えば，（駅までの距離，近）は一つのアイテムである。各マンションのデータは，アイテムの集合と見ることができる。

　このようなカテゴリーデータや数値データを扱う表形式のデータ以外にも，化学式や間取りのようなグラフ構造データや，ブログ，新聞，ニュースなどのテキストデータもデータマイニ

表1 賃貸マンションのデータ

ID	駅までの距離	築年	システムキッチン	エアコン	家賃ランク
1	近	中	有	有	高
2	遠	新	有	有	高
3	遠	古	無	無	低
4	近	新	有	有	高
5	近	古	無	有	低
6	中	中	無	無	低
7	中	古	無	有	低
8	近	中	有	無	高
9	遠	新	有	有	高
10	遠	中	無	無	低

ングの対象であり，それぞれ「グラフマイニング」「テキストマイニング」と呼ばれている。

　これまでに数多くのデータマイニング手法が提案・開発されてきたが，大きく分類すると，予測モデルの構築，特徴パターンの発見，クラスタリングの3つのタスクに分類される。

1) 予測モデルの構築

　データマイニングの主要なタスクの一つは，過去のデータから将来の出来事を予測するモデルを構築することである。こうしたモデルは，予測したい対象によって，2つに大別できる。予測したい対象がカテゴリ型の属性の場合，「分類モデル」と呼ばれ，ある特徴をもったデータがどのクラスに該当するのかを予測するモデルである。決定木はその代表である[1,2]。例えば，マンションモデルルーム来場者の中から実際に購入する人の予測などがこれにあたる。そして予測したい対象が数値属性の場合は，「数値予測モデル」と呼ばれ，回帰モデルはその代表であり，オフィスビルの賃料予測などに用いられる[1]。

2) 特徴パターンの発見

　データマイニングは，過去のデータからターゲットとなる事象の部分的な特徴やパターンを発見するためにも用いられる。パターン発見の代表的な手法は，相関ルール分析である。応用例としては，相対的に家賃の高い（もしくは低い）賃貸アパートの間取りの特徴分析，車両犯罪が発生しやすい地域の特徴分析などがある。

3) クラスタリング

　クラスタリングとは，データにデータベース全体のレコードをお互いがよく似た傾向をもつグループに分割する。

加藤直樹・瀧澤重志

これらの手法の詳細は，参考文献 1～5 を参照していただきたい．また，フリーのソフトウェアとしては Weka[6]，MUSASHI[7]，KGMOD[8] がある．以下では，相関ルールについて詳しく説明する．決定木，サポートベクターマシーン，回帰分析，ベイズ分類やクラスタリングについては参考文献 1～5 を見ていただくものとして，説明を省く．

2. 相関ルール

相関ルール分析とは，「データベースに潜む興味深いルール（もしくはパターン）を列挙すること」である．相関ルール分析の応用の代表例として，スーパーマーケットにおけるマーケットバスケット分析がある．これは，顧客が購入したマーケットバスケット（買い物かご）の中身を分析し，同時購入される商品の興味深い組合せを発見し，販売促進につなげていこうというものである．

相関ルールマイニングが対象とする課題は，大規模データからいかに効率良くルールを探索するか，そして興味深さをいかにして定義するかである．ここでは，相関ルールとは何かを示し，応用上重要となるルールの興味深さについて見ていく．さらに複数のデータベース間のルールの差異に注目した顕在パターンについて簡単に解説する．

表 1 をもう一度見ていただきたい．各行は一つのマンションのデータを表している．どのような属性をもつマンションの家賃が高いのか（または低いのか），というようなマンションの仕様，交通の便，周辺環境と家賃の関係を表したルールを相関ルールという．

例えば，システムキッチンがあるマンションは総じて家賃が高い（システムキッチンは 5 軒のマンションにあり，それらの家賃ランクはすべて"高"である）．また，築年が新しい，駅から近い，エアコンがあるという条件も，家賃が高いことと深い相関がありそうである．

つまり，複数のアイテム間（例えば，(築年，新しい)，(駅からの距離，近)，(エアコン，有)，(家賃ランク，高)）の中で，相関の高いものを見つけようというのが相関ルールを調べる目的である．

相関ルール分析はさまざまな分野で応用可能である．例えば，街灯の暗い街路では"ひったくり"が起こりやすい，トイレが清潔なオフィスビルは入居率が高い，といった建築・都市分野での応用も数多い．

いまここで，任意の二つのアイテム集合 X, Y を考えると，相関ルールは $X \Rightarrow Y$ によって与えられる．「X ならば Y」と読まれ，X をルールの条件部，Y を結論部と呼ぶ．ただし，条件部と結論部に同じアイテムは含まれないものとする（$X \cap Y = \emptyset$）．例えば，A =（システムキッチン，有），B =（駅からの距離，近），C =（家賃ランク，高）とすると，$\{A, B\} \Rightarrow \{C\}$ は相関ルールの例である．

次に，相関ルールの興味深さを定量的に測定するための二つの指標，支持度と確信度について見ていこう．いま，データベース D が与えられているとする．相関ルール $X \Rightarrow Y$ の支持度とは，データベースの全データ数 $|D|$ に対する，アイテム集合 $X \cup Y$ を含むデータ数の割合のことで，式(1)で与えられる．

$$\sup(X \Rightarrow Y) = \frac{\text{count}(X \cup Y)}{|D|} \quad (1)$$

ここで，$\text{count}(X)$ とは，データベース D においてアイテム集合 X を含むデータ数を表している．また $|D|$ は，全データ数を表す．支持度は，ルールに含まれる全アイテムが同時に出現する確率（共起確率）を意味する．

上述のアイテム集合 A, B, C に対して，支持度（$\sup(\{A, B\} \Rightarrow \{C\})$）は以下の通り計算される．このように，同じアイテム集合が多くのデータに出現すれば，それらのアイテム集合の間の関連性が強いとするのが支持度の考え方である．

$$\sup(\{A, B\} \Rightarrow \{C\}) = \frac{\text{count}(\{A, B, C\})}{|D|}$$
$$= \frac{3}{7}$$

次に相関ルールの確信度とは，条件部 X のアイテム集合を含むデータ数に対する $X \cup Y$ を含むデータ数の割合のことで，式(2)で与え

られる．

$$\mathrm{conf}(X \Rightarrow Y) = \frac{\mathrm{count}(X \cup Y)}{\mathrm{count}(X)} \quad (2)$$

これは条件部のアイテムの出現を条件としたときの，結論部のアイテムが出現する条件付き確率を意味する．表1における相関ルール $\{A, B\} \Rightarrow \{D\}$ の確信度（$\mathrm{conf}(\{A,B\} \Rightarrow \{C\})$ と記す）は，以下の通り計算される．

$$\mathrm{conf}(\{A,B\} \Rightarrow \{C\}) = \frac{\mathrm{count}(\{A,B,C\})}{\mathrm{count}(\{A,B\})}$$

$$= \frac{3}{3} = 1$$

ここで相関ルール分析の目的は，最小支持度（$minsup$）および最小確信度（$minconf$）を与えたとき，式(3)で与えられた条件を満たす相関ルール $X \Rightarrow Y$ をすべて列挙することにある．

$$\begin{cases} \sup(X \Rightarrow Y) \geq minsup \\ \mathrm{conf}(X \Rightarrow Y) \geq minconf \end{cases} \quad (3)$$

そのような相関ルールを列挙する方法としては，Aprioriという有名な方法がある（参考文献1, 2に詳細な説明がある）．

ルールの興味深さ

「ルールの興味深さ」の主観的評価は，新規性，有用性，意外性の三つの観点で判断されるが，これらの定量的表現は不可能である．前節で見てきた支持度と確信度は，ルールの有用性の観点からルールの興味深さを表す代表的な定義ではあるが，一般的には真に興味深いルールを得ることは難しく，当たり前のつまらないルールばかりが発見される傾向が強い．ここでは，リフト値にもとづくルールの興味深さの定義を紹介する．

リフト値は，次のように定義される．今，X と Y の二つのアイテム集合を考えたとき，相関ルール $X \Rightarrow Y$ の確信度は，アイテム集合 X の出現を条件としたときのアイテム集合 Y の出現確率である．リフト値とは，X の出現を条件としないときのアイテム集合 Y の出現確率に対して，X の出現を条件としたときのアイテム集合 Y の出現確率（すなわち確信度）がどの程度上昇したかを示す評価指標であり，次式で表される．

$$\mathrm{lift}(X \Rightarrow Y) = \frac{\mathrm{conf}(X \Rightarrow Y)}{P(Y)} = \frac{P(Y|X)}{P(Y)}$$

$$(4)$$

ここで，$P(Y)$ はアイテム集合 Y の出現確率を表し，$P(Y) = \frac{\mathrm{count}(Y)}{|D|}$ である．また $P(Y|X)$ は，アイテム集合 X の出現を条件としたときのアイテム集合 Y の出現確率を表す．

リフト値が1.0であるということは，条件 X を付しても付さなくても Y の出現確率は変わらないことを意味し，ルール $X \Rightarrow Y$ は興味深くないと考える．通常，リフト値が1.0より大きく，かつその値が大きければ大きいほど興味深いルールであると考える．

3. 顕在パターン

例えば，車両犯罪発生地域にはよく現れる街区構成や周辺環境のパターンが，非発生地域ではほとんど現れないとすると，そのような街区構成パターンは，車両犯罪を誘発する要因とみなすことができる．このように，二つのクラスに属するデータベースに対して，出現頻度の相異度が大きなパターンを「顕在パターン」と呼ぶ．以下ではもう少し厳密に説明する．

いま異なる二つのクラスに属するデータベース D_1, D_2 について考える．D におけるあるパターン e の支持度を $\sup_D(e)$ で表すと，パターン e の D_2 に対する D_1 の増加率（growth rate）$GR_{D_1}(e)$ は，式(5)で定義される．

$$GR_{D_1}(e) = \begin{cases} \dfrac{\sup_{D_1}(e)}{\sup_{D_2}(e)}, & \sup_{D_2}(e) \neq 0 \\ \infty, & \sup_{D_2}(e) = 0 \end{cases}$$

$$(5)$$

増加率の計算例として，表1を家賃ランクの高低で二つのデータベース D_1（高ランク），D_2（低ランク）に分割し，賃料ランクの高低にマンションのどのような属性パターンが関係しているかを調べてみよう．

例えば，$A =$（駅までの距離，遠），$B =$（築年，新），$C =$（システムキッチン，無），$D =$（エアコン，無）として，アイテム集合 $e_1 = \{A, B\}$ および $e_2 = \{C, D\}$ の D_1 および D_2 につい

ての増加率の計算が，式(6),(7)にそれぞれ示されている．

$$GR_{D_1}(e_1) = \frac{\sup_{D_1}(\{A,B\})}{\sup_{D_2}(\{A,B\})} = \frac{2/5}{1/5} = 2 \tag{6}$$

$$GR_{D_2}(e_2) = \frac{\sup_{D_2}(\{C,D\})}{\sup_{D_1}(\{C,D\})} = \frac{3/5}{0/5} = \infty \tag{7}$$

アイテム集合 e_1 は，家賃が低い物件より高い物件に2倍出現しやすいパターンであり，e_2 は家賃が低い物件にしか出現しないパターンであるといえる．

ここで，異なるクラスに属するデータベース D_1, D_2 が与えられたとき，ユーザにより指定された最小支持度 σ，および最小増加率 ρ に対して，$\sup_{D_1}(e) \geq \sigma$ かつ $GR_{D_1}(e) \geq \rho$ を満たすパターン e をクラス1の「顕在パターン」と呼ぶ．

4. 事例

○瀧澤重志・吉田一馬・加藤直樹「グラフマイニングを用いた室配置を考慮した賃料分析 京都市郊外の3LDKを中心とした賃貸マンションを対象として」日本建築学会環境系論文集，第73巻，No.623, pp.139-146, 2008.1

ここでは，賃貸マンションの室配置が，賃料として表される物件の評価にどのように影響するのかを，グラフマイニングを用いて分析した上記の研究成果を概説する．

住宅を評価する際に，室配置は重要な評価因子であることは明らかであろう．不動産として住宅を捉えた場合，マクロには市場メカニズムにより物件の評価が賃料という形で定まり，ミクロには不動産鑑定により適正な賃料を設定する方法が模索されている．

賃料推定を行う有力な方法として，住宅の価格や賃料を対象としたヘドニックアプローチがあり，物件の駅からの距離，室の面積，築年数などが価格を決定する要因として取り入れられているが，室配置に関する情報は，2DKや3LDKなどの大まかな分類以外には考慮されていないのが現状である．

また，室配置全体が賃料に影響を与えているとは考えにくく，その中で鍵となる部分構造が賃料に大きな影響を与えていると考えられる．そのような室配置の部分構造は，室配置を隣接グラフとして表現し，前述した相関ルールの抽出をグラフ構造のデータで行えるよう拡張したグラフマイニングの手法を用いることで，部分グラフとして抽出することができる．

以上の背景から本論文では，京都市近郊の家族世帯向けの賃貸マンションを対象として，複数の隣接グラフに共通する部分グラフをグラフマイニングの手法を用いて抽出し，さらにそれらの中で賃料の高低や築年数と関連が強い部分グラフを，顕在パターンを調べることによって明らかにし，それらを取り入れた賃料推定モデルの構築を行っている．以下では，顕在パターン分析の部分について紹介する．

分析対象：ここでは，Webの賃貸情報としてリクルート社のCHINTAI NETを利用した．対象地域として，京都市の西部（西院，西京極，桂，洛西），向日市，長岡京市，大山崎町一帯の阪急京都線とJR東海道本線の沿線，それに京福電鉄嵐山線の太秦地域を選んだ．この地域は，京都や大阪市内に通勤する世帯が多い郊外型の地域である．また対象物件は，3K, 3DK, 3LDKの集合住宅で，2006年10月初めから11月末にかけて，CHINTAIのホームページから取得した996件のデータである．

各物件のデータには，面積や最寄り駅などの一般的な数値／カテゴリー属性データと，平面図の「隣接グラフデータ」の2種類があるが，本項では「隣接グラフデータ」に限定して説明する．

グラフは節点集合と辺集合からなり，扱うグラフは，ラベル付き単純無向グラフである．例を図1に示す．以下において，隣接グラフの節点（ノード）と辺（エッジ）の定義を示す．

図1 平面図の隣接グラフ化の例 (引用文献1)

ノードの種類：

- ⓔ：玄関ノード：基点となるノードであり，すべての物件に存在している。
- ⓗ：廊下ノード：廊下ノードは玄関とダイニングの間にある空間とする。存在しない場合もある。
- ⓓ：ダイニングノード：ダイニングノードは，リビング・ダイニングを合わせた空間とした。K，DK，LDK の表記は，CHINTAI NET では区別されているようであるが，ここではすべて同じノードとする。
- ⓦ：洋室ノード：居室の洋室を表す。
- ⓙ：和室ノード：居室の和室を表す。
- ⓑ：ベランダノード：ベランダやバルコニーを表現するものである。
- ⓒ：収納ノード：居室に隣接した押入，クローゼット，納戸などの収納を表す。
- ⓚ：キッチンノード：図面上，キッチンがダイニングから壁を隔てて独立している物件にのみ定義する。

エッジの種類：室間の接続関係を示すエッジ（辺）を，ドア，襖，収納，ガラス無しの5つに区別する。以下に用意した5種類のエッジに関して説明する。

- d：ドアエッジ：空間がドアで仕切られているときに用いる。ドアは開き戸とする。
- s：襖エッジ：襖などの引き戸を表している場合に用いる。
- c：収納エッジ：居室と収納との間の専用エッジである。
- g：ガラスエッジ：居室やダイニングとベランダとの間の専用エッジである。
- n：無しエッジ：空間を分ける間に，ドアも襖もないエッジ。

作成した各物件の隣接グラフデータに共通する部分グラフを，グラフマイニングアルゴリズムを用いて抽出する。二つの隣接グラフに共通する部分グラフの例を図2に示す。ここではグラフマイニングアルゴリズムとして，Kuramochi らの FSG[9] を用いた。

支持度を大きくすると，該当件数が多い一般的な部分グラフが抽出され，小さくするほど特殊な部分グラフが抽出される。室配置の多様性を考慮すると，特殊な部分グラフも考慮したほうがよいと考え，頻出部分グラフの最小支持度を 0.5% と小さく設定した。その結果，合計で 8,556 個の部分グラフが抽出された。

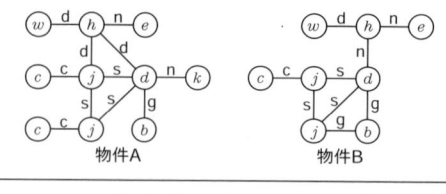

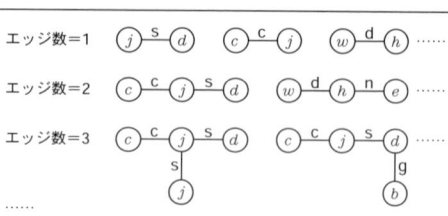

図2　二つの隣接グラフに共通な部分グラフの例
(引用文献1)

作成された部分グラフデータに関して，それが賃料に与える影響を調べる。部分グラフの分析のために，顕在パターンを用いて分析する。ただし同じ増加率でも，同じ物件内の異なる部分グラフが多数抽出されることがある。そこで，(1)増加率が大きく，(2)同じ増加率を有する複数の重複したパターンの中では，辺数が最小の部分グラフを抽出して主要な顕在パターンとする。

以下では，賃料に関する顕在パターンを説明する。

賃料水準による顕在パターン：部分グラフデータに関して，地域ごとの賃料差を考慮して，最寄り駅ごとに各物件の賃料の高低で，物件を2水準で度数が均等になるように分類し，各駅の結果を統合して分析用のデータとする。2水準で分類した物件クラスは，それぞれの地区の賃料順位の上位／下位50% に対応する。賃料水準の上位／下位50% に特有な部分グラフを，辺数が1ないし2の単純な部分グラフに限定して抽出し，特有な部分グラフを抽出する。

賃料水準の上位／下位50% それぞれに関して顕在パターンを求めた。増加率が3個の部分グラフを図3，4 に示す。

まず，賃料上位50% における辺数が1の部分グラフで特徴的なのは，独立キッチン(j),

ダイニングがベランダに面する(ii)，洋室に収納がある(iii)といったものである。また辺数2の場合は，2つの洋室がベランダに接している(iv)，独立キッチンを備えたダイニングがベランダに接する(v)，独立キッチンを備えたダイニングが洋室に接する(vi)などである。なお，辺数が増えるとグラフが特化していくので，増加率も大きくなる傾向がある。

次に，賃料下位50%における顕在パターンのうち，辺数が1の部分グラフで特徴的なのは，ダイニングが廊下と直接つながっている(i)，同様にダイニングがエントランスと直接つながっている(ii)，ダイニングと和室がドアでつながっている(iii)などである。

また辺数が2の場合，ダイニングと廊下が引き戸で仕切られ，ダイニングと和室がドアで仕切られている(iv)，ダイニングとエントランスが直接つながり，ダイニングと洋室がドアで仕切られている(v)，ダイニングと廊下が直接つながり，ダイニングと和室がふすまで仕切られている(vi)などで，いずれも辺数が1の場合で現れた顕在パターンを包含している。

また，下位50%の顕在パターンのほうが上位50%の顕在パターンよりも増加率や該当件数が多いが，これは，室配置の悪い評価は良い評価よりも，単純な空間構成で定まりやすいことを示唆している。

〔引用文献〕
1) 瀧澤重志・吉田一馬・加藤直樹「グラフマイニングを用いた室配置を考慮した賃貸分析　京都市郊外の3LDKを中心とした賃貸マンションを対象として」日本建築学会環境系論文集，第73巻，No.623, pp.139-146, 2008.1, 141頁・図1, 142頁・図2, 143頁・図7, 図8

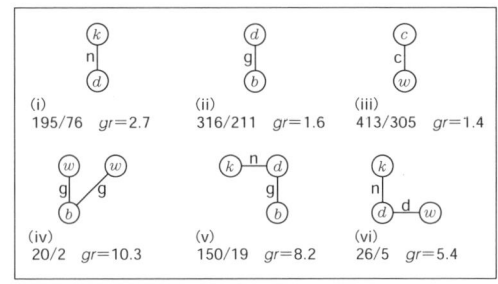

図3　賃料上位50%の顕在パターン（引用文献1）
（上段：辺数1，下段：辺数2）（図中の表記の説明（例：左上の部分グラフ）：195/76はこの部分グラフのうち195件が賃料上位50%の物件に，76件がそれ以外の物件で見られることを示し，増加率は2.7であることを示している。）

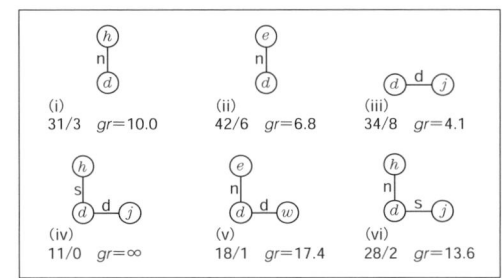

図4　賃料下位50%の顕在パターン（引用文献1）
（上段：辺数1，下段：辺数2）

〔参考文献〕
1) 加藤直樹・羽室行信・矢田勝俊『データマイニングとその応用』朝倉書店，2008
2) 福田剛志・森本康彦・徳山豪『データマイニング』共立出版，2001
3) Pang-Ning Tan, Michael Steinbach, Vipin Kumar：Introduction to Data Mining, 2nd edition, Addison-Wesley, 2006
4) J. Han, M. Kamber, Data Mining：Concepts and Techniques, 2nd edition, Morgan Kaufmann, 2006
5) 元田浩・津本周作・山口高平・沼尾正行『データマイニングの基礎』オーム社，2006
6) Waikato大学（ニュージーランド）のE. Frankらによるフリーのデータマイニングソフト
http://www.cs.waikato.ac.nz/ml/weka/
7) 1)の著者によるフリーのデータマイニングソフト　http://musashi.sourceforge.jp/
8) ビジネスマイニング研究センターによるデータマイニングソフト
http://www.businessmining.jp/~kgmod/
9) M. Kuramochi and G. Karypis：Frequent subgraph discovery. Proc. of 2001 IEEE International Conference on Data Mining(ICDM), pp.313-320, 2001

索引

あ行

アイテム（item） 191
アイマークレコーダ（eye mark recorder） 56
アブダクション（abduction） 15
アラン・ニューウェル（Allen Newell） 48
アンケート調査（questionnaire survey） 28, 52
一次性（firstness） 94
一方向流（one-way pedestrian flow） 78
遺伝的アルゴリズム（genetic algorithms, GA） 250
移動（movement） 49
移動平均（moving average）法 182
意味（meaning） 100
意味空間（semantic space） 124
イメージ（image） 128, 134
因果推論（causal inference） 216
因子（factor） 202
因子軸数 124
因子得点 204
因子負荷量 126, 203
因子分析（factor analysis） 124, 202, 232, 233, 237
インターネット（internet） 22, 27
インタビュイー（interviewee） 37
インタビュー調査（interview survey） 46, 123
ウォード法（Ward's method） 228
エスノメソドロジー（ethnomethodology） 16, 42, 45
枝刈り（pruning） 199
1/f ゆらぎ（1/f noise） 239
エラボレイション（elaboration） 216
エレメント（element） 50
エレメント想起法（element recall method） 135, 140
演繹（deduction） 15
オッズ比（odds ratio） 198
音声案内装置 49

か行

カーネル密度推定（kernel density estimation） 244
回帰分析（regression analysis） 172, 221
カイ自乗検定（chi-square test） 168
解釈項（interpretant） 95
回収率 31
外挿モデル（extrapolation model） 182
外の基準（outside criterion） 176, 188
回遊空間（circular space） 75
確信度（confidence） 261
加工統計 23, 25
加重移動平均（weighted moving average） 183
過剰適合（over fitting） 199
画像（image） 86
画像記録（picture recording） 83
カテゴリー（category） 94, 191, 204
間隔尺度（interval scale） 154
環境記譜（environmental notation）法 98
環境決定論（environmental determinism） 15
環境視情報（ambient visual information） 92
環境的行動（environmental behavior） 68
観察（observation） 70
完全なランダム性（complete spatial randamness, CSR） 244
ガンベル分布（Gumbel distribution） 186
関連係数（association coefficient） 174
キーエレメント（key element） 141
記憶（memory） 134, 140
基幹統計（fundamental statistics） 22, 24
記号（sign） 94, 95
記号学（semiology） 46
記号過程（semiosis） 94
記号現象（semiosis） 94
記号内容（signified） 95
記号表現（signifier） 95
記号論（semiotics） 94
記述統計（descriptive statistics） 154
規準化カテゴリーウエイト 179
基礎統計 22
帰納（induction） 15
帰無仮説（null hypothesis） 163
教師あり学習（supervised learning） 196
偽陽性率（FP rate） 200
共通因子 202
共通性 202
共同体の景観（communal townscape） 100
共分散（covariance） 178
共分散構造分析（covariance structure analysis） 210
極限法（method of limit） 115
距離（distance） 226
距離行列（distance matrix） 229
寄与率 205
近赤外分光法（near-infrared spectroscopy, NIRS） 60
筋電位（electromyography, EMG） 57
空間感覚（space perception） 118
空間相互作用モデル（spatial interaction model） 185
空間的自己相関（spatial autocorrelation） 244
空間フィルター（spatial filter） 184
空間要素図示法 128
区画法（quadrat method） 243
区間推定値（interval estimator） 163
グラフ（graph） 158
クリアリングハウス（clearing house） 26
クリギング（Kriging） 185
クロス集計（cross tabulation） 172
クロス分析（cross tabulation analysis） 172
群間変動（between subgroup variation） 191
群集（crowd） 74
群集行動（crowd behavior） 74
群集密度（crowd density） 75
群集流動（pedestrian flow） 74
群内変動（within subgroup variation） 191
群平均（group average）法 228
景観（landscape） 86
傾向面分析（trend surface analysis） 184
形式（form） 100
形容詞尺度（adjective scale） 237
系列範疇法（method of successive categories） 115
経路探索（way-finding） 68
ケヴィン・リンチ（Kevin Lynch） 128, 134
ゲシュタルト心理学 143
血圧（blood pressure） 58
決定木（decision tree） 198
圏域図示法 128
研究対象（research object） 15
研究目的（research objective） 17
言語データ 46
顕在パターン（emerging pattern） 261
検索サイト 26
現象学（phaneroscopy） 94
検証データ（validation data） 199
建築プログラミング（architectural programming） 14
公共・公益施設の利用実態 24
交差流（intersecting pedestrian flow） 78
恒常法（constant method） 115
後退消去法 190
公的統計（official statistics） 22, 27
行動観察（behavioral observation） 80
行動観察調査（behavior map） 19
行動決定論（behavioral determinism） 15
行動特性（behavioral characteristics） 74
行動場面（behavior setting） 15
コード（code） 97
コーホート（cohot） 183
コーホート変化率法（cohot-change rate method） 184
コーホート要因法（cohot-component method） 183
国勢調査（census） 22, 23
心地よい変化 238
誤差逆伝播法（back propagation） 197
個人情報（personal information） 22, 27
誤答率（error rate） 199
コミュニティ（community） 101
固有値（eigenvalue） 205
コロプレス図（choropleth map） 159
コンピュータシミュレーション（comuputer simulation） 186
ゴンペルツ曲線（Gompertz curve） 182

さ 行

最近隣距離法（nearest-neighbor distance method） ……… 243
再生（recall） ……… 70
最短距離法（nearest neighbour） ……… 228
最長距離法（furthest neighbour） ……… 228
最適解（optimal solution） ……… 248
再認（recognition） ……… 70
最頻値（mode） ……… 156
索引・総覧 ……… 25
3次元加速度センサ（tri-axis acceleration sensor） ……… 56
三次性（thirdness） ……… 94
参照エレメント（reference element） ……… 49
散布図（scatter diagram） ……… 158
サンプリング（sampling） ……… 21
参与観察（participant observation） ……… 80
シークエンス（sequence） ……… 90
シーンブック（scene book） ……… 91
視覚化（visualization） ……… 53
視覚障害者（visually impaired person） ……… 49
事業所・企業・商業活動 ……… 24
刺激（stimulus） ……… 114
自己組織化マップ（self organization map） ……… 235
支持度（support） ……… 261
事象関連電位（event related potential, ERP） ……… 60
指数平滑化（exponential smoothing） ……… 183
姿勢（posture） ……… 108
施設配置問題（facility location problem） ……… 249
実験室実験（real scale experiment） ……… 20, 118
実質（substance） ……… 100
実測（actual measurement） ……… 86
質的研究（qualitative research） ……… 15
質的データ（categorical data） ……… 154
実物大の実験空間（experimental mock-up space） ……… 118
質問紙調査 ……… 28
指摘法 ……… 140
指摘率 ……… 141
指標（index） ……… 96
シミュレーション（simulation） ……… 104
社会実験（social experiment） ……… 146
主因子法 ……… 203
重回帰分析（multiple regression method） ……… 176
住環境評価 ……… 51
集合的活動（collective activity） ……… 101
重心法（centroid） ……… 228
重相関係数 ……… 176
住宅・土地・工事 ……… 24
自由描写法 ……… 128
集落（vernacular dwellings） ……… 86
重力モデル（gravity model） ……… 185
自由連想法 ……… 124
樹形図 ……… 229
主成分分析（principal component analysis） ……… 202, 220
主題図（thematic map） ……… 159
順位和検定（rank-sum test） ……… 169
準参与観察（quasi-participant observation） ……… 80
順序尺度（ordinal scale） ……… 154
ジョイン統計量（join count statistics） ……… 244
少数精密調査（few precise investigation） ……… 16, 21
象徴（symbol） ……… 96
情報源（information sources） ……… 25, 26
人口・世帯 ……… 24
心拍数（heart rate） ……… 58
心拍変動（heart rate variability, HRV） ……… 58
真陽性率（TP rate） ……… 200
心理的空間（psychological space） ……… 134
推測統計学（inferential statistics） ……… 154
推定量（estimator） ……… 178
数理計画法（mathematical programing） ……… 248
数量化理論Ⅰ類（quantification theory typeⅠ） ……… 176
数量化理論Ⅱ類（quantification theory typeⅡ） ……… 188
数量化理論Ⅲ類（quantification theory typeⅢ） ……… 202
図エレメント ……… 141
図的エレメント ……… 141
図と地 ……… 143
スプライン（spline） ……… 184
スペース・シンタックス（space syntax） ……… 160
住まい方調査（survey of inhabitancy） ……… 14, 19
スミルノフ・グラブス検定（Smirnov-Grubbs test） ……… 125
スモールワールド（small world） ……… 35
生活・家計 ……… 24
正規分布（normal distribution） ……… 125, 164
制限連想法 ……… 124
性質記号（qualisign） ……… 96
精神物理学（Psychophysis） ……… 114
整数計画問題（integer programing problem） ……… 248
正答率（accuracy） ……… 199
正の相関（positive relationship） ……… 176
赤外線センサ（infrared sensor） ……… 77
設計科学（science for society） ……… 17
設計プロセス ……… 49
説明変数（explanatory variable） ……… 176, 188
セミバリオグラム（semi-variogram） ……… 185
セル・オートマン（cellular automaton, CA） ……… 254
セルカウント（cell counting）法 ……… 243
線型（1次） ……… 176
線形計画問題（linear programing problem） ……… 248
線形判別関数（linear discriminant function） ……… 189
潜在的 ……… 202
前進選択法 ……… 190
選択肢回答 ……… 29
全変動（total variation） ……… 191
総当たり法 ……… 190
層化抽出法（stratified sampling method） ……… 162
増加率（growth rate） ……… 262
相関係数（correlation coefficient） ……… 173, 233, 237
相関図（correlation diagram） ……… 158
相関比（correlation tatio） ……… 191
相関分析（correlation analysis） ……… 172
相関ルール（association rule） ……… 261
想起 ……… 129, 140
想起法（recall method） ……… 134
相互作用論（interaction theory） ……… 15
相互浸透論（transactionalism） ……… 15
側方相互作用（lateral interaction） ……… 236
ソシオグラム（sociogram） ……… 35
ソシオフーガル（sociofugal） ……… 110
ソシオペタル（sociopetal） ……… 110
ソシオメトリ（sociometry） ……… 34

た 行

体系文法（systemic grammar） ……… 100
対象（object） ……… 95
体制化（organization） ……… 72
滞留行動（behavior in crowds） ……… 74
大量統計調査（mass statistic investigation） ……… 16
多次元尺度法（multidimensional scaling） ……… 232, 233, 234, 237
多重共線性（multicollinearity） ……… 178
多層パーセプトロン（multi-layer perceptron） ……… 197
多変量解析（multivariate analysis） ……… 202
ダミー変数（dummy variable） ……… 176, 204
多目的最適化（multi-objective optimization） ……… 251
単一記号（sinsign） ……… 96
短期記憶 ……… 140
探究（inquiry） ……… 14
単純移動平均（simple moving average） ……… 183
単純パーセプトロン（simple perceptron） ……… 196
断面交通量（flow rate） ……… 75
知覚（perception） ……… 70
逐次法 ……… 190
地図（map） ……… 159
チャンク ……… 50
中央値（median） ……… 156
中間記憶 ……… 140
虫瞰的方法（insect's-eye view method） ……… 81
柱状図（histogram） ……… 155
鳥瞰的方法（bird's-eye view method） ……… 81

蝶瞰的方法（butterfly's-eye view method） ……………………… 81
長期記憶 …………………………… 140
調査（survey） ……………………… 17
調査の方法（survey method） ……… 14
調整法（method of adjustment） … 114
直交回転（orthogonal rotation） … 204
地理情報（geographic information）
 …………………………… 22, 23, 25, 27
地理情報システム（geographic information system, GIS） ……… 66, 159
追跡調査（tracking survey） ……… 76
使われ方調査（survey of usage） … 14, 19
定位（orientation） ………………… 49
ディスコース分析（discourse analysis） … 46
定性的データ（qualitative data） … 176, 202
定量的データ（quantitative data） … 176, 202
データマイニング（data mining） … 260
適合度の検定（goodness of fit test） … 168
テキスト（text） …………………… 46
テキスト分析（text analysis） …… 46
テキストマイニング（text mining） … 16
テクスト（text） …………………… 98
デザイン（design） ………………… 49
デンドログラム（dendrogram） …… 230
統計資料（statistics） ……… 22, 23, 26
統計調査（statistical survey） …… 24
統計的手法（statistical method） … 176
動作域（action size of posture） … 108
統制的描写法 ……………………… 128
等値線図（contour） ……………… 159
度数（frequency） ………………… 242
度数分布（frequency distribution） … 155
トランザクション（transaction） …… 69
トレンド（trend）法 ……………… 182
ドローイング（drawing） ………… 49

な行

内観報告 …………………………… 48
内挿モデル（interpolation model） … 182
二項分布（binomial distribution） … 125
二次性（secondness） ……………… 94
人間工学（Ergonomics） …………… 108
人間中心設計（human centered design, HCD） …………………………… 16
認識科学（science for science） … 17
認知（cognition） ……………… 68, 71, 140
認知科学（cognitive science） …… 48
認知心理学（cognitive psychology） … 48, 129
認知地図（cognitive map） ……… 128
ネットワーク距離（network distance） … 245
脳波（electroencephalography, EEG） … 59
ノーテーション（notation） ……… 90
ノンパラメトリック検定法（non-parametrics test） ………………… 166

は行

パーソナル・コンストラクト法 （personal construct） …………… 46
パーソナル・コンストラクト理論 （personal construct） …………… 50
パーソナルスペース（personal space） … 109
バーチャルリアリティ（virtual reality, VR） ……………………………… 105
ハーバード・サイモン（Herbert Alexander Simon） ………………………… 48
パズルマップ法（puzzle-map method） … 135
発汗（skin potential response, SPR） … 59
発話（utterance） ………………… 70
バリマックス（varimax）法 ……… 204
パワースペクトル（power spectrum） … 239
反応（response） ………………… 114
判別関数（discriminant function） … 188
判別基準（discriminant criteria） … 191
判別分析（discriminant analysis） … 188
ヒアリング（hearing） …………… 52
非画像記録（non-picture recording）
 …………………………………… 83, 84
被験者（test subjecta） ………… 125
非参与観察（non-participant observation） ……………………… 80
ヒストグラム（histogram） …… 155, 158
非線形計画問題（nonlinear programing problem） …………………………… 248
評価（evaluation） ………………… 17
評価グリッド法 ………………… 46, 51
標準偏差（standard deviation）
 …………………………… 125, 156, 242
標準偏差楕円（standard deviation ellipse） ………………………… 242
評定尺度（rating scale） ………… 125
標本調査法（sampling methods） … 162
比率尺度（ratio scale） …………… 154
非類似性（dissimilarity） ……… 232, 233, 234
ビルディングタイプ（building type） … 14
フィールド実験（field experiment） … 20
フィールドノーツ（fieldnotes）
 ………………………… 38, 39, 40, 41, 43
物理的空間（physical space） …… 134
不特定多数（many and unspecified persons） ……………………………… 74
負の相関（negative relationship） … 176
フラクタル（fractal） ……………… 238
ブレーンストーミング（brainstorming） … 52
プロクセミクス（proxemics） …… 113
プロトコル分析（protocol analysis）
 …………………………… 46, 48, 50
プロフィル（profile） …………… 126
分散（variance） ……………… 156, 178
分析（analysis） ………………… 17
分類基準（classification criterion） … 229
分類表（confusion matrix） ……… 199
分類モデル（classification model） … 196
平滑化（smoothing） ……………… 182
平均値（mean） ……………… 125, 156
ベクタ型データ（vector data） …… 23
偏相関係数（partial correlation coefficient） ………………………… 191
方格法（quadrat method） ……… 243
忘却定数（forgetting factor） …… 236
法則記号（legisign） ……………… 96
補外モデル（extrapolation model） … 182
補間モデル（interpolation model） … 182
歩行軌跡（walking trajectory） … 74, 75
歩行者（pedestrian） ……………… 79
歩行速度（walking speed） ……… 74
歩行パス分析（pedestrian path analysis）
 ……………………………………… 78

ま行

マグニチュード推定法（magnitude estimation, ME） …………… 116, 119
街並み（townscape） ……………… 99
マハラノビス距離（Mahalanobis' generalized distance） …………… 189
マルコフ過程（Markov process） … 183
マルコフモデル（Markov model） … 183
マルチ・エージェント・システム（multi agent system, MAS） ……… 255
ミーン（mean） …………………… 156
密度（density） …………………… 242
民間統計 …………………………… 22, 23
無作為抽出（random sampling） … 162
名義尺度（nominal scale） ……… 154
メジアン法（median） …………… 228
メタヒューリスティックス（metaheuristics） ……………… 248, 250
メッシュデータ（raster data） …… 159
メディアン（median） …………… 156
モーションキャプチャ（motion capture system） …………………………… 56
モード（mode） …………………… 156
モード2の科学（science of mode 2） … 17
目的変数（response variable） …… 176
モニタリング（monitoring） ……… 77
モランのI統計量（Moran's I） …… 245
問題解決（problem solving） …… 49, 68
モンテカルロ法（Monte Carlo method, MC） ……………………………… 255

や行

有意水準（level of significance） … 164
ユークリッド距離 ………………… 245
誘発電位（evoked potential, EP） … 60
ゆらぎ（fluctuation） …………… 238
要因 ………………………………… 176
予測式 ……………………………… 176
予測モデル（predictive model） … 182

ら行

ラスタ型データ（raster data） …… 23
離散無限（discrete infinity） …… 100
リスク比（risk ratio） …………… 198
リフト値（lift） …………………… 262
流動係数（flow rate） …………… 74
両極（bi-polar） ………………… 125
量的研究（quantitative research） … 15
量的データ ………………………… 154
類似（icon） ……………………… 96
類似性（similarity） ……… 202, 232, 233, 234

類似度（similarity） …………… 226
類似と差異のネットワーク（network of similarities and differences） ……… 100
累積寄与率 ………………… 204, 221
レパートリー・グリッド（repertory grid） ……………………………… 50
レンジ（range） …………… 179, 191
ロジスティック回帰（logistic regression） ………………………………… 197
ロジスティック曲線（logistic curve） ………………………………… 182
ロジット（logit） …………………… 198
ロジットモデル（logit model） ………… 186
ロラン・バルト（Roland Barthes） ……… 46

わ行

ワークショップ（workshop） …………… 101
わかりやすさ（legibility） …………… 68

A-Z

AGFI（adjusted goodness of fit index） … 213
AIC（Akaike's information criterion） …… 213
bi-polar …………………………… 125
CA（cellular automaton） ……………… 254
CG（computer graphics） …………… 91, 105
CSR（complete spatial randamness） …… 244
CV-RR（coefficient of variation of R-R intervals） ………………………… 58
EEG（electroencephalography） ………… 59
EP（evoked potential） ………………… 60
ERP（event related potential） ………… 60
FM（facility management） …………… 16
GA（genetic algorithms） ……………… 250
GFI（goodness of fit index） …………… 213
GIS（geographic information system） ……………………………… 53, 66, 159
GPS（global positioning system） …… 64, 77
HCD（human centered design） ………… 16
HRV（heart rate variability） ………… 58
K 関数法（K fanction method） ……… 244
MAS（multi agent system） …………… 255
MC（Monte Carlo method） …………… 255
ME 法（magnitude estimation） …… 116, 119
NIRS（near-infrared spectroscopy） …… 60
POE（post occupancy evaluation） ……………………………… 14, 19, 44
RFID（radio frequency identification） … 65
R-R 間隔変動係数（coefficient of variation of R-R intervals, CV-RR） …… 58
SD 法（semantic differential） …… 124, 202
SPR（skin potential response） ………… 59
VR（virtual reality） ………………… 105
χ^2 検定（chi-square test） …………… 168

・本書の複製権・翻訳権・上映権・譲渡権・公衆送信権（送信可能化権を含む）は株式会社井上書院が保有します．
・JCOPY〈(一社)出版者著作権管理機構委託出版物〉
本書の無断複写は著作権法上での例外を除き禁じられています．複写される場合は，そのつど事前に，(一社)出版者著作権管理機構（電話 03-5244-5088，FAX 03-5244-5089，e-mail：info@jcopy.or.jp）の許諾を得てください．

建築・都市計画のための調査・分析方法［改訂版］

1987年4月20日　第1版第1刷発行
2012年5月30日　改訂版第1刷発行
2023年3月30日　改訂版第3刷発行

編　者	一般社団法人　日本建築学会©
発行者	石川泰章
発行所	株式会社　井上書院 東京都文京区湯島 2-17-15　斎藤ビル 電話(03)5689-5481　FAX(03)5689-5483 https://www.inoueshoin.co.jp/ 振替 00110-2-100535
装　幀	川畑博昭
印刷所	美研プリンティング株式会社
製本所	誠製本株式会社

ISBN 978-4-7530-1754-6　C 3052　　Printed in Japan

出版案内

建築・都市計画のための 空間学事典 [増補改訂版]

日本建築学会編　A5変形判・324頁　定価3850円

●主な内容──知覚／感覚／意識／イメージ・記憶／空間の意味／空間の認知・評価／空間行動／空間の単位・次元・比率／空間図式／空間要素／内部空間／外部空間／中間領域／地縁的空間／風景・景観／文化と空間／非日常の空間／コミュニティ／まちづくり／ユニバーサルデザイン／環境・エコロジー／調査方法／分析方法／関連分野　ほか（27テーマ，272語）

空間デザイン事典

日本建築学会編　A5変形判・228頁　定価3300円

計画・設計に用いられるデザイン手法を，カラー写真で例示した建築・都市空間を中心に解説。
●主な内容──立てる／覆う／囲う／積む／組む／掘る・刻む／並べる／整える／区切る／混ぜる／つなぐ／対比させる／変形させる／浮かす／透かす・抜く／動きを与える／飾る／象徴させる／自然を取り込む／時間を語る（20テーマ，98のデザイン手法，紹介事例700）

空間五感　世界の建築・都市デザイン

日本建築学会編　B6変・330頁　定価2750円

世界の建築・都市空間について，人間が持つ「視覚」，「聴覚」，「触覚」，「嗅覚」，「味覚」という五つの感覚ごとに102の事例を当てはめ，さらには一つの感覚では語れない32の事例を「時間」と「多様な感覚」とに分類し，特徴的なカラー写真を用いて空間の魅力を紹介する。
●主な内容──視覚／聴覚／触覚／嗅覚／味覚／時間／多様な感覚／感覚論に影響を与えた人々　ほか

空間体験　空間演出　空間体験
世界の建築・都市デザイン

世界の建築・都市空間がもつ空間の魅力を，さまざまな切り口からカラー写真を多数用いたビジュアルな構成で解説した三部作。計画・設計の手がかりとして，またガイドブックとしても活用できる一冊。

空間体験
日本建築学会編
A5判・344頁　定価3300円
CONTENTS
表層／光と風／水と緑／街路／広場／中庭／塔／シークエンス／架構／浮遊／集落／群／再生／虚構（全92事例）

空間演出
日本建築学会編
A5判・264頁　定価3300円
CONTENTS
対象／対比／連続／転換／系統／継起／複合／重層／領域／内包／表層／異相（全76事例）

空間要素
日本建築学会編
A5判・258頁　定価3300円
CONTENTS
柱／壁・塀・垣／窓／門・扉／屋根／天井／床／階段・スロープ／縁側・テラス／都市の装置／建築の装置／仮設の装置（全169事例）

＊上記定価は消費税10%を含んだ総額表示です。